María de las Mercedes Abril
Juan Carlos Abril

Métodos Modernos de Series de Tiempo y sus Aplicaciones

María de las Mercedes Abril
Juan Carlos Abril

Métodos Modernos de Series de Tiempo y sus Aplicaciones

Conceptos Fundamentales y Ejemplos Practicos

Editorial Académica Española

Publisher:
Editorial Académica Española
is a trademark of
International Book Market Service Ltd., member of OmniScriptum Publishing Group
17 Meldrum Street, Beau Bassin 71504, Mauritius

Printed at: see last page
ISBN: 978-620-2-14563-3

Métodos Modernos de Series de Tiempo y sus Aplicaciones

Juan Carlos Abril
Universidad Nacional de Tucumán y
Consejo Nacional de Investigaciones Científicas y Técnicas
Argentina

María de las Mercedes Abril
Universidad Nacional de Tucumán y
Consejo Nacional de Investigaciones Científicas y Técnicas
Argentina

Índice general

Índice de figuras

A Beatriz,

por todo el amor que nos brinda.

Prólogo

A principios de 2017 se nos pidió que preparáramos, para el segundo semestre de ese año, un curso de postgrado de Series de Tiempo con un adecuado contenido de aplicaciones prácticas. Basándonos en los libros de J. C. Abril (1999 y 2004), en la tesis doctoral de M. de las M. Abril (2014) y junto con la experiencia de dictar durante muchos años una asignatura teórica de Series de Tiempo en el Magister en Estadística Aplicada que se ofrece en la Facultad de Ciencias Económicas de la Universidad Nacional de Tucumán, Argentina, pudimos elaborar el material necesario para el dictado respectivo. El curso fue un éxito, habiendo cubierto completamente con las expectativas de los asistentes al mismo. Ese material fue la base que nos permitió encarar la realización de este libro.

Una parte importante del trabajo está orientado a mostrar cómo se evolucionó desde los estudios iniciales de Newton, pasando por las propuestas de las décadas de 1950, hasta llegar al enfoque ARIMA, también llamado de Box y Jenkins. Posteriormente, con la introducción del enfoque de espacio de estado y el filtro de Kalman esto métodos fueron superados. Se discuten las razones por las que los métodos ad-hoc, como el X-11, X-12 o sus variantes, producen resultados cuyas propiedades son difíciles o imposible de conocer desde un punto de vista de la rigurosidad estadística. Especial énfasis se pone en mostrar que el enfoque de espacio de estado asociado al filtro y suavizador de Kalman resuelve una gran cantidad de situaciones complejas que suelen ocurrir con mucha frecuencia en el estudio de las series de tiempo, especialmente cuando uno se enfrenta con observaciones irregulares. Finalmente se muestra cómo este enfoque es adecuado para el tratamiento de la volatilidad.

Se inicia este trabajo presentando, de manera compacta, la evolución de los métodos de análisis de las series de tiempo desde aproximadamente fines del siglo XIX hasta nuestros días. Luego introducimos a los procesos estocástico estacionarios, sus características y propiedades. Definimos las funciones de autocovarianzas y autocorrelaciones de esos procesos junto con la función de autocorrelación parcial correspondiente. Se enuncia el concepto de ergodicidad y su relación con los procesos estocásticos estacionarios. Después se presentan ejemplos de series de tiempo estacionarias. El siguiente paso en esta parte, es el estudio de la correlación serial, de los estimadores de los coeficientes de autocorrelación y de autocorrelación parcial, de sus distribuciones y de los tests respectivos. A continuación se estudian los modelos autorregresivos estacionarios, de promedios móviles y mixtos (ARMA), más un tratamiento adecuado del teorema de la descomposición de Wold. Luego se estudian los métodos de ajuste de modelos y las propiedades de los estimadores logrados. A continuación se analiza el problema de predicción tanto de modelos ARMA estacionarios como de los ARIMA, poniendo énfasis en el llamado enfoque de tipo Box y Jenkins. Se incluyen en esta parte ejemplos prácticos completos usando software específico.

Posteriormente se enfoca el análisis de las series en el dominio de las frecuencias. Se discuten los métodos de estimación de la densidad y distribución espectral. En ese sentido, se presenta al periodograma, sus propiedades, ventajas y desventajas como estimador de la densidad espectral. Se estudia la estimación consistente del espectro, con indicaciones de algunas de las ventanas. También se analiza la forma en que opera la transformada rápida de Fourier. A continuación se analizan algunos tests de periodicidades en el dominio de las frecuencias. El siguiente paso trata de las estimaciones de los parámetros de procesos estocásticos en el dominio de las frecuencias. Acto seguido se presenta el análisis espectral bivariado.

A continuación se realiza el estudio econométrico de las series de tiempo. Aquí el énfasis está puesto en formular una relación de comportamiento entre la serie a estudiar y otras asociadas que puedan servir para explicar a la primera. Muchas de las técnicas usadas en el estudio de las series de tiempo son aquellas basadas en el análisis de regresión (teoría clásica de mínimos cuadrados) o bien son adaptaciones o análogas de ellas. Las variables independientes o explicativas pueden ser funciones del tiempo. Se inicia esta parte resumiendo primero los procedimientos estadísticos cuando los términos aleatorios o errores son no correlacionados. Luego esos procedimientos son modificados para considerar los casos de términos aleatorios, errores o disturbios con matriz de varianzas arbitraria, estudiando en esas circunstancias las cualidades (en relación a eficiencia y sesgo) de la estimación por mínimos cuadrados (MC) y la teoría asintótica bajo la presencia de correlación serial. También se consideran los casos en que algunos de los regresores son variables dependientes rezagadas con errores autocorrelacionados. Posteriormente se estudian los tests de correlación serial en regresión con series de tiempo, comenzando con el test d de Durbin-Watson, siguiendo con el test h de Durbin y culminando con tests en el dominio de las frecuencias. A continuación se presenta el problema de ajustar modelos de regresión con errores autocorrelacionados. Para ello, se consideran tres técnicas, una en el dominio del tiempo y dos en el dominio de las frecuencias, todas basadas en las ideas de máxima verosimilitud, discutiéndose las propiedades de cada una de ellas.

En los Capítulos 9 y 10, el estudio se centra en el enfoque de espacio de estado (EE) de las series. Este enfoque puede ser considerado como una generalización de los tratamientos dados en los Capítulos iniciales con el agregado que incluye también los casos multivariados. Se pone énfasis en destacar que los modelos puestos en la forma de EE son en realidad equivalentes a modelos de regresión lineal con parámetros estocásticos que varían en el tiempo. Se discute también cómo los modelos estructurales de series de tiempo pueden ser puesto en la forma de espacio de estado y así encarar el análisis respectivo basado en el filtro y suavizador de Kalman. La presentación continúa con la estimación de los hiperparámetros. En todo momento se hacen comparaciones entre este enfoque de EE y el denominado ARIMA o de Box y Jenkins. Posteriormente se analizan las formas en que este enfoque puede resolver problemas de series de tiempo irregulares, tales como la presencia de observaciones atípicas, cambios estructurales, espaciado irregular, observaciones no Gaussianas, etc. Finalmente, se concluye esta parte con un conjunto de ejemplos que cubren los temas considerados en esta parte y hasta ese punto.

Finalmente, en los dos últimos Capítulos se estudia el problema de la volatilidad. Se inicia con una presentación de los tipos de datos que pueden tener esta característica. Se muestran los modelos del tipo ARCH-GARCH (y sus variaciones) que se usan para su tratamiento y se presentan varios ejemplos prácticos. En el Capítulo 12 se estudian los modelos para tratar la volatilidad estocástica, se los relaciona con el enfoque de espacio de estado estudiado anteriormente y se dan dos ejemplos de aplicación práctica.

El contenido del libro corresponde a una presentación sistemática de cada uno de los métodos sin mostrar los detalles de los desarrollos de estadística matemática que lo sustentan, los cuales pueden ser encontrados en la bibliografía que se encuentra al final de este trabajo. Con respecto a las explicaciones, el principio ha sido de mantener los argumentos informales pero cuidadosos y certeros, mostrando los ejemplos de aplicación en todos los casos en que es posible hacerlo en un trabajo corto como este.

En los ejemplos de aplicación de este trabajo usamos los siguientes tres paquetes de computación:

1. *ITSM 2000: Interactive Time Series Modelling Package for the PC*, version 6.0, de Brockwell y Davis (2000). Este paquete se usa principalmente para el tratamiento de los modelos del tipo ARIMA (enfoque de Box y Jenkins) y el análisis en el dominio de las frecuencias.

2. *STAMP 8.3: Structural Time Series Analyser, Modeller and Predictor*, de Koopman, Harvey, Doornik y Shephard (2010). Este paquete se usa para el análisis de las series bajo el enfoque de espacio de estado, usando para ello el filtro y suavizador de Kalman. Tambien se usa para los modelos de volatilidad estocástica.

3. *Estimating and Forecasting ARCH Models Using G@RCH 7*, de Laurent (2013). Este paquete provee un amplio sistema de estimación y análisis del problema de la volatilidad. Usa una amplia variedad de modelos de los tipos ARCH-GARCH.

Una cuestión importante es que los paquetes STAMP y G@RCH trabajan bajo la plataforma de OxMetrics 7, que brinda grandes posibilidades para graficos, algebra y transformaciones preliminares de las series bajo estudio.

Es importante destacar que hay en el mercado otros paquetes de computación comerciales para el análisis de las series de tiempo, tales como EViews, Minitab, etc. Otra posibilidad muy interesante son los paquetes desarrollados en R que están disponibles gratuitamente en internet. Todos ellos trabajan adecuadamente.

El símbolo ■ se usa, cuando es necesario, para indicar que un ejemplo, teorema, etc., finaliza para dar paso a otro desarrollo diferente.

A Beatriz, esposa y madre respectivamente, nuestra eterna gratitud por el permanente amor, entrega y apoyo que nos brinda siempre, lo que nos permite trabajar de la mejor manera posible y por inspirarnos a ser mejores cada día.

Queremos expresar nuestro agradecimiento a la Facultad de Ciencias Económicas de la Universidad Nacional de Tucumán, Argentina, por proveernos el ambiente académico adecuado para poder escribir el presente trabajo.

Juan Carlos Abril
María de las Mercedes Abril, 2018.

Capítulo 1

Introducción

1.1. El estudio de las series de tiempo

Es extremadamente dificil presentar una descripción breve del campo de las series de tiempo (ST, como abreviatura). La dificultad se basa en el hecho de que la materia es por sí misma muy compleja, siendo una rama de la estadística pero con su metodología y su propio vocabulario peculiar. De cualquier manera es un área profundamente fascinante que envuelve ideas de física, matemática y estadística, cubriendo un campo inmenso de aplicaciones, desde la neurofisiología hasta la astrofísica pasando por todas las ciencias sociales. Las dificultades que envuelven su entendimiento son debidas parcialmente al hecho que se desarrolla a partir de dos disciplinas muy distintas entre si, una la ingeniería de las comunicaciones y la otra la estadística. La materia está, por supuesto, repleta de terminología estadística y de la ingeniería, pero las técnicas estadísticas usadas son, en algunos casos, sustancialmente diferentes a aquellas usadas en la inferencia estadística tradicional. De cualquier manera, una vez que las ideas fundamentales se han entendido, la materia alcanza una elegante unidad y ofrece infinitas posibilidades para el desarrollo del ingenio tanto de aspectos teórico como prácticos.

La idea básica de una *serie de tiempo* es muy simple, consiste en el registro de cualquier cantidad fluctuante medida en diferentes puntos del tiempo. Podemos tener, por ejemplo, un registro de un índice económico en un período de varios años, un registro de la presión sanguínea o el pulso de un paciente en un período de varios días, o un registro de la variación en intensidad de una señal de radio recibida en un período de varias horas. La característica común de todos los registros que pertenecen al dominio de las "series de tiempo" es que ellos están influenciados, aunque sea parcialmente, por fuentes de *variación aleatoria*. Entonces, si deseamos explicar la estructura de las fluctuaciones en una serie de tiempo debemos recurrir a lo que llamamos el *estudio de las series de tiempo*.

Hay dos aspectos en el estudio de las series de tiempo: el análisis y el modelado. El objetivo del análisis es resumir las propiedades de una serie y remarcar sus características salientes. Esto puede hacerse ya sea en el dominio del tiempo o en el dominio de las frecuencias. En el dominio del tiempo se concentra la atención en las relaciones entre las observaciones en puntos diferentes del tiempo, mientras que en el dominio de las frecuencias son los movimientos con diferentes periodicidades los que se estudian. Estas dos formas de análisis no son competitivas, muy por el contrario son complementarias. La misma información es procesada en diferentes formas, dando distintas visiones de la naturaleza de la serie de tiempo.

La principal razón para modelar una serie de tiempo es para permitir la predicción de sus

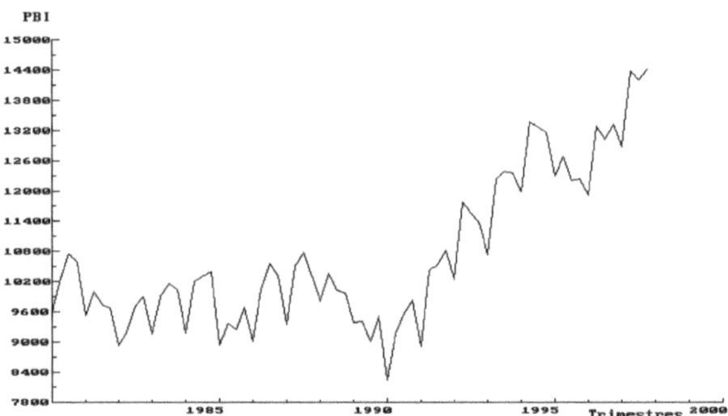

Figura 1.1: Producto Bruto Interno (PBI) de la Argentina, calculado trimestralmente a precios de mercado del año 1988. Período 1980 - 1997

valores futuros. La característica distintiva de un modelo de serie de tiempo, opuesto a un modelo econométrico de serie de tiempo, es que no se realiza ningún intento para formular una relación de comportamiento entre la serie de tiempo considerada y otras variables. Los movimientos de la serie son explicados solamente en términos de su propio pasado, o por su posición en relación al tiempo. Las predicciones se las realiza mediante extrapolación.

1.2. Ejemplos de series de tiempo

Es frecuente cuantificar el comportamiento de fenómenos económicos mediante series de tiempo. Ejemplos de ellos son: el Producto Bruto Interno (PBI) de un país calculado en forma trimestral, el índice de precios al consumidor mes por mes, la cantidad de dinero en circulación en un cierto país mes por mes, etc. Abril y Blanco (2002) estudiaron las series del PBI total y per cápita de la Argentina para el período que va desde 1875 hasta 1999. En la Figura 1.1 se presenta el PBI de la Argentina calculado trimestralmente a precios de mercado, en miles de pesos del año 1988, para el período comprendido desde el primer trimestre de 1980 hasta el cuarto trimestre de 1997, inclusives.

En la Figura 1.2 se presentan las ventas mensuales de una determinada empresa a precios constantes en cientos de miles de pesos, desde Enero de 1986 hasta Junio de 1992. Este tipo de series es muy frecuente en los negocios, siendo de gran utilidad para obtener un diagnóstico general de la empresa y su evolución en el período considerado. Es importante expresar los valores de las ventas a precios constantes (este procedimiento es conocido en economía como deflación) pues de esa manera se aísla el efecto puro del comportamiento empresario del efecto causado por la devaluación monetaria.

Box y Jenkins (1976) estudiaron la serie de pasajeros transportados por empresas aéreas internacionales. En la Figura 1.3 se presenta esta serie con valores mensuales expresados en miles de pasajeros transportados, desde Enero de 1949 hasta Diciembre de 1960. Debe notarse que, a diferencia de la serie anterior de ventas de una empresa, ésta es una serie de

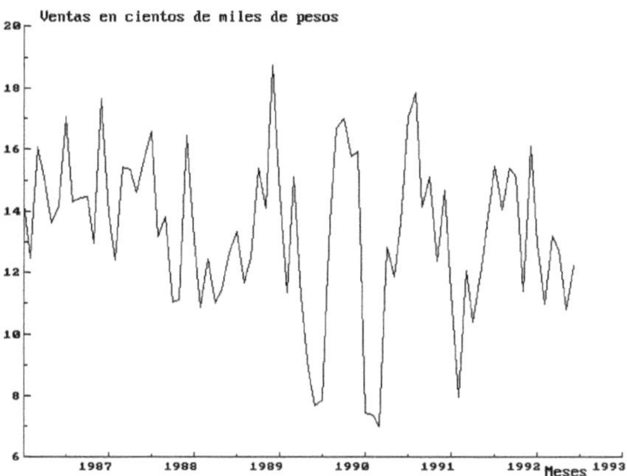

Figura 1.2: Ventas mensuales de una empresa a precios constantes. Período Enero de 1986 - Junio de 1992

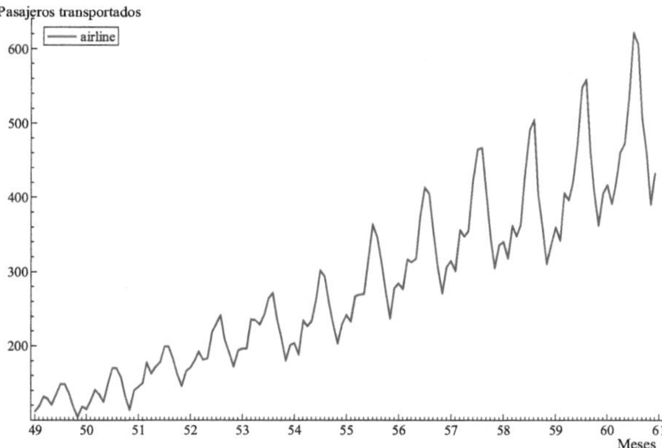

Figura 1.3: Pasajeros transportados mensualmentes por empresas aéreas internacionales, en miles. Período Enero de 1949 - Diciembre de 1960

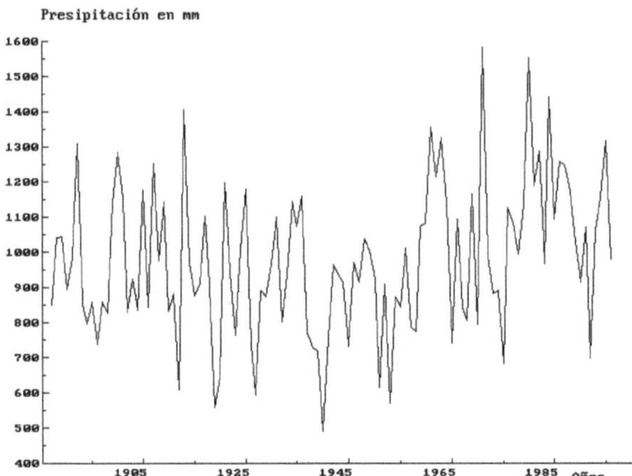

Figura 1.4: Precipitación anual medida en milímetros totales caídos en San Miguel de Tucumán, Argentina, desde 1884 hasta 1993

cantidades, o sea que no está afectada por las variaciones del valor del dinero, no necesitando, en consecuencia, ningún tipo de tratamiento previo como la deflación.

Muchas series de tiempo ocurren en las ciencias físicas, en especial en meteorología, ciencias marinas, geofísica, etc. Un ejemplo importante que se muestra en la Figura 1.4 es la precipitación anual medida en milímetros totales caído en el año en San Miguel de Tucumán, Argentina, desde 1884 hasta 1993. Este tipo de serie fue estudiada por Pérez de del Negro (2000). En la Figura 1.5 se presenta el volumen anual del caudal del río Nilo en Aswan, medido en metros cúbicos, desde 1871 hasta 1970. Esta serie fue analizada por Cobb (1978), Carlstein (1988), Balke (1993) y Abril (1997).

En los estudios de población, ocurren numerosas series de tiempo. Ejemplos de ellas son los nacimientos y las defunciones mensuales en un determinado país, o región del mismo. Un uso importante de las técnicas de series de tiempo es cuando los demógrafos desean predecir los cambios en la población para períodos tan largos como diez o veinte años.

Los electrocardiogramas, los electroencefalogramas y otros tipos de mediciones a través del tiempo, constituyen observaciones de series de tiempo en medicina.

En los procesos de control, el problema es detectar cambios en el comportamiento de una actividad manufacturera midiendo una variable que muestre la calidad del proceso. Estas medidas pueden ser graficadas a través del tiempo como en la Figura 1.6. Allí, el valor objetivo es la línea horizontal que se encuentra a la altura del valor 10 del proceso y la otra línea, la fluctuante, es la que mide el valor de la variable que resume la calidad del proceso. Cuando las medidas ocurren muy alejadas de algún valor objetivo, se deben tomar acciones correctivas apropiadas de tal manera de controlar el proceso. Técnicas especiales para tratar estas series de tiempo han sido desarrolladas, y el lector puede consultar libros sobre control estadístico de calidad (por ejemplo, Wetherill, 1977).

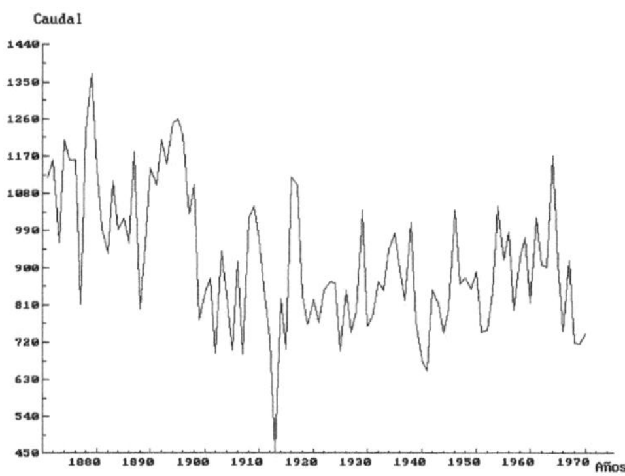

Figura 1.5: Volumen anual del caudal del río Nilo en Aswan, medido en metros cúbicos, desde 1871 hasta 1970

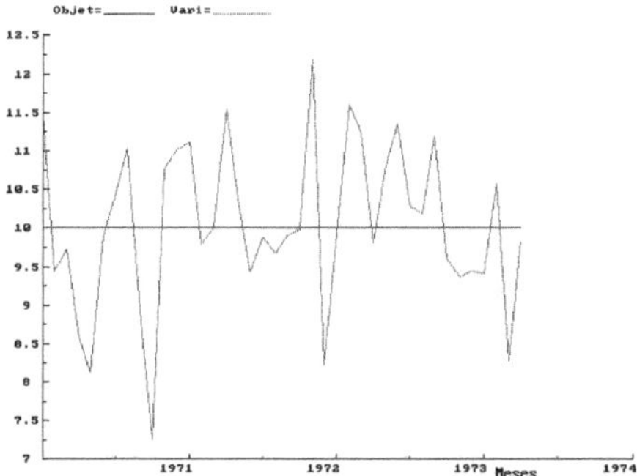

Figura 1.6: Proceso de control. Valor objetivo: línea llena, valor de la variable: línea de puntos

1.3.   Breve historia

El análisis científico de las series de tiempo tiene una larga historia. Puede pensarse que ha comenzado en 1664 cuando Sir Isaac Newton descompuso una señal luminosa (o serie de tiempo) en sus componentes a diferentes frecuencias haciendo pasar la señal por un prisma de vidrio. Una imagen multicolor fue lanzada sobre una pared opuesta. Llamó a esto el espectro. Esto corresponde a la operación de filtrado en el dominio de las frecuencias que se discute en capítulos posteriores. Newton no llevó a cabo un análisis cuantitativo de su serie de tiempo. De cualquier manera, en 1800 Sir W. Herschel lo hizo usando termómetros. Midió la energía promedio en varias bandas de frecuencia del espectro de la luz solar emplazando termómetros a lo largo de ese espectro. Los fundamentos matemáticos del análisis de las series de tiempo se empezaron a dar a mediados del siglo XIX cuando Gouy representó a la luz blanca como una serie de Fourier. Posteriormente Lord Rayleigh reemplazó la serie por una integral. En 1881 S. P. Langley refinó el experimento de Herschel considerablemente al medir la energía de la luz con un bolómetro espectral (un aparato que él inventó y que hace uso de la corriente eléctrica generada en un cable por radiación incidental).

En 1872 Lord Kelvin construyó un analizador armónico y un sintetizador armónico para ser usados en el análisis y predicción de las series de la altura de las mareas en un lugar y tiempo determinado. Este aparato era mecánico y estaba basado en poleas. Durante el mismo período de tiempo otros investigadores (por ejemplo G. Stokes) estaban realizando análisis de Fourier numérico usando métodos de computación. En particular, en 1891 S. C. Chandler realizó un análisis de la variación de latitud con tiempo. Su análisis lo condujo a sugerir que el movimiento del polo de rotación de la tierra era compuesto, conteniendo componentes con períodos de 12 y aproximadamente 14 meses.

Un avance sustancial en el análisis de las series de tiempo correspondientes a las señales luminosas ocurrió en 1891 cuando A. A. Michelson inventó el interferómetro. Ese aparato permitía la medición del valor promedio

$$\frac{\left\{ \int_0^n \left[y(t) + y(t+s) \right]^2 dt \right\}}{n},$$

para valores grandes de n y valores determinados del rezago (lag) s, donde n es la cantidad de observaciones disponibles de la señal luminosa o serie de tiempo bajo estudio $y(t)$, la cual se la considera como una función continua del tiempo t. Esto permitía la estimación de la función de autocovarianzas de la señal. En 1898 Michelson y Stratton describieron un analizador armónico basado en resortes, y lo usaron para obtener la transformada de Fourier de la fórmula dada anteriormente. Esta transformada de Fourier proveía una estimación del espectro de la señal. Michelson visualizaba la señal como una suma de cosenos y vio al espectro estimado como un estadístico descriptivo de la fuente emisora de luz.

En 1894 M. I. Pupin inventó el filtro de onda eléctrica. Este aparato ampliaba considerablemente el dominio de las frecuencias sobre las cuales la serie de tiempo podía ser analizada. La potencia de una señal eléctrica podía ser entonces medida en un intervalo de bandas de frecuencias.

En una serie de trabajos escritos durante los años 1894-1898, A. Schuster propuso el periodograma y discutió su utilización. Su motivación fue investigar las periodicidades escondidas. En los años sucesivos, el periodograma y sus equivalentes fueron calculados por muchos investigadores para una variedad de fenómenos. El análisis del periodograma es una técnica de mucho valor cuando se la aplica a una serie con una estructura apropiada. En efecto, el mismo está motivado por las ideas clásicas de la matemática aplicada que consisten esencialmente en suponer que la serie es la suma de un componente periódico determinístico más un término de error que representa la contribución estocástica.

En 1927 Yule estudió una serie de tiempo que, desde entonces, se convirtió en un clásico de la literatura. Ella es la serie de manchas solares de Wolfer. Esta serie oscila de una forma más o menos regular, pero Yule notó que las alturas de los máximos y las distancias entre sucesivos máximos y mínimos variaban en una forma muy irregular. Una mejor inspección de la serie reveló que los ciclos tienen una forma asimétrica (esto se refiere a que el tiempo que toma en ascender desde un mínimo a un máximo es diferente al tiempo que toma en descender desde un máximo a un mínimo). Por lo tanto, observó que sería poco realista si tratara de ajustar a esta serie un modelo consistente en uno o varios términos estrictamente periódicos y simétricos, tales como funciones seno y coseno. Yule (1927) propuso, en consecuencia, un tipo de modelo completamente diferente basado en una analogía con sistemas mecánicos oscilantes. Consideró un péndulo moviéndose en un medio con resistencia. Observó que si se le aplica un solo impulso, la resistencia llevará eventualmente al sistema al reposo, pero si se le aplica una sucesión de impulsos, entonces el movimiento se mantendrá. Si esos impulsos forman una sucesión estrictamente periódica, el movimiento resultante será estrictamente periódico. El ingenioso enfoque de Yule fue permitir que esos impulsos ocurran en instantes aleatorios de tiempo. El sistema continuaría oscilando, pero exhibiendo amplitudes e intervalos irregulares, muy parecidos a los observados en la serie de manchas solares. Este sistema pudo ser descripto matemáticamente, con un buen grado de aproximación, como una ecuación diferencial estocástica de segundo orden. El análogo para tiempo discreto de esta ecuación diferencial estocástica de segundo orden es la ecuación en diferencias estocástica de segundo orden, lo cual hoy en día es conocido como *modelo autorregresivo de segundo orden* (denotado como AR(2)), estando previsto su tratamiento en el Capítulo 3 de este libro.

El modelo AR(2) todavía constituye uno de los modelos básicos usados para describir series de tiempo "pseudo" periódicas. Una vez que estas ideas esenciales fueron dadas a conocer a la comunidad científica, no hubo dificultades en extenderlas a formas más complicadas, definiendo, en consecuencia, los *modelos autorregresivos de orden p* como una ecuación en diferencias estocástica de orden p (denotados como AR(p)). Una clase alternativa, y en muchas formas complementaria, de modelos fueron los llamados *modelos de promedios móviles de orden q* (denotados como MA(q)). Todos ellos serán tratados a partir del Capítulo 3 de este libro.

Los modelos de promedios móviles tienen propiedades bastantes diferentes a las de los modelos autorregresivos, pero todavía pueden mostrarnos una forma de comportamiento "pseudo" periódico. Un estudio sistemático de las propiedades estadísticas de los modelos de promedios móviles fue realizado por Wold (1949).

La estimación de los parámetros de los modelos AR y MA es un problema que puede resultar bastante difícil, pero afortunadamente hay un número razonable de paquetes estándares de computación los cuales efectúan la estimación por máxima verosimilitud (MV), bajo el supuesto de normalidad, usando algoritmos numéricos. Existen varios criterios para la determinación del orden de los modelos, los cuales nos permiten seleccionar los valores más adecuados para el orden de los modelos AR o MA a ajustar. Los más conocidos de estos criterios son el criterio AIC de Akaike (1974b) y el criterio CAT de Parzen (1974). Los modelos AR parecen, a primera vista, modelos ordinarios de regresión, pero el hecho de que la variable bajo estudio juega el doble papel de variable dependiente y variable independiente, complica las propiedades de los estimadores por mínimos cuadrados (MC) de los parámetros. Un estudio pionero de la estimación de los parámetros de los modelos AR fue realizado por Mann y Wald (1943b).

La idea subyacente del modelo de Yule era generar una serie de tiempo que, aunque no sea estrictamente periódica, exhibiera un tipo de comportamiento "estable" en algún sentido. Ese comportamiento estable se lo describe con más precisión introduciendo la idea de *estacionariedad*. Existe un importante teorema, el Teorema de Wold, que dice que cualquier serie de tiempo "bien comportada", estacionaria en cierto sentido y que no contiene componentes estrictamente periódicos, puede ser representada ya sea como una autorregresión o un promedio móvil (ambos posiblemente de orden infinito). Por lo tanto, se puede modelar cualquier serie de ese tipo ya sea mediante una AR o un MA de alto orden con el grado de exactitud que uno requiera.

Cuando una serie de tiempo representa algunas características físicas puede ser interesante estudiar sus propiedades directamente, en lugar de construir un modelo para ella. Una técnica importante usada en el análisis de un proceso físico es descomponer el mismo en sus componentes de diferentes frecuencias. Esta operación se la describe como *análisis espectral*. A partir de 1930, y en base a una modificación de los estudios matemáticos de Wiener sobre al análisis armónico generalizado, se logró encontrar la teoría adecuada que proveía exactamente el tipo correcto de descomposición en frecuencias para una serie de tiempo estacionaria. Con ello se definió la *función de densidad espectral* también conocida simplemente como *densidad espectral* o *espectro* de la serie de tiempo. La evaluación de esta función de densidad espectral directamente de la definición constituye un problema formidable, pero existe un resultado muy importante, conocido como el Teorema de Wiener-Kintchine, que provee una relación simple entre la función de densidad espectral y la función de *autocovarianzas* de la serie de tiempo.

Durante la década de 1950 y el inicio de la de 1960, el problema de estimar el espectro a partir de los datos de una serie de tiempo atrajo gran atención. Esto mostró ser algo más dificultoso de lo que se anticipaba originariamente. En efecto, el periodograma como estimador obvio del espectro, resultó no ser lo suficientemente satisfactorio como se lo pensaba. Esta situación condujo a un número de autores a sugerir otros estimadores basados en un suavizado del periodograma. Estos estimadores se los logra mediante un promedio localmente ponderado del periodograma en un vecindario del la frecuencia considerada y se los suele denominar estimadores de ventana. Los trabajos pioneros fueron los de Daniell (1946), Tukey (1949), Bartlett (1950), Grenander y Rosemblatt (1957) y Parzen (1957).

Posteriormente, diferentes métodos de estimación espectral han sido propuestos basados en el ajuste de un modelo autorregresivo finito a los datos, y luego usando la forma teórica de la densidad espectral del modelo ajustado (ver Akaike, 1969; Parzen, 1974). Este método, conocido como estimación autorregresiva del espectro, puede producir resultados superiores cuando los datos conforman bien a un adecuado modelo autorregresivo, pero los estimadores de ventana tienen la gran ventaja de ser estimadores no-paramétricos, o sea que no requieren que los datos satisfagan un tipo particular de modelo.

La estimación espectral por el método de máxima entropía fue introducido por Burg (1967, 1972), y a pesar que la motivación de este método es totalmente diferente a la de la estimación autorregresiva del espectro, resulta que los dos enfoques conducen a idénticas formas de estimadores. En efecto, se puede mostrar que la función que maximiza la entropía sujeta a la condición que sus primeros k coeficientes de Fourier sean exactamente iguales a las k autocovarianzas muestrales es la misma que la que se obtiene al ajustar por mínimos cuadrados un modelo autorregresivo de orden k y luego usar las estimaciones para realizar una estimación autorregresiva del espectro (ver Priestley, 1981, pág. 604).

El método de máxima entropía fue propuesto primeramente por Burg en 1967, pero el primer trabajo publicado en donde se lo describía fue de Lacoss (1971). En ese trabajo, Lacoss describe otra forma "no-cuadrática" de estimación espectral llamada estimación por máxima verosimilitud, desarrollada originalmente por Capon (1969). La idea básica de la estimación por máxima verosimilitud es construir un filtro que deja pasar un componente de una frecuencia particular de una forma no distorsionada, rechazando los otros componentes, haciendo todo esto de una forma "óptima". Burg (1972) estableció una relación entre la estimación por máxima verosimilitud y la estimación por máxima entropía mostrando que el recíproco del estimador por máxima entropía basado en las primeras autocovarianzas es igual al promedio del recíproco del estimador por máxima verosimilitud basado en las mismas primeras autocovarianzas

Hemos observado que cualquier serie de tiempo "razonable" puede ser descripta por un modelo AR o MA (posiblemente de orden infinito). Ahora bien, si tratamos de ajustar un modelo AR a datos generados por un modelo MA, requeriremos un modelo de orden extremadamente alto para obtener un ajuste adecuado, y vice versa. Entonces existe una ventaja obvia en combinar los dos tipos de modelos AR y MA en un *modelo mixto autor-regresivo de promedios móviles* (denotado como ARMA(p, q)). Modelos de este tipo fueron vigorosamente propuestos por Box y Jenkins (1970 y 1976) como la clase "estándar" de modelos de series de tiempo. Es efectivamente cierto que el esquema ARMA puede ser usado para modelar una gran variedad de estructuras de series de tiempo. La ventaja de los modelos ARMA es que en el ajuste se requerirán menos parámetros que en el ajuste de un modelo puro AR o MA.

Box y Jenkins (1970 y 1976) consideraron una extensión de los modelos ARMA para ocuparse de ciertos tipos especiales de series no estacionarias. Ellos consideraron una serie de tiempo que es no estacionaria, pero que puede llegar a ser estacionaria si se la diferencia un número suficiente de veces. Esto condujo a los llamados modelos ARIMA.

Box y Jenkins presentaron técnicas claramente simples para identificar los ordenes adecuados de los modelos, y para la evaluación numérica de los estimadores por máxima verosimilitud aproximada de los parámetros del modelo. Es cierto que, cuando se los aplica correctamente, las clases ARMA y ARIMA pueden proveer descripciones muy útiles de una gran variedad de datos de series de tiempo, explicando porqué el "enfoque de Box-Jenkins" (como generalmente se lo conoce) ha sido usado extensamente por una gran variedad de practicantes del análisis de series de tiempo en una gran diversidad de campos. Debe notarse, no obstante, que el paso denominado "identificación del modelo" en el análisis (o sea, la selección de una forma apropiada de modelos ARMA o ARIMA) requiere cuidados y experiencia considerable. El éxito de este enfoque depende mayormente en la habilidad del analista para seleccionar un modelo apropiado que en los aspectos más técnicos de la estimación de los parámetros por máxima verosimilitud.

Uno de los más importantes problemas en el análisis de las series de tiempo es el de *predicción* de valores futuros de la serie, dado algunos datos sobre los valores pasados. Cuando la serie representa alguna variable económica, la importancia práctica de la predicción es inmediatamente evidente. No obstante, los primeros estudios sistemáticos de este problema fueron desarrollados por Wiener (1949) y Kolmogorov (1941) en contextos completamente diferentes. Wiener se interesó en el problema de predecir la trayectoria del vuelo de un avión. Supongamos que tenemos datos que se extienden en la historia pasada y remota de la serie, o sea que tenemos todas las observaciones hasta el momento actual, y deseamos predecir el valor de algún punto futuro. Podemos considerar una predicción basada en una combinación lineal de todos los valores pasados. El problema así presentado implica lograr una predicción "óptima" en algún sentido. Suponiendo que las propiedades estadística de la serie son totalmente conocidas, esto se transforma en un problema puramente matemático, y su solución fue dada en forma independiente por Wiener y Kolmogorov usando el error medio cuadrático como el criterio de optimalidad. El método de Wiener está basado en un enfoque en el *dominio de las frecuencias* e involucra técnicas matemáticas complicadas conocidas como "factorización espectral". Este método es muy difícil de aplicar a menos que la serie tenga una densidad espectral muy simple. Por otra parte el enfoque de Wiener se ajusta más a las series de tiempo de la ingeniería que a las de la economía.

Box y Jenkins (1970 y 1976) propusieron un método mucho más simple basado en ajustar un modelo ARMA, y luego calcular las predicciones directamente del modelos ajustado. Las predicciones son simplemente calculadas usando un algoritmo recursivo. El método es extremadamente fácil de aplicar, pero requiere, por supuesto, que la serie sea bien ajustada por un modelo ARMA. El método de Wiener-Kolmogorov no requiere que la serie sea conformable con un modelo con un número finito de parámetros, pero es mucho más difícil de aplicar a los datos.

Wiener (1949) extendió su método para tratar el problema asociado del *filtrado* donde no se puede observar directamente la serie sino que, en su lugar, observamos una que consiste en la serie de interés más un ruido que corrompe a la primera. El problema aquí es construir predicciones de la serie de interés basándose en la observación de la serie corrompida. La solución de Wiener al problema de filtrado envuelve esencialmente las mismas herramientas matemáticas usadas en su solución al problema de predicción.

Una nueva y poderosa solución al problema de filtrado fue ideado por Kalman (1960) y Kalman y Bucy (1961), usando la llamada *representación de espacio de estado* de una serie de tiempo. Esto provee una descripción muy compacta del modelo y está basado en el resultado conocido que dice que cualquier ecuación en diferencias (o diferencial) lineal de orden finito puede ser escrita como una ecuación vectorial en diferencias (o diferencial) lineal de primer orden. La ventaja de esta última representación es que involucra solamente dependencia de un paso, o sea que posee la propiedad de Markov, lo cual conduce a un algoritmo simple y elegante para calcular las predicciones de valores futuros de la serie conocido como el *algoritmo del filtro de Kalman*.

Una gran parte del análisis convencional de las series de tiempo está basado en el supuesto que la serie es estacionaria (al menos hasta el segundo orden). En la práctica este supuesto frecuentemente no se satisface, no obstante cierto tipo de series no estacionarias pueden ser reducidas a una forma estacionaria mediante transformaciones tales como la diferenciación. Hay muchas series cuyas propiedades estadísticas están "continuamente" cambiando en el tiempo, no pudiendo por lo tanto, ser reducidas a estacionarias mediante este tipo de transformaciones. El problema de analizar esas series es muy difícil; si las propiedades estadísticas cambian muy rápidamente en el tiempo, entonces claramente será imposible desarrollar cualquier análisis estadístico de utilidad. No obstante, si sus propiedades estadísticas cambian "suavemente" en el tiempo, entonces podemos considerar la posibilidad de ajustar modelos "locales" a conjuntos "cortos" de los datos, permitiendo que los parámetros cambien sus valores a medida que nos movemos de un conjunto a otro de datos. La idea conduce, por un lado, a un modelo global del tipo ARMA en el cual los parámetros dependen del tiempo. Modelos de esta forma han sido considerados por varios autores, particularmente Subba Rao (1970) ha estudiado el problema de estimar el conjunto de parámetros asociados dependientes del tiempo.

Por otro lado, esa idea conduce a la representación de espacio de estado en donde las matrices de sistema que contienen los parámetros dependen del tiempo. Luego, mediante una aplicación adecuada del algoritmo del filtro y suavizador de Kalman, se obtienen las estimaciones y las predicciones de la serie. Un trabajo pionero dentro de esta área es el de Durbin y Harvey (1986). Un estudio profundo de este enfoque es el trabajo enciclopédico de Harvey (1989). Un tratamiento moderno del tema puede verse en Abril (1997, 1999) y Durbin y Koopman (2001, 2012).

Muchas series de tiempo están sujetas a irregularidades en los datos, tales como valores perdidos o faltantes, observaciones atípicas ("outliers"), cambios estructurales y espaciado irregular. Los datos pueden estar también desordenados, y por lo tanto ser difícil de manejarlos mediante procedimientos estándares, especialmente cuando ellos son intrínsecamente no Gaussianos o contienen estructuras periódicas complicadas tales como cuando son observados en una base horaria o semanal. El tratamiento técnico de este tipo de series puede hoy en día ser realizado de forma eficiente basándose en los métodos de espacio de estado. Estos métodos pueden ser aplicados a cualquier modelo lineal, incluyendo aquellos dentro de la clase de los ARIMA. Ahora bien, la facilidad de interpretación de los modelos estructurales de series de tiempo, junto con la información asociada que producen el filtro y el suavizador de Kalman, hacen de ellos el vehículo natural para el tratamiento de los datos desordenados. Modelos estructurales de series de tiempo pueden ser expresados en tiempo continuo, permitiendo con ello un tratamiento general de observaciones irregularmente espaciadas. La estructura periódica asociada con datos horarios o semanales puede ser efectivamente tratada usando curvilíneas ("splines") variables en el tiempo, mientras que el análisis estadístico de modelos no Gaussianos es ahora posible debido a los desarrollos recientes en las técnicas de simulación.

El análisis espectral de series no estacionarias contiene algunas dificultades fundamentales. Cuando la serie es no estacionaria, la "representación espectral" de la misma no es posible de expresar como "sumas" de funciones senos y cosenos. Esto significa que todo el concepto de frecuencia requiere una nueva y cuidadosa evaluación si se desea preservar la interpretación física del espectro. Priestley (1965) mostró que es posible definir al espectro para una clase general de series no estacionarias. El punto crucial es que para esas series no estacionarias el espectro es dependiente del tiempo y describe las propiedades locales en un vecindario de cada punto del tiempo. Es posible en estos casos estimar al espectro y construir una teoría de predicción y filtrado lineal para series no estacionarias, la cual sería muy próxima y paralela a la teoría de Wiener-Kolmogorov para series estacionarias.

Desarrollos recientes en el análisis de las series de tiempo tienen que ver con el estudio de modelos no-lineales. Los esquemas AR, MA y ARMA son todos modelos lineales, en el sentido que están basados en ecuaciones lineales en diferencias cuyas soluciones se expresan como una combinación lineal de valores presentes y pasados de un proceso ortogonal o ruido blanco. Mientras que esos modelos pueden proveer descripciones acertadas y razonables para una gran variedad de datos, la noción de linealidad, como la de estacionariedad, es a lo sumo solamente una aproximación al "mundo real". La construcción de tipos generales de modelos no-lineales de series de tiempo presenta problemas formidables, pero el estudio de ciertas formas especiales de modelos no-lineales ha mostrado que posee algunas propiedades estructurales fascinantes que no pueden ser reproducidas por los modelos lineales. Algunos de estos casos especiales son: a) los modelos bilineales estudiados e investigados principalmente por Granger y Anderson (1978), Subba Rao (1981) y Subba Rao y Gabr (1984), b) los modelos autorregresivos de umbral ("threshold autoregressive models") propuestos por Tong y Lim (1980), c) los modelos autorregresivos exponenciales introducidos por Haggan y Ozaki (1979), d) los "modelos generales de estados dependientes" introducidos por Priestley (1980) y e) los modelos para estudiar *volatilidad.*

Un precursor del estudio de las series de tiempo es James Durbin quien viene trabajando desde 1950 dentro del tema, habiendo producido grandes e impactantes aportes científicos. Detalles sobre las contribuciones de Durbin al estudio de las series de tiempo y la econometría pueden verse en Abril (2012).

1.4. Enfoque general al estudio

Entonces, una serie de tiempo es un conjunto de observaciones ordenadas en el tiempo, o también, es una sucesión, finita o infinita, de variables aleatorias y_t, $t = 1, \ldots, n$ o bien $t = \ldots, -1, 0, 1, \ldots$. La definición dada anteriormente corresponde a lo que se denomina serie de tiempo discreta.

Existen situaciones en las que se puede pensar que la serie de tiempo considerada es continua en el tiempo, siendo representada por y_t o $y(t)$ con $-\infty < t < \infty$. Ahora bien, el interés primordial del estadístico práctico es el estudio de las series de tiempo discretas en el tiempo, pero en capítulos posteriores se introduce una discusión actual sobre las series continuas en el tiempo. Frecuentemente una serie de tiempo discreta puede ser pensada como una muestra de una serie de tiempo continua. O sea que, lo que determina si una serie de tiempo es discreta o continua, es el conjunto de observaciones y la forma en que se las tiene disponibles.

Una parte importante del estudio de las series de tiempo es la selección y el análisis de un modelo probabilístico adecuado (o una clase de modelos) para explicar el origen de los datos. Así, un modelo de serie de tiempo para los datos observados consiste en la especificación de la distribución conjunta (o posiblemente sólo de las medias y covarianzas) de una sucesión de variables aleatorias de la cual, el conjunto de observaciones se postula que es simplemente una realización.

A fin de aclarar conceptos, se debe notar que el término *serie de tiempo* se usará para significar tanto los datos observados como el proceso del cual ellos son una realización.

El modelo básico para representar una serie de tiempo es el modelo aditivo

$$y_t = f(t) + u_t, \ t = 0, \pm 1, \pm 2, \ldots, \tag{1.1}$$

donde $f(t)$ es una función del tiempo t, que puede ser determinística o aleatoria y u_t es una variable aleatoria con ciertas características. Algunas veces tenemos modelos que operan multiplicativamente como

$$Y_t = F(t).v_t, \ t = 0, \pm 1, \pm 2, \ldots. \tag{1.2}$$

Poniendo $y_t = \log Y_t$, $f(t) = \log F(t)$, $u_t = \log v_t$, (1.2) reduce a (1.1). Modelos de tipo multiplicativo, y en general modelos no lineales, serán presentados en los últimos dos capítulos de este libro.

Frecuentemente

$$f(t) = \mu_t + \gamma_t + \vartheta_t, \ u_t = \varepsilon_t. \tag{1.3}$$

Donde, μ_t es un componente que varía suavemente llamado la *tendencia*, γ_t es un componente periódico llamado la *estacionalidad*, ϑ_t es un componente periódico con frecuencia sustancialmente menor que la estacionalidad llamado el *ciclo* y ε_t es un componente irregular llamado el *error* o *disturbio*. En muchas aplicaciones, particularmente en economía, los componentes combinan multiplicativamente, dando

$$y_t = \mu_t \gamma_t \vartheta_t \varepsilon_t. \tag{1.4}$$

No obstante, tomando logaritmos, el modelo (1.4) reduce al modelo (1.3). Por lo tanto se puede usar el modelo (1.3) a todos los efectos prácticos.

La tendencia es un componente que cambia suavemente en el tiempo. En muchos casos se la trata como una función determinística del tiempo, pero, con mayor generalidad se puede pensar que es un proceso estocástico que varía en muchos casos de forma suave con el tiempo.

Muchas series están influenciadas por factores estacionales variables tales como el clima, el efecto de los cuales puede ser modelado por medio de un componente periódico con período fijo y conocido. La estacionalidad también se la trata como una función determinística del tiempo, pero con argumentos similares a los dados para la tendencia, se puede pensar que es aleatoria. Usualmente, la parte determinística de la estacionalidad puede ser expresada de dos formas: una como un conjunto de variables ficticias ("dummy") tales que suman cero durante el período estacional, o bien como una combinación de senos y cosenos con frecuencias acordes con el período estacional.

El ciclo es un componente periódico de baja frecuencia. En realidad, es un componente cuya frecuencia es superior a la de la tendencia pero sustancialmente inferior a la de la estacionalidad. Es altamente conveniente pensar que es aleatorio, siendo su parte determinística una combinación de senos y cosenos con frecuencias acordes con el período cíclico.

En cuanto al componente irregular, el mismo es tratado siempre como una variable aleatoria con ciertas características adecuadas al fenómeno que da origen a la serie de tiempo bajo estudio.

Un adecuado estudio de modelos del tipo presentado en la fórmula (1.3) será realizado en capítulos posteriores del presente libro.

Existen algunas situaciones en las que la serie de tiempo de interés y_t suele ser explicada por un modelo causal del tipo de regresión en el cual las variables explicativas son otras series. O sea que se tiene el modelo

$$y_t = \mathbf{x}_t'\boldsymbol{\beta} + u_t, \tag{1.5}$$

donde $\mathbf{x}_t$ es un vector de k variables (series) explicativas, $\boldsymbol{\beta}$ es un vector de k parámetros desconocidos, que pueden o no ser función del tiempo t, y u_t es un vector aleatorio con propiedades especificadas. Modelos de este tipo serán analizados más adelante.

En este libro, para una dada variable aleatoria x escribiremos $V(x)$, $Var(x)$, $\mathrm{Var}(x)$ o $\mathrm{var}(x)$ para denotar la varianza de x.

1.5. Algunos modelos simples

Como ya se dijo, una serie de tiempo es un conjunto de observaciones ordenadas en el tiempo. El modelo básico para representar una serie de tiempo es el modelo aditivo

$$y_t = \mu_t + \gamma_t + \vartheta_t + \varepsilon_t, \tag{1.6}$$

donde, μ_t es un componente que varía suavemente llamado la *tendencia*, γ_t es un componente periódico de período fijo llamado la *estacionalidad*, ϑ_t es un componente periódico con frecuencia sustancialmente menor que la estacionalidad llamado el *ciclo* y ε_t es un componente irregular llamado el *error*. En muchas aplicaciones, particularmente en economía, los componentes combinan multiplicativamente, dando

$$y_t = \mu_t \gamma_t \vartheta_t \varepsilon_t. \tag{1.7}$$

No obstante, tomando logaritmos, el modelo (1.7) reduce al modelo (1.6). Por lo tanto se puede usar el modelo (1.6) a todos los efectos prácticos.

La tendencia es un componente que cambia suavemente en el tiempo. En muchos casos se la trató como una función determinística del tiempo, pero, con mayor generalidad se puede pensar que es un proceso estocástico que varía en forma suave con el tiempo. Existe alguna controversia en la definición de tendencia; para Sir Maurice Kendall (1973, pág. 29) *"la idea esencial de la tendencia es que debe ser suave"*, mientras que para A. Harvey (1989, pág. 284) *"no hay razones fundamentales por las que una tendencia debe ser suave"*. Estas diferencias están presentes en varios métodos y paquetes (software) que, efectivamente, no estiman la misma cosa y por consiguiente producen resultados diferentes.

Muchas series están influenciadas por factores estacionales variables tales como el clima, el efecto de los cuales puede ser modelado por medio de un componente periódico con período fijo y conocido. La estacionalidad también se la trató como una función determinística del tiempo, pero con argumentos similares a los dados para la tendencia, se puede pensar que es aleatoria. Usualmente, la parte determinística de la estacionalidad puede ser expresada de dos formas: una como un conjunto de variables ficticias ("dummy") tales que suman cero durante el período estacional, o bien como una combinación de senos y cosenos con frecuencias acordes con el período estacional.

El ciclo es un componente periódico de baja frecuencia. En realidad, es un componente cuya frecuencia es superior a la de la tendencia pero sustancialmente inferior a la de la estacionalidad. Es altamente conveniente pensar que es aleatorio, siendo su parte determinística una combinación de senos y cosenos con frecuencias acordes con el período cíclico.

En cuanto al componente irregular, el mismo ha sido tratado siempre como una variable aleatoria con ciertas características adecuadas al fenómeno que da origen a la serie de tiempo bajo estudio.

Un adecuado y moderno estudio de modelos del tipo presentado en la fórmula (1.6) puede verse en Abril (1997 y 1999).

Como se indicó anteriormente, hay dos aspectos en el estudio de las series de tiempo: el análisis y el modelado. Para realizar los estudios suele ser necesario definir, estimar y en algunos casos eliminar los componentes μ_t, γ_t y ϑ_t que forman parte de la estructura de la series, que no son directamente observables pero que tienen una gran importancia en el estudio. Esto fue una preocupación constante desde tiempo remotos, que se fue acrecentando a partir de fines del XIX, y que a partir de la segunda mitad del siglo XX encontró el camino de un desarrollo sostenido e importante.

1.6. Los inicios del análisis moderno

La década de 1950 puede ser considerada como el inicio del análisis moderno de las series de tiempo debido a la introducción del suavizado exponencial. Efectivamente, el promedio móvil exponencialmente ponderado (PMEP), o EWMA según sus siglas en inglés, fue introducido en los años 1950 para lograr la predicción un paso adelante $\widehat{y}_t(1)$ de y_{t+1} dada $\mathbf{Y}_t$, donde $\mathbf{Y}_t$ es el conjunto $\{y_1, \ldots, y_t\}$ junto con toda la información anterior al tiempo $t = 1$, o sea toda la información hasta el momento t. Este tiene la forma

$$\widehat{y}_t(1) = (1 - \lambda) \sum_{j=0}^{\infty} \lambda^j y_{t-j}, \quad 0 < \lambda < 1. \tag{1.8}$$

De (1.8), deducimos inmediatamente la recursión

$$\widehat{y}_t(1) = (1 - \lambda)y_t + \lambda\widehat{y}_{t-1}(1), \tag{1.9}$$

la que es usada en lugar de (1.8) para los cálculos prácticos. Esta es una estructura simple y requiere poco almacenamiento, por lo tanto fue muy conveniente para las computadoras primitivas disponibles en los años 1950. Como resultado, el PMEP se transformó en una técnica de predicción muy popular en la industria, particularmente para predecir ventas.

Una contribución importante fue realizada por Muth (1960) quien mostró que las predicciones de PMEP realizadas mediante la recursión (1.9) son de mínimo error medio cuadrático de predicción (MEMCP) en el sentido que minimizan $E\left[\widehat{y}_t(1) - y_{t+1}\right]^2$ dada $\mathbf{Y}_t$ para series generadas por el modelo

$$y_t = \mu_t + \varepsilon_t, \qquad \mu_t = \mu_{t-1} + \eta_t, \tag{1.10}$$

donde ε_t y η_t son ruidos blancos independientes, esto es, son variables aleatorias serialmente independientes, independientes entre sí, con media cero y varianza constante. Este es, en efecto, un modelo simple de espacio de estado similar al definido en el Capítulo 9 de este trabajo.

Tomando primeras diferencias de las observaciones generadas por (1.10) logramos

$$\Delta y_t = y_t - y_{t-1} = \varepsilon_t - \varepsilon_{t-1} + \eta_t, \tag{1.11}$$

donde el operador de diferencia $\Delta = (1 - B)$, B es el operador de rezago tal que $B^r y_t = y_{t-r}$, $\Delta^r y_t = (1 - B)^r y_t$ y $\Delta_s = (1 - B^s)$. Puesto que ε_t y η_t son serialmente no correlacionadas, la autocorrelación de orden 1 de (1.11) es distinta de cero, pero todas las otras autocorrelaciones de ordenes mayores son cero. Esta es la función de autocorrelación de un modelo MA(1), esto es, de un modelo de promedios móviles de orden 1 dado por

$$\Delta y_t = \nu_t - \theta\nu_{t-1},$$

el cual es el modelo básico de Box y Jenkins (BJ) definido en el Capítulo 3 de este trabajo con $p = 0$ y $q = 1$, y en donde se reemplazó a ε_t por el proceso ortogonal ν_t.

Observamos que estas dos formas simples de modelos de espacio de estado (EE) y de BJ producen las misma predicciones un paso adelante y que estas pueden ser calculadas mediante los PMEP dados en (1.9) y que estos probaron tener buenos valores prácticos. Podemos escribir a (1.9) de la siguiente forma

$$\widehat{y}_t(1) = \widehat{y}_{t-1}(1) + (1 - \lambda)\left\{y_t - \widehat{y}_{t-1}(1)\right\},$$

que es la forma del filtro de Kalman para predicciones generales de EE especializadas para este caso simple según se lo verá en capítulos posteriores de este trabajo.

El modelo de PMEP fue extendido por Holt (1957) y Winters (1960) (HW) a series que contienen tendencia y efectos estacionales. La extensión para la tendencia en el caso aditivo es

$$\widehat{y}_t(1) = m_t + b_t,$$

donde m_t y b_t son el nivel y la pendiente generados por las recursiones del tipo PMEP

$$m_t = (1 - \lambda_1)y_t + \lambda_1(m_{t-1} + b_{t-1}), \quad b_t = (1 - \lambda_2)(m_t - m_{t-1}) + \lambda_2 b_{t-1}.$$

En una extensión interesante de los resultados de Muth (1960), Theil y Wage (1964) mostraron que las predicciones logradas mediante las recursiones de HW son de MEMCP para el modelo de EE

$$\begin{aligned}
y_t &= \mu_t + \varepsilon_t, & \varepsilon_t &\sim N(0, \sigma_\varepsilon^2), \\
\mu_t &= \mu_{t-1} + \beta_{t-1} + \eta_t, & \eta_t &\sim N(0, \sigma_\eta^2), \\
\beta_t &= \beta_{t-1} + \zeta_t, & \zeta_t &\sim N(0, \sigma_\zeta^2).
\end{aligned} \tag{1.12}$$

Esto extiende al modelo de camino aleatorio más ruido definido en (1.10) agregándole un término de pendiente β_t el que permite al modelo seguir una tendencia variable en el tiempo la que es localmente lineal.

Tomando segundas diferencias de y_t generada por (1.12), obtenemos

$$\Delta^2 y_t = \zeta_t + \eta_t - \eta_{t-1} + \varepsilon_t - 2\varepsilon_{t-1} + \varepsilon_{t-2}.$$

Esta es una serie estacionaria con autocorrelaciones de ordenes 1 y 2 distintas de cero pero todas las otras autocorrelaciones son cero. Por lo tanto sigue el modelo MA(2)

$$\Delta^2 y_t = \nu_t - \theta_1 \nu_{t-1} - \theta_2 \nu_{t-2},$$

el que es una forma simple del modelo de BJ.

Ahora consideremos qué pasa cuando la estacionalidad es agregada al sistema. Comenzando con el modelo (1.10) de camino aleatorio más ruido, le agregamos un término de estacionalidad γ_t, dando

$$y_t = \mu_t + \gamma_t + \varepsilon_t.$$

Si la estructura estacional fuera constante en el tiempo, los γ_t's satisfarían la condición $\gamma_t + \gamma_{t-1} + \cdots + \gamma_{t-s+1} = 0$, donde s es el número de "meses" por "año". Para permitir que la estructura estacional cambie en el tiempo, agregamos un término de ruido blanco y obtenemos el modelo estructural

$$\begin{aligned}
y_t &= \mu_t + \varepsilon_t, & \varepsilon_t &\sim N(0, \sigma_\varepsilon^2), \\
\mu_t &= \mu_{t-1} + \eta_t, & \eta_t &\sim N(0, \sigma_\eta^2), \\
\gamma_t &= -\gamma_{t-1} - \cdots - \gamma_{t-s+1} + \omega_t, & \omega_t &\sim N(0, \sigma_\omega^2).
\end{aligned} \tag{1.13}$$

Esto satisface la forma general de EE dada en capítulos posteriores de este trabajo.

Tomando primeras diferencias y primeras diferencias estacionales de (1.13), encontramos

$$\Delta\Delta_s y_t = \eta_t - \eta_{t-s} + \omega_t - 2\omega_{t-1} + \omega_{t-2} + \varepsilon_t - \varepsilon_{t-1} - \varepsilon_{t-s} + \varepsilon_{t-s+1},$$

la que constituye efectivamente una serie de tiempo estacionaria con correlaciones de ordenes $1, 2, s-1, s$ y $s+1$ distintas de cero. Consideremos el modelo de BJ presentado en el Capítulo 3 que se lo puede expresar en la forma

$$\Delta\Delta_s y_t = \nu_t - \theta_1 \nu_{t-1} - \theta_s \nu_{t-s} + \theta_1 \theta_s \nu_{t-s-1}.$$

Este es el famoso "modelo de aerolínea" de BJ el cual ha resultado ser bueno para ajustar numerosas series de tiempo económicas que contienen tendencia y efectos estacionales. Tiene autocorrelaciones de ordenes $1, s-1, s$ y $s+1$ diferentes de cero. La autocorrelación de orden s del modelo (1.13) sucede sólo a través de var(ω_t) la que en muchos casos prácticos es pequeña. De esa manera, cuando agregamos efectos estacionales encontramos una correspondencia cercana entre los modelos de EE y de BJ como se verá en capítulos posteriores de este trabajo. Un término de pendiente β_t puede agregarse a (1.13) como se hizo en (1.12) sin que afecte las conclusiones.

Un patrón comienza a emerger. Partiendo de las predicciones de PMEP, que mostraron que en circunstancias apropiadas trabajan bien en la práctica, encontramos que hay dos tipos de modelos distintos, los modelos de EE y los modelos de BJ, los que aparentan ser conceptualmente muy diferentes pero ambos dan MEMCP a partir de las recursiones PMEP. La explicación es que cuando la serie de tiempo tiene una estructura subyacente que es suficientemente simple, los modelos apropiados de EE y de BJ son esencialmente equivalentes. Es realmente cuando nos movemos a estructuras más complejas cuando las diferencias emergen.

1.7. Métodos ad hoc para el filtrado de componentes

También la década de 1950 vio el nacimiento de una gran movimiento cuyo interés era el desarrollo de métodos capaces de poder extraer algunos componentes de las series de tiempo, especialmente las económicas y sociales. Así, en 1958 se inicia en el U. S. Bureau of the Census un proyecto para elaborar un método que permita filtrar series de tiempo extrayéndoles el componente estacional. Estos trabajos producen en 1967 el programa conocido como X-11 (ver Shiskin, Young y Musgrave, 1967). Excepto por el tratamiento de algunos valores extremos, el método del programa X-11 puede ser visto como la aplicación de una sucesión de filtros lineales.

En las siguientes el método X-11 se propagó a una velocidad asombrosa y muchas miles de series fueron rutinariamente ajustadas por este método. Fue un procedimiento eficiente y fácil de usar que parecía que produciría buenos resultados en muchas series, aunque el significado de "buenos" para el ajuste estacional es algo poco claro. Aún, hacia el final de la década de 1970 se comenzó a tomar conciencia de las limitaciones del método X-11. Esas limitaciones fueron mayormente asociadas con la rigidez del filtro X-11, esto es, con su estructura "ad hoc" relativamente fija. Estas limitaciones fueron estudiadas en profundidad por Maravall (1996) y nosotros las resumiremos más abajo.

El uso más importante del análisis de series de tiempo en estadísticas oficiales es, por lejos, en ajuste estacional. En la mayoría de las agencias gubernamentales (Institutos o Departamentos de Estadísticas Oficiales), este procedimiento es realizado mediante alguna variante del procedimiento X-11, X-12 o por alguna técnica de suavizado similar de base intuitiva. La mayoría de los especialistas académicos en series de tiempo se sorprendieron cuando vieron por primera vez estos métodos. La opinión fue que alguien debía producir una técnica basada en modelos y en ideas estadísticas modernas que superara cualquier procedimiento de base intuitiva. No obstante, la metodología básica del X-11 o similares fue desarrollada hace más de 40 años y no ha sido cambiada en su esencia hasta el momento. Debemos admirar el éxito de aquellos estadísticos que han creado un método que ha sido tan popular por tanto tiempo y que ha sobrevivido toda una revolución en la computación.

Parte de la explicación es que ni la tendencia ni la estacionalidad pueden ser objetivamente definidas. ¿Cuán suave debe ser una tendencia? Ningún criterio objetivo puede decidir esto; en última instancia la respuesta debe estar determinada por el consumidor. ¿Cuán rápido debe la estructura estacional cambiar en el tiempo? La respuesta en este caso es la misma. Parece que quienes diseñaron el X-11 deben haber logrado las respuestas casi adecuadas, presumiblemente mediante algún procedimiento de prueba y error unido al ejercicio del discernimiento.

De cualquier manera, el X-11 y sus derivados tales como el X-12 no son, de ninguna manera, perfectos. En particular, no hacen un uso eficiente de los datos más recientes que se encuentran al final de las series. En este punto es importante citar algunos resultados logrados por Maravall (1996), los cuales son: (i) el X-11 puede extraer componentes estacionales falsos, incluso a series de observaciones que son ruido blanco; (ii) el X-11 subajustará cuando el ancho del pico estacional en el espectro de la serie es mayor que el capturado por el filtro del método X-11, y sobreajustará cuando el ancho del pico sea menor que el del filtro; (iii) el X-11 no posee un adecuado marco de detección de casos en los cuales su uso es inapropiado; (iv) aún cuando sea apropiado, el X-11 no contiene las bases para una adecuada inferencia; (v) el X-11 no permite calcular predicciones óptimas de los componentes; (vi) a pesar que el X-11 calcula estimaciones separadas de los componentes tendencia, estacionalidad e irregular, sus propiedades estadísticas son desconocidas.

Para superar algunas de esas limitaciones, el método X-11 ha sido modificado en el transcurso de los años. Particularmente el programa X-11 ARIMA, desarrollado por Statistics Canada (ver Dagun, 1980) mejoró el X-11 en varios aspectos. Primero incorporó nuevos elementos de diagnóstico y quizás lo más relevante es que logra mejores estimaciones de los componentes al final de la serie. Esto último se lo logra reemplazando a los filtros ad hoc del método X-11 para los estimadores preliminares por un procedimiento que extiende la serie mediante una predicción del tipo ARIMA. El programa X-11 ARIMA reemplazó al X-11 en muchas aplicaciones estándares.

Actualmente el U. S. Bureau of the Census tiene el programa X-12 ARIMA (ver Findley, Monsell, Otto, Bell y Pugh, 1992). El programa sigue la dirección del X-11 ARIMA, e incorpora algunos de los nuevos conjuntos de diagnósticos y algunas nuevas características basadas en modelos, que tienen que ver con el tratamiento de los valores atípicos y con la estimación de los efectos especiales.

Sea como fuere, las aplicaciones (como el ajuste estacional "oficial" gubernamental) se quedan atrás con respecto a la investigación en desarrollo. Así que, volvamos a la evolución de (en su mayoría académica) la investigación realizada a partir de la década de 1970.

Capítulo 2

Procesos Estocásticos Estacionarios

2.1. Introducción

La sucesión de n observaciones que constituyen una serie de tiempo puede ser considerada una muestra de una sucesión más larga de variables aleatorias. El objetivo de la estadística inferencial es, en este caso, conocer toda o parte de la estructura probabilística de esa sucesión más larga. Suele ser conveniente tratar a esa sucesión más larga como infinita. Esa sucesión infinita de variables aleatorias es conocida como un proceso estocástico (PE, como abreviatura). Un proceso estocástico puede ser definido como un fenómeno estadístico que evoluciona en el tiempo de acuerdo a leyes probabilísticas. La palabra estocástico, la cual es de origen Griego, se usa para significar que "concierne a las chances", pero muchos autores usan la expresión "procesos aleatorios" como sinónimo de proceso estocástico.

Matemáticamente, un proceso estocástico es una colección o sucesión infinita de variables aleatorias ordenadas en el tiempo y definidas en un conjunto de puntos temporales el cual puede ser contínuo o discreto.

Una sucesión infinita de variables aleatorias, $y_1, y_2, \ldots$, o bien $\ldots, y_{-1}, y_0, y_1, \ldots$, es conocida como un proceso estocástico con parámetro discreto en el tiempo.

Un proceso estocástico y_t con parámetro contínuo en el tiempo t puede ser definido para $0 \leqslant t < \infty$ o $-\infty < t < \infty$. Ahora bien, nuestro interés primordial en este libro será el estudio de los procesos estocásticos con parámetro discreto en el tiempo.

En los procesos estocásticos, el número de parámetros involucrados puede ser infinito. En efecto, si el proceso es Gaussiano (normal) con media y varianza constantes en el tiempo, existirán infinitas covarianzas. Nuestro interés será lograr información sobre todo ello a partir de un número finito de observaciones.

Muchos problemas estdísticos se refieren a estimar las propiedades de una población a partir de una muestra. En series de tiempo la situación es algo diferente en el sentido de que si bien se puede hacer variar la longitud de la serie observada, es usualmente imposible tomar más de una observación en cada momento de tiempo. Por lo tanto tenemos solamente un sólo resultado del proceso y una sóla observación de la variable aleatoria en el momento t. Así y todo, podemos considerar a la serie de tiempo observada como un sólo ejemplo o una sóla observación del conjunto infinito de series de tiempo que podrían haber sido observadas. Cada miembro de ese conjunto infinito es una posible realización del proceso estocástico. La serie de tiempo observada puede ser pensada como una realización particular. Debe notarse que esa única realización, si bien debería ser de longitud infinita en el tiempo, uno en situaciones prácticas, solamente puede observar un número finito de puntos en el tiempo.

2.2. Modelos probabilísticos para las ST

Un proceso estocástico, como una sucesión infinita de variables aleatorias, involucra una medida de probabilidad en un espacio de dimensión infinita. Las probabilidades se asignan a ciertos conjuntos, denominados conjuntos medibles. Esa clase de conjuntos incluye el complemento de todo conjunto en la clase, la unión de un número denumerable de conjuntos en la clase, y la intersección de un número denumerable de esos conjuntos; la medida de probabilidad es definida en esos conjuntos con la propiedad que la medida de la unión de conjuntos disjuntos es la suma de las probabilidades de los conjuntos.

Una serie individual $\{\ldots, y_{-1}, y_0, y_1, \ldots\}$ se denomina una realización del proceso estocástico. Esto es equivalente a tener una sola observación de una distribución multivariada. Cada observación en cada momento de tiempo de un proceso estocástico es una variable aleatoria, y estas observaciones evolucionan en el tiempo de acuerdo a ciertas leyes probabilísticas. Si bien el modelo probabilístico para tal sucesión de variables puede ser muy arbitrario, es útil distinguir entre un proceso estocástico y un conjunto de variables aleatorias, en el sentido que el proceso estocástico lleva incorporada la idea de dependencia en el tiempo. A grandes rasgos, en un proceso estocástico las variables cercanas en el tiempo tienden a comportarse con mayor similaridad que las alejadas en el tiempo. Además, el modelo subyacente para el proceso tiene usualmente algunas simplificaciones en su estructura, de tal manera que un conjunto finito de observaciones tiene implicancias para la sucesión infinita. La cuestión de fondo en esta situación es cómo inferir la estructura del proceso a partir de una sola realización del mismo (aun cuando esa realización sea de longitud finita). Para ello debemos restringir el dominio de procesos a considerar. Una restricción o simplificación es la *estacionariedad*.

Definición. Una serie o proceso $\{y_t, \ t = 0, \pm 1, \pm 2, \ldots\}$ se denomina *completamente o estrictamente estacionaria* si la distribución conjunta de $y_{t_1}, \ldots, y_{t_k}$ es la misma que la de $y_{t_1+a}, \ldots, y_{t_k+a}$ para todo conjunto finito de enteros $\{t_1, \ldots, t_k\}$ y para cualquier entero a.■

Esta definición es equivalente a requerir que la medida de probabilidad de la sucesión $\{y_t\}$ sea la misma que la de $\{y_{t+a}\}$ para todo entero a. Esto implica que la distribución conjunta de cualquier subconjunto finito $y_{t_1}, \ldots, y_{t_k}$ es invariante ante traslaciones sobre el eje del tiempo. Con ello podemos decir que la distribución es homogénea con respecto al tiempo.

Es interesante considerar algunos casos especiales de procesos estrictamente estacionarios estacionarios.

Caso especial 1. Consideremos $k = 1$ en la definición anterior. Esto singifica que y_t tiene la misma distribución que y_{t+a} para todo t y a, lo que implica que la distribución de y_t es la misma para todo t y esto a su vez conlleva a que

$$\begin{aligned}
E(y_t) &= \mu, \text{ independiente de } t \\
V(y_t) &= E\left[y_t - E(y_t)\right]^2 = \sigma^2, \text{ independiente de } t.
\end{aligned} \tag{2.1}$$

O sea que la media y la varianza del proceso son independientes del tiempo.■

Caso especial 2. Consideremos $k = 2$ en la definición. Esto significa que la distribución conjunta de y_{t_1}, y_{t_2} es la misma que la de y_{t_1+a}, y_{t_2+a} para todo t_1, t_2 y a. Poniendo $t_1 + a = t$,

$t_2 - t_1 = s$, tenemos que lo dicho anteriormente implica que y_t, y_{t+s} tiene la misma distribución conjunta que y_{t_1}, y_{t_1+s} para todo t, t_1 y s, lo que a su vez implica que la distribución conjunta de y_t, y_{t+s} es independiente del momento de tiempo t. En particular, esto conlleva a que la cov(y_t, y_{t+s}) $= \gamma_s$ depende solamente de la distancia s entre las variables consideradas y no del momento del tiempo t en que las mismas son tomadas.■

En la práctica suele ser más útil definir estacionariedad en una forma menos restrictiva que la dada anteriormente. Para ello damos la siguiente definición.

Definición. Una serie o proceso $\{y_t, \ t = 0, \pm 1, \pm 2, \ldots\}$ se denomina *débilmente o ampliamente estacionaria* si su media es constante y sus covarianzas dependen solamente de la distancia ("lag") entre las variables consideradas, o sea que

$$
\begin{aligned}
E(y_t) &= \mu \\
\mathrm{cov}(y_t, y_{t+s}) &= \gamma_s
\end{aligned}
\tag{2.2}
$$

son independientes del momento de tiempo t.■

A $\gamma_s = \mathrm{cov}(y_t, y_{t+s})$ se la conoce como la autocovarianza de orden s del proceso $\{y_t\}$ y a s se lo suele denominar rezago (lag).

Se observa inmediatamente que toda serie que es estrictamente estacionaria es también débilmente estacionaria. Nótese que en la definición anterior no se hizo ningún supuesto sobre los momentos de orden superior a los de segundo orden. Haciendo $s = 0$ en la segunda linea de (2.2) vemos que el supuesto sobre las autocovarianzas implica que la varianza es constante para todo t. En otras palabras, el concepto de estacionariedad débil establece que la media y la varianza del proceso estocástico son constantes y que la cov(y_t, y_{t+s}) depende solamente de la distancia s pero no de t.

Esta última definición de estacionariedad será usada a partir de este momento en el resto del libro y nos referiremos a los procesos que la satisfagan como estacioanrios, sin otra calificación. Distinguiremos entre ambos tipos de estacionariedad solamente cuando las circunstancias así lo requieran. La razón para concentrarnos en la definición de estacionariedad debil es que muchas de las propiedades de los procesos estacionarios dependen solamente de la estructura especificada por sus momentos de primer y segundo orden. Una clase importante de procesos para la cual esto último es particularmente cierto es la clase de procesos normales o Gaussianos donde la distribución conjunta de $y_{t_1}, \ldots, y_{t_k}$ es normal multivariante para todo $t_1, \ldots, t_k$. La distribución normal multivariante está completamente caracterizada por sus momentos de primer y segundo orden, de lo que se sigue que para procesos normales o Gaussians, estacionariedad débil implica estacionariedad estricta o completa. Por supuesto, la media y las autocovarianzas pueden no ser suficientes para describir procesos "muy alejados de la normalidad".

2.3. Asimetría y kurtosis

En esta sección discutiremos brevemente los conceptos de asimetría (también conocida como skewness en inglés) y kurtosis que serán de mucha utilidad en lo que sigue de este trabaju.

Si y es una variable aleatoria con esperanza $E(y) = \mu$ y varianza $E(y - \mu)^2 = \sigma^2$, la asimetría de y se define como

$$
A(y) = \frac{E(y - \mu)^3}{\sigma^3} = \frac{\mu_3}{\sigma^3},
\tag{2.3}
$$

donde $\mu_3 = E(y - \mu)^3$. Las variables aleatorias con distribuciones simétricas como la normal o Gaussiana y la t de Student tiene asimetría $A(y) = 0$.

En cuanto a la kurtosis se la define como

$$K(y) = \frac{E(y - \mu)^4}{\sigma^4} = \frac{\mu_4}{\sigma^4}, \tag{2.4}$$

donde $\mu_4 = E(y - \mu)^4$. Para una distribución normal la kurtosis es igual a 3. La cantidad

$$e(y) = K(y) - 3 \tag{2.5}$$

suele denominarse *exceso de kurtosis*. Distribuciones para las cuales $e(y) = 0$ se denominan mesokúrticas. Aquellas con colas pesada tienen $e(y) > 0$ y se denominan leptokúrticas. Aquellas para las cuales $e(y) < 0$ se llaman platikúrticas.

Con una muestra $y_1, y_2, \ldots, y_n$ de la variable aleatoria y, consideremos el j-ésimo momento muestral

$$m_j = \frac{1}{n} \sum_{t=1}^{n} (y_t - \overline{y})^j, \tag{2.6}$$

donde $\widehat{\mu} = \overline{y} = \frac{1}{n} \sum_{t=1}^{n} y_t$. Sustituyendo a los momentos verdaderos de y por los respectivos momentos muestrales en las fórmulas (2.3) y (2.4), obtenemos los estimadores

$$\widehat{A}(y) = \frac{m_3}{m_2^{3/2}} = \frac{1}{n} \sum_{t=1}^{n} \left(\frac{y_t - \overline{y}}{\widehat{\sigma}} \right)^3, \tag{2.7}$$

$$\widehat{K}(y) = \frac{m_4}{m_2^2} = \frac{1}{n} \sum_{t=1}^{n} \left(\frac{y_t - \overline{y}}{\widehat{\sigma}} \right)^4, \tag{2.8}$$

donde

$$\widehat{\sigma}^2 = S^2 = m_2 = \frac{1}{n} \sum_{t=1}^{n} (y_t - \overline{y})^2$$

es un estimador de la varianza de y. Se sigue que

$$\widehat{e}(y) = \widehat{K}(y) - 3. \tag{2.9}$$

Se puede probar que si tuvieramos una muestra de una distribución normal y n fuera lo suficientemente grande, entonces

$$\widehat{A}(y) \sim N(0, 6/n), \quad \widehat{K}(y) \sim N(3, 24/n), \tag{2.10}$$

donde $N(\mu, \sigma^2)$ significa una distribución normal o Gaussiana con media μ y varianza σ^2.

Los resultados dados en (2.10) pueden ser usados para testar la normalidad de una series de tiempo como se lo explica a continuación. Si una serie es considerada normal o Gaussiana, su comportamiento puede ser descripto por un modelo lineal como los mostrados en este trabajo. Una propiedad de las distribuciones Gaussianas es que todos sus momentos impares mayores que dos son nulos. Se sigue entonces que el coeficiente de asimetría A definido en (2.3) debe ser igual a cero. En consecuencia podemos usar el resultado (2.10) para testar la hipótesis $H_0 : A = 0$, o sea, considerar al estadístico del test $\sqrt{n/6}\widehat{A}$, que tendrá distribución límite $N(0,1)$ bajo H_0.

Por otro lado, la medida de kurtosis dada en (2.4) será igual a 3 en distribuciones Gaussianas, y la hipótesis $H_0 : K = 3$ puede ser testada usando al estadístico del test $\sqrt{n/24}(\widehat{K} - 3)$, que también tendrá una distribución límite $N(0,1)$ bajo H_0.

Un test ampliamente utilizado en econometría y series de tiempo es el test de Bera y Jarque (1981), que combina los dos tests anteriormente dados, usando el estadístico

$$BJ = \frac{n}{6}\widehat{A}^2 + \frac{n}{24}(\widehat{K} - 3)^2, \tag{2.11}$$

que bajo $H_0 :$ *la serie es normal*, tiene una distribución χ_2^2.

Por lo tanto, para trestar la normalidad de una serie basta estimar A y K, calcular BJ de acuerdo a (2.11) y comparar el valor obtenido con el valor de tabala de una distribución χ_2^2 con el nivel de significación apropiado. También se puede calcular el valor p (*p*-value) de este test, dado el valor obtenido de BJ, el que si resulta ser menor que el nivel de significación apropiado se rechaza la hipótesis de normalidad.

2.4. Autocovarianzas y autocorrelaciones

Anteriormente se definió la autocovarianza de orden s de la serie de tiempo o proceso $\{y_t\}$ como $\gamma_s = Cov(y_t, y_{t+s})$. Si se la considera una función de s, se la denomina *función de autocovarianzas*.

Para una serie estacionaria, la función de autocovarianzas es una función par de s. Esto se lo puede probar facilmente como sigue

$$\gamma_s = \text{cov}(y_t, y_{t+s}) = \text{cov}(y_{t+s}, y_t) = \text{cov}(y_t, y_{t-s}) = \gamma_{-s}. \tag{2.12}$$

Esto implica que solamente necesitamos especificar a esta función para $s = 0, 1, 2, \ldots$.

Una alternativa a la autocovarianza de orden s de la serie de tiempo o proceso $\{y_t\}$ la constituye la autocorrelación de orden s del respectivo proceso, la cual es igual a

$$\rho_s = \text{corr}(y_t, y_{t+s}) = \frac{\text{cov}(y_t, y_{t+s})}{\sqrt{V(y_t)V(y_{t+s})}} = \frac{\gamma_s}{\gamma_0}. \tag{2.13}$$

Si se la considera una función del rezago s, se la denomina *función de autocorrelación*. A los ρ_s, $s = 0, \pm 1, \pm 2, \ldots$, se los conoce también como coeficientes de correlación serial del proceso $\{y_t\}$.

Para una serie estacionaria, la función de autocorrelación es una función par de s. Esto surge inmediatamente del resultado (2.12) y de la relación (2.13). Además, esta función está libre del problema de locación y de escala, cosa que no pasa con la función de autocovarianzas que está particularmente influenciada por las unidades de medida (escala) de la variable considerada. Finalmente, y dado que (2.13) define propiamente una correlación, surge inmediatamente que $-1 \leqslant \rho_s \leqslant 1$, para todo s. Esto se demuestra notando que para todas las constantes λ_1 y λ_2

$$\begin{aligned}
0 \leqslant V(\lambda_1 y_t + \lambda_2 y_{t+s}) &= \lambda_1^2 V(y_t) + \lambda_2^2 V(\lambda_1 y_t + \lambda_2 y_{t+s}) \\
&\quad + 2\lambda_1 \lambda_2 \, \text{cov}(y_t, y_{t+s}) \\
&= (\lambda_1^2 + \lambda_2^2)\gamma_0 + 2\lambda_1 \lambda_2 \gamma_s.
\end{aligned} \tag{2.14}$$

Cuando $\lambda_1 = \lambda_2 = 1$, encontramos que

$$\gamma_s \geqslant -\gamma_0,$$

de donde se sigue que $-1 \leqslant \rho_s$. Por otra parte, cuando $\lambda_1 = 1$ y $\lambda_2 = -1$ vemos que

$$\gamma_s \leqslant \gamma_0,$$

de donde surge que $\rho_s \leqslant 1$. Combinando ámbos resultados tenemos lo que queríamos probar.

La función de autocorrelación especifica la estructura serial del proceso considerado. Aún cuando una dada serie de tiempo tiene una única estructura serial, la conversa no es cierta en general. Es usualmente posible encontrar muchos procesos Gaussianos y no Gaussianos con la misma función de autocorrelación lo cual crea una dificultad adicional en la interpretación de la función de autocorrelación muestral. En secciones posteriores daremos ejemplos de diferentes procesos que tienen la misma estructura serial.

El gráfico de la función de autocorrelación ρ_s se denomina *correlograma* y suele ser una importante herramienta en el análisis de las series de tiempo.

Supongamos que tenemos $y_1, \ldots, y_n$, y supongamos sin pérdida de generalidad que $E(y_t) = 0$ para todo t, entonces podemos definir la matriz de varianzas como

$$\boldsymbol{\Gamma} = E(\mathbf{yy'}) = \begin{pmatrix} \gamma_0 & \gamma_1 & \gamma_2 & \cdots & \gamma_{n-1} \\ \gamma_1 & \gamma_0 & \gamma_1 & \cdots & \gamma_{n-2} \\ \gamma_2 & \gamma_1 & \gamma_0 & \cdots & \gamma_{n-3} \\ \vdots & \vdots & \vdots & \ddots & \vdots \\ \gamma_{n-1} & \gamma_{n-2} & \gamma_{n-3} & \cdots & \gamma_0 \end{pmatrix}, \tag{2.15}$$

donde el vector columna $\mathbf{y} = \begin{pmatrix} y_1 & \cdots & y_n \end{pmatrix}'$. Esta matriz también se conoce como matriz de autocovarianzas. Obsérvese que los elementos paralelos a la diagonal principal son iguales. Las matrices con esta estructura se denominan matrices de Toeplitz. Un tratamiento muy completo de las matrices de Toeplitz y sus aplicaciones puede verse en Grenander y Szego (1958).

Para cualquier vector

$$\boldsymbol{\alpha} = \begin{pmatrix} \alpha_1 \\ \vdots \\ \alpha_n \end{pmatrix} \neq \mathbf{0}$$

tenemos que

$$\begin{aligned} \boldsymbol{\alpha}'\boldsymbol{\Gamma}\boldsymbol{\alpha} &= E\left(\sum_i \sum_j \alpha_i \alpha_j y_i y_j \right) \\ &= E\left[\left(\sum_{i=1}^n \alpha_i y_i \right)^2 \right] \geqslant 0. \end{aligned}$$

Lo que muestra que $\boldsymbol{\Gamma}$ es una matriz no negativa definida. Si $E\left[\left(\sum_{i=1}^n \alpha_i u_i \right)^2 \right] > 0$ cuando al menos uno de los α_j's es distinto de cero, entonces $\boldsymbol{\Gamma}$ es positiva definida.

De forma similar, tenemos que la matriz de autocorrelación

$$\boldsymbol{\rho} = \begin{pmatrix} 1 & \rho_1 & \rho_2 & \cdots & \rho_{n-1} \\ \rho_1 & 1 & \rho_1 & \cdots & \rho_{n-2} \\ \rho_2 & \rho_1 & 1 & \cdots & \rho_{n-3} \\ \vdots & \vdots & \vdots & \ddots & \vdots \\ \rho_{n-1} & \rho_{n-2} & \rho_{n-3} & \cdots & 1 \end{pmatrix} \tag{2.16}$$

es no negativa definida o positiva definidasegún sea $\boldsymbol{\Gamma}$, dado que $\boldsymbol{\rho} = \gamma_0^{-1}\boldsymbol{\Gamma}$.

La condición de no negativa definida de $\boldsymbol{\rho}$ impone restricciones en los ρ_j's. Puesto que en ese caso los menores principales deben ser todos positivos, tenemos

$$\begin{vmatrix} 1 & \rho_1 \\ \rho_1 & 1 \end{vmatrix} = 1 - \rho_1^2 \geqslant 0,$$

de donde se sigue que $\rho_1^2 \leqslant 1$ o sea que $-1 \leqslant \rho_1 \leqslant 1$. También

$$\begin{vmatrix} 1 & \rho_1 & \rho_2 \\ \rho_1 & 1 & \rho_1 \\ \rho_2 & \rho_1 & 1 \end{vmatrix} = 1 - \rho_1^2 - \rho_1 \left(\rho_1 - \rho_1\rho_2 \right) + \rho_2 \left(\rho_1^2 - \rho_2 \right) \geqslant 0,$$

o sea que

$$\left(1 - \rho_2 \right) \left(1 - 2\rho_1^2 + \rho_2 \right) \geqslant 0,$$

lo que conduce a $\left(1 - 2\rho_1^2 + \rho_2 \right) \geqslant 0$ puesto que $\left(1 - \rho_2 \right) \geqslant 0$. Entonces

$$\rho_2 \geqslant 2\rho_1^2 - 1. \tag{2.17}$$

Lo que da una restricción para ρ_2. Se puede seguir de esa forma con los menores de orden superior a fin de lograr restricciones para el resto de los ρ_s's.

En efecto, se puede mostrar que la condición de que $\boldsymbol{\rho}$ sea no negativa definida es equivalente a la condición de que $\rho_s^2 \leqslant 1$ para $s = 1, 2, \ldots$. Esto da una condición para que un conjunto de valores $\rho_1, \rho_2, \rho_3, \ldots$ sean autocorrelaciones de una serie estacionaria.

2.5. Autocorrelaciones parciales

La autocorrelación parcial entre y_t, y_{t+s} se define como

$$\rho_s. = \operatorname{corr}(y_t, y_{t+s} \,|\, y_{t+1}, y_{t+2}, \ldots, y_{t+s-1}). \tag{2.18}$$

Obsérvese que es la correlación entre y_t, y_{t+s} manteniendo fijos $y_{t+1}, y_{t+2}, \ldots, y_{t+s-1}$. Esto es equivalente a

$$\rho_s. = \operatorname{corr}(e_t^*, e_{t+s}^*), \tag{2.19}$$

donde los e_t^*'s son los residuos de regresar y_t en $(y_{t+1}, y_{t+2}, \ldots, y_{t+s-1})$ y los e_{t+s}^*'s son los residuos de regresar y_{t+s} en $(y_{t+1}, y_{t+2}, \ldots, y_{t+s-1})$. Si a $\rho_s.$ se la considera una función del rezago s, se la denomina *función de autocorrelación parcial*. A los $\rho_s., s = 0, \pm 1, \pm 2, \ldots$, se los conoce también como coeficientes de correlación serial parcial del proceso $\{y_t\}$.

Si y_t es una función de y_k para $k < t$, pero no de y_k para $k > t$, entonces escribiendo

$$y_t + \alpha_{s1}y_{t-1} + \cdots + \alpha_{ss}y_{t-s} = \varepsilon_{ts}, \tag{2.20}$$

para $s = 1, 2, \ldots$, donde $\{\varepsilon_{ts}\}$ es una sucesión de variables aleatorias independientes con media cero y varianza constante para todo s y t, se puede mostrar fácilmente, en base al argumento de (2.19), que

$$\rho_{s\cdot} = -\alpha_{ss}, \quad s = 1, 2, \ldots. \tag{2.21}$$

La forma (2.20) es común a la mayoría de los procesos estacionarios, como se verá en el próximo capítulo. Básicamente, (2.20) significa que se toman autorregresiones de ordenes ascendentes, y la s-ésima autocorrelación parcial es el coeficiente de mayor orden en cada autorregresión.

Recordemos la definición de correlación parcial ordinaria (ver, por ejemplo, Johnston y Dinardo, 1997, págs. 76-78)

$$\operatorname{corr}(x_1, x_2 \,|\, x_3) = \rho_{12,3} = \frac{\rho_{12} - \rho_{13}\rho_{23}}{\sqrt{(1 - \rho_{13}^2)(1 - \rho_{23}^2)}}.$$

Para $s = 2$ tomemos $x_1 = u_t$, $x_2 = u_{t+2}$ y $x_3 = u_{t+1}$, lo que implica que $\rho_{12} = \rho_2$, $\rho_{13} = \rho_1 = \rho_{23}$, entonces

$$\rho_{2\cdot} = \frac{\rho_2 - \rho_1^2}{1 - \rho_1^2}.$$

Puesto que la autocorrelación parcial es un coeficiente de correlación tenemos que $-1 \leqslant \rho_{s\cdot} \leqslant 1$. En particular $-1 \leqslant \rho_{2\cdot} \leqslant 1$, o sea que

$$-1 \leqslant \frac{\rho_2 - \rho_1^2}{1 - \rho_1^2} \leqslant 1,$$

lo que conduce a

$$\rho_1^2 - 1 \leqslant \rho_2 - \rho_1^2 \leqslant 1 - \rho_1^2,$$

de la cual obtenemos $\rho_2 \geqslant 2\rho_1^2 - 1$ y $\rho_2 \leqslant 1$. La primera de estas desigualdades ya fue lograda en (2.17).

El gráfico de la función de autocorrelación parcial $\rho_{s\cdot}$ se denomina *correlograma parcial* y suele ser, al igual que el correlograma, una importante herramienta en el análisis de las series de tiempo.

Un buen tratamiento del tema de la función de autocorrelación parcial para procesos estacionarios se encuentra en Brockwell y Davis (1991, §3.4).

2.6. Ergodicidad

Cualquier realización observada de $\{y_t\}$ es solamente una de entre un posible conjunto infinito de realizaciones que podrían haber ocurrido. Ante esto uno se pregunta si se pueden inferir las propiedades del proceso subyacente a partir de una realización aún cuando sea de longitud infinita. Para entender la pregunta debemos distinguir, para series estacionarias, entre:

1. Promedio sobre las realizaciones en un momento fijo de tiempo, o sea

$$E(y_t) \text{ para } t \text{ fijo.}$$

2. Promedio sobre el tiempo en una realización fija, o sea

$$M(y_t) = \lim_{n \to \infty} \frac{1}{2n+1} \sum_{t=-n}^{n} y_t, \text{ para una realización fija.}$$

En el resto de este libro el lím significa límite o convergencia en media cuadrática, y con el fin de lograr completitud en la presentación, definimos a continuación ese concepto.

Definición. Decimos que la sucesión de variables aleatorias $\{\zeta_n\}$ converge a ζ en media cuadrática cuando $n \to \infty$, y lo denotamos como $\zeta_n \to \zeta$ para $n \to \infty$, si existe una variable aleatoria ζ tal que $E(\zeta_n - \zeta)^2 \to 0$ cuando $n \to \infty$.∎

Regresando a nuestra cuestión, para estacionariedad débil necesitamos

$$M(y_t) = E(y_t), \tag{2.22}$$

$$M(y_t y_{t+s}) = E(y_t y_{t+s}). \tag{2.23}$$

Esto es lo que se conoce como el "Teorema Ergódico Estadístico".

Se puede mostrar que (2.22) se satisface sí y sólo sí

$$\lim_{n \to \infty} \frac{1}{n} \sum_{s=0}^{n-1} \rho_s = 0. \tag{2.24}$$

La ecuación (2.23) se satisface cuando las observaciones son Gaussianas sí y sólo sí

$$\lim_{n \to \infty} \frac{1}{n} \sum_{s=0}^{n-1} \rho_s^2 = 0. \tag{2.25}$$

En el caso no Gaussiano, la ecuación (2.23) se satisface sí y sólo sí

$$\lim_{n \to \infty} \frac{1}{n} E\left(\sum_{t=0}^{n-1} y_t y_{t+k} y_0 y_k \right) = \rho_k^2. \tag{2.26}$$

Mayores detalles se pueden ver en Yaglom (1962, §1.4) y Hannan (1960, pág. 32).

2.7. Ejemplos de series estacionarias

2.7.1. Ejemplo

Consideremos una serie generada por el siguiente modelo

$$y_t = a \cos \lambda t + b \operatorname{sen} \lambda t$$

donde λ es fijo, a y b son variables aleatorias con media cero. Esto es equivalente a una onda sinusoidal pura. Nos interesa conocer cuales son las condiciones sobre las distribuciones de a y b para hacer a $\{y_t\}$ estacionaria. Tenemos que

$$E(y_t) = 0,$$

y que

$$
\begin{aligned}
E(y_t y_{t+s}) &= E\left\{[a\cos\lambda t + b\operatorname{sen}\lambda t][a\cos\lambda(t+s) + b\operatorname{sen}\lambda(t+s)]\right\} \\
&= V(a)\cos\lambda t\cos\lambda(t+s) + V(b)\operatorname{sen}\lambda t\operatorname{sen}\lambda(t+s) \\
&\quad + \operatorname{cov}(a,b)[\operatorname{sen}\lambda t\cos\lambda(t+s) + \cos\lambda t\operatorname{sen}\lambda(t+s)].
\end{aligned}
\tag{2.27}
$$

Ahora bien

$$\operatorname{sen}\lambda t\cos\lambda(t+s) + \cos\lambda t\operatorname{sen}\lambda(t+s) = \operatorname{sen}\lambda(2t+s)$$

y

$$2\cos\lambda t\cos\lambda(t+s) = \cos\lambda s + \cos\lambda(2t+s),$$

$$2\operatorname{sen}\lambda t\operatorname{sen}\lambda(t+s) = \cos\lambda s - \cos\lambda(2t+s).$$

Entonces, reemplazando en (2.27), tenemos

$$
\begin{aligned}
E(y_t y_{t+s}) &= \frac{1}{2}[V(a) + V(b)]\cos\lambda s + \frac{1}{2}[V(a) - V(b)]\cos\lambda(2t+s) \\
&\quad + \operatorname{cov}(a,b)\operatorname{sen}\lambda(2t+s).
\end{aligned}
$$

Esta última expresión es independiente de t sí y sólo sí $V(a) = V(b)$ y $\operatorname{cov}(a,b) = 0$, las que constituyen condiciones de estacionariedad para el proceso $\{y_t\}$ antes definido.∎

2.7.2. Ejemplo

Consideremos ahora una serie $\{\varepsilon_t\}$ tal que

$$E(\varepsilon_t) = 0, \tag{2.28}$$

y

$$E(\varepsilon_t\varepsilon_s) = \left\{ \begin{array}{l} \sigma^2 \text{ si } t = s \\ 0 \text{ si } t \neq s \end{array} \right. . \tag{2.29}$$

Una serie que satisface (2.28) y (2.29) se denomina un proceso ortogonal o ruido blanco. Es evidentemente estacionaria en el sentido débil. En la Figura 2.1 se graficaron 100 observaciones de un proceso ortogonal o ruido blanco con $\sigma^2 = 1$.∎

2.8. Correlación serial

Uno de los primeros problemas del análisis de las series de tiempo es decidir si una serie observada proviene de un proceso de variables aleatorias independientes. Una alternativa simple a la independencia es un proceso en el cual las observaciones sucesivas están correlacionadas. Por ejemplo, el proceso puede corresponder a una ecuación estocástica en

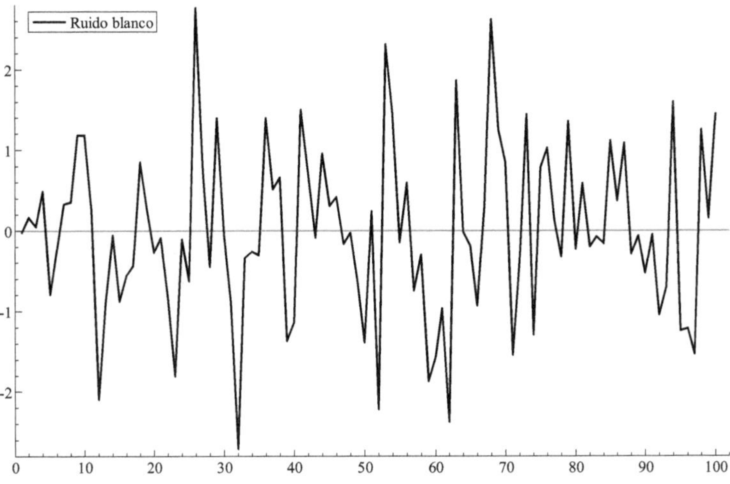

Figura 2.1: 100 observaciones de un proceso ortogonal o ruido blanco con $\sigma^2 = 1$

diferencias de primer orden o proceso autorregresivo de primer orden (AR(1)), el que se lo definirá en el próximo capítulo. En esos casos puede ser apropiado testar la hipótesis nula de independencia, y también estimar la correlación serial del proceso.

La correlación serial es una medida de la dependencia serial en una sucesión de variables aleatorias, y es similar a la medida de dependencia lineal entre dos variables aleatorias. En (2.13) se definió la correlación serial de orden s del proceso $\{y_t\}$ como

$$\rho_s = \mathrm{corr}(y_t, y_{t+s}) = \frac{\mathrm{cov}(y_t, y_{t+s})}{\sqrt{V(y_t)V(y_{t+s})}} = \frac{\gamma_s}{\gamma_0}. \tag{2.30}$$

A continuación nos centramos en el problema de estimar los coeficientes de correlación serial ρ_s, para $s = 0, \pm 1, \pm 2, \ldots$. Luego analizamos las propiedades de diferentes propuestas de estimadores y presentamos sus distribuciones. Posteriormente estudiamos diferentes tests de correlación serial, sus formas y poderes.

Debemos enfatizar que entre los tests de correlación serial estudiados en este capítulo no incluimos a los que consideran y son aplicables en modelos de regresión en el tiempo, o sea en aquellas regresiones en las que todas la variables son series de tiempo. Esos tests serán estudiados en capítulos posteriores.

2.9. Estimadores de ρ_s

Supongamos que tenemos observaciones $y_1, y_2, \ldots, y_n$ de un proceso $\{y_t\}$ y queremos estimar ρ_s. Para ello proponemos

$$r_s = \frac{\sum_{t=s+1}^{n} y_t y_{t-s}}{\sum_{t=1}^{n} y_t^2}, \tag{2.31}$$

si $E(y_t) = 0$ y conocida, o bien

$$r_s = \frac{\sum_{t=s+1}^{n} (y_t - \overline{y})(y_{t-s} - \overline{y})}{\sum_{t=1}^{n} (y_t - \overline{y})^2}, \tag{2.32}$$

si $E(y_t)$ es desconocida. Esta definición asegura que la matriz de autocorrelación muestral

$$\mathbf{R} = \begin{pmatrix} 1 & r_1 & \cdots & r_{n-1} \\ r_1 & 1 & \cdots & r_{n-2} \\ \vdots & \vdots & \ddots & \vdots \\ r_{n-1} & r_{n-2} & \cdots & 1 \end{pmatrix}, \tag{2.33}$$

es no negativa definida. En efecto, sea $z_t = y_t - \overline{y}$, y sea

$$\mathbf{A} = \begin{pmatrix} \sum_{1}^{n} z_t^2 & \sum_{2}^{n} z_t z_{t-1} & \cdots & z_1 z_n \\ \sum_{2}^{n} z_t z_{t-1} & \sum_{1}^{n} z_t^2 & \cdots & \sum_{n-1}^{n} z_t z_{t-n+2} \\ \vdots & \vdots & \ddots & \vdots \\ z_1 z_n & \sum_{n-1}^{n} z_t z_{t-n+2} & \cdots & \sum_{1}^{n} z_t^2 \end{pmatrix}, \tag{2.34}$$

luego, si $\mathbf{A}$ es no negativa definida entonces $\mathbf{R} = \left(\sum_{1}^{n} z_t^2\right)^{-1} \mathbf{A}$ lo es. Podemos escribir $\mathbf{A} = \mathbf{Z}\mathbf{Z}'$, donde $\mathbf{Z}$ es una matriz de orden $n \times (2n-1)$ definida como

$$\mathbf{Z} = \begin{pmatrix} 0 & 0 & \cdots & 0 & z_1 & z_2 & \cdots & z_{n-1} & z_n \\ 0 & 0 & \cdots & z_1 & z_2 & z_3 & \cdots & z_n & 0 \\ \vdots & \vdots & & \vdots & \vdots & \vdots & & \vdots & \vdots \\ z_1 & z_2 & \cdots & z_{n-1} & z_n & 0 & \cdots & 0 & 0 \end{pmatrix}. \tag{2.35}$$

Entonces para cualquier vector real $\mathbf{a}$ no nulo de orden $n \times 1$ tenemos

$$\mathbf{a}'\mathbf{A}\mathbf{a} = \mathbf{a}'\mathbf{Z}\mathbf{Z}'\mathbf{a} = (\mathbf{a}'\mathbf{Z})(\mathbf{a}'\mathbf{Z})' \geqslant 0,$$

con lo que se muestra que $\mathbf{A}$ es no negativa definida, por lo tanto $\mathbf{R}$ también lo es.

Del álgebra de matrices sabemos que si una matriz es no negativa definida, entonces todos sus menores principales son mayores o iguales a cero, o sea que

$$
\begin{vmatrix}
1 & r_1 & r_2 & \cdots & r_m \\
r_1 & 1 & r_1 & \cdots & r_{m-1} \\
r_2 & r_1 & 1 & \cdots & r_{m-2} \\
\vdots & \vdots & \vdots & \ddots & \vdots \\
r_m & r_{m-1} & r_{m-2} & \cdots & 1
\end{vmatrix} \geqslant 0,
\tag{2.36}
$$

para $m = 1, \ldots, n - 1$. Se puede mostrar que esto implica que $-1 \leqslant r_j \leqslant 1$, donde r_j es el coeficiente de correlación serial parcial muestral calculado a partir de $r_1, r_2, \ldots$ exactamente como ρ_j es calculado a partir de $\rho_1, \rho_2, \ldots$.

También, con las definiciones (2.31) y (2.32) no obtenemos estimaciones negativas de la varianza del proceso $\{y_t\}$ y otras inconsistencias cuando ajustemos modelos a partir de $r_1, r_2, \ldots, r_{n-1}$.

Otras definiciones de estimadores de ρ_s han sido sugeridas, como ser

$$
r'_s = \frac{n}{n - s} \frac{\displaystyle\sum_{t=s+1}^{n} z_t z_{t-s}}{\displaystyle\sum_{t=1}^{n} z_t^2};
\tag{2.37}
$$

$$
r''_s = \frac{\displaystyle\sum_{t=s+1}^{n} z_t z_{t-s}}{\sqrt{\displaystyle\sum_{t=1}^{n-s} z_t^2 \sum_{t=s+1}^{n} z_t^2}};
\tag{2.38}
$$

o bien

$$
r'''_s = \frac{\displaystyle\sum_{t=s+1}^{n} (y_t - \overline{y}_2)(y_{t-s} - \overline{y}_1)}{\sqrt{\displaystyle\sum_{t=1}^{n-s} (y_t - \overline{y}_1)^2 \sum_{t=s+1}^{n} (y_t - \overline{y}_2)^2}},
\tag{2.39}
$$

donde $\overline{y}_1 = \frac{1}{n-s} \sum_{t=1}^{n-s} y_t$, $\overline{y}_2 = \frac{1}{n-s} \sum_{t=s+1}^{n} y_t$.

En las anteriores definiciones, r'_s no necesariamente satisface $-1 \leqslant r'_s \leqslant 1$. Por otra parte r''_s y r'''_s satisfacen $-1 \leqslant r''_s \leqslant 1$ y $-1 \leqslant r'''_s \leqslant 1$ pero no proporcionan una matriz de autocorrelación muestral que sea no negativa definida.

2.10. Propiedades asintóticas del estimador de ρ_s

Supongamos que $E(y_t) = 0$, entonces se puede mostrar que

$$
\lim_{n \to \infty} nE(r_s - \rho_s) = 2 \sum_{j=-\infty}^{\infty} (\rho_j^2 \rho_s - \rho_j \rho_{j-s}).
\tag{2.40}
$$

Esto implica que el sesgo de r_s es $O(\frac{1}{n})$. Por otra parte,

$$\lim_{n \to \infty} n\operatorname{cov}(r_s, r_{s+u}) = \sum_{j=-\infty}^{\infty} (\rho_j \rho_{j+u} + \rho_{j+s+u}\rho_{j-s} - 2\rho_{s-u}\rho_{j-s}\rho_j$$
$$-2\rho_s \rho_j \rho_{j-s-u} + 2\rho_s \rho_{s+u}\rho_j^2). \tag{2.41}$$

Estos resultados son debido a Bartlett (1946). Para lograr (2.40) y (2.41) se supone que $\{y_t\}$ es un proceso lineal, o sea que

$$y_t = \sum_{j=0}^{\infty} \beta_j \varepsilon_{t-j}, \tag{2.42}$$

donde los ε_t's son un proceso ortogonal, $\sum_{j=0}^{\infty} \beta_j^2 < \infty$ y ε_t tiene cuarto cumulante κ_4 finito. Nótese que las fórmulas (2.40) y (2.41) no dependen de κ_4.

De (2.41) surge que

$$\lim_{n \to \infty} nV(r_s) = \sum_{j=-\infty}^{\infty} (\rho_j^2 + \rho_{j+s}\rho_{j-s} - 4\rho_s \rho_j \rho_{j-s} + 2\rho_j^2 \rho_s^2). \tag{2.43}$$

Se puede mostrar con restricciones adicionales (tal como que $\sum_{j=0}^{\infty} j\beta_j < \infty$) que los r_s's están asintóticamente distribuidos, con distribución Gaussiana y con medias, varianzas y covarianzas iguales a las dadas anteriormente. Este resultado suele usarse en la práctica para testar la hipótesis nula que $\rho_s = 0$, versus la alternativa que $\rho_s \neq 0$, para $s = 1, 2, \ldots$.

Supongamos que ρ_k es "pequeño" para $k \geqslant s$, entonces, de (2.43) tenemos

$$V(r_s) \approx \frac{1}{n} \sum_{j=-\infty}^{\infty} \rho_j^2 \approx \frac{1}{n} \sum_{j=-s}^{s} \rho_j^2, \tag{2.44}$$

el que no tiende a cero cuando $s \to \infty$, aún cuando $\rho_s \to 0$. De esto se deduce que el correlograma muestral no se amortigua (no tiende a cero) cuando s aumenta su valor. Además, bajo las mismas condiciones anteriores y a partir de (2.41) tenemos

$$\operatorname{cov}(r_s, r_{s+u}) \approx \frac{1}{n} \sum_{j=-\infty}^{\infty} \rho_j \rho_{j+u}. \tag{2.45}$$

Esto implica que los valores sucesivos de r_s están serialmente correlacionados. Esto produce grandes dificultades cuando se desea ajustar modelos basándose en los r_s, para $s = 1, 2, \ldots$. Por ejemplo, el enfoque de Box-Jenkins determina el modelo subyacente en base a las propiedades de los r_s, $s = 1, 2, \ldots$. Pero debido a que estos estimadores presentan una alta variabilidad muestral y gran correlación serial resulta ser un procedimiento muy poco confiable para la determinación del modelo que explica a las observaciones. Una discusión sobre estos problemas y sus soluciones prácticas puede verse en Abril (2001).

En la Figura 2.2 se grafican las 20 primeras autocorrelaciones muestrales de un proceso ortogonal o ruido blanco con $\sigma^2 = 1$. Como puede observarse, a pesar que la correspondiente autocorrelación ρ_s es cero su contraparte muestral no lo es.

Se puede mostrar que las fórmulas (2.43) para la varianza y la (2.41) para la covarianza también se satisfacen cuando $E(y_t)$ es desconocida, reemplazando y_t por $y_t - \overline{y}$. La que no se

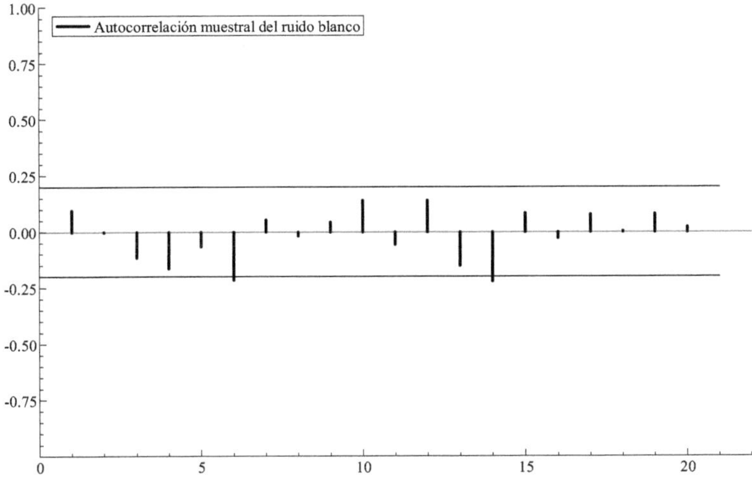

Figura 2.2: Autocorrelaciones muestrales de 100 observaciones de un proceso ortogonal o ruido blanco con $\sigma^2 = 1$

cumple es la fórmula (2.40) del sesgo. En ese caso, investiguemos el sesgo de (2.32) cuando los y_t's son puramente aleatorios, o sea cuando los y_t's son independientes e idénticamente distribuidos (iid). Para ello pongamos $z_t = y_t - \overline{y}$, mantengamos fijo el valor numérico de z_t, para $t = 1, \ldots, n$, y consideremos la distribución de r_s bajo permutaciones aleatorias de esos valores. En este caso

$$
\begin{aligned}
E(r_s) &= \frac{(n-s)E(z_t z_{t-s})}{\sum_{t=1}^{n} z_t^2} \\
&= \frac{(n-s)E(z_i z_j)}{\sum_{t=1}^{n} z_t^2}, \quad \text{para } i \neq j.
\end{aligned}
\tag{2.46}
$$

Además $0 = \sum_{t=1}^{n} z_t$. Lo que implica que

$$
0 = \left(\sum_{t=1}^{n} z_t \right)^2 = \sum_{t=1}^{n} z_t^2 + \sum_{i \neq j} z_i z_j.
$$

Consecuentemente

$$
E(z_i z_j \,|\, i \neq j) = -\frac{1}{n(n-1)} \sum_{t=1}^{n} z_t^2.
$$

Por lo tanto reemplazando en (2.46) logramos

$$
\begin{aligned}
E(r_s) &= -\frac{n-s}{n(n-1)} \\
&= O\left(\frac{1}{n}\right),
\end{aligned}
\tag{2.47}
$$

donde la primera línea de (2.47) es un resultado exacto para todo n.

2.11. Tests de correlación serial

Para testar correlación serial necesitamos la distribución de r_s, para $s = 1, 2, \ldots$, bajo la hipótesis nula de independencia serial. En primer lugar estudiaremos los casos en que existen distribuciones exactas y luego se presentarán aproximaciones a esas distribuciones.

2.11.1. Resultados exactos

Ahora procedemos a estudiar algunos resultados exactos en la teoría de distribuciones de las correlaciones seriales. Como es de esperar, exactitud debe ser comprada a un precio alto, usualmente el de suponer la Gaussianidad de la serie bajo consideración, pero en ocasiones, también se debe simplificar la definición del estadístico a investigar. Consideremos el estimador de la correlación serial de primer orden

$$
r_1 = \frac{\sum\limits_{t=2}^{n} z_t z_{t-1}}{\sum\limits_{t=1}^{n} z_t^2}, \qquad z_t = y_t - \overline{y},
\tag{2.48}
$$

cuando los $y_1, \ldots, y_n$ son iid $N(\mu, \sigma^2)$.

Para hacerlo más simple, R. L. Anderson (1942) usó el artilugio de la circularización, esto es, en lugar de la fórmula para r_1 dada en (2.48) consideró

$$
r_c = \frac{\sum\limits_{t=1}^{n} z_t z_{t-1}}{\sum\limits_{t=1}^{n} z_t^2},
\tag{2.49}
$$

con $z_0 = z_n$, la que es la definición circular de r_1. Esta forma tiene mayor simetría matemática que r_1. R. L. Anderson (1942) logró la dirtribución de (2.49). La derivación completa puede verse en Abril (2004).

En general, es preferible para testar correlación serial de primer orden el cociente de von Neumann definido como

$$
\frac{\delta^2}{S^2} = \frac{n \sum\limits_{t=2}^{n} (y_t - y_{t-1})^2}{(n-1) \sum\limits_{t=1}^{n} (y_t - \overline{y})^2}.
\tag{2.50}
$$

La distribución de (2.50), cuando los $y_1, \dots, y_n$ son iid $N(\mu, \sigma^2)$, fue considerada por von Neumann (1941) en un trabajo publicado en los Annals of Mathematical Statistics. Tomemos

$$r = \frac{\sum_{t=2}^{n}(y_t - y_{t-1})^2}{\sum_{t=1}^{n}(y_t - \overline{y})^2}. \tag{2.51}$$

Se puede hacer una transformación ortogonal para diagonalizar el numerador y el denominador de las formas cuadráticas de (2.51), lográndose

$$r = \frac{\sum_{j=1}^{n-1} \alpha_j \eta_j^2}{\sum_{j=1}^{n-1} \eta_j^2}, \tag{2.52}$$

donde $\alpha_j = 2\left(1 - \cos \frac{\pi j}{n}\right)$ y los $\eta_1, \dots, \eta_{n-1}$ son iid $N(0, 1)$. Los α_j's son todos diferentes, por lo tanto no podemos usar la distribución de R. L. Anderson, pero hoy es fácil obtener la distribución en las computadoras usando el método de Imhof (1961). Para (2.50), los valores significativos han sido tabulados por Hart (1942) y las tablas de las probabilidades han sido preparadas por Hart y von Nuemann (1942).

2.11.2. Resultados aproximados

Escribamos (2.50) de la siguiente forma

$$\frac{\delta^2}{S^2} = \frac{2n}{n-1}(1 - r_A),$$

donde

$$r_A = \frac{\frac{1}{2}z_1^2 + \frac{1}{2}z_n^2 + \sum_{t=2}^{n} z_t z_{t-1}}{\sum_{t=1}^{n} z_t^2}, \tag{2.53}$$

con $z_t = y_t - \overline{y}$, para $t = 1, \dots, n$.

Se puede mostrar que para $n \geqslant 20$, r_A puede ser tratado como una correlación ordinaria basada en $n + 3$ observaciones de variables normales e independientes. De forma similar se puede mostrar que $r_1 + \frac{1}{n}$ se distribuye aproximadamente como una correlación ordinaria basada en $n+3$ observaciones, donde r_1 fue definido anteriormente en (2.48). Para los detalles de las pruebas que conducen a estos resultados se puede ver Hannan (1960, Cap. 4).

Mediante expansiones asintóticas y aproximaciones del tipo de las de Edgeworth, es posible mostrar que la densidad $h(r_c)$ de r_c definido en (2.49) es igual a

$$h(r_c) = \frac{1}{2^n B\left(\frac{n}{2} + \frac{1}{2}, \frac{n}{2} + \frac{1}{2}\right)} \frac{(1 - r_c^2)^{\frac{1}{2}(n-1)}}{(1 + \rho_c^2 - 2\rho_c r_c)^{\frac{1}{2}n}} \left\{1 + O(n^{-3/2})\right\}, \tag{2.54}$$

donde ρ_c es la verdadera correlación serial de primer orden del proceso circular, $B(p, q)$ es la función Beta definida como

$$B(p, q) = \int_{0}^{1} x^{p-1}(1 - x)^{q-1}dx = \frac{\Gamma(p)\Gamma(q)}{\Gamma(p + q)},$$

con $\Gamma(x+1)$ igual a la función Gamma definida como

$$\Gamma(x+1) = \int_0^\infty e^{-t} t^x dt.$$

Cuando x es un entero, entonces $\Gamma(x+1) = x!$. El notable resultado dado en (2.54) ha sido obtenido por Leipnik (1947). Daniels (1956) logró un resultado similar usando el método de aproximaciones de punto de ensilladura y Durbin (1980a) basándose en aproximaciones para las densidades de estadísticos suficientes. A la aproximación (2.54) la estudiaron, aparte de Leipnik, Daniels y Durbin ya nombrados, Quenouille (1948), Jenkins (1956) y Kendall (1957).

Para el caso no circular, Abril y Santillán (1998) mostraron que la densidad $g(r_1)$ de r_1 definido en (2.48), es igual a

$$\begin{aligned}
g(r_1) &= \frac{\sqrt{n}}{\sqrt{2\pi}\sqrt{1-\rho_1^2}} \exp\left\{-\frac{n}{2(1-\rho_1^2)}(r_1 - \rho_1)^2\right\} \\
&\times \left\{1 - \frac{1}{\sqrt{n}}\frac{\rho_1}{\sqrt{1-\rho_1^2}}\frac{n^{3/2}(r_1-\rho_1)^3}{(1-\rho_1^2)^{3/2}}\right\} + O(n^{-1}).
\end{aligned} \tag{2.55}$$

Es posible obtener una distribución aproximada de (2.52) usando el método de Abril (1987).

2.12. Poder de los tests

Para testar correlación serial podemos usar r_c, r_1 o $\frac{\delta^2}{S^2}$ definidos en (2.49), (2.48) y (2.50) respectivamente. Ahora bien, el poder de cada uno de ellos es diferente dependiendo de las hipótesis bajo estudio.

T. W. Anderson (1948) mostró que r_c es uniformemente más poderoso (UMP) para testar la hipótesis nula que las observaciones provienen de un proceso con densidad $N(\mu, \sigma^2)$ y serialmente no correlacionado versus la alternativa que provienen de una AR(1) circular definida como

$$y_t - \mu = \rho(y_{t-1} - \mu) + \varepsilon_t, \quad y_0 = y_n,$$

y con densidad

$$K_1 \exp\left\{-\frac{1}{2\sigma^2}\left[(1+\rho^2)\sum_{t=1}^n (y_t - \mu)^2 - 2\rho\sum_{t=1}^n (y_t - \mu)(y_{t-1} - \mu)\right]\right\}, \tag{2.56}$$

donde K_1 es una constante adecuada para que (2.56) integre la unidad.

Por otra parte se mostró que $\frac{\delta^2}{S^2}$ es UMP para testar la misma hipótesis nula anterior versus la alternativa que el proceso generador de las observaciones corresponde a una distribución con densidad

$$\begin{aligned}
K_2 \exp\bigg\{ &-\frac{1}{2\sigma^2}\bigg[(1+\rho^2)\sum_{t=2}^{n-1}(y_t - \mu)^2 + (1+\rho^2-\rho)\left[(y_1 - \mu)^2\right. \\
&\left. +(y_n - \mu)^2\right] - 2\rho\sum_{t=2}^n (y_t - \mu)(y_{t-1} - \mu)\bigg]\bigg\},
\end{aligned} \tag{2.57}$$

donde K_2 es una constante adecuada para que (2.57) integre la unidad.

Ahora bien, en la mayoría de las situaciones prácticas el objetivo sería lograr un test con alto poder para testar la hipótesis nula que las observaciones provienen de un proceso con densidad $N(\mu, \sigma^2)$ y serialmente no correlacionado versus la alternativa que provienen de una AR(1) estacionaria con densidad

$$K_3 \exp\left\{-\frac{1}{2\sigma^2}\left[(1+\rho^2)\sum_{t=2}^{n-1}(y_t-\mu)^2 + (y_1-\mu)^2 + (y_n-\mu)^2\right.\right.$$
$$\left.\left. -2\rho\sum_{t=2}^{n}(y_t-\mu)(y_{t-1}-\mu)\right]\right\}, \tag{2.58}$$

donde K_3 es una constante adecuada para que (2.58) integre la unidad.

Se puede mostrar que no existe un test que sea UMP cuando la alternativa corresponde a la distribución dada en (2.58). Por otra parte, cuando ρ es grande (2.57) es cercano a (2.58), y cuando ρ es pequeño (2.56) es cercano a (2.58). Puesto que queremos particularmente discriminar ante alternativa que contengan valores grandes de ρ, se sugiere usar $\frac{\delta^2}{S^2}$, que es buen estadístico cuando la alternativa es un proceso AR(1) estacionario. En la práctica nunca se calcula un estadístico circular. Se lo usa solamente en los desarrollos teóricos como una aproximación a la teoría no circular.

En situaciones prácticas, para testar la hipótesis nula que $\rho_s = 0$ versus la hipótesis alternativa que $\rho_s \neq 0$ se usa como estadístico del test a r_s definido anteriormente, el que, como ya lo vimos, tiene distribución asintótica Gaussiana para $s = 1, 2, \ldots$, y bajo la hipótesis nula la media de cada uno de ellos es cero y la varianza es $\frac{1}{n}$, donde n es igual a la cantidad de observaciones disponibles. Por ello en el gráfico de las autocorrelaciones muestrales r_s se trazan líneas en $-\frac{1.96}{\sqrt{n}}$ y en $\frac{1.96}{\sqrt{n}}$, para $s = 1, 2, \ldots$. Si el respectivo valor de r_s se encuentra dentro del intervalo anterior se acepta la hipótesis nula con un nivel de significación $\alpha = 0,05$, pero en caso contrario se rechaza esa hipótesis nula.

Capítulo 3

Modelos Estocásticos Lineales

3.1. Introducción

En este capítulo ponemos la atención en el estudio de modelos generadores de las series de tiempo observadas, en los cuales las características y propiedades útiles de esas sucesiones en el tiempo no están en su contenido determinístico sino en la estructura probabilística por sí misma. En esos casos, por ejemplo, no existen ciclos periódicos regulares sino que por el contrario tendrán fluctuaciones irregulares con propiedades estadísticas de variabilidad. Dentro de estos modelos nos ocuparemos de aquellos con estructura lineal y estacionarios, que se denominan *modelos estocásticos lineales estacionarios*.

Estos modelos son útiles e importantes debido a que pueden generar, por sí mismos o luego de transformaciones sencillas, una gran variedad de procesos que suelen ocurrir en la práctica. Además se muestra que los procesos estacionarios pueden ser escritos en términos de estos modelos.

El enfoque basado en modelos ha seguido dos direcciones generales. Una es la denominada "metodología basada en modelos ARIMA", que es la que trataremos en este capítulo. La segunda dirección sigue la denominada "metodología de series de tiempo estructurales" y con mayor generalidad "la forma de espacio de estado para las series de tiempo", que se tratará en próximos capítulos. Ambas metodologías están íntimamente relacionadas y comparten estructuras básicas como lo analizaremos posteriormente.

Iniciaremos el estudio de los modelos más sencillos, para ir aumentando su complejidad hasta llegar a los casos generales. Luego presentaremos resultados que justifican el hecho que los procesos estacionarios tienen una representación en términos de los modelos aquí estudiados.

3.2. Modelo autorregresivo de primer orden

Supongamos que el proceso estocástico $\{y_t\}$ es generado por el modelo

$$y_t + \alpha y_{t-1} = \varepsilon_t, \quad t = 0, \pm 1, \pm 2, \ldots, \tag{3.1}$$

donde $\{\varepsilon_t\}$ es un proceso ortogonal con media cero y varianza σ^2. Los $\{\varepsilon_t\}$ también son llamados innovaciones, porque representan la nueva parte de la serie que no puede ser predicha a partir del pasado. En ese caso decimos que $\{y_t\}$ es generado por el modelo autorregresivo de primer orden al cual denotamos como AR(1). Al modelo (5.56) se lo conoce también con el nombre de ecuación estocástica en diferencias de primer orden, proceso AR(1) o bien modelo de Markov. A $\{y_t\}$ que satisface (5.56) se la suele denominar serie de Markov.

Se puede mostrar que (ver Abril, 2004, para una prueba completa) $|\alpha| < 1$ es condición necesaria y suficiente para estacionariedad. En esas circunstancias decimos que $\{y_t\}$ satisface un proceso AR(1) estacionario y también que (5.56) corresponde a un modelo AR(1) estacionario.

En consecuencia, bajo estacionariedad podemos escribir

$$y_t = \varepsilon_t - \alpha\varepsilon_{t-1} + \alpha^2\varepsilon_{t-2} + \cdots, \tag{3.2}$$

de donde logramos

$$E(y_t) = 0, \tag{3.3}$$

y

$$\begin{aligned} V(y_t) &= (1 + \alpha^2 + \alpha^4 + \cdots)\sigma^2 \\ &= \frac{\sigma^2}{1 - \alpha^2}, \end{aligned} \tag{3.4}$$

con $\sigma^2 = \sigma_\varepsilon^2$. De forma similar tenemos que

$$\mathrm{cov}(y_t, y_{t-s}) = \gamma_s = \frac{(-\alpha)^s\sigma^2}{1 - \alpha^2}, \tag{3.5}$$

para $s > 0$. Recuérdese que $\gamma_s = \gamma_{-s}$. Entonces la autocorrelación de orden s es

$$\rho_s = \frac{\gamma_s}{\gamma_0} = (-\alpha)^{|s|}, \quad s = 0, \pm 1, \pm 2, \ldots. \tag{3.6}$$

Por otra parte, de la definición de autocorrelación parcial dada en el capítulo anterior tenemos que

$$\rho_{1\cdot} = \rho_1, \tag{3.7}$$

y

$$\rho_{s\cdot} = 0, \text{ para } s > 1. \tag{3.8}$$

Se puede usar estas características de las autocorrelaciones y autocorrelaciones parciales para reconocer un proceso AR(1).

La Figura 3.1 corresponde al gráfico de cien observaciones de una serie que satisface un modelo AR(1) con $\alpha = 0,6$. La Figura 3.2 muestra el correlograma y la Figura 3.3 el correlograma parcial de esa serie.

La Figura 3.4 corresponde al gráfico de cien observaciones de una serie que satisface un modelo AR(1) con $\alpha = -0,6$. La Figura 3.5 muestra el correlograma y la Figura 3.6 el correlograma parcial de esa serie.

Obsérvese que en ambos casos el correlograma tiende a morir rápidamente, ahora bien para $\alpha > 0$ los valores de las autocorrelaciones van alternando entre valores positivos y negativos, mientras que para $\alpha < 0$ ellos se acercan a cero por valores positivos. El correlograma parcial es, en ambos casos, distinto de cero para $s = 1$, pero para todo otro valor de s es idénticamente igual a cero.

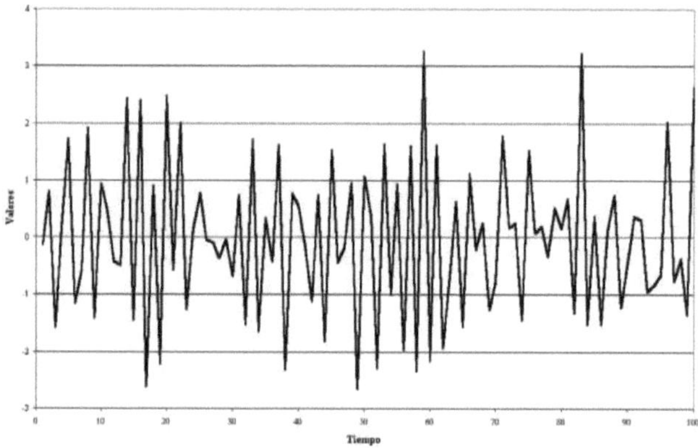

Figura 3.1: Observaciones de un proceso AR(1) con $\alpha = 0,6$

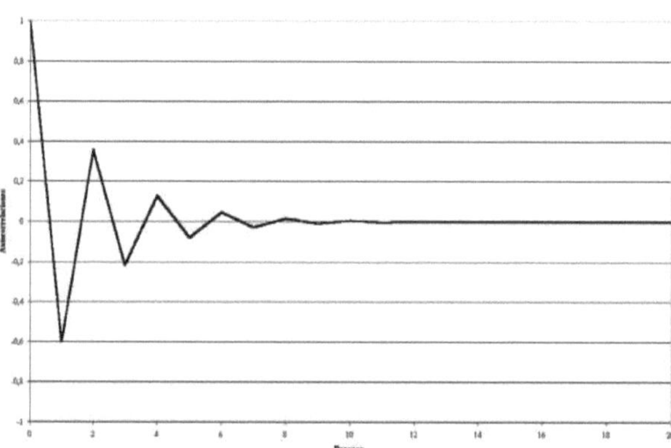

Figura 3.2: Correlograma de un proceso AR(1) con $\alpha = 0,6$

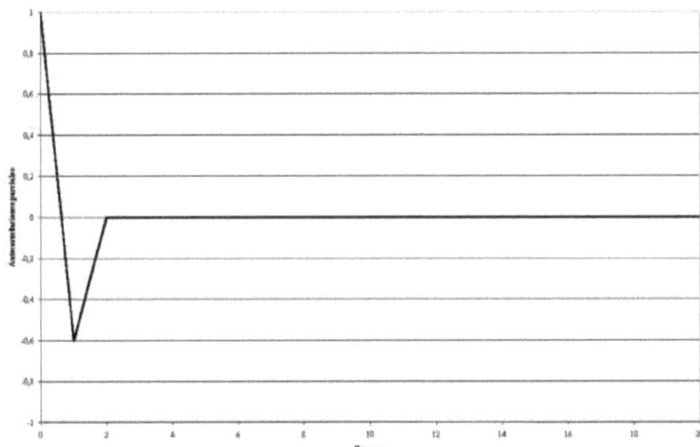

Figura 3.3: Correlograma parcial de un proceso AR(1) con $\alpha = 0,6$

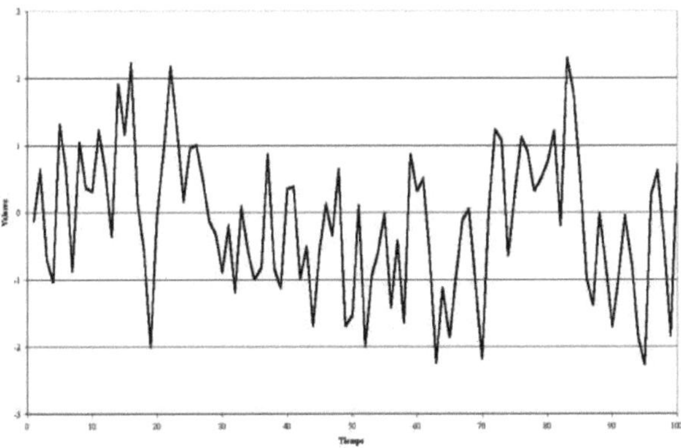

Figura 3.4: Observaciones de un proceso AR(1) con $\alpha = -0,6$

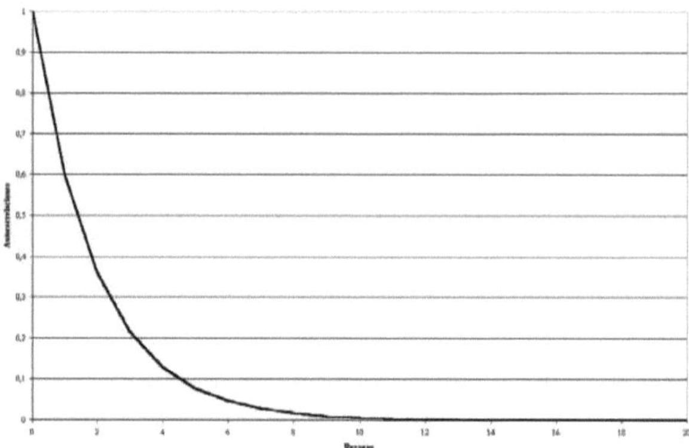

Figura 3.5: Correlograma de un proceso AR(1) con $\alpha = -0,6$

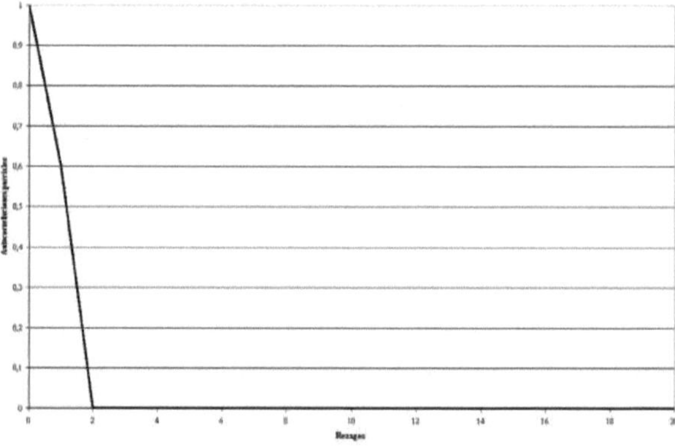

Figura 3.6: Correlograma parcial de un proceso AR(1) con $\alpha = -0,6$

3.2.1. Caso especial: camino aleatorio

Supongamos que $x_t = \mu + \varepsilon_t$, donde μ es constante y $\{\varepsilon_t\}$ es un proceso ortogonal con varianza σ^2. Un proceso $\{y_t\}$ se dice que es un camino aleatorio si

$$y_t = y_{t-1} + x_t. \tag{3.9}$$

Obsérvese que (3.9) es como (5.56) pero con α igual a -1 y con ε_t reemplazado por x_t.

El proceso (3.9) habitualmente comienza cuando $t = 0$, por ello

$$y_1 = x_1,$$

y

$$y_t = \sum_{i=1}^{t} x_i.$$

Entonces vemos que $E(y_t) = t\mu$ y que $V(y_t) = t\sigma^2$. Como la media y la varianza cambian con t, el proceso no es estacionario.

3.3. Modelo autorregresivo de segundo orden

Supongamos que el proceso estocástico $\{y_t\}$ es generado por el modelo

$$y_t + \alpha_1 y_{t-1} + \alpha_2 y_{t-2} = \varepsilon_t, \quad t = 0, \pm 1, \pm 2, \ldots, \tag{3.10}$$

donde $\{\varepsilon_t\}$ es un proceso ortogonal con media cero y varianza σ^2. En ese caso decimos que $\{y_t\}$ es generado por el modelo autorregresivo de segundo orden al cual denotamos como AR(2). Al modelo (3.10) se lo conoce también con el nombre de ecuación estocástica en diferencias de segundo orden o proceso AR(2). El modelo AR(2) todavía constituye uno de los modelos básicos usados para describir series de tiempo "pseudo" periódicas. A $\{y_t\}$ que satisface (3.10) se la suele denominar serie de Yule por lo dicho en el Capítulo 1.

Utilizando el operador de rezago (lag) B, el cual es

$$By_t = y_{t-1}, \quad B^r y_t = y_{t-r}, \quad r = 0, \pm 1, \pm 2, \ldots, \tag{3.11}$$

se puede escribir a (3.10) como

$$(1 + \alpha_1 B + \alpha_2 B^2)y_t = \varepsilon_t. \tag{3.12}$$

Escribiendo al factor del primer miembro de (3.12) que se encuentra entre paréntesis en fracciones parciales

$$(1 + \alpha_1 B + \alpha_2 B^2) = (1 - \mu_1 B)(1 - \mu_2 B),$$

donde μ_1 y μ_2 son las raíces de la ecuación polinomial asociada

$$x^2 + \alpha_1 x + \alpha_2 = 0. \tag{3.13}$$

Se puede probar (Abril, 2004) que si $|\mu_1| \geqslant 1$ o $|\mu_2| \geqslant 1$ la serie "explota" y no puede ser estacionaria. Supongamos que $|\mu_1| < 1$ y $|\mu_2| < 1$, entonces las series generadas por (3.10) son estacionarias. Esto implica que $|\mu_1| < 1$ y $|\mu_2| < 1$ es condición necesaria y suficiente para estacionariedad.

Ahora bien, de

$$E\left[y_t(y_t + \alpha_1 y_{t-1} + \alpha_2 y_{t-2})\right]$$

obtenemos

$$(1 + \alpha_1\rho_1 + \alpha_2\rho_2)\sigma_y^2 = \sigma^2; \tag{3.14}$$

de

$$E\left[y_{t-1}(y_t + \alpha_1 y_{t-1} + \alpha_2 y_{t-2})\right]$$

obtenemos

$$(\rho_1 + \alpha_1 + \alpha_2\rho_1)\sigma_y^2 = 0; \tag{3.15}$$

de

$$E\left[y_{t-2}(y_t + \alpha_1 y_{t-1} + \alpha_2 y_{t-2})\right]$$

obtenemos

$$(\rho_2 + \alpha_1\rho_1 + \alpha_2)\sigma_y^2 = 0. \tag{3.16}$$

Así, de (3.15) encontramos que

$$\rho_1 = -\frac{\alpha_1}{1 + \alpha_2}, \tag{3.17}$$

y de (3.16)

$$\rho_2 = -\alpha_2 + \frac{\alpha_1^2}{1 + \alpha_2}. \tag{3.18}$$

En (3.14) tenemos, usando (3.17) y (3.18),

$$\sigma_y^2 = \frac{(1 + \alpha_2)\sigma^2}{(1 - \alpha_2)(1 - \alpha_1 + \alpha_2)(1 + \alpha_1 + \alpha_2)},$$

y luego encontramos que

$$\begin{aligned}
\alpha_1 &= -\frac{\rho_1(1 - \rho_2)}{1 - \rho_1^2}, \\
\alpha_2 &= -\frac{\rho_2 - \rho_1^2}{1 - \rho_1^2} = -\rho_{2,1} = -\rho_{2\cdot}.
\end{aligned}$$

De la definición de autocorrelación parcial dada en el capítulo anterior vemos que

$$\rho_{1\cdot} = \rho_1,$$

$$\rho_{2\cdot} = -\alpha_2,$$

y

$$\rho_{s\cdot} = 0, \text{ para } s > 2.$$

En general

$$E\left[y_{t-r}(y_t + \alpha_1 y_{t-1} + \alpha_2 y_{t-2})\right]$$

nos produce

$$\rho_r + \alpha_1\rho_{r-1} + \alpha_2\rho_{r-2} = 0, \text{ para } r > 0,$$

la que es una ecuación lineal en diferencias con solución

$$\rho_r = A_1\mu_1^r + A_2\mu_2^r \,,$$

donde $A_1 + A_2 = 1$ debido a que $\rho_0 = 1$. Podemos obtener los valores de A_1, A_2 a partir de los casos $r = 1, 2$ usando (3.17) y (3.18), lo que no dará

$$\rho_r = \frac{(1 - \mu_2^2)\mu_1^{r+1} - (1 - \mu_1^2)\mu_2^{r+1}}{(\mu_1 - \mu_2)(1 + \mu_1\mu_2)}. \tag{3.19}$$

3.3.1. Caso especial: AR(2) con raíces complejas

Cuando $\alpha_1^2 - 4\alpha_2 < 0$, las raíces μ_1 y μ_2 de la ecuación (3.13) son complejas y conjugadas. Pongamos $\mu_1 = pe^{i\theta}$ y $\mu_2 = pe^{-i\theta}$, entonces $\mu_1\mu_2 = p^2 = \alpha_2$ y $\mu_1 + \mu_2 = 2p\cos\theta$. Por lo tanto, de la fórmula (3.19) logramos

$$\rho_r = \frac{\alpha_2^{r/2}\operatorname{sen}(r\theta + \psi)}{\operatorname{sen}\psi}, \tag{3.20}$$

con

$$\theta = \cos^{-1}\left(-\frac{\alpha_1}{2\sqrt{\alpha_2}}\right), \quad \tan\psi = \frac{1 + \alpha_2}{1 - \alpha_2}\tan\theta.$$

Mayores detalles se pueden ver en Kendall y Stuart (1968, págs. 419-20).

De acuerdo a (3.20), el gráfico de ρ_r es una onda sinusoidal suave que tiende a cero rápidamente. Tiene la forma típica del correlograma de muchas series que se presentan en la práctica.

3.4. Modelo autorregresivo de orden k

Supongamos que el proceso estocástico $\{y_t\}$ es generado por el modelo

$$y_t + \alpha_1 y_{t-1} + \cdots + \alpha_k y_{t-k} = \varepsilon_t, \quad t = 0, \pm 1, \pm 2, \ldots, \tag{3.21}$$

donde $\{\varepsilon_t\}$ es un proceso ortogonal con media cero y varianza σ^2 y $\alpha_k \neq 0$. En ese caso decimos que $\{y_t\}$ es generado por el modelo autorregresivo de orden k al cual denotamos como AR(k). Al modelo (3.21) se lo conoce también con el nombre de ecuación estocástica en diferencias de orden k o proceso AR(k).

Se puede mostrar que la condición necesaria y suficiente para estacionariedad es que las raíces de la ecuación

$$x^k + \alpha_1 x^{k-1} + \cdots + \alpha_k = 0 \tag{3.22}$$

tengan módulo menor que uno, o sea que en el plano complejo todos los vectores deben estar dentro del círculo unitario. Alternativamente, decimos que las raíces de la ecuación

$$1 + \alpha_1 B + \cdots + \alpha_k B^k = 0 \tag{3.23}$$

deben estar fuera del círculo unitario para tener estacionariedad. A (3.22) se la conoce como la ecuación polinomial asociada al modelo AR(k), aunque algunos autores dan esa denominación a (3.23).

Haciendo

$$E[y_{t-r}(y_t + \alpha_1 y_{t-1} + \cdots + \alpha_k y_{t-k})]$$

obtenemos

$$\rho_r + \alpha_1 \rho_{r-1} + \cdots + \alpha_k \rho_{r-k} = 0, \; r > 0. \tag{3.24}$$

Evidentemente, podemos generar los ρ_r's dados $\rho_1, \rho_2, \ldots, \rho_k$. La solución de (3.24) es

$$\rho_r = \sum_{j=1}^{k} A_j \mu_j^r, \tag{3.25}$$

donde los μ_j's son las raíces de la ecuación polinomial asociada (3.22).

Las primeras k ecuaciones de (3.24) son

$$\left. \begin{array}{rcl} \alpha_1 + \alpha_2 \rho_1 + \cdots + \alpha_k \rho_{k-1} & = & -\rho_1 \\ \alpha_1 \rho_1 + \alpha_2 + \cdots + \alpha_k \rho_{k-2} & = & -\rho_2 \\ \vdots & \vdots & \vdots \\ \alpha_1 \rho_{k-1} + \alpha_2 \rho_{k-2} + \cdots + \alpha_k & = & -\rho_k \end{array} \right\}. \tag{3.26}$$

Estas se denominan las ecuaciones de Yule-Walker (Y-W). Ellas nos permiten obtener $\alpha_1, \ldots, \alpha_k$ o $\rho_1, \ldots, \rho_k$, alternativamente unos en términos de los otros. Podemos también lograr Y-W minimizando

$$E(y_t + \alpha_1 y_{t-1} + \cdots + \alpha_k y_{t-k})^2$$

con respecto a $\alpha_1, \ldots, \alpha_k$. Los $\alpha_1, \ldots, \alpha_k$ son, en efecto los coeficientes de una regresión lineal de y_t en $-y_{t-1}, \ldots, -y_{t-k}$.

De (3.25) se deduce inmediatamente que la sucesión $\{\rho_r\}$ es tal que

$$\rho_r \to 0 \text{ cuando } r \to \infty, \tag{3.27}$$

con bastante rapidez. Además, de la definición de autocorrelación parcial dada en el capítulo anterior vemos que

$$\rho_{1\cdot} = \rho_1, \tag{3.28}$$

$$\rho_{k\cdot} = -\alpha_k, \tag{3.29}$$

y

$$\rho_{s\cdot} \neq 0, \text{ en general para } s \leqslant k, \tag{3.30}$$

$$\rho_{s\cdot} = 0, \text{ para } s > k. \tag{3.31}$$

Estas propiedades, de que las autocorrelaciones tienden a cero con bastante rapidez, expresada en (3.27) y de que las autocorrelaciones parciales se hacen idénticamente iguales a cero más allá del orden de la autorregresión, expresadas en (3.30) y (3.31), servirán para caracterizar e identificar a un modelo AR(k) estacionario.

Notemos que, resolviendo el sistema (3.26) para α_k por el método de los determinantes encontramos

$$\alpha_k = \frac{\begin{vmatrix} 1 & \rho_1 & \cdots & \rho_{k-2} & -\rho_1 \\ \rho_1 & 1 & \cdots & \rho_{k-3} & -\rho_2 \\ \vdots & \vdots & \ddots & \vdots & \vdots \\ \rho_{k-2} & \rho_{k-3} & \cdots & 1 & -\rho_{k-1} \\ \rho_{k-1} & \rho_{k-2} & \cdots & \rho_1 & -\rho_k \end{vmatrix}}{\begin{vmatrix} 1 & \rho_1 & \cdots & \rho_{k-1} & \rho_{k-1} \\ \rho_1 & 1 & \cdots & \rho_{k-2} & \rho_{k-2} \\ \vdots & \vdots & \ddots & \vdots & \vdots \\ \rho_{k-2} & \rho_{k-3} & \cdots & 1 & \rho_1 \\ \rho_{k-1} & \rho_{k-2} & \cdots & \rho_1 & 1 \end{vmatrix}}. \tag{3.32}$$

3.5. Modelo de promedio móvil de primer orden

Supongamos que el proceso estocástico $\{y_t\}$ es generado por el modelo

$$y_t = \varepsilon_t + \beta\varepsilon_{t-1}, \ t = 0, \pm 1, \pm 2, \ldots, \tag{3.33}$$

donde $\{\varepsilon_t\}$ es un proceso ortogonal con media cero y varianza σ^2. En ese caso decimos que $\{y_t\}$ es generado por el modelo de promedio móvil de primer orden al cual denotamos como MA(1). Al modelo (3.33) se lo conoce también como proceso MA(1).

Entonces

$$\begin{aligned} E(y_t) &= 0, \\ V(y_t) &= (1+\beta^2)\sigma^2 = \gamma_0, \\ \operatorname{cov}(y_t, y_{t-1}) &= \beta\sigma^2 = \gamma_1, \\ \operatorname{cov}(y_t, y_{t-r}) &= 0, \qquad r > 1. \end{aligned}$$

Como vemos, todas estas magnitudes son independientes de t, por lo tanto el modelo MA(1) es estacionario para todo β.

Observamos que

$$\rho_1 = \frac{\gamma_1}{\gamma_0} = \frac{\beta}{1+\beta^2}. \tag{3.34}$$

Consideremos

$$\frac{1}{\rho_1^2} = \frac{(1+\beta^2)^2}{\beta^2} = 4 + \frac{(1-\beta^2)^2}{\beta^2} \geqslant 4.$$

Lo que implica que $\rho_1^2 \leqslant \frac{1}{4}$; lo que a su vez nos da

$$-\frac{1}{2} \leqslant \rho_1 \leqslant \frac{1}{2}.$$

Pongamos $\beta' = \frac{1}{\beta}$ en (3.34), entonces

$$\begin{aligned}
\rho_1 &= \frac{1}{\beta'\left(1 + \frac{1}{\beta'^2}\right)} \\
&= \frac{\beta'^2}{\beta'(\beta'^2 + 1)} \\
&= \frac{\beta'}{1 + \beta'^2}.
\end{aligned}$$

Con ello mostramos que se logra el mismo valor de ρ_1 compatible con los dos valores de β, por ejemplo β y β', de tal manera que $\beta\beta' = 1$. Esto nos produce una ambigüedad al tratar de inferir el valor de β a partir del conocimiento de la función de autocorrelación. Se la puede eliminar tomando como valor de β a aquel que satisfaga $|\beta| \leqslant 1$.

De lo anterior surge inmediatamente que

$$\rho_1 = \frac{\beta}{1 + \beta^2} \quad y \quad \rho_s = 0 \text{ para } s > 1. \tag{3.35}$$

Por otra parte, del tratamiento de autocorrelación parcial dado en el capítulo anterior, se puede mostrar que

$$\rho_{s\cdot} = -\frac{(-\beta)^s(1 - \beta^2)}{1 - \beta^{2(s+1)}} = -\frac{(-\beta)^s}{1 + \beta^2 + \cdots + \beta^{2s}}. \tag{3.36}$$

La Figura 3.7 corresponde al gráfico de cien observaciones de una serie que satisface un modelo MA(1) con $\beta = 0,4$. La Figura 3.8 muestra el correlograma y la Figura 3.9 el correlograma parcial de esa serie.

La Figura 3.10 corresponde al gráfico de cien observaciones de una serie que satisface un modelo MA(1) con $\beta = -0,4$. La Figura 3.11 muestra el correlograma y la Figura 3.12 el correlograma parcial de esa serie.

Obsérvese que en ambos casos el correlograma parcial tiende a morir rápidamente, ahora bien para $\beta > 0$ los valores de las autocorrelaciones parciales se van alternando entre valores positivos y negativos, mientras que para $\beta < 0$ ellos se acercan a cero por valores negativos. El correlograma es, en ambos casos, distinto de cero para $s = 1$, pero para todo otro valor de s es idénticamente igual a cero.

3.6. Modelo de promedio móvil de orden h

Supongamos que el proceso estocástico $\{y_t\}$ es generado por el modelo

$$y_t = \varepsilon_t + \beta_1\varepsilon_{t-1} + \cdots + \beta_h\varepsilon_{t-h}, \ t = 0, \pm 1, \pm 2, \ldots, \tag{3.37}$$

donde $\{\varepsilon_t\}$ es un proceso ortogonal con media cero y varianza σ^2. En ese caso decimos que $\{y_t\}$ es generado por el modelo de promedio móvil de orden h al cual denotamos como MA(h). Al modelo (3.37) se lo conoce también como proceso MA(h).

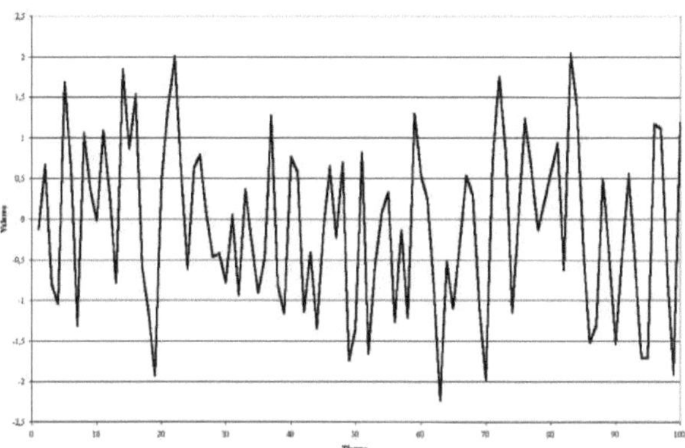

Figura 3.7: Observaciones de un proceso MA(1) con $\beta = 0,4$

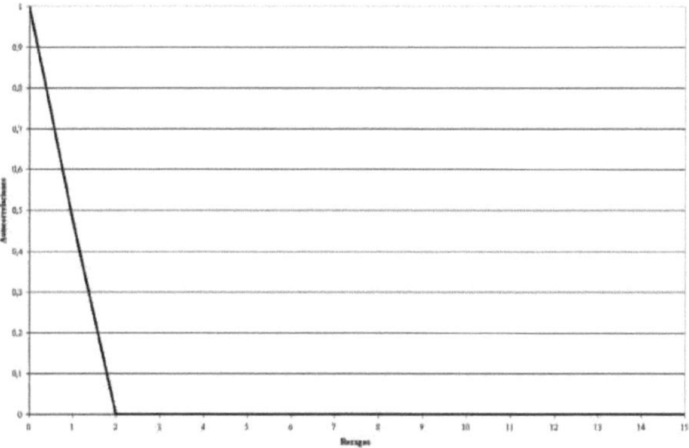

Figura 3.8: Correlograma de un proceso MA(1) con $\beta = 0,4$

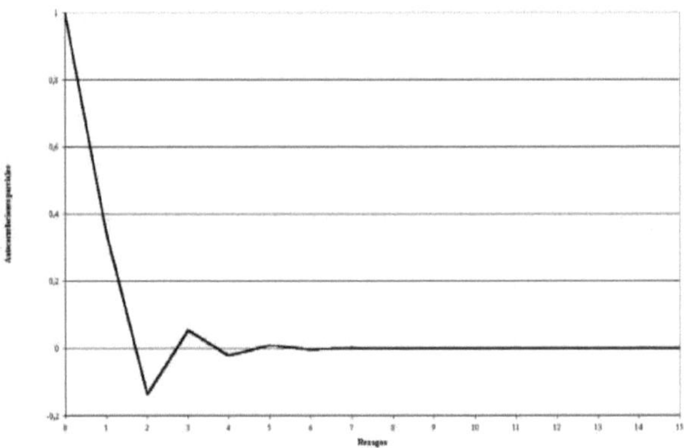

Figura 3.9: Correlograma parcial de un proceso MA(1) con $\beta = 0,4$

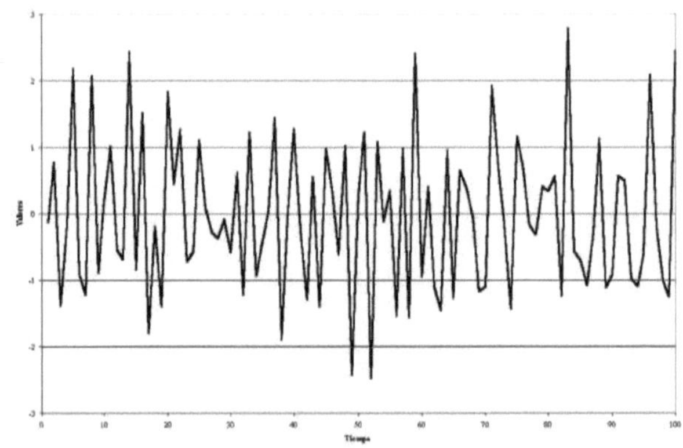

Figura 3.10: Observaciones de un proceso MA(1) con $\beta = -0,4$

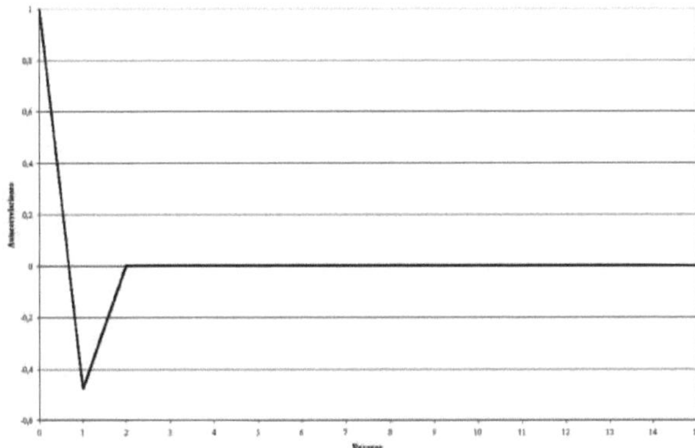

Figura 3.11: Correlograma de un proceso MA(1) con $\beta = -0,4$

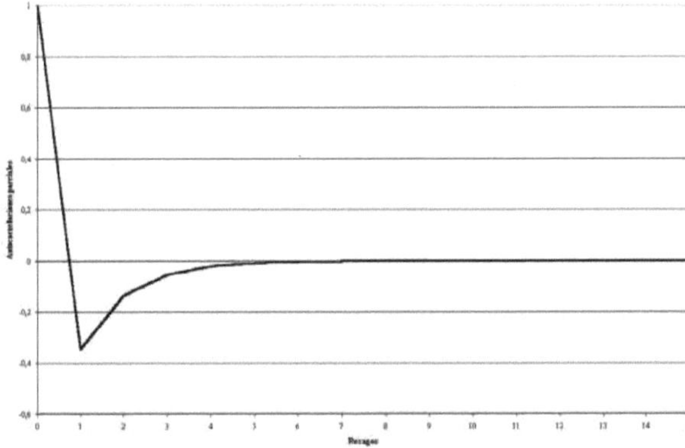

Figura 3.12: Correlograma parcial de un proceso MA(1) con $\beta = -0,4$

Entonces

$$E(y_t) = 0,$$

$$\operatorname{cov}(y_t, y_{t+r}) = \sigma^2 \sum_{s=0}^{h-r} \beta_s \beta_{s+r}, \text{ para } r = 0, 1, \ldots, h,$$

$$\operatorname{cov}(y_t, y_{t+r}) = 0, \text{ para } r > h,$$

con $\beta_0 = 1$. Como vemos, todas estas magnitudes son independientes de t, por lo tanto el modelo MA(h) es estacionario para todo conjunto $\{\beta_1, \ldots, \beta_h\}$.

Además

$$\rho_r = \frac{\sum\limits_{s=0}^{h-r} \beta_s \beta_{s+r}}{\sum\limits_{s=0}^{h} \beta_s^2}, \text{ para } r = 0, 1, \ldots, h, \quad \text{y} \quad \rho_r = 0, \text{ para } r > h. \tag{3.38}$$

De esta última expresión podemos lograr los ρ_r's a partir del conocimiento de los β_j's. La pregunta es cómo inferir los valores los β_j's a partir del conocimiento de los ρ_r's. Para contestarla definamos

$$R(B) = \sum_{r=-h}^{h} \rho_r B^r,$$

y

$$\beta(B) = \sum_{r=0}^{h} \beta_r B^r.$$

En consecuencia

$$R(B) = \frac{\beta(B)\beta(B^{-1})}{\sum\limits_{r=0}^{h} \beta_r^2}.$$

Sea $R(B) = g(W)$, donde $g(W)$ es un polinomio en $W = B + B^{-1}$. Sean $W_1, \ldots, W_h$ las raíces de la ecuación $g(W) = 0$, entonces

$$g(W) = \prod_{j=1}^{h} (W - W_j).$$

Sea B_j una raíz de la ecuación $B + B^{-1} = W_j$, esto es, una raíz de

$$B^2 - W_j B + 1 = 0. \tag{3.39}$$

La otra raíz es $1/B_j$. Tomemos a B_j como aquella raíz tal que $|B_j| \leqslant 1$. Luego

$$B_j^2 - W_j B_j + 1 = 0, \tag{3.40}$$

y

$$
\begin{aligned}
(1 - B_j B)(1 - B_j B^{-1}) &= B_j^2 - (B + B^{-1})B_j + 1 \\
&= B_j^2 - W B_j + 1,
\end{aligned}
$$

la que es igual a 0 cuando $W = W_j$. Consideremos

$$\prod_{j=1}^{h}(1 - B_j B)(1 - B_j B^{-1}) = \prod_{j=1}^{h}(B_j^2 - W B_j + 1). \tag{3.41}$$

Este es un polinomio en W, el que es igual a 0 cuando $W = W_j$ para $j = 1, \ldots, h$. Pero lo mismo es cierto para $g(W)$, lo que implica que

$$\prod_{j=1}^{h}(1 - B_j B)(1 - B_j B^{-1}) = \lambda g(W) = \lambda R(B)$$

$$= \lambda \frac{\beta(B)\beta(B^{-1})}{\sum_{r=0}^{h} \beta_r^2},$$

para alguna constante λ. Luego de un poco de álgebra encontramos que $\lambda = \sum_{r=0}^{h} \beta_r^2$ y además que

$$\beta(B) = \prod_{j=1}^{h}(1 - B_j B), \tag{3.42}$$

debido a que $\beta(B) = 1 + \beta_1 B + \beta_2 B^2 + \cdots + \beta_h B^h$ tiene término constante igual a la unidad. Igualando los coeficientes de (3.42) encontramos que β_r es el coeficiente de B^r en la expansión de $\prod_{j=1}^{h}(1 - B_j B)$. Eligiendo las raíces de (3.39) con $|B_j| \leqslant 1$ aseguramos que las raíces de

$$\beta(B) = 1 + \beta_1 B + \beta_2 B^2 + \cdots + \beta_h B^h = 0, \tag{3.43}$$

esto es, las de $\prod_{j=1}^{h}(1 - B_j B) = 0$ estén todas sobre o fuera del círculo unitario, o sea que tengan módulo $\geqslant 1$. Esto es equivalente a requerir que las raíces de la ecuación

$$x^h + \beta_1 x^{h-1} + \cdots + \beta_h = 0, \tag{3.44}$$

estén todas sobre o dentro del círculo unitario, o sea que tengan módulo $\leqslant 1$. Si hubiéramos elegido las raíces de (3.39) de forma arbitraria hubiéramos tenido 2^h posibles conjuntos de valores de β_j's. En general hay 2^h posibles conjuntos de valores de β_j's compatibles con un dado conjunto de valores $\rho_1, \ldots, \rho_h$. Eliminamos la ambigüedad requiriendo que las raíces de (3.43) estén sobre o fuera del círculo unitario.

A (3.44) se la conoce como la ecuación polinomial asociada al modelo MA(h), aunque algunos autores dan esa denominación a (3.43).

De acuerdo a (3.38) vemos que

$$\rho_r \neq 0, \text{ en general para } r \leqslant h, \quad y \quad \rho_r = 0, \text{ para } r > h. \tag{3.45}$$

Además, de la definición de autocorrelación parcial dada en el capítulo anterior y de lo presentado en §3.7 se deduce inmediatamente que la sucesión $\{\rho_r.\}$ es tal que

$$\rho_r. \to 0 \text{ cuando } r \to \infty, \tag{3.46}$$

con bastante rapidez. Estas propiedades, de que las autocorrelaciones parciales tienden a cero con bastante rapidez, expresada en (3.46) y de que las autocorrelaciones se hacen idénticamente iguales a cero más allá del orden del promedio móvil, expresada en (3.45), servirán para caracterizar e identificar a un modelo MA(h).

3.7. Representación AR de un MA(h)

Supongamos que el proceso estocástico $\{y_t\}$ satisface un MA(h), entonces

$$y_t = \varepsilon_t + \beta_1 \varepsilon_{t-1} + \beta_2 \varepsilon_{t-2} + \cdots + \beta_h \varepsilon_{t-h} = \beta(B)\varepsilon_t. \tag{3.47}$$

Esto es equivalente a

$$\sum_{r=0}^{\infty} g_r y_{t-r} = \varepsilon_t, \tag{3.48}$$

donde

$$\sum_{r=0}^{\infty} g_r B^r = \frac{1}{\beta(B)} = g(B). \tag{3.49}$$

La expresión (3.48) es la representación AR del promedio móvil (3.47).

Ahora debemos investigar qué condiciones deben satisfacer $\beta_1, \ldots, \beta_h$ para que esa representación AR sea posible. Para ello expresemos $\frac{1}{\beta(B)}$ en fracciones parciales como sigue

$$\frac{1}{\beta(B)} = \sum_{j=1}^{h} \frac{B_j}{1 - B_j B}. \tag{3.50}$$

Podemos expandir (3.50) como

$$g(B) = \sum_{j=1}^{h} B_j \sum_{k=0}^{\infty} B_j^k B^k, \tag{3.51}$$

siempre que $|B_j| < 1$, $j = 1, \ldots, h$. Ahora bien, B_j es una raíz de $\beta(B) = 0$. Esto implica que la condición para expresar un MA(h) como una AR(∞) es que la raíces de la ecuación $\beta(Z) = 0$ dada en (3.43), estén fuera del círculo unitario. Recuérdese que antes requeríamos que las raíces estén *sobre o fuera* del círculo unitario. La condición anterior se denomina la *condición de invertibilidad* de un MA y es análoga a la condición de estacionariedad para una AR(k).

3.8. Modelos AR con errores MA

Supongamos que el proceso estocástico $\{y_t\}$ es generado por el modelo

$$y_t + \alpha_1 y_{t-1} + \cdots + \alpha_k y_{t-k} = \varepsilon_t + \beta_1 \varepsilon_{t-1} + \beta_2 \varepsilon_{t-2} + \cdots + \beta_h \varepsilon_{t-h}, \tag{3.52}$$

para $t = 0, \pm 1, \ldots$, donde $\{\varepsilon_t\}$ es un proceso ortogonal con media cero y varianza σ^2. En ese caso decimos que $\{y_t\}$ es generado por el modelo mixto, autorregresivo y de promedio móvil de ordenes k, h, al cual denotamos como ARMA(k, h). Al modelo (3.52) se lo conoce también como proceso ARMA(k, h).

Se puede mostrar que el proceso es estacionario si y sólo si las raíces de la ecuación $1 + \alpha_1 B + \cdots + \alpha_k B^k = 0$ están fuera del círculo unitario. De la misma manera que con los MA(h), existe una indeterminación para inferir los valores de $\beta_1, \ldots, \beta_h$ a partir de la función de autocorrelación. Se la elimina requiriendo que las raíces de la ecuación $1 + \beta_1 B + \cdots + \beta_h B^h = 0$ estén sobre o fuera del círculo unitario.

Si el proceso es estacionario, tenemos la representación MA(∞)

$$y_t = \sum_{j=0}^{\infty} \beta'_j \varepsilon_{t-j} = \left(\sum_{j=0}^{\infty} \beta'_j B^j \right) \varepsilon_t, \tag{3.53}$$

donde

$$\sum_{j=0}^{\infty} \beta'_j B^j = \frac{\sum_{j=0}^{h} \beta_j B^j}{\sum_{j=0}^{k} \alpha_j B^j}, \tag{3.54}$$

se la expresa en series de potencias de B^j, con $\alpha_0 = \beta_0 = 1$.

Decimos que el proceso es invertible si la raíces de $1 + \beta_1 B + \cdots + \beta_h B^h = 0$ están fuera del círculo unitario. Cuando esto sucede tenemos la representación AR(∞)

$$\sum_{j=0}^{\infty} \alpha'_j y_{t-j} = \varepsilon_t, \tag{3.55}$$

o lo que es lo mismo

$$\left(\sum_{j=0}^{\infty} \alpha'_j B^j \right) y_t = \varepsilon_t, \tag{3.56}$$

donde

$$\sum_{j=0}^{\infty} \alpha'_j B^j = \frac{\sum_{j=0}^{k} \alpha_j B^j}{\sum_{j=0}^{h} \beta_j B^j}. \tag{3.57}$$

De la representación MA(∞) del proceso ARMA(k,h) dada en (3.53) tenemos que

$$E(y_t) = 0, \tag{3.58}$$

y que

$$\begin{aligned} \gamma_s &= E(y_t y_{t+s}) = E \left(\sum_{j=0}^{\infty} \beta'_j \varepsilon_{t-j} \sum_{k=0}^{\infty} \beta'_k \varepsilon_{t+s-k} \right) \\ &= \sigma^2 \sum_{j=0}^{\infty} \beta'_j \beta'_{j+s}, \quad \text{para } s \geqslant 0. \end{aligned}$$

Debido a que $\gamma_s = \gamma_{-s}$, tenemos que

$$\gamma_s = \sigma^2 \sum_{j=0}^{\infty} \beta'_j \beta'_{j+|s|}, \tag{3.59}$$

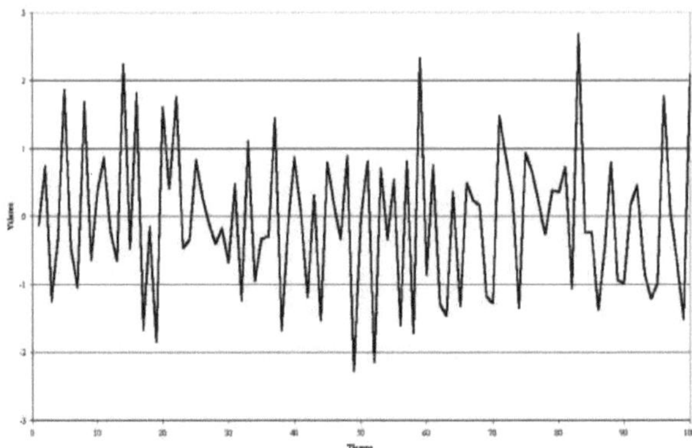

Figura 3.13: Observaciones de un proceso ARMA$(1,1)$ con $\alpha = 0,6$ y $\beta = 0,4$

para todo s. Entonces

$$\rho_s = \frac{\sum\limits_{j=0}^{\infty} \beta'_j \beta'_{j+|s|}}{\sum\limits_{j=0}^{\infty} \left(\beta'_j\right)^2}. \tag{3.60}$$

De (3.60) se deduce inmediatamente que la sucesión $\{\rho_r\}$ es tal que

$$\rho_r \to 0 \text{ cuando } r \to \infty, \tag{3.61}$$

con bastante rapidez. Además, de la definición de autocorrelación parcial dada en el capítulo anterior y de la representación AR(∞) dada en (3.55) se deduce inmediatamente que la sucesión $\{\rho_r.\}$ es tal que

$$\rho_r. \to 0 \text{ cuando } r \to \infty, \tag{3.62}$$

con bastante rapidez. Estas propiedades, de que las autocorrelaciones y las autocorrelaciones parciales tienden a cero con bastante rapidez, expresadas en (3.61) y (3.62) respectivamente, servirán para caracterizar e identificar a un modelo ARMA(k,h).

La Figura 3.13 corresponde al gráfico de cien observaciones de una serie que satisface un modelo ARMA$(1,1)$ con $\alpha = 0,6$ y $\beta = 0,4$. La Figura 3.14 muestra el correlograma y la Figura 3.15 el correlograma parcial de esa serie.

3.9. Función generatriz de autocovarianzas

Para el proceso ARMA (k,h) definido en (3.52) hemos encontrado en (3.59) que

$$\gamma_s = \sigma^2 \sum_{j=0}^{\infty} \beta'_j \beta'_{j+|s|}.$$

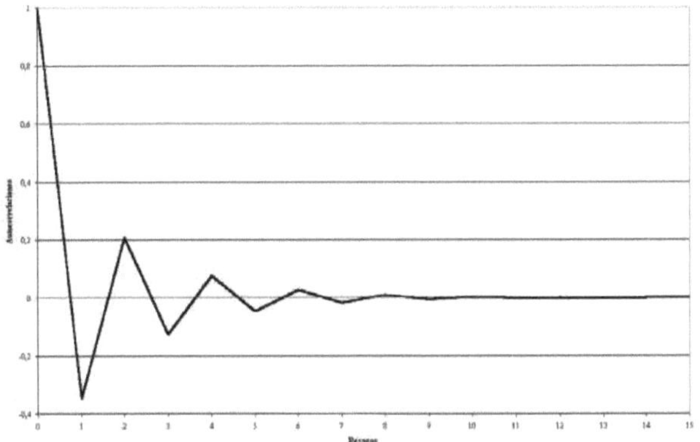

Figura 3.14: Correlograma de un proceso ARMA$(1,1)$ con $\alpha = 0,6$ y $\beta = 0,4$

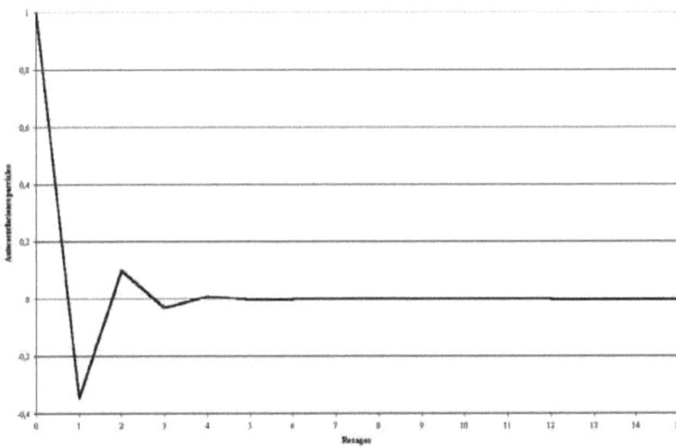

Figura 3.15: Correlograma parcial de un proceso ARMA$(1,1)$ con $\alpha = 0,6$ y $\beta = 0,4$

O sea que γ_s es igual a σ^2 multiplicado por coeficiente de B^s en la expansión de

$$\sum_{j=0}^{\infty} \beta_j' B^j \sum_{k=0}^{\infty} \beta_k' B^{-k}.$$

Definición. La función

$$\Gamma(B) = \sum_{s=-\infty}^{\infty} \gamma_s B^s. \tag{3.63}$$

se denomina función generatriz de autocovarianzas (FGA) de un dado proceso estocástico con covarianzas $\{\gamma_s\}$.■

En esta definición vemos que la s-ésima autocovarianza es el coeficiente de B^s, donde B es una variable auxiliar cuyos valores son de poca importancia en esta circunstancia.

De la definición anterior y de los argumentos presentados, vemos que para un proceso $\text{ARMA}(k, h)$

$$
\begin{aligned}
\Gamma(B) &= \sigma^2 \left(\sum_{j=0}^{\infty} \beta_j' B^j \right) \left(\sum_{k=0}^{\infty} \beta_k' B^{-k} \right) \\[2mm]
&= \sigma^2 \frac{\left(\sum\limits_{j=0}^{h} \beta_j B^j \right) \left(\sum\limits_{k=0}^{h} \beta_k B^{-k} \right)}{\left(\sum\limits_{r=0}^{k} \alpha_r B^r \right) \left(\sum\limits_{s=0}^{k} \alpha_s B^{-s} \right)}.
\end{aligned}
\tag{3.64}
$$

De (3.64) logramos, como casos especiales, las correspondientes a los procesos $\text{AR}(k)$ y $\text{MA}(h)$. En efecto, si $k = 0$ obtenemos la función generatriz de autocovarianzas de un proceso $\text{MA}(h)$, y si $h = 0$ logramos la correspondiente a un proceso $\text{AR}(k)$.

3.10. Descomposición de Wold

Se puede mostrar que una serie estacionaria puramente no determinística puede ser expresada como un $\text{MA}(\infty)$ de un sólo lado de la siguiente forma

$$y_t = \varepsilon_t + \beta_1 \varepsilon_{t-1} + \beta_2 \varepsilon_{t-2} + \cdots, \tag{3.65}$$

donde $\{\varepsilon_t\}$ es un proceso ortogonal o ruido blanco. Además, bajo condiciones muy generales, vimos que procesos de la forma (3.65) pueden provenir de una AR finita o infinita o de un ARMA. De allí la importancia práctica de los diferentes modelos ARMA estudiados en este capítulo, para explicar los procesos generadores de las observaciones de muchas series que suceden en situaciones prácticas. Esto está basada en los resultados obtenidos por H. Wold (1938) en su tesis doctoral, la que fue posteriormente publicada, sirviendo por muchos años como una excelente referencia en el área se series de tiempo.

3.11. El ajuste de los modelos

El enfoque basado en modelos ha seguido dos direcciones generales. Una es la denominada "metodología basada en modelos ARIMA", que es la que trataremos en este capítulo. La segunda dirección sigue la denominada "metodología de series de tiempo estructurales" y con mayor generalidad "la forma de espacio de estado para las series de tiempo", que se tratará en próximos capítulos. Ambas metodologías están íntimamente relacionadas y comparten estructuras básicas como lo analizaremos posteriormente.

El modelo AR(2) presentado anteriormente todavía constituye uno de los modelos básicos usados para describir series de tiempo "pseudo" periódicas. Una vez que estas ideas esenciales fueron dadas a conocer a la comunidad científica, no hubo dificultades en extenderlas a formas más complicadas, definiendo, en consecuencia, los *modelos autorregresivos de orden k* como una ecuación en diferencias estocástica de orden k (denotados como AR(k)), los que se definen en la ecuación (3.21).

Una clase alternativa, y en muchas formas complementaria, de modelos fueron los llamados *modelos de promedios móviles de orden h* (denotados como MA(h)), cuya representación está dada en la ecuación (3.37).

Los modelos de promedios móviles tienen propiedades bastantes diferentes a las de los modelos autorregresivos, pero todavía pueden mostrarnos una forma de comportamiento "pseudo" periódico. Un estudio sistemático de las propiedades estadísticas de los modelos de promedios móviles fue realizado por Wold (1949).

Hemos observado que cualquier serie de tiempo "razonable" puede ser descripta por un modelo AR o MA (posiblemente de orden infinito). Ahora bien, si tratamos de ajustar un modelo AR a datos generados por un modelo MA, requeriremos un modelo de orden extremadamente alto para obtener un ajuste adecuado, y viceversa. Entonces existe una ventaja obvia en combinar los dos tipos de modelos AR y MA en un *modelo mixto autorregresivo de promedios móviles* (denotado como ARMA(k, h)), cuya representación está dada en (3.52). Al modelo (3.52) se lo conoce también como proceso ARMA(k, h). Modelos de este tipo fueron vigorosamente propuestos por Box y Jenkins (1970 y 1976) como la clase "estándar" de modelos de series de tiempo. Es efectivamente cierto que el esquema ARMA puede ser usado para modelar una gran variedad de estructuras de series de tiempo. La ventaja de los modelos ARMA es que en el ajuste se requerirán menos parámetros que en el ajuste de un modelo puro AR o MA.

La estimación de los parámetros de los modelos AR, MA y ARMA es un problema que puede resultar bastante dificil, pero afortunadamente hay un número razonable de paquetes estándares de computación los cuales efectúan la estimación por máxima verosimilitud, bajo el supuesto de normalidad, usando algoritmos numéricos. Existen varios criterios para la determinación del orden de los modelos, los cuales nos permiten seleccionar los valores más adecuados para el orden de los modelos AR o MA a ajustar. Los más conocidos de estos criterios son el criterio AIC de Akaike (1974b) y el criterio CAT de Parzen (1974). Los modelos AR parecen, a primera vista, modelos ordinarios de regresión, pero el hecho de que la variable bajo estudio juega el doble papel de variable dependiente y variable independiente, complica las propiedades de los estimadores por mínimos cuadrados de los parámetros. Un estudio pionero de la estimación de los parámetros de los modelos AR fue realizado por Mann y Wald (1943).

La idea subyacente del modelo autorregresivo de Yule (1927) era generar una serie de tiempo que, aunque no sea estrictamente periódica, exhibiera un tipo de comportamiento "estable" en algún sentido. Ese comportamiento estable se lo describe con más precisión introduciendo la idea de *estacionariedad*. Existe un importante teorema, el Teorema de Wold, que dice que cualquier serie de tiempo "bien comportada" y estacionaria en cierto sentido, que no contiene componentes estrictamente periódicos, puede ser representada ya sea como una autorregresión o un promedio móvil (ambos posiblemente de orden infinito). Por lo tanto, se puede modelar casi cualquier serie de ese tipo ya sea mediante una AR o un MA de alto orden con el grado de exactitud que uno requiera.

Box y Jenkins (1970 y 1976) consideraron una extensión de los modelos ARMA para ocuparse de ciertos tipos especiales de series no-estacionarias. Ellos consideraron una serie de tiempo que es no-estacionaria, pero que puede llegar a ser estacionaria si se la diferencia un número suficiente de veces. Esto condujo a los llamados modelos ARIMA.

Box y Jenkins presentaron técnicas claramente simples para identificar los ordenes adecuados de los modelos, y para la evaluación numérica de los estimadores de máxima verosimilitud aproximada de los parámetros del modelo. Es cierto que, cuando se los aplica correctamente, las clases ARMA y ARIMA pueden proveer descripciones muy útiles de una gran variedad de datos de series de tiempo, explicando porqué el "enfoque de Box-Jenkins" (como se lo conoce) ha sido usado extensamente por una gran variedad de practicantes del análisis de series de tiempo en una gran diversidad de campos. Debe notarse, no obstante, que el paso denominado "identificación del modelo" en el análisis (o sea, la selección de una forma apropiada de modelos ARMA o ARIMA) requiere cuidados y experiencia considerable. El éxito de este enfoque depende mayormente en la habilidad del analista para seleccionar un modelo apropiado que en los aspectos más técnicos de la estimación de los parámetros por máxima verosimilitud. A continuación damos algunos detalles del "enfoque de Box-Jenkins".

Box y Jenkins (1970 y 1976) propusieron un método simple basado en ajustar un modelo ARMA a una serie que ha sido transformada a fin de lograr estacionariedad, y luego calcular las predicciones directamente del modelos ajustado. Las predicciones son simplemente calculadas usando un algoritmo recursivo. El método es extremadamente fácil de aplicar, pero requiere, por supuesto, que la serie sea bien ajustada por un modelo ARMA.

Un tratamiento completo del proceso de estimación de estos modelos puede verse en Abril (2004).

Capítulo 4

Predicción

4.1. Introducción

Dada una muestra $\{y_1, \ldots, y_n\}$ de una serie de tiempo, el proceso de predicción consiste en lograr el mejor estimador de $y_{n+\ell}$ para $\ell = 1, 2, \ldots$, basado en toda la información disponible hasta el momento n. Para ello, en general, se dispone de varios métodos. La elección del método depende de:

- el propósito de la predicción y

- la estructura del sistema bajo estudio.

Las principales categorías de técnicas de predicción son:

1. valoración subjetiva,

2. proyección estadística de una serie, esta es la serie para la cual la predicción es necesitada,

3. proyección estadística usando series relacionadas,

4. construir y ajustar a partir de los datos un modelo causal del sistema bajo estudio (por ejemplo, un modelo econométrico).

En esta parte del libro, y en especial en este capítulo, nos concentraremos en la propuesta del punto 2. En la tercera parte y particularmente en la cuarta parte del libro nos concentraremos en la propuesta del punto 3 y mayormente en la del punto 4.

Ahora bien, en todo momento debemos tener en cuenta que no podemos pronosticar, profetizar o predecir el futuro, solamente podemos analizar el pasado, esperar que el modelo persista y en base a ello realizar las estimaciones de valores futuros de la serie bajo consideración mediante una proyección hacia adelante del modelo generador de las observaciones.

4.2. Proyección estadística de una serie

Supongamos que tenemos una serie $y_t, y_{t-1}, y_{t-2}, \ldots$ y queremos predecir $y_{t+\ell}$, o sea queremos realizar la predicción ℓ-pasos adelante. Queremos que la predicción sea con *mínimo error medio cuadrático de predicción* (MEMCP).

Sea Y_t la historia de la serie hasta el momento t, incluyéndolo, o sea el conjunto $\{y_t, y_{t-1}, y_{t-2}, \ldots\}$. Sea $\widehat{y}_t(\ell) = E(y_{t+\ell}|Y_t)$, esto es, la esperanza condicional de $y_{t+\ell}$ dado Y_t. Con ello presentamos el siguiente teorema.

Teorema. $\widehat{y}_t(\ell)$ es la predicción con MEMCP de $y_{t+\ell}$.

Demostración. Sea F cualquier otra predicción y sea $g = F - \widehat{y}_t(\ell)$, por lo tanto $F = \widehat{y}_t(\ell) + g$. El error medio cuadrático de predicción de F es

$$
\begin{aligned}
E\left[(F - y_{t+\ell})^2|Y_t\right] &= E\left[(\widehat{y}_t(\ell) + g - y_{t+\ell})^2|Y_t\right] \\
&= E\left[(\widehat{y}_t(\ell) - y_{t+\ell})^2|Y_t\right] + 2gE\left[(\widehat{y}_t(\ell) - y_{t+\ell})|Y_t\right] + g^2.
\end{aligned}
$$

Pero $E\left[(\widehat{y}_t(\ell) - y_{t+\ell})|Y_t\right] = 0$ por definición de $\widehat{y}_t(\ell)$. Entonces

$$
E\left[(F - y_{t+\ell})^2|Y_t\right] = E\left[(\widehat{y}_t(\ell) - y_{t+\ell})^2|Y_t\right] + g^2,
$$

lo que es mínimo cuando $g = 0$. Esto implica que $F = \widehat{y}_t(\ell)$ es la predicción con MEMCP. Q.E.D.∎

4.3. Predicción de modelos ARMA(k,h)

Supongamos que tenemos una serie $\{y_t\}$ que satisface el modelo

$$
y_t + \alpha_1 y_{t-1} + \cdots + \alpha_k y_{t-k} = \varepsilon_t + \beta_1 \varepsilon_{t-1} + \cdots + \beta_h \varepsilon_{t-h}. \tag{4.1}
$$

Puesto que los ε_t's forman un proceso ortogonal, tenemos que $E(\varepsilon_s|Y_t) = 0$ para $s > t$.

Consideremos la predicción de y_{t+1} dada la historia Y_t. Para ello escribamos (4.1) con t reemplazado por $t+1$, esto es

$$
y_{t+1} + \alpha_1 y_t + \cdots + \alpha_k y_{t-k+1} = \varepsilon_{t+1} + \beta_1 \varepsilon_t + \cdots + \beta_h \varepsilon_{t-h+1}. \tag{4.2}
$$

Tomando esperanza condicional de (4.2) dado Y_t logramos

$$
\widehat{y}_t(1) + \alpha_1 y_t + \cdots + \alpha_k y_{t-k+1} = \beta_1 \varepsilon_t + \cdots + \beta_h \varepsilon_{t-h+1}. \tag{4.3}
$$

Restando (4.2) menos (4.3),

$$
y_{t+1} - \widehat{y}_t(1) = \varepsilon_{t+1},
$$

o sea que

$$
\varepsilon_t = y_t - \widehat{y}_{t-1}(1). \tag{4.4}
$$

La fórmula (4.4) dice que en un modelo ARMA, ε_t es justamente el error de predicción un paso adelante $y_t - \widehat{y}_{t-1}(1)$. Poniendo (4.4) en (4.3) obtenemos

$$
\begin{aligned}
\widehat{y}_t(1) + \alpha_1 y_t + \cdots + \alpha_k y_{t-k+1} &= \beta_1(y_t - \widehat{y}_{t-1}(1)) + \beta_2(y_{t-1} - \widehat{y}_{t-2}(1)) \\
&\quad + \cdots + \beta_h(y_{t-h+1} - \widehat{y}_{t-h}(1)).
\end{aligned} \tag{4.5}
$$

La fórmula (4.5) nos brinda una recursión simple para calcular $\widehat{y}_t(\ell)$ dado Y_t y las predicciones previas $\widehat{y}_{t-1}(1), \widehat{y}_{t-2}(1), \ldots$.

Para lograr $\widehat{y}_t(\ell)$ para $\ell > 1$ tenemos

$$y_{t+r} + \alpha_1 y_{t+r-1} + \cdots + \alpha_k y_{t-k+r} = \varepsilon_{t+r} + \beta_1 \varepsilon_{t+r-1} + \cdots + \beta_h \varepsilon_{t-h+r}. \tag{4.6}$$

Tomando esperanza condicional de (4.6) dado Y_t, para $r = 1, 2, \ldots, \ell$, obtenemos:

- con $r = 1$ logramos (4.5),

- con $r = 2$ logramos

$$\widehat{y}_t(2) + \alpha_1 \widehat{y}_t(1) + \alpha_2 y_t + \cdots + \alpha_k y_{t-k+2}$$
$$= \beta_2(y_t - \widehat{y}_{t-1}(1)) + \cdots + \beta_h(y_{t-h+2} - \widehat{y}_{t-h+1}(1)), \tag{4.7}$$

- con $r = 3$ logramos

$$\widehat{y}_t(3) + \alpha_1 \widehat{y}_t(2) + \alpha_2 \widehat{y}_t(1) + \cdots + \alpha_k y_{t-k+3}$$
$$= \beta_3(y_t - \widehat{y}_{t-1}(1)) + \cdots + \beta_h(y_{t-h+3} - \widehat{y}_{t-h+2}(1)), \tag{4.8}$$

y así sucesivamente. Este conjunto de ecuaciones nos permite calcular $\widehat{y}_t(1)$, $\widehat{y}_t(2)$, ..., $\widehat{y}_t(\ell)$ recursivamente. El conjunto de valores $\widehat{y}_t(1)$, $\widehat{y}_t(2)$, ..., $\widehat{y}_t(\ell)$ se denomina *perfil de predicción*.

Debe notarse que desde un punto de vista práctico, para lograr los valores de las predicciones debemos conocer los valores de los parámetros α_i y β_j para todo i, j. En caso de no conocerlos, como es lo habitual, debemos usar las respectivas estimaciones.

4.4. El enfoque de Box-Jenkins

Esta sección está basada en el enfoque propuesto por Box y Jenkins (1970 y 1976) para el tratamiento de diferentes series de tiempo y quese hizo muy popular en los últimos años. A fin de facilitar la lectura de la obra original de Box y Jenkins (BJ) vamos a tratar de acercarnos lo más que se pueda a la notación del libro de estos autores. En todos los casos necesarios se efectuarán las aclaraciones pertinentes a fin de compatibilizar nuestra notación con la de BJ.

El sistema de BJ siguen básicamente las siguientes secuencia de pasos:

1. *identificación*,

2. *estimación*,

3. *control de diagnóstico*,

4. *predicción*.

La *identificación* consiste en determinar el posible modelo generador de la serie observada. Una vez determinado ese modelo, se procede a la *estimación* de sus parámetros. Luego, en el *control de diagnóstico*, determinamos, mediante una serie de test si el modelo identificado y estimado es el adecuado para explicar la serie observada. Si los test de este *control de diagnóstico* nos conducen a aceptar el modelo, procedemos a continuación a la *predicción* de los valores futuros de la serie. Por el contrario, si el *control de diagnóstico* nos lleva a rechazar el modelo, debemos reiniciar la secuencia con la *identificación* de otro posible modelo, y así seguir todo el proceso hasta encontrar el adecuado a fin de realizar la *predicción*.

4.5. Predicción

Por razones didácticas y de facilidad de lectura, presentaremos primero todo el proceso de predicción del modelo, para luego seguir en orden con los otros pasos a partir de la identificación.

4.5.1. Predicción de modelos estacionarios

Supongamos que tenemos las observaciones x_t, donde $E(x_t) = \mu$. Sea $y_t = x_t - \mu$. El modelo básico de BJ es el ARMA(p, q) para la serie y_t, o sea

$$y_t - \varphi_1 y_{t-1} - \cdots - \varphi_p y_{t-p} = \varepsilon_t - \theta_1 \varepsilon_{t-1} - \cdots - \theta_q \varepsilon_{t-q}, \tag{4.9}$$

donde, si se compara (4.9) con (4.1) vemos que $\alpha_i = -\varphi_i$ y $\beta_j = -\theta_j$ para todo i y j, y los $\varepsilon_t\,$'s forman un proceso ortogonal (o ruido blanco). Notese que anteriormente trabajamos con modelos ARMA(k, h). La fórmula (4.9) puede escribirse como

$$\varphi(B) y_t = \theta(B) \varepsilon_t,$$

con

$$\begin{aligned}
\varphi(B) &= 1 - \varphi_1 B - \cdots - \varphi_p B^p, \\
\theta(B) &= 1 - \theta_1 B - \cdots - \theta_q B^q,
\end{aligned}$$

B es el operador de rezago, o sea que $B^r y_t = y_{t-r}$. Suponemos que $\varphi(B)$ y $\theta(B)$ tienen todas sus raíces fuera del círculo unitario, lo que implica que el modelo es estacionario y tiene representación MA(∞) y también AR(∞), esto es,

$$y_t = \varepsilon_t + \psi_1 \varepsilon_{t-1} + \psi_2 \varepsilon_{t-2} + \cdots = \psi(B) \varepsilon_t,$$

$$\begin{aligned}
y_t - \pi_1 y_{t-1} - \pi_2 y_{t-2} - \cdots &= \varepsilon_t, \\
\pi(B) y_t &= \varepsilon_t.
\end{aligned}$$

Como se aprecia, todo el enfoque está basado en el hecho de que la serie observada sea estacionaria. Las predicciones $\widehat{y}_t(\ell)$ de $y_{t+\ell}$, para $\ell = 1, 2, \ldots$ dado el conocimiento del proceso hasta el momento t, o sea dado $\mathbf{Y}_t = \{y_t, y_{t-1}, y_{t-2}, \ldots\}$, y con mínimo error medio cuadrático de predicción, se las realiza mediante las recursiones

$$\begin{aligned}
\widehat{y}_t(1) - \varphi_1 y_t - \cdots - \varphi_p y_{t-p+1} &= -\theta_1(y_t - \widehat{y}_{t-1}(1)) - \theta_2(y_{t-1} - \widehat{y}_{t-2}(1)) \\
&\quad - \cdots - \theta_q(y_{t-q+1} - \widehat{y}_{t-q}(1)), \tag{4.10}
\end{aligned}$$

$$\widehat{y}_t(2) - \varphi_1\widehat{y}_t(1) - \varphi_2 y_t - \cdots - \varphi_p y_{t-p+2} = -\theta_2(y_t - \widehat{y}_{t-1}(1))$$
$$- \cdots - \theta_q(y_{t-q+2} - \widehat{y}_{t-q+1}(1)), \quad (4.11)$$

$$\widehat{y}_t(3) - \varphi_1\widehat{y}_t(2) - \varphi_2\widehat{y}_t(1) - \cdots - \varphi_p y_{t-p+3} = -\theta_3(y_t - \widehat{y}_{t-1}(1))$$
$$- \cdots - \theta_q(y_{t-q+3} - \widehat{y}_{t-q+2}(1)), \quad (4.12)$$

y así sucesivamente. Este conjunto de ecuaciones nos permite calcular $\widehat{y}_t(1)$, $\widehat{y}_t(2)$, ..., $\widehat{y}_t(\ell)$ recursivamente. El conjunto de valores $\widehat{y}_t(1)$, $\widehat{y}_t(2)$, ..., $\widehat{y}_t(\ell)$ se denomina *perfil de predicción*. Luego, obtenemos las predicciones de x_t simplemente usando la relación $y_t = x_t - \mu$.

Debe notarse que, como ya se dijo anteriormente, desde un punto de vista práctico, para lograr los valores de las predicciones debemos conocer los valores de los parámetros μ, φ_i y θ_j para todo i, j. En caso de no conocerlos, como es lo habitual, debemos usar las respectivas estimaciones.

4.5.2. Predicción de modelos no estacionarios (y no estacionales)

Sea el operador $\Delta = 1 - B$, entonces $\Delta f(t) = f(t) - f(t-1)$, $\Delta^2 f(t) = (1-B)^2 f(t) = f(t) - 2f(t-1) + f(t-2)$, y así sucesivamente.

Supongamos que la serie x_t contiene tendencia, la cual se la puede aproximar adecuadamente en forma local por un polinomio de orden d. Podemos eliminarla tomado diferencias de orden d de las observaciones x_t, esto es

$$y_t = \Delta^d x_t.$$

Luego suponemos que y_t puede ser representado por un modelo ARMA(p, q) estacionario de la forma

$$\varphi(B)y_t = \theta(B)\varepsilon_t,$$

y así continuamos con el proceso descripto anteriormente para las series estacionarias.

Esto implica que el modelo para la serie no estacionaria x_t es

$$\varphi(B)\Delta^d x_t = \theta(B)\varepsilon_t$$
$$\varphi(B)(1-B)^d x_t = \theta(B)\varepsilon_t.$$

Debemos observar que el operador autorregresivo $\varphi(B)(1-B)^d$ tiene ahora algunas de sus raíces sobre el círculo unitario, lo que implica que la serie x_t satisface un modelo ARMA(p^*, q) no estacionario, con $p^* = p + d$.

BJ llamaron a esto un modelo ARIMA(p, d, q) o modelo autorregresivo integrado de promedio móvil de orden p, d, q. "Integrado" viene de suma, por ejemplo

$$y_t = \Delta x_t = x_t - x_{t-1},$$

entonces

$$
\begin{aligned}
x_t &= y_t + x_{t-1} \\
&= y_t + y_{t-1} + x_{t-2} \\
&\quad\vdots \\
&= y_t + y_{t-1} + y_{t-2} + \cdots,
\end{aligned}
$$

lo que implica que x_t es igual a la suma o integración de variables aleatorias estacionarias.

Las predicciones de BJ son equivalentes a nuestro tratamiento de predicción del modelo ARMA presentado en (4.10), (4.11), (4.12) y demás necesarias. Así, predecir $x_{t+\ell}$ mediante $\widehat{x}_t(\ell) = E(x_{t+\ell}\,|\,\mathbf{X}_t)$, donde $\mathbf{X}_t$ es la historia $\{x_t, x_{t-1}, \ldots\}$, se basa en

$$\varphi(B)\Delta^d x_t = \theta(B)\varepsilon_t, \tag{4.13}$$

lo que es equivalente a

$$\varphi^*(B)x_t = \theta(B)\varepsilon_t, \tag{4.14}$$

donde $\varphi^*(B) = \varphi(B)\Delta^d$. En el momento $t+j$ tenemos

$$x_{t+j} - \varphi_1^* x_{t+j-1} - \cdots - \varphi_{p^*}^* x_{t+j-p^*} = \varepsilon_{t+j} - \theta_1 \varepsilon_{t+j-1} - \cdots - \theta_q \varepsilon_{t+j-q}, \tag{4.15}$$

donde $p^* = p + d$. Tomando esperanza condicional, $E(\cdot\,|\,\mathbf{X}_t)$, en (4.15) obtenemos

$$\widehat{x}_{t+j} - \varphi_1^* \widehat{x}_{t+j-1} - \cdots - \varphi_{p^*}^* \widehat{x}_{t+j-p^*} = \widehat{\varepsilon}_{t+j} - \theta_1 \widehat{\varepsilon}_{t+j-1} - \cdots - \theta_q \widehat{\varepsilon}_{t+j-q}, \tag{4.16}$$

para $j = 1, 2, \ldots, \ell$, y donde

$$\widehat{x}_{t+i} = \begin{cases} x_{t+i}, & i \leqslant 0, \\ \widehat{x}_t(i), & i > 0, \end{cases} \tag{4.17}$$

$$\widehat{\varepsilon}_{t+i} = \begin{cases} x_{t+i} - \widehat{x}_{t+i-1}(1), & i \leqslant 0, \\ 0, & i > 0. \end{cases} \tag{4.18}$$

O sea que son las mismas recursiones que para los modelos estacionarios, presentadas en (4.10), (4.11), (4.12) y demás necesarias. Para $\ell > q$ la recursión es

$$\widehat{x}_{t+\ell} - \varphi_1^* \widehat{x}_{t+\ell-1} - \cdots - \varphi_{p^*}^* \widehat{x}_{t+\ell-p^*} = 0, \tag{4.19}$$

la que es una ecuación en diferencias ordinaria con solución

$$\widehat{x}_{t+\ell} = b_0^{(t)} f_0(\ell) + b_1^{(t)} f_1(\ell) + \cdots + b_{p^*}^{(t)} f_{p^*}(\ell), \tag{4.20}$$

donde las funciones f_j's son polinomios, exponenciales, senos, cosenos, etc.. Esta última fórmula se denomina *función de predicción eventual*. La fórmula (4.20) es diferente para cada valor de t y a su vez está determinada enteramente (su estructura, no sus coeficientes) por el operador $\varphi^*(B)$.

4.5.3. Predicción de modelos no estacionarios (y estacionales)

Sea el operador $\Delta_s = 1 - B^s$, entonces $\Delta_s f(t) = f(t) - f(t - s)$, $\Delta_s^2 f(t) = (1 - B^s)^2 f(t) = f(t) - 2f(t - s) + f(t - 2s)$, y así sucesivamente.

Supongamos que la serie x_t contiene un movimiento periódico con periodicidad s (como podría ser el caso de la estacionalidad), y que se puede aproximar adecuadamente en forma local por un polinomio de orden D. Podemos eliminarlo tomado diferencias estacionales de orden D de las observaciones x_t, esto es

$$y_t = \Delta_s^D x_t = (1 - B^s)^D x_t.$$

Luego suponemos que y_t puede ser representado por un modelo ARMA(p, q) estacionario de la forma

$$\varphi(B)y_t = \theta(B)\varepsilon_t,$$

y así continuamos con el proceso descripto anteriormente para las series estacionarias.

Esto implica que el modelo para la serie no estacionaria x_t es

$$\begin{aligned}
\varphi(B)\Delta_s^D x_t &= \theta(B)\varepsilon_t \\
\varphi(B)(1 - B^s)^D x_t &= \theta(B)\varepsilon_t.
\end{aligned}$$

Debemos observar que el operador autorregresivo $\varphi(B)(1 - B^s)^D$ tiene ahora algunas de sus raíces sobre el círculo unitario, esto implica que la serie x_t es no estacionaria. A fin de realizar las predicciones se procede de forma similar al caso en que teníamos tendencia solamente.

Debe notarse que se pueden combinar los casos en que la serie observada tenga tendencia y estacionalidad, siendo su solución similar a la que ya vimos.

Es importante poner atención en el hecho de que con el procedimiento de BJ lo que se hace es eliminar la tendencia y la estacionalidad a fin de lograr estacionariedad, para luego trabajar con la serie transformada. Posteriormente se deshacen las transformaciones para efectuar las predicciones de la serie original. De esta forma nunca se conocen y estiman los componentes tendencia y estacionalidad de forma separada, simplemente se los elimina, lo cual en muchas aplicaciones (por ejemplo economía, y otras ciencias sociales) es un problema pues es importante tenerlos a esos componentes estimados de forma explícita.

4.6. Identificación del modelo

Dada las observaciones de una serie de tiempo x_t, se presupone que, luego de efectuar las transformaciones pertinentes y tomar las diferencias adecuadas (tanto para eliminar la tendencia como para eliminar la estacionalidad u otros movimientos periódicos) la serie resultante seguirá apropiadamente un modelo ARMA(p, q) estacionario. En consecuencia, queremos determinar las transformaciones necesarias y los valores de p, d y q (también D en su caso) para lograr ese modelo. Este proceso es el que se conoce como *identificación*, el cual no es lo mismo que la identificación en econometría. A continuación enunciamos las diferentes formas de proceder ante los distintos casos que suelen presentarse.

Se logra una idea preliminar del valor de d al graficar la serie $\Delta^r x_t$, para $r = 0, 1, 2, \ldots$, hasta que tenga la apariencia de una serie estacionaria, básicamente sin tendencia. También calculamos las autocorrelaciones muestrales (útil para determinar q) y las autocorrelaciones parciales muestrales (útil para determinar p) de cada una de las $\Delta^r x_t$, para $r = 0, 1, 2, \ldots$. De forma similar, se logra una idea preliminar del valor de D al graficar la serie $\Delta_s^r x_t$, para $r = 0, 1, 2, \ldots$, hasta que tenga la apariencia de una serie estacionaria, básicamente sin estacionalidad u otros movimientos periódicos.

Para la determinación de los valores de p y q debemos remitirnos a las propiedades de los respectivos procesos estacionarios. Así, si las observaciones provienen de una AR(p), esto implica que $q = 0$, que el correlograma de la serie tiende a cero de una manera rápida y que el correlograma parcial es idénticamente igual a cero para ordenes superiores a p. Por otra parte, si las observaciones provienen de un MA(q), esto implica que $p = 0$, que el correlograma de la serie es idénticamente igual a cero para ordenes superiores a q y que el correlograma parcial tiende a cero de una manera rápida. Además, si p y q son ambos distintos de cero, entonces el proceso generador de las observaciones es un ARMA y tanto el correlograma como el correlograma parcial tienden a cero de una manera rápida. Estas características teóricas son muy útiles, pero en la práctica no conocemos los valores verdaderos de las autocorrelaciones ni de las autocorrelaciones parciales del proceso generador de las observaciones. Lo único que podemos hacer es estimarlas, tomando el conjunto de las observaciones disponibles, y usamos el hecho de que ambas, tanto las autocorrelaciones muestrales como las autocorrelaciones parciales muestrales, son asintóticamente normales con media igual al parámetro a estimar y varianza igual a $\frac{1}{n}$, donde n es el número de observaciones. Luego graficamos esas estimaciones y una banda de confianza de la forma $\left(-\frac{2}{\sqrt{n}}, \frac{2}{\sqrt{n}} \right)$, que es aproximadamente la correspondiente al 95 %, y esperamos que los estimadores se comporten de forma similar a los parámetros que queremos estimar. En particular, si la estimación está dentro de la banda de confianza, podemos aceptar que el respectivo parámetro es igual a cero.

No solamente la presencia de tendencia, estacionalidad u otros movimientos periódicos pueden ser fuentes de falta de estacionariedad de la serie a estudiar. Otra fuente es el cambio con el tiempo de la varianza. En particular, cuando la variabilidad de la serie aumenta o disminuye con el nivel. Para detectarlo se grafica la serie y se espera que las oscilaciones sean todas aproximadamente de la misma amplitud. En caso de que esto no suceda se puede aplicar una transformación estabilizadora de la varianza. La más usada es la de Box y Cox (1964), la cual, para una serie de observaciones x_t, produce la serie y_t de la siguiente manera

$$
y_t = \begin{cases} \frac{x_t^\lambda - 1}{\lambda}, & \lambda \neq 0, \\ \log x_t, & \lambda = 0. \end{cases} \tag{4.21}
$$

Mediante una elección adecuada de λ, se puede hacer a la variabilidad aproximadamente constante. En particular, para datos positivos cuyo desvío estándar aumenta linealmente con el nivel, se puede estabilizar a la variabilidad tomando $\lambda = 0$. Algunas veces, no es necesario realizar este tipo de transformaciones ya que la serie tiene una variabilidad estable.

Este es un proceso ad hoc, el que nos da valores preliminares de p, d, D, q y λ. Debe tomarse en cuenta que en situaciones prácticas la serie observada puede tener simultáneamente variabilidad cambiante con el tiempo, tendencia, estacionalidad u otros movimientos periódicos, por lo tanto se deberán aplicar todos, o buena parte, de los procedimientos presentados en esta subsección para lograr la identificación. Si estamos en duda, tomemos diferentes conjuntos de valores de p, d, D, q y λ, y decidamos luego después del ajuste usando los test que correspondan.

Nótese que la identificación esta basada en gran medida en las autocorrelaciones muestrales y las autocorrelaciones parciales muestrales, las que, de acuerdo a lo visto, están altamente autocorrelacionadas y tienen una alta variabilidad muestral, lo que las hace inestables para su uso en la práctica. Se pueden encontrar ejemplos en los cuales los datos aparecen explicados igualmente bien por modelos cuyas especificaciones son muy diferentes. Esto es un gran problema del enfoque de BJ.

Ahora consideremos algunas otras desventajas del enfoque de BJ. La eliminación de la tendencia y la estacionalidad u otros movimientos periódicos mediante diferenciación puede no ser un inconveniente si la predicción es el único objetivo del análisis, pero en muchos contextos, particularmente en estadísticas oficiales, el conocimiento de esos componentes tiene importancia intrínseca. Es cierto también que se pueden "recuperar" las estimaciones de la tendencia, de la estacionalidad o de otros movimientos periódicos a partir de la serie diferenciada maximizando la media cuadrática residual, pero este parece ser un procedimiento artificial que no es tan atractivo como modelar los componentes directamente.

El requerimiento que la serie diferenciada debe ser estacionaria es una debilidad de la teoría. En los campos de la economía y las ciencias sociales, las series nunca son estacionarias, no obstante toda la diferenciación que se haga. El investigador debe enfrentar la cuestión siguiente: ¿cuán cerca de la estacionariedad es suficientemente cerca? Esta pregunta es muy difícil de responder. Hay otro punto que está íntimamente relacionado con este. Al comienzo se supone que las observaciones están formadas por los términos tendencia, estacionalidad u otros movimientos periódicos e irregular. El término irregular se supone que se comporta de acuerdo a algún modelo estocástico. Encuentro una coincidencia a remarcar que la cantidad de diferenciación requerida para eliminar los términos de tendencia y estacionalidad (u otros movimientos periódicos) es exactamente la misma que se necesita para lograr un adecuado modelo ARMA estacionario para el término irregular diferenciado.

En el sistema de BJ es relativamente difícil de manejar cuestiones tales como observaciones perdidas, el agregado de variables explicativas, ajustes calendarios y cambios en el comportamiento a través del tiempo.

Una interesante discusión sobre los problemas del enfoque de BJ y las alternativas disponibles puede verse en Abril (2003 y 2011).

4.6.1. Ejemplo

Una serie de tiempo muy usada en la literatura como ejemplo academico es la que consiste en el número, expresado en miles, de pasajeros transportados internacionalmente por las empresas aéreas para cada mes desde Enero de 1949 hasta Diciembre de 1960. Una característica importante de esta serie es que consiste en el número de personas transportadas, la que no está asociada a valores monetarios, o sea que no está sujeta a las variaciones del valor de ese activo financiero. Analizaremos esta serie usando el paquete *ITSM 2000: Interactive Time Series Modelling Package for the PC*, version 6.0, desarrollado por Brockwell y Davis (2000).

En la Figura 4.1 se muestra el gráfico de la serie del número, expresado en miles, de pasajeros transportados internacionalmente por las empresas aéreas, para cada mes desde Enero de 1949 hasta Diciembre de 1960, y en la Figura 4.2 las autocorrelaciones (gráfico superior) y autocorrelaciones parciales (gráfico inferior) estimadas de la serie del número de pasajeros transportados internacionalmente por las empresas aéreas, para cada mes desde Enero de 1949 hasta Diciembre de 1960, donde r(s) $= r_s$ (autocorrelación estimada) y r.(s) $= r_s$. (autocorrelación parcial estimada). En los gráficos de las autocorrelaciones y autocorrelaciones parciales se observan líneas paralelas al eje horizontal. Dichas líneas corresponden a los límites de la zona de aceptación de la hipótesis nula que la autocorrelación teórica ρ_s o la autocorrelación parcial teórica ρ_s. es igual a cero versus la hiposis alternativa que es distinta de cero; en consecuencia se acepta la hipotesis nula si el valor estimado está entre esas líneas, de otra manera se rechaza. De la observación de estas figuras surge claramente que la serie no es estacionaria. Ambos, el nivel y la variabilidad aumentan con el tiempo y se aprecia la presencia de un componente estacional importante. El aumento de la variabilidad con el transcurso del tiempo se aprecia en el hecho que las oscilaciones de la serie son cada vez más

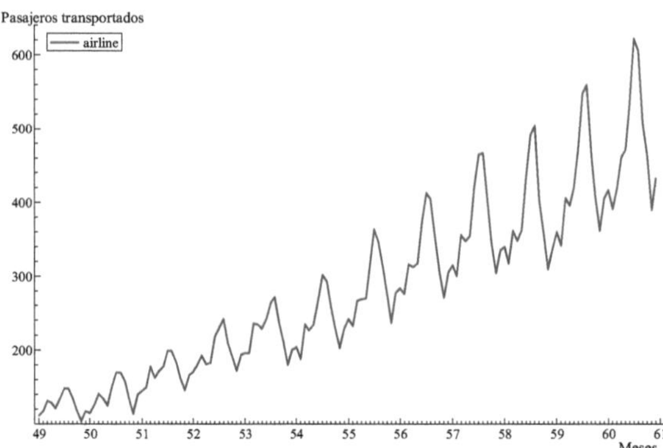

Figura 4.1: Número, expresado en miles, de pasajeros transportados internacionalmente por las empresas aéreas, para cada mes desde Enero de 1949 hasta Diciembre de 1960

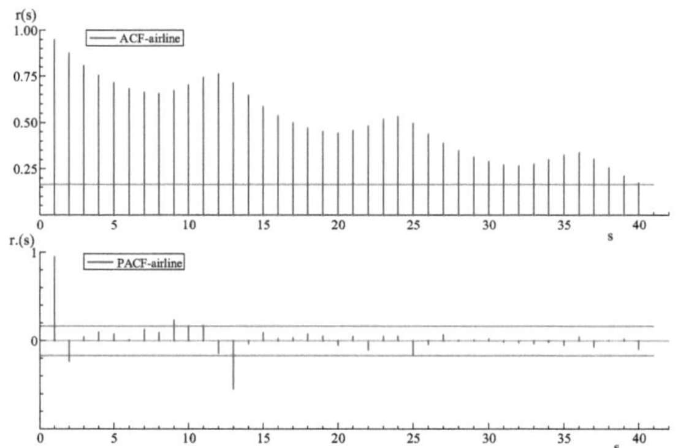

Figura 4.2: Autocorrelaciones (gráfico superior) y autocorrelaciones parciales (gráfico inferior) estimadas de la serie del número de pasajeros transportados internacionalmente por las empresas aéreas, para cada mes desde Enero de 1949 hasta Diciembre de 1960

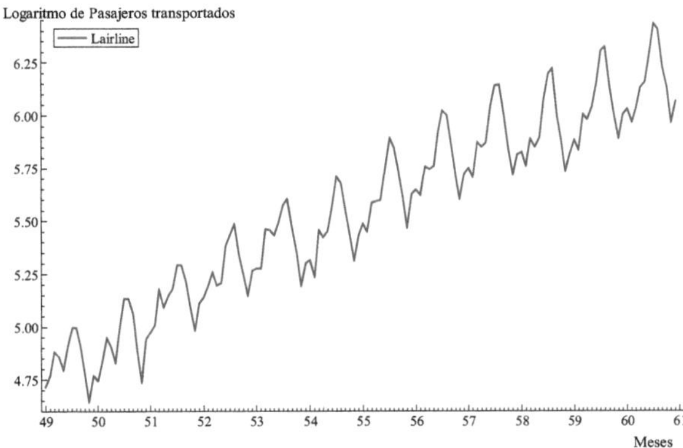

Figura 4.3: Logaritmo natural del número, expresado en miles, de pasajeros transportados internacionalmente por las empresas aéreas, para cada mes desde Enero de 1949 hasta Diciembre de 1960

grandes a medida que el tiempo t aumenta. El nivel, que está asociado a la presencia de una tendencia importante también se observa en el gráfico superior de la Figura 4.2 puesto que las autocorrelaciones muestrales no tienden a cero rápidamente como se espera en una serie estacionaria. También en ese gráfico se observan los picos en los rezagos (s) igual a 12 y sus múltiplos, lo que indica la presencia del componente estacional. Esto último se lo observa igualmente en el gráfico inferior de la misma Figura.

Para la serie del del número de pasajeros transportados internacionalmente por las empresas aéreas la variabilidad aumenta con el nivel y los datos son estrictamente positivos. Tomando el logaritmo natural de los datos, o sea que en la transformación de Box y Cox de la fórmula (4.21) tomamos $\lambda = 0$ nos da los datos transformados que se muestran en la Figura 4.3. Observamos ahora que las variaciones ya no existen. El efecto estacional persiste al igual que la tendencia creciente. Puesto que la transformación logarítmica ha estabilizado la variabilidad, no es necesario considerar otros valores de λ. En cuanto a las autocorrelaciones y autocorrelaciones parciales de esta serie de los logarítmos, las mismas siguen siendo similares a las correspondientes a la serie original debido a que el tipo de tranformación usada no afecta las propiedades lineales de la serie. A partir de aqui se trabajará con la serie de los logaritmos.

A la serie transformada se le elimina la tendencia lineal observada en la Figura 4.3 tomando primeras diferencias. El resultado de esto se muestra en la Figura 4.4. Se observa en esta figura que la tendencia ya no existe pero que el componente estacional sigue siendo importante. Esto se puede ver claramente en la Figura 4.5. Allí, en se observa que las autocorrelaciones y las autocorrelaciones parciales de ordenes 12 y sus múltiplos son muy importantes.

Para eliminar el efecto estacional, a la última serie, aquella cuya tendencia fue eliminada, se le toman diferencias de orden 12 obteniéndose la serie sin tendencia ni estacionalidad.

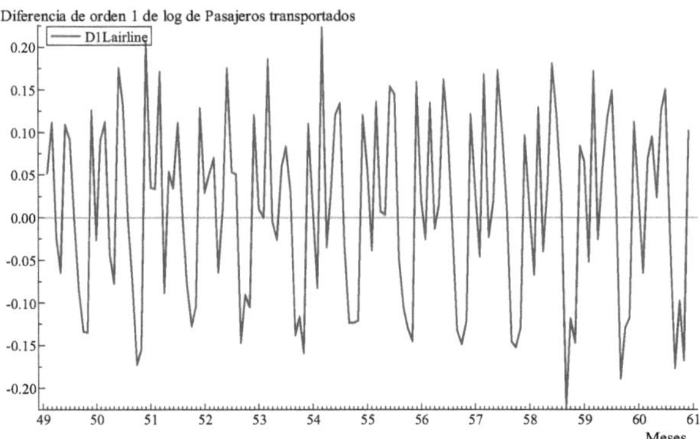

Figura 4.4: Primeras diferencias del logaritmo natural del número, expresado en miles, de pasajeros transportados internacionalmente por las empresas aéreas, para cada mes desde Enero de 1949 hasta Diciembre de 1960

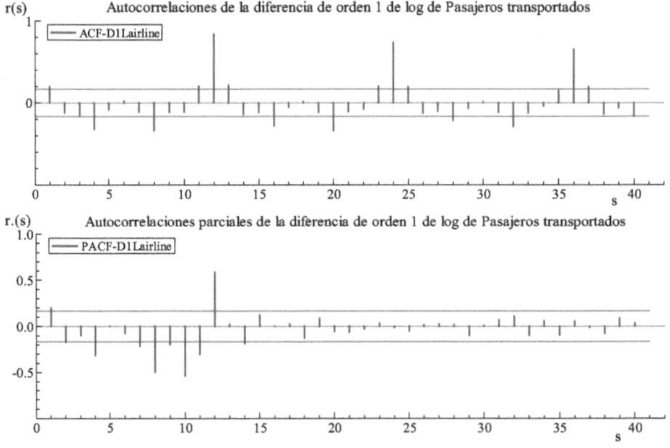

Figura 4.5: Autocorrelaciones y autocorrelaciones parciales estimadas de las primeras diferencias del logaritmo natural del número, expresado en miles, de pasajeros transportados internacionalmente por las empresas aéreas, para cada mes desde Enero de 1949 hasta Diciembre de 1960

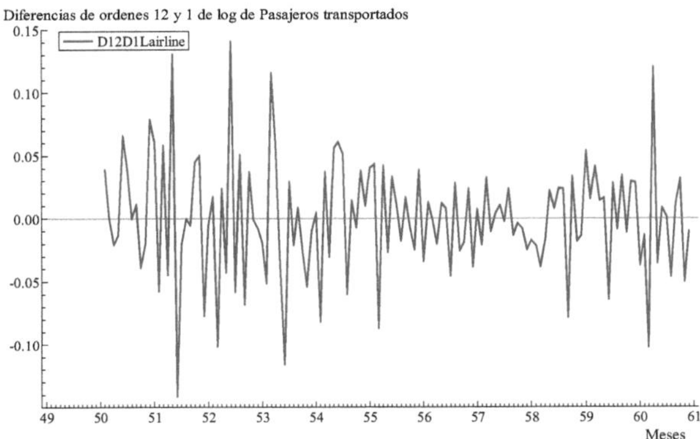

Figura 4.6: Diferencia de orden doce de las primeras diferencias del logaritmo natural del número, expresado en miles, de pasajeros transportados internacionalmente por las empresas aéreas, para cada mes desde Enero de 1949 hasta Diciembre de 1960, ajustada por media (serie de pasajeros aerotransportados transformada)

Luego se le resta la media (que es igua a $0,0003$) y resulta la serie mostrada en la Figura 4.6, la cual tiene una apariencia de ser zazonablemente cercana a la estacionariedad, por lo tanto será la serie con la que seguiremos nuestro trabajo y a la que designaremos serie de pasajeros aerotransportados transformada.

La Figura 4.7 muestra las autocorrelaciones y las autocorrelaciones parciales para la serie del número de pasajeros transportados internacionalmente por las empresas aéreas, expresados en miles, para cada mes desde Enero de 1949 hasta Diciembre de 1960 luego de tomarle el logaritmo natural, las diferencias de ordenes doce y uno y de restarle la media. Esta Figura sugiere que podríamos considerar un modelo de promedios móviles de orden 12 (o quizás 23) con una importante cantidad de coeficientes iguales a cero, o alternartivamente un modelo autorregresivo de orden 12.∎

4.7. Estimación del modelo

Supongamos que tenemos observaciones de la serie no estacionaria x_t, $t = 1, \ldots, n$, la que puede ser la serie realmente observada o bien una serie resultante luego de haberle estabilizado la varianza usando la transformación (4.21). Entonces, siguiendo el enfoque de BJ, hacemos $y_t = \Delta_s^D \Delta^d x_t$ para valores adecuados de D y d logrados durante el proceso de identificación. También, durante ese proceso identificamos al modelo ARMA (p, q) de la forma dada en (4.9) que entendemos que satisface la serie y_t. Esto último implica lograr los valores de p y q pertinentes. Con ello debemos proceder a estimar los parámetros respectivos, procedimiento que en esencia sigue los lineamientos que a continuación resumimos.

Supongamos inicialmente que $q = 0$, o sea que las observaciones $\{y_t, t = 1, \ldots, n\}$ satis-

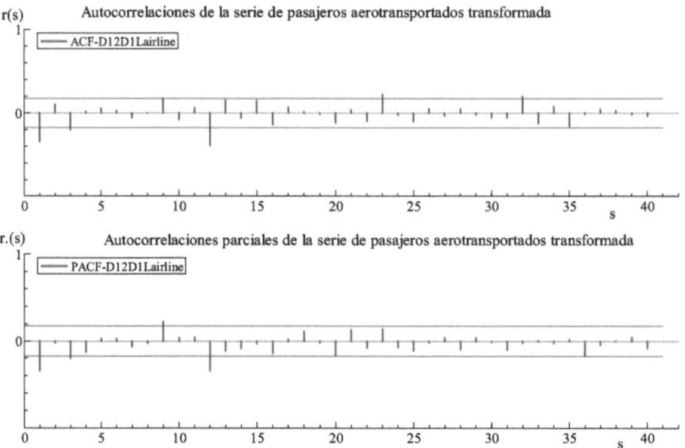

Figura 4.7: Autocorrelaciones y autocorrelaciones parciales estimadas de la serie de pasajeros aerotransportados transformada

facen el modelo AR(p)

$$y_t + \alpha_1 y_{t-1} + \cdots + \alpha_p y_{t-p} = \varepsilon_t, \tag{4.22}$$

donde $\alpha_j = -\varphi_j$ de la fórmula (4.9) para todo j y k, y los ε_t´s son independientes $N(0, \sigma^2)$.

Podemos lograr la estimación por máxima verosimilitud (MV) exacta de $\alpha_1, \ldots, \alpha_p$ y σ^2, pero es muy complicada. Para superar este problema, consideremos MV condicional dados $y_1, \ldots, y_p$ fijos. En ese caso la distribución de $\varepsilon_{p+1}, \ldots, \varepsilon_n$ es

$$dP = \frac{1}{(2\pi\sigma^2)^{\frac{n-p}{2}}} \exp\left\{ -\frac{1}{2\sigma^2} \sum_{t=p+1}^{n} \varepsilon_t^2 \right\} d\varepsilon_{p+1} \cdots d\varepsilon_n. \tag{4.23}$$

Transformando de $\varepsilon_{p+1}, \ldots, \varepsilon_n$ a $y_{p+1}, \ldots, y_n$ usando (4.22), vemos que el Jacobiano es 1. Consecuentemente tenemos

$$\begin{aligned} dP &= \frac{1}{(2\pi\sigma^2)^{\frac{n-p}{2}}} \exp\left\{ -\frac{1}{2\sigma^2} \sum_{t=p+1}^{n} (y_t \right. \\ &\quad \left. + \alpha_1 y_{t-1} + \cdots + \alpha_p y_{t-p})^2 \right\} dy_{p+1} \cdots dy_n. \end{aligned} \tag{4.24}$$

Entonces, si maximizamos el logaritmo de la verosimilitud condicional dada en (4.24) encontramos que MV≡MC, donde MC significa mínimos cuadrados, o sea que se estima $\alpha_1, \ldots, \alpha_p$ minimizando

$$\sum_{t=p+1}^{n} (y_t + \alpha_1 y_{t-1} + \cdots + \alpha_p y_{t-p})^2,$$

con respecto a $\alpha_1, \ldots, \alpha_p$. Este proceso, en última instancia, produce las ecuaciones

$$\widehat{\alpha}_1 \Sigma y_{t-1}^2 + \widehat{\alpha}_2 \Sigma y_{t-2} y_{t-1} + \cdots + \widehat{\alpha}_p \Sigma y_{t-p} y_{t-1} = -\Sigma y_t y_{t-1}$$
$$\widehat{\alpha}_1 \Sigma y_{t-1} y_{t-2} + \widehat{\alpha}_2 \Sigma y_{t-2}^2 + \cdots + \widehat{\alpha}_p \Sigma y_{t-p} y_{t-2} = -\Sigma y_t y_{t-2}$$
$$\vdots$$
$$\widehat{\alpha}_1 \Sigma y_{t-1} y_{t-p} + \widehat{\alpha}_2 \Sigma y_{t-2} y_{t-p} + \cdots + \widehat{\alpha}_p \Sigma y_{t-p}^2 = -\Sigma y_t y_{t-p}.$$

Estas ecuaciones se pueden resolver usando un programa ordinario de regresión. Notemos que usando este enfoque condicional no necesitamos suponer que la serie $\{y_t\}$ es estacionaria.

Alternativamente, notemos que esas ecuaciones son asintóticamente equivalentes a la forma muestral de las ecuaciones de Yule-Walker (de aquí en más usaremos $a_i = \widehat{\alpha}_i$, para todo i). Esto es

$$\left. \begin{array}{rcl} a_1 + a_2 r_1 + \cdots + a_p r_{p-1} & = & -r_1 \\ a_1 r_1 + a_2 + \cdots + a_p r_{p-2} & = & -r_2 \\ \vdots & \vdots & \vdots \\ a_1 r_{p-1} + a_2 r_{p-2} + \cdots + a_p & = & -r_p \end{array} \right\} . \qquad (4.25)$$

Podemos resolver las ecuaciones (4.25) mediante la siguiente recursión: sean $a_{s1}, a_{s2}, \ldots, a_{ss}$ los coeficientes del mejor ajuste de una AR(s), o sea las soluciones de las ecuaciones (4.25) anteriores para p reemplazada por s, y para $s = 1, 2, \ldots, p$. Se puede mostrar realizando un poco de álgebra que

$$a_{ss} = -\frac{r_s + a_{s-1,1} r_{s-1} + a_{s-1,2} r_{s-2} + \cdots + a_{s-1,s-1} r_1}{1 + a_{s-1,1} r_1 + a_{s-1,2} r_2 + \cdots + a_{s-1,s-1} r_{s-1}},$$
$$a_{sj} = a_{s-1,j} + a_{s,s} a_{s-1,s-j}, \quad s = 1, \ldots p, \ j = 1, \ldots, s-1.$$

Este algoritmo fue originariamente desarrollado por Durbin (1960b). Versiones no completas fueron intentadas por Wiener y también por Levinson.

Notemos que $a_{ss} = -r_{s.}$. Por lo tanto estas recursiones nos dan una forma fácil de calcular la autocorrelaciones parciales muestrales $r_{1.}, r_{2.}, \ldots$.

Regresemos al problema general de estimar un modelo ARMA(p, q). Suponemos inicialmente que $\varepsilon_0 = \varepsilon_{-1} = \ldots = 0$ y que $y_0, y_{-1}, \ldots, y_{-p+1}$ están dados. También suponemos que los errores o disturbios $\varepsilon_1, \varepsilon_2, \ldots, \varepsilon_n$ son independientes, normales o Gaussianos, con media cero y varianza constante, esto $N(0, \sigma_\varepsilon^2)$. Luego

$$\log L = K^* - \frac{n}{2} \log \sigma_\varepsilon^2 - \frac{1}{2\sigma_\varepsilon^2} S(\varphi, \theta), \qquad (4.26)$$

donde K^* es una constante, $S(\varphi, \theta) = \sum_{t=1}^n \varepsilon_t^2$, y los ε_t's están expresados en términos de $y_1, \ldots, y_n$, y de los φ_j's y los θ_j's de acuerdo a la expresión (4.9). De acuerdo a (4.26), Máxima Verosimilitud (MV) $\equiv$ mín $S(\varphi, \theta)$ con respecto a los φ_j's y los θ_j's.

Si no queremos suponer que $\varepsilon_0 = \varepsilon_{-1} = \ldots = 0$, se los puede estimar mediante "back"-forecasting o "backcasting" como lo mostrado en el Capítulo 5 de Abril (2004). Con ello obtenemos las estimaciones $\widehat{y}_0, \widehat{y}_{-1}, \ldots$, de $y_0, y_{-1}, \ldots$ y así, utilizándolas podemos lograr la estimación por "MV exacta" de los φ_j's y los θ_j's. También se obtiene el estimador por MV de σ_ε^2.

4.8. Control de diagnóstico

El control de diagnóstico es equivalente a realizar tests del ajuste del modelo a las observaciones.

Sea $\{y_t\}$ la serie corregida por media, transformada y diferenciada de acuerdo a lo visto anteriormente. El problema ahora, es decidir si el modelo ARMA(p,q) estimado es el adecuado para representar a $\{y_t\}$. Si p y q hubieran sido conocidos de antemano esto hubiera constituido una aplicación directa de las técnicas de estimación vistas previamente, y allí el proceso hubiera terminado para luego continuar con la predicción. Ahora bien, esto usualmente no es el caso, por lo tanto resulta necesario determinar si los valores de p y q identificados y con los cuales se realizó la estimación son los apropiados.

Puede parecer a primera vista que cuando más grandes sean los valores de p y q mejor será el ajuste. No obstante debemos tener cuidado de los peligros del *sobreajuste*, esto es, de "hacer a medida" el ajuste de tal manera de que esté muy cercano a los valores particulares observados.

Se han desarrollado criterios, en particular el criterio de información AIC de Akaike (1974b) y el criterio CAT de Parzen (1974), los cuales intentan prevenir el sobreajuste asignándole efectivamente un costo a la introducción de cada parámetro adicional. El estadístico AIC para un modelo ARMA(p,q) con vectores de coeficientes $\boldsymbol{\varphi} = (\varphi_1, \ldots, \varphi_p)'$ y $\boldsymbol{\theta} = (\theta_1, \ldots, \theta_q)'$ es definido como

$$AIC(\boldsymbol{\varphi}, \boldsymbol{\theta}) = -2\log L(\boldsymbol{\varphi}, \boldsymbol{\theta}, S(\boldsymbol{\varphi}, \boldsymbol{\theta})/n) + 2(p+q+1), \tag{4.27}$$

donde $L(\boldsymbol{\varphi}, \boldsymbol{\theta}, \sigma^2)$ es la verosimilitud de los datos bajo un modelo ARMA Gaussiano con parámetros $(\boldsymbol{\varphi}, \boldsymbol{\theta}, \sigma^2)$ y $S(\boldsymbol{\varphi}, \boldsymbol{\theta})$ es la suma de cuadrados residual. El modelo seleccionado es aquel que minimiza el valor de AIC definido en (4.27).

Ante dos modelos igualmente aceptables, debemos elegir aquel que sea más parsimonioso.

Definición. *Parsimonia* es el requerimiento de que ante modelos igualmente "buenos", nos debemos quedar con el que tenga menor número de parámetros.∎

Estudios de tipo Monte Carlo (ver Jones, 1975; Shibata, 1976) sugieren que el estadístico AIC definido en (4.27) tiene una tendencia a sobreestimar p (y también q). Ante ello, Akaike (1978) propuso el estadístico BIC el cual intenta corregir la propensión al sobreajuste de AIC y trabaja de la misma manera que (4.27). La definición de BIC es

$$\begin{aligned}
BIC \;=\; & (n-p-q)\log\left[n\widehat{\sigma}^2/(n-p-q)\right] + n\left(1 + \log\sqrt{2n}\right) \\
& +(p+q)\log\left[\left(\sum_{t=1}^{n} y_t^2 - n\widehat{\sigma}^2\right)\middle/ (p+q)\right],
\end{aligned} \tag{4.28}$$

donde $\widehat{\sigma}^2$ es la estimación por MV de la varianza del ruido blanco.

La versión corregida por sesgo de AIC, conocida como $AICC$ y que fue sugerida por Hurvich y Tsai (1989), es la que más se usa en la práctica. La definición de $AICC$ es

$$AICC(\boldsymbol{\varphi}, \boldsymbol{\theta}) = -2\log L(\boldsymbol{\varphi}, \boldsymbol{\theta}, S(\boldsymbol{\varphi}, \boldsymbol{\theta})/n) + 2(p+q+1)n/(n-p-q-2), \tag{4.29}$$

donde $L(\boldsymbol{\varphi}, \boldsymbol{\theta}, \sigma^2)$ es la verosimilitud de los datos bajo un modelo ARMA Gaussiano con parámetros $(\boldsymbol{\varphi}, \boldsymbol{\theta}, \sigma^2)$ y $S(\boldsymbol{\varphi}, \boldsymbol{\theta})$ es la suma de cuadrados residual. Intuitivamente, podemos pensar que $2(p+q+1)n/(n-p-q-2)$ en (4.29) es una penalización para desalentar la sobre parametrización. Nuevamente, debemos elegir aquel modelo que minimice $AICC$. La introducción del estadístico $AICC$ (o sus análogos) reduce la cuestión de elegir los valores de p y q a un problema bien definido. No obstante, la búsqueda de un modelo que minimice el $AICC$ puede ser muy lenta si no se tiene una idea de la clase de modelos que se deben explorar. Diversas técnicas pueden usarse para acelerar la búsqueda, pero las más adecuadas son aquellas basadas en el estudio de las autocorrelaciones y las autocorrelaciones parciales muestrales de $\{y_t\}$, de acuerdo a lo enunciado en la subsección denominada *identificación del modelo*.

La siguiente es una alternativa para decidir si el orden del modelo ARMA ajustado a la serie $\{y_t\}$ es el adecuado: Sean $\widehat{S}_1 = S(\widehat{\varphi}, \boldsymbol{\theta})$ suma de cuadrados residual luego de ajustar p_1 y q_1 parámetros, y $\widehat{S}_2 = $ suma de cuadrados residual luego de ajustar p_2 y q_2 parámetros, con $p_2 \geqslant p_1, q_2 \geqslant q_1$ y $p_2 + q_2 > p_1 + q_1$, entonces el estadístico del test a usar es

$$\frac{\frac{1}{p_2+q_2-p_1-q_1}(\widehat{S}_1 - \widehat{S}_2)}{\frac{1}{n-p_2-q_2}\widehat{S}_2}. \tag{4.30}$$

El test definido en (4.30) es un test de cocientes de verosimilitudes, en consecuencia tiene una distribución χ^2 con $(p_2 + q_2 - p_1 - q_1)$ grados de libertad bajo la hipótesis nula que el modelo más chico (el más parsimonioso, el basado en $\widehat{S}_1$) ajusta tan bien como el otro. Por lo tanto, si se acepta la hipótesis nula debemos tomar como modelo adecuado a aquel basado en $\widehat{S}_1$.

Una vez que se ha encontrado un modelo que minimice el valor de $AICC$, debemos controlar la bondad del ajuste, esencialmente verificando que los residuos se comportan como si fueran un ruido blanco.

Sabemos que las autocorrelaciones muestrales de una sucesión $z_1, \ldots, z_n$ de variables aleatorias independientes e idénticamente distribuidas (iid) con $E(z_t^2) < \infty$ se distribuyen aproximadamente como $N(0, 1/n)$ para n grande. Entonces, suponiendo que hemos ajustado el modelo ARMA apropiado a nuestros datos y que ese modelo ARMA es generado por una sucesión de ruidos blancos iid, la misma aproximación debería ser válida para las autocorrelaciones muestrales $r_k(\widehat{\varepsilon}_t)$, $k = 1, 2, \ldots$, de los residuos $\widehat{\varepsilon}_t$. Los valores de $\widehat{\varepsilon}_t$ son estimados mediante la aplicación del análogo muestral de la formula $\varepsilon_t = y_t - \widehat{y}_{t-1}(1)$, esto es con los coeficientes reemplazados por sus estimaciones. Por lo tanto, si los residuos $\widehat{\varepsilon}_t$ estiman un ruido blanco iid, cada una de sus autocorrelaciones muestrales deberían estar dentro del intervalo $\left(-\frac{2}{\sqrt{n}}, \frac{2}{\sqrt{n}}\right)$, lo que significa que estamos realizando el respectivo test con un nivel de significación aproximado del 5 %. En la práctica se grafica la función de autocorrelación muestral de los residuos y la anterior banda de confianza, viéndose de esa forma si se acepta o no la hipótesis nula que los ε_t generadores del modelo ARMA son un conjunto de ruidos blancos iid.

En lugar de comprobar si cada $r_k(\widehat{\varepsilon}_t)$ cae dentro de la banda de confianza $\pm\frac{2}{\sqrt{n}}$, es posible considerar en cambio un solo estadístico el que depende de $r_k(\widehat{\varepsilon}_t)$ para $k = 1, \ldots, K$. A lo largo de esta discusión se supone que K depende del tamaño muestral n de tal manera que (i) $K \to \infty$ cuando $n \to \infty$, y (ii) las condiciones de Box y Pierce (1970) son satisfechas, las cuales son

1. $\psi_j = O(n^{-1/2})$ para $j \geqslant K$, donde ψ_j, $j = 0, 1, \ldots$, son los coeficientes en la expansión $y_t = \sum_{j=0}^{\infty} \psi_j \varepsilon_{t-j}$, y

2. $K = O(n^{1/2})$.

Entonces, de acuerdo a lo dicho anteriormente, el estadístico propuesto por Box y Pierce (1970) es

$$Q = n \sum_{k=1}^{K} r_k^2(\widehat{\varepsilon}_t), \tag{4.31}$$

el que se distribuye aproximadamente como χ^2 con $(K-p-q)$ grados de libertad. El modelo estimado es rechazado al nivel α si

$$Q > \chi_{1-\alpha}^2(K - p - q), \tag{4.32}$$

donde $\chi_{1-\alpha}^2(K-p-q)$ es el valor obtenido de una tabla de la distribución χ^2 con $(K-p-q)$ grados de libertad que acumula el $100(1-\alpha)\,\%$ del área. De acuerdo a la condición 2 de Box y Pierce, K es del orden de $\sqrt{n}$, pero frecuentemente en la práctica se lo toma $15 \leqslant K \leqslant 30$.

Desafortunadamente la aproximación χ^2 del estadístico Q definido en (4.31) no suele ser muy buena cuando $n < 100$. Varias alternativas han sido propuestas. La más usada es la de Ljung y Box (1978) quienes propusieron el estadístico

$$Q^* = n(n+2) \sum_{k=1}^{K} \frac{r_k^2(\widehat{\varepsilon}_t)}{n-k}, \tag{4.33}$$

el que también se distribuye aproximadamente como χ^2 con $(K - p - q)$ grados de libertad.

A los tests basados en los estadísticos (4.31) y (4.33) se los suele denominar tests *"portmanteau"*. Una ventaja de los tests portmanteau es que ellos juntan información de las autocorrelaciones muestrales $r_k(\widehat{\varepsilon}_t)$ para diferentes rezagos $k = 1, \ldots, K$. Una clara desventaja es que frecuentemente dejan de rechazar modelos con ajustes pobres, o sea que tienen poco poder. En la práctica, los tests portmanteau son usados para descalificar modelos insatisfactorios y no para seleccionar el modelo de mejor ajuste entre competidores muy próximos.

Existen muchos otros tests que pueden ser usados en este proceso de control de diagnóstico. Aquí solamente hemos presentado aquellos que son usados con mayor frecuencia en situaciones prácticas. Mayores detalles sobre otros tests pueden verse en Brockwell y Davis (1991). En el Ejemplo 3.2 que se presenta a continuación se muestran otros test de control de diagnóstico que se usan en situaciones prácticas. y que están disponibles en paquete usado en este libro.

Con respecto a la tarea de computo necesaria para realizar el análisis práctico de las series de tiempo, la misma puede ejecutarse con la ayuda de una gran cantidad de programas generales de estadística tales como SPSS, SAS, etc. Ahora bien, hay un paquete específico de series de tiempo, que realiza todas las tareas de forma muy efectiva, fue desarrollado por Brockwell y Davis (2000), su nombre es ITSM 2000 y es, como ya lo dijimos, el que estamos usando en los ejemplos analizados.

4.8.1. Ejemplo

Continuando con el análisis iniciado en el Ejemplo de §4.6.1, buscamos el modelo autorregresivo para la serie de los logaritmos, diferenciada y corregida por media de pasajeros transportados internacionalmente por las empresas aéreas que minimiza el criterio $AICC$.

El modelo AR que minimiza el *AICC* es de orden 12 con $AICC = -458,13$. Los resultados de esto, obtenidos al usar el paquete ITSM 2000, aparecen a continuación

```
=====================================
ITSM 2000::(Preliminary estimates)
=====================================

Method: Yule-Walker (Minimum AICC)

ARMA Model:
X(t) = - .3596 X(t-1) - .05278 X(t-2) - .1516 X(t-3) - .1092 X(t-4)
  + .04726 X(t-5) + .08825 X(t-6) - .01441 X(t-7) + .03044 X(t-8)
  + .1648 X(t-9) + .03565 X(t-10) - .08054 X(t-11) - .3387 X(t-12)
  + Z(t)


WN Variance = .001395


AR Coefficients
-.359571 -.052777 -.151551 -.109193
.047262 .088253 -.014411 .030438
.164793 .035653 -.080541 -.338695


Ratio of AR coeff. to 1.96 * (standard error)
-2.231632 -.306955 -.880771 -.635918
.273753 .510670 -.083388 .176302
.959723 .207204 -.468432 -2.102066

(Residual SS)/N = .00139483

WN variance estimate (Yule Walker): .00145261

-2Log(Like) = -.487245E+03
AICC = -.458134E+03
=====================================
```

Ahora ajustamos preliminarmente un modelo MA(25) al mismo conjunto de datos con las transformaciones antes descriptas. Los resultados de esto, obtenidos al usar el paquete ITSM 2000, aparecen a continuación

```
=====================================
ITSM::(Preliminary estimates)
=====================================

Method: Innovations
(Number of ACVF's used is 40.)
```

ARMA Model:
X(t) = Z(t) - .3568 Z(t-1) + .06732 Z(t-2) - .1629 Z(t-3)
- .04149 Z(t-4) + .1268 Z(t-5) + .02643 Z(t-6) + .02828 Z(t-7)
- .06479 Z(t-8) + .1326 Z(t-9) - .07616 Z(t-10) - .006629 Z(t-11)
- .4987 Z(t-12) + .1781 Z(t-13) - .03177 Z(t-14) + .1476 Z(t-15)
- .1461 Z(t-16) + .04398 Z(t-17) - .02257 Z(t-18) - .07487 Z(t-19)
- .04560 Z(t-20) - .02041 Z(t-21) - .008537 Z(t-22) + .2014 Z(t-23)
- .07672 Z(t-24) - .07894 Z(t-25)

WN Variance = .001152

MA Coefficients
-.356759 .067320 -.162893 -.041491
.126796 .026431 .028278 -.064795
.132629 -.076156 -.006629 -.498747
.178069 -.031771 .147575 -.146059
.043975 -.022571 -.074872 -.045595
-.020410 -.008537 .201382 -.076722
-.078944

Ratio of MA coeff. to 1.96 * (standard error)
-2.083311 .370262 -.894121 -.225120
.687457 .142317 .152218 -.348668
.712427 -.406067 -.035259 -2.652876
.862347 -.152211 .706767 -.694439
.207617 -.106494 -.353206 -.214701
-.096045 -.040169 .947488 -.356311
-.365950

(Residual SS)/N = .00115169

WN variance estimate (Innovations): .00119059

-2Log(Like) = -.506427E+03
AICC = -.440927E+03
=====================================

Los cocientes, (estimated coefficient)/(1.96*standard error), indican que los coeficientes en los rezagos 1 y 12 son diferentes de cero, como lo sospechábamos de la observación de las autocorrelaciones estimadas de la Figura 4.7. Los coeficientes estimados para los rezagos 3 y 23 también parecen diferentes de cero a pesar que los cocientes correspondientes son menores que 1 en valor absoluto.

Nótese que hasta este momento del proceso de modelado, el modelo AR(12) tiene menor valor del *AICC* que el modelo MA(25). Más adelante encontraremos un subconjunto del modelo MA(25) que tiene aún un menor valor del *AICC*.

Una búsqueda exhaustiva de un modelo con el mínimo valor del *AICC* o del *BIC* puede ser muy lenta. Por esta razón las autocorrelaciones muestrales y las autocorrelaciones parciales muestrales y las técnicas de estimación preliminar descriptas anteriormente son muy útiles para acotar el rango de modelos a ser considerados con más cuidado en el proceso de estimación por máxima verosimilitud del ajuste de modelos.

La estimación preliminar realizada anteriormente sugiere que los coeficientes más significativos en el modelo MA(25) ajustado son los correspondientes a los rezagos 1, 3, 12 y 23. Por lo tanto igualamos a cero a todos los otros coeficientes y realizamos la estimación por máxima verosimilitud de los parámetros de este nuevo modelo para el conjunto de datos con las transformaciones antes descriptas. Los resultados se muestran a continuación

```
================================================
ITSM::(Maximum likelihood estimates)
================================================
Method: Maximum Likelihood
ARMA Model:
X(t) = Z(t) - .3551 Z(t-1) + .0000 Z(t-2) - .2011 Z(t-3)
     + .0000 Z(t-4) + .0000 Z(t-5) + .0000 Z(t-6) + .0000 Z(t-7)
     + .0000 Z(t-8) + .0000 Z(t-9) + .0000 Z(t-10) + .0000 Z(t-11)
     - .5234 Z(t-12) + .0000 Z(t-13) + .0000 Z(t-14) + .0000 Z(t-15)
     + .0000 Z(t-16) + .0000 Z(t-17) + .0000 Z(t-18) + .0000 Z(t-19)
     + .0000 Z(t-20) + .0000 Z(t-21) + .0000 Z(t-22) + .2415 Z(t-23)
     + .0000 Z(t-24) + .0000 Z(t-25)

WN Variance = .001250

MA Coefficients
-.355078 .000000 -.201126 .000000
.000000 .000000 .000000 .000000
.000000 .000000 .000000 -.523423
.000000 .000000 .000000 .000000
.000000 .000000 .000000 .000000
.000000 .000000 .241527 .000000
.000000

Standard Error of MA Coefficients
.059385 .000000 .059297 .000000
.000000 .000000 .000000 .000000
.000000 .000000 .000000 .058011
.000000 .000000 .000000 .000000
.000000 .000000 .000000 .000000
.000000 .000000 .055828 .000000
.000000

(Residual SS)/N = .00125016
```

Rezagos					AICC
1	3		12		23	$-486,04$
1	3		12	13	23	$-485,78$
1	3	5	12		23	$-489,95$
1	3		12	13		$-482,62$
1			12			$-475,91$

Cuadro 4.1: Valores de los estadísticos AICC para una variedad de subconjuntos de modelos de promedios móviles de ordenes menores que 24

AICC = -.486037E+03
BIC = -.487622E+03
-2Log(Likelihood) = -.496517E+03

Accuracy parameter = .00205000
Number of iterations = 5
Number of function evaluations = 46
Optimization stopped within accuracy level.
==

La siguiente etapa del análisis es considerar una variedad de modelos competitivos y seleccional el más adecuado. El Cuadro 4.1 muestra los estadísticos $AICC$ para una variedad de subconjuntos de modelos de promedios móviles de ordenes menores que 24.

El mejor de estos modelos desde el punto de vista del valor del estadístico $AICC$ es aquel con coeficientes distintos de cero en los rezagos 1, 3, 5, 12 y 23. Ajustamos este modelo al mismo conjunto de datos con las transformaciones antes descriptas y los resultados de esto, obtenidos al usar el paquete ITSM 2000 y realizando la estimación por máxima verosimilitud, aparecen a continuación.

==
ITSM::(Maximum likelihood estimates)
==

Method: Maximum Likelihood

ARMA Model:
X(t) = Z(t) - .4341 Z(t-1) + .0000 Z(t-2) - .3048 Z(t-3)
+ .0000 Z(t-4) + .2385 Z(t-5) + .0000 Z(t-6) + .0000 Z(t-7)
+ .0000 Z(t-8) + .0000 Z(t-9) + .0000 Z(t-10) + .0000 Z(t-11)
- .6558 Z(t-12) + .0000 Z(t-13) + .0000 Z(t-14) + .0000 Z(t-15)
+ .0000 Z(t-16) + .0000 Z(t-17) + .0000 Z(t-18) + .0000 Z(t-19)
+ .0000 Z(t-20) + .0000 Z(t-21) + .0000 Z(t-22) + .3505 Z(t-23)

WN Variance = .001028

MA Coefficients

```
-.434147 .000000 -.304818 .000000
.238509 .000000 .000000 .000000
.000000 .000000 .000000 -.655803
.000000 .000000 .000000 .000000
.000000 .000000 .000000 .000000
.000000 .000000 .350503


Standard Error of MA Coefficients
.101702 .000000 .078624 .000000
.085844 .000000 .000000 .000000
.000000 .000000 .000000 .080786
.000000 .000000 .000000 .000000
.000000 .000000 .000000 .000000
.000000 .000000 .092576


(Residual SS)/N = .00102826


AICC = -.489949E+03
BIC = -.508130E+03
-2Log(Likelihood) = -.502626E+03


Accuracy parameter = .00140000
Number of iterations = 9
Number of function evaluations = 83
Optimization stopped within accuracy level.
================================================
```

En consecuencia, el modelo estimado es

$$y_t = \widehat{\varepsilon}_t - 0,434\widehat{\varepsilon}_{t-1} - 0,305\widehat{\varepsilon}_{t-3} + 0,238\widehat{\varepsilon}_{t-5} - 0,656\widehat{\varepsilon}_{t-12} + 0,350\widehat{\varepsilon}_{t-23}, \tag{4.34}$$

donde $\{y_t\}$ es la serie de los logaritmos, diferenciada (primeras diferencias y diferencias de orden 12) y corregida por media de pasajeros transportados internacionalmente por las empresas aéreas y $\{\widehat{\varepsilon}_t\}$ es el conjunto de residuos que constituyen una realización (o estimación) de un proceso ortogonal o ruido blanco, tiene media cero y varianza $0,00103$.

Una vez que tenemos un modelo, es importante constatar si es bueno o no. Típicamente esto es juzgado comparando a las observaciones con sus correspondientes valores predichos obtenidos mediante el modelo ajustado. Si el modelo ajustado es apropiado entonces los errores de predicción se deben comportar de una manera consistente con el modelo.

Los residuos, que son iguales al error de predicción un paso adelante, se grafican el la Figura 4.8. Allí tenemos el gráfico de los residuos, las respectivas autocorrelaciones y autocorrelaciones parciales, y un gráfico del histograma del los residuos junto con la densidad correspondiente que se compara con una densidad normal con media cero y desvío estándar $0,032$ (varianza $0,001024$).

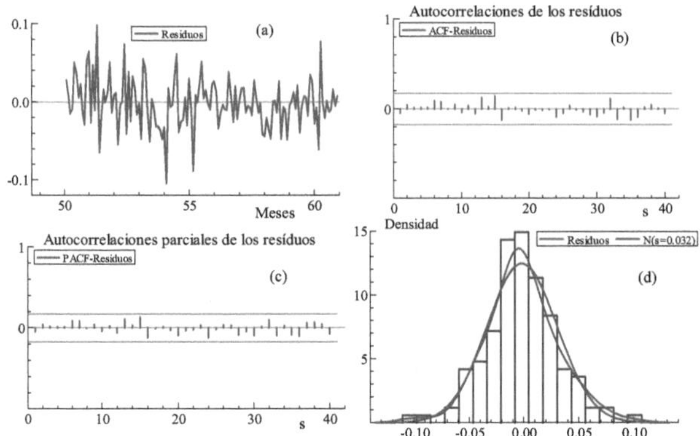

Figura 4.8: (a) Resíduos entre la serie de los logaritmos, diferenciada (primeras diferencias y diferencias de orden 12) y corregida por media de pasajeros transportados internacionalmente y el modelo estimado en (4.34), (b) autocorrelaciones estimadas de estos resíduos, (c) autocorrelaciones parciales estimadas de los resíduos y (d) histograma y densidad de los resíduos comparados con una densidad normal con media cero y desvío estándar $0,032$

Si los datos fueron verdaderamente generados por el modelo ajustado con una proceso ortogonal $\{\varepsilon_t\}$ como el definido anteriormente, entonces para muestras grandes, las propiedades de los resíduos deben reflejar aquellas del proceso $\{\varepsilon_t\}$. Para ver si el modelo es apropiado podemos examinar la serie de los resíduos y constatar si se parece a una realización de un proceso ortogonal o ruido blanco.

Si el modelo ajustado es adecuado, el histograma de los resíduos debe tener media cercana a cero. Si el modelo ajustado es adecuado y los datos son Gaussianos, esto se verá reflejado en la forma del histograma y la densidad de los resíduos los cuales debe parecerse a una densidad normal con media cero y varianza próxima a la estimada para el proceso ortogonal. Esto se ve que es así en la parte (d) de la Figura 4.8. Por otra parte las partes (b) y (c) de esa misma Figura muestran que las autocorrelaciones y las autocorrelaciones parciales de los resíduos están todas dentro de las bandas de confianza indicando que los respectivos parámetros no difieren significativamente de cero, lo cual nos permite concluir que los resíduos estiman adecuadamente a un proceso ortogonal o ruido blanco dando una indicación inicial que el modelo estimado es adecuado.

El programa ITSM2000 provee un conjunto de seis tests para ver si el modelo es apropiado. Estos tests están basados en el análisis de los resíduos y testan la hipótesis que esos resíduos son observaciones de una sucesión de variables aleatorias independientes e idénticamente distribuidas. Los test son:

- Test portmanteau de Ljung y Box

  El estadístico de este test es el definido en (4.33). Si los datos han sido efectivamente generados por el modelo ARMA(p, q) estimado, entonces para n grande, Q^* se distribuye aproximadamente como χ^2 con $(K - p - q)$ grados de libertad. El test rechaza el modelo propuesto al nivel α si el valor observado de Q^* es mayor que $\chi^2_{1-\alpha}(K-p-q)$ el cual es el valor obtenido de la distribución χ^2 con $(K-p-q)$ grados de libertad que acumula el $100(1-\alpha)\%$ del área. Este test frecuentemente falla en rechazar modelos pobremente ajustados. Se debe tener mucho cuidado de no aceptar un modelo solo sobre la base de este test portmanteau.

- Test portmanteau de McLeod y Li

  En este test, propuesto por McLeod y Li (1983), la hipótesis nula es que los resíduos son observaciones de una sucesión $\{\varepsilon_t\}$ de variables aleatorias independientes e idénticamente distribuidas versus la alternativa que la sucesión $\{\varepsilon_t\}$ presenta dependencia no lineal. Un caso importante de no linealidad es el de la heterocedasticidad condicional. El estadístico de este test se basa en el mismo estadístico que el test de Ljung y Box, excepto que las autocorrelaciones muestrales de los resíduos son reemplazadas por las autocorrelaciones muestrales de los cuadrados de los resíduos. El test rechaza la hipótesis nula al nivel α si el valor observado del estadístico es mayor que $\chi^2_{1-\alpha}(K-p-q)$ el cual es el valor obtenido de la distribución χ^2 con $(K-p-q)$ grados de libertad que acumula el $100(1-\alpha)\%$ del área.

- Test basado en los puntos de cambio

  El estadístico T usado en este test es el número de puntos de cambio en la sucesión de resíduos. Un punto de cambio es cuando la sucesión pasa de creciente a decreciente, o, al revés, de decreciente a creciente. Se puede mostrar que para una sucesión de variables aleatorias independientes e idénticamente distribuidas, T es asintóticamente normal con media $\mu_T = 2(n-2)/3$ y varianza $\sigma_T^2 = (16n - 29)/90$. La hipótesis que los resíduos constituyen una sucesión de observaciones de variables aleatorias independientes e idénticamente distribuidas se rechaza si

  $$|T - \mu_T|/\sigma_T > \Phi_{1-\alpha/2},$$

  donde $\Phi_{1-\alpha/2}$ es el valor obtenido de la distribución normal estándar que acumula el $100(1 - \alpha/2)\%$ del área.

- Test de diferencias de signos

  Sea S el número de veces que la serie diferenciada de los resíduos $\widehat{\varepsilon}_t - \widehat{\varepsilon}_{t-1}$ es positiva. Si $\{\widehat{\varepsilon}_t\}$ es una sucesión de variables aleatorias independientes e idénticamente distribuidas, se puede mostrar que S es asintóticamente normal con media $\mu_S = (n-1)/2$ y varianza $\sigma_S^2 = (n+1)/12$. La hipótesis que los resíduos constituyen una sucesión de observaciones de variables aleatorias independientes e idénticamente distribuidas se rechaza si

  $$|S - \mu_S|/\sigma_S > \Phi_{1-\alpha/2},$$

  donde $\Phi_{1-\alpha/2}$ es el valor obtenido de la distribución normal estándar que acumula el $100(1 - \alpha/2)\%$ del área.

- Test de rangos

  Este test es particularmente útil pra detectar una tendencia lineal en los resíduos. Sea P el número de pares (i, j) tales que $\widehat{\varepsilon}_j > \widehat{\varepsilon}_i$, y $j > i$, $i = 1, \ldots, n - 1$. Si los resíduos son independientes e idénticamente distribuidos, la media de P es $\mu_P = n(n-1)/4$, la varianza de P es $\sigma_P^2 = n(n-1)(2n+5)/8$ y P es asintóticamente normal. La hipótesis que los resíduos constituyen una sucesión de observaciones independientes e idénticamente distribuidas es rechazada si

$$|P - \mu_P|/\sigma_P > \Phi_{1-\alpha/2},$$

donde $\Phi_{1-\alpha/2}$ es el valor obtenido de la distribución normal estándar que acumula el $100(1-\alpha/2)\,\%$ del área.

Los resultados de ellos para la serie analizada se muestran a continuación.

```
============================================================
ITSM::(Tests of randomness on residuals)
============================================================

Ljung - Box statistic = 13.758 Chi-Square ( 20 ), p-value = .84256

McLeod - Li statistic = 17.393 Chi-Square ( 25 ), p-value = .86704

# Turning points = 87.000~AN(86.000,sd = 4.7924), p-value = .83471

# Diff sign points = 65.000~AN(65.000,sd = 3.3166), p-value = 1.00000

# Rank points = .39340E+04~AN(.42575E+04,sd = .25130E+03), p-value = .19799

Order of Min AICC YW Model for Residuals = 0


============================================================
```

Como vemos, en todos los casos se aceptan las respectivas hipótesis nulas, lo que nos permite concluir que el modelo es adecuado.

A continuación, usando el modelo estimado, predecimos 24 valores de la serie original después del último valor observado. Debe notarse que primero se realizan las predicciones de la serie transformada, luego se deshacen esas transformaciones y así se logran los valores predichos de la serie original. Esto es lo que realiza el programa ITSM 2000. El Cuadro 4.2 muestra los valores predichos (en miles) para el período Enero de 1961 a Diciembre de 1962. de la serie de pasajeros transportados internacionalmente por las empresas aéreas.

La Figura 4.9 muestra la serie original de pasajeros transportados internacionalmente por las empresas aéreas, en miles, desde Enero de 1949 hasta Diciembre de 1960 y los valores predichos (en miles) para el período Enero de 1961 a Diciembre de 1962.

En la Tabla 3.2 y con mayor intensidad en la Figura 4.9, Se observa que los componentes de la serie original fueron predichos de forma adecuada. Efectivamente, la tendencia predicha muestra su dirección y pendiente ascendente, la estacionalidad predicha replica al componente presente en la serie observada, así la misma muestra su periodicidad y la amplitud creciente a medida que avanza el tiempo.

Con esto terminamos de analizar con mucho detalle un ejemplo importante que fue utilizado ampliamente en la literatura y en las aplicaciones prácticas de nuevas metodologías. Es importante el uso de este tipo de ejemplos en cursos de Series de Tiempo porque, al conocerse los resultados con anticipación, se pueden experimentar otros modelos que, al no ser los mejores, nos indicarán cuales son sus dificultades al compararlos con el que se conoce que es el más adecuado.■

Mes y año	Valores
Ene 61	449,46
Feb 61	425,18
Mar 61	474,06
Abr 61	501,17
May 61	506,83
Jun 61	579,92
Jul 61	674,77
Ago 61	663,62
Sep 61	555,64
Oct 61	505,39
Nov 61	433,61
Dic 61	473,40
Ene 62	491,70
Feb 62	455,38
Mar 62	521,04
Abr 62	551,59
May 62	554,41
Jun 62	635,07
Jul 62	736,31
Ago 62	721,81
Sep 62	607,73
Oct 62	552,05
Nov 62	474,84
Dic 62	518,56

Cuadro 4.2: Valores predichos (en miles) para el período Enero de 1961 a Diciembre de 1962 de la serie de pasajeros transportados internacionalmente por las empresas aéreas

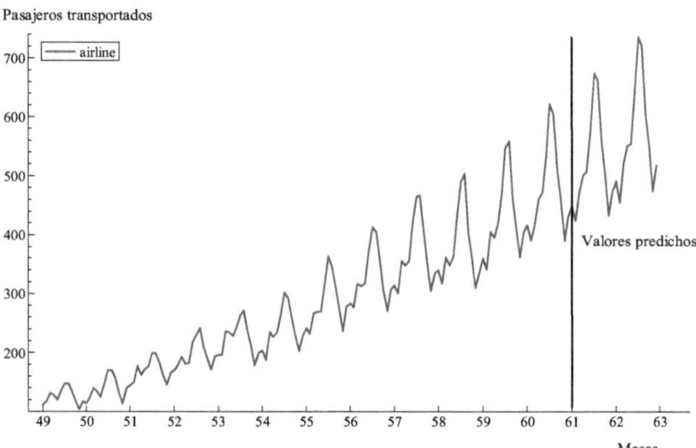

Figura 4.9: Número, expresado en miles, de pasajeros transportados internacionalmente por las empresas aéreas, para cada mes desde Enero de 1949 hasta Diciembre de 1960 y los valores predichos (en miles) para el período Enero de 1961 a Diciembre de 1962

Capítulo 5

El Dominio de las Frecuencias

5.1. Introducción

En este Capítulo estudiamos los procesos estocásticos estacionarios en el dominio de las frecuencias. La idea básica consiste esencialmente en descomponer al proceso estocástico estacionario $\{y_t\}$ en la suma de componentes sinusoidales con coeficientes aleatorios no correlacionados. Esto es lo que se denomina la representación espectral del proceso $\{y_t\}$. Conjuntamente con esta descomposición existe la correspondiente descomposición en senos y cosenos de la función de autocovarianzas del proceso $\{y_t\}$.

El análisis de procesos estacionarios por medio de su representación espectral se lo conoce frecuentemente como el análisis en el dominio de las frecuencias de una serie de tiempo. Es equivalente al análisis en el dominio del tiempo basado en la función de autocovarianzas, pero provee una forma alternativa de ver el proceso el cual para algunas aplicaciones puede ser mucho más ilustrativo.

5.2. Modelos de ST en el dominio de las frecuencias

Comenzaremos estudiando los modelos de series de tiempo definidos en el dominio de las frecuencias. Así, en el Ejemplo de §2.6.1 del Capítulo 2 hemos considerado que

$$y_t = a \cos \lambda t + b \operatorname{sen} \lambda t, \tag{5.1}$$

donde λ es fijo, a y b son variables aleatorias con media cero, es estacionario sí y sólo sí $V(a) = V(b)$ y $\operatorname{cov}(a, b) = 0$. Esto es equivalente a una onda sinusoidal pura.

Una extensión natural de (5.1) es

$$y_t = \sum_{j=1}^{m} \left(a_j \cos \lambda_j t + b_j \operatorname{sen} \lambda_j t \right), \tag{5.2}$$

donde $0 \leqslant \lambda_1, \ldots, \lambda_m \leqslant \pi$, $t = 0, +1, +2, \ldots$, $E(a_j) = E(b_j) = 0$ para todo j. Ahora debemos determinar las restricciones que debe satisfacer la distribución de las variables aleatorias $a_1, b_1, \ldots, a_m, b_m$ para que (5.2) sea estacionaria. La respuesta la podemos encontrar de manera más simple si trabajar en el dominio complejo. Para ello necesitamos el concepto de una variable aleatoria compleja.

5.2.1. Variables aleatorias complejas

Sea $z = x + iy$ donde x e y son variables aleatorias, i es la unidad imaginaria, entonces z es una variable aleatoria compleja.

La esperanza de z puede ser definida como

$$E(z) = E(x) + iE(y). \tag{5.3}$$

Para la covarianza, supongamos que z_1 y z_2 son variables aleatorias complejas con medias 0. Entonces definimos

$$\operatorname{cov}(z_1, z_2) = E(\overline{z}_1 z_2), \tag{5.4}$$

donde $z_1 = x_1 + iy_1$, por lo tanto $\overline{z}_1 = x_1 - iy_1$. La covarianza para variables aleatorias complejas no es un operador simétrico, o sea que

$$\operatorname{cov}(z_1, z_2) \neq \operatorname{cov}(z_2, z_1). \tag{5.5}$$

Se debe recordar que para variables aleatorias reales, la covarianza sí es un operador simétrico.

La serie de tiempo compleja $\{z_t\}$ es débilmente estacionaria si $E(z_t)$ y $\operatorname{cov}(z_t, z_{t+s})$ son independientes de t. O sea que se mantienen las mismas condiciones enunciadas en el Capítulo 2 para que las series de tiempo reales sean débilmente estacionarias.

5.2.2. Procesos estocásticos en el dominio de las frecuencias

En lugar de (5.2) consideremos la forma compleja

$$y_t = \sum_{j=1}^{p} c_j \, e^{i\lambda_j t}, \quad -\pi \leqslant \lambda_1, \ldots, \lambda_p \leqslant \pi, \tag{5.6}$$

donde las c_j's son variables aleatorias complejas con $E(c_j) = 0$ para todo j.

Las autocovarianzas de y_t son

$$
\begin{aligned}
\operatorname{cov}(y_t, y_{t+s}) &= E(\overline{y}_t y_{t+s}) = E\left[\sum_{j=1}^{p} \overline{c}_j \, e^{-i\lambda_j t} \sum_{k=1}^{p} c_k \, e^{i\lambda_k (t+s)} \right] \\
&= E\left(\sum_{j=1}^{p} |c_j|^2 \, e^{i\lambda_j s} \right) + \sum_{j \neq k} E\left(\overline{c}_j c_k \right) e^{i[(\lambda_k - \lambda_j)t + \lambda_k s]}.
\end{aligned}
\tag{5.7}
$$

La expresión (5.7) es independiente de t si $E(\overline{c}_j c_k) = 0$ para todo $j \neq k$, o sea que los c_j's deben ser no correlacionados, y esto es una condición necesaria y suficiente para estacionariedad.

De (5.7) tenemos, para un proceso estacionario,

$$\gamma_s = \sum_{j=1}^{p} E |c_j|^2 \, e^{i\lambda_j s}. \tag{5.8}$$

A partir de los resultados logrados para el proceso definido en (5.6), nos hacemos las siguientes preguntas:

- ¿Qué implica esto para el proceso real (5.2)?

- ¿Qué condiciones deben satisfacer los c_j's y los λ_j's en (5.6) para que $\{y_t\}$ sea real?

A fin de contestarlas pongamos

$$c_j = \alpha_j + i\beta_j. \tag{5.9}$$

Entonces

$$
\begin{aligned}
c_j\, e^{i\lambda_j t} &= (\alpha_j + i\beta_j)(\cos\lambda_j t + i\operatorname{sen}\lambda_j t) \\
&= (\alpha_j\cos\lambda_j t - \beta_j\operatorname{sen}\lambda_j t) + i(\alpha_j\operatorname{sen}\lambda_j t + \beta_j\cos\lambda_j t). \tag{5.10}
\end{aligned}
$$

Para que (5.10) sea real, todo el término imaginario en el segundo miembro de la expresión anterior debe desaparecer, o sea que

$$(\alpha_j\operatorname{sen}\lambda_j t + \beta_j\cos\lambda_j t) = 0. \tag{5.11}$$

Pero las únicas formas en que la parte imaginaria desaparece son:

1. Que para $\lambda_j = \pi$, $\beta_j = 0$ para todo j. O bien para $\lambda_j = 0$, $\beta_j = 0$ para todo j. Esto es equivalente a decir que para $\lambda_j = 0, \pi$, c_j es real ($c_j = \alpha_j$) para todo j.

2. Que los términos de orden j, $c_j\, e^{i\lambda_j t}$, y de orden k, $c_k\, e^{i\lambda_k t}$, ocurran de a pares, tal que $\lambda_k = -\lambda_j$, $\alpha_k = \alpha_j$ y $\beta_k = -\beta_j$. Así, un par de términos es

$$
\begin{aligned}
c_j\, e^{i\lambda_j t} + c_k\, e^{i\lambda_k t} &= (\alpha_j + i\beta_j)\, e^{i\lambda_j t} + (\alpha_j - i\beta_j)\, e^{-i\lambda_j t} \\
&= 2\alpha_j\cos\lambda_j t - 2\beta_j\operatorname{sen}\lambda_j t. \tag{5.12}
\end{aligned}
$$

Entonces (5.6) $\equiv$ (5.2) si

$$c_j = a_j \text{ para } \lambda_j = 0, \pi,$$

y

$$a_j = 2\alpha_j, \quad b_j = -2\beta_j \text{ para } \lambda_j \neq 0, \pi$$

y los términos ocurren de a pares.

Del requerimiento que $E(\overline{y}_t y_{t+s})$ sea independiente de t tenemos que $E(\overline{c}_j c_k) = 0$ para todo $j \neq k$. Esto se logra:

a) Si $c_k = \overline{c}_j$. Entonces $c_j = \alpha_j + i\beta_j$, $c_k = \alpha_j - i\beta_j$, lo que implica que

$$E(\overline{c}_j c_k) = E(\alpha_j - i\beta_j)^2 = 0, \tag{5.13}$$

de lo que se infiere que

$$E(\alpha_j^2) = E(\beta_j^2), \tag{5.14}$$

$$E(\alpha_j\beta_j) = 0. \tag{5.15}$$

La expresión (5.15) es equivalente a la encontrada anteriormente para a_j y b_j.

b) En general

$$\begin{aligned}
E\left(\overline{c}_j c_k\right) &= E(\alpha_j - i\beta_j)(\alpha_k + i\beta_k) \\
&= E(\alpha_j \alpha_k) + E(\beta_j \beta_k) + i[E(\alpha_j \beta_k) - E(\alpha_k \beta_j)] \\
&= 0.
\end{aligned} \tag{5.16}$$

c) En lugar de c_j tómese el otro miembro del par, esto es $\overline{c}_j$, entonces

$$\begin{aligned}
E\left(c_j c_k\right) &= E(\alpha_j + i\beta_j)(\alpha_k + i\beta_k) \\
&= E(\alpha_j \alpha_k) - E(\beta_j \beta_k) + i[E(\alpha_j \beta_k) + E(\alpha_k \beta_j)] \\
&= 0.
\end{aligned} \tag{5.17}$$

De b) y c) tenemos que la parte real y la parte imaginaria deben ser cero, lo que implica que

$$E(\alpha_j \alpha_k) = E(\beta_j \beta_k) = 0 \text{ para todo } j \neq k, \tag{5.18}$$

y

$$E(\alpha_j \beta_k) = 0 \text{ para todo } j \neq k. \tag{5.19}$$

Pero esto último unido a lo obtenido en a) y mostrado en (5.15) implica que

$$E(\alpha_j \beta_k) = 0 \text{ para todo } j, k. \tag{5.20}$$

Estas son las restricciones que deben satisfacer los α_j's y los β_j's para que $\{y_t\}$ sea estacionaria. Esto implica que todos los coeficientes en frecuencias diferentes son no correlacionados. Además, implica para el modelo (5.2) que

$$E(a_j) = E(b_j) = E(a_j b_j) = 0 \text{ para todo } j, \tag{5.21}$$

$$E(a_j a_k) = E(b_j b_k) = E(a_j b_k) = 0 \text{ para todo } j \neq k. \tag{5.22}$$

Cuando todo esto se satisface

$$\gamma_s = E(\overline{y}_t y_{t+s}) = \sum_{j=1}^{p} E\left|c_j\right|^2 e^{i\lambda_j s}. \tag{5.23}$$

Poniendo

$$E\left|c_j\right|^2 = \sigma_j^2 = E(\alpha_j^2) + E(\beta_j^2), \tag{5.24}$$

vemos que, a partir de los resultados anteriores,

$$E(\alpha_j^2) = E(\beta_j^2) = \frac{1}{2}\sigma_j^2 \ \text{ para } \lambda_j \neq 0, \pi, \tag{5.25}$$

y

$$E(\alpha_j^2) = \sigma_j^2 \ \text{ para } \lambda_j = 0, \pi. \tag{5.26}$$

Esta última fórmula es debido a que $\beta_j = 0$ en este caso.

Sea

$$\begin{aligned}
\sigma^2_{+j} &= E(a_j^2) = E(b_j^2) \\
&= E[(2\alpha_j)^2] = E[(2\beta_j)^2] \\
&= 2\sigma_j^2 \quad \text{para } \lambda_j \neq 0, \pi,
\end{aligned} \tag{5.27}$$

y

$$\begin{aligned}
\sigma^2_{+j} &= E(a_j^2) = E(\alpha_j^2) \\
&= \sigma_j^2 \quad \text{para } \lambda_j = 0, \pi.
\end{aligned} \tag{5.28}$$

El análogo de (5.23) para el caso real es

$$\gamma_s = \sum_{j=1}^{m} \sigma^2_{+j} \cos \lambda_j s, \tag{5.29}$$

(ver Anderson, 1971, pág. 375).

La generalización de (5.2) es

$$y_t = \int_0^\pi \left[\cos \lambda t \, da(\lambda) + \operatorname{sen} \lambda t \, db(\lambda) \right]. \tag{5.30}$$

La generalización de (5.6) es

$$y_t = \int_{-\pi}^\pi e^{i\lambda t} \, dc(\lambda), \tag{5.31}$$

donde $c(\lambda)$ es un proceso estocástico complejo con parámetro λ, tal que

$$E\left[\overline{dc(\lambda_1)} \, dc(\lambda_2) \right] = 0 \quad \text{para } \lambda_1 \neq \lambda_2, \tag{5.32}$$

o sea que tiene incrementos no correlacionados. Esto implica que

$$E\left[\overline{c(\lambda_1) - c(\lambda_2)} \right] [c(\lambda_3) - c(\lambda_4)] = 0, \tag{5.33}$$

para $\lambda_1 \leqslant \lambda_2 \leqslant \lambda_3 \leqslant \lambda_4$.

Sea

$$E \left| dc(\lambda) \right|^2 = dF(\lambda). \tag{5.34}$$

Puesto que $dF(\lambda) \geqslant 0$, entonces $F(\lambda)$ es una función no decreciente de λ con $F(-\pi) = 0$. Se denomina a $F(\lambda)$ la *función de distribución espectral* del proceso $\{y_t\}$.

La fórmula (5.31) es una integral estocástica de Rieman-Stieltjes la que debe ser interpretada como el límite en media cuadrática de

$$\sum_{j=1}^{n} e^{i\lambda_j^* t} \left[c(\lambda_{j+1}^{(n)}) - c(\lambda_j^{(n)}) \right], \tag{5.35}$$

donde $\lambda_{j+1}^{(n)} \geqslant \lambda_j^* \geqslant \lambda_j^{(n)}$, cuando $n \to \infty$ tal que $\text{máx}_j \left(\lambda_{j+1}^{(n)} - \lambda_j^{(n)} \right) \to 0$.

De (5.23) deducimos que

$$\gamma_s = \int_{-\pi}^{\pi} e^{i\lambda s} \, dF(\lambda). \tag{5.36}$$

Frecuentemente $F(\lambda)$ tiene derivada $F'(\lambda) = f(\lambda)$. En (5.36) tenemos entonces

$$\gamma_s = \int_{-\pi}^{\pi} e^{i\lambda s} \, f(\lambda) \, d\lambda. \tag{5.37}$$

Se denomina a $f(\lambda)$ la *función de densidad espectral* del proceso $\{y_t\}$. En muchos casos se suele denominar a $f(\lambda)$ la *densidad espectral* o simplemente el *espectro* del proceso $\{y_t\}$.

La fórmula (5.37) muestra cómo obtener la función de autocovarianzas a partir de la densidad espectral. Ahora consideremos el problema inverso, o sea cómo obtener la densidad espectral a partir de la función de autocovarianzas.

La fórmula (5.37) tiene la forma de un coeficiente de Fourier. Sugerimos escribir la serie de Fourier para $f(\lambda)$, esto es

$$f(\lambda) = \sum_{r=-\infty}^{\infty} d_r \, e^{-i\lambda r}. \tag{5.38}$$

Multiplicando ambos miembros por $e^{i\lambda s}$ e integrando obtenemos

$$\int_{-\pi}^{\pi} e^{i\lambda s} \, f(\lambda) \, d\lambda = \sum_{r=-\infty}^{\infty} d_r \int_{-\pi}^{\pi} e^{i\lambda(s-r)} \, d\lambda, \tag{5.39}$$

pero

$$\int_{-\pi}^{\pi} e^{i\lambda(s-r)} \, d\lambda = \frac{1}{i(s-r)} \left[e^{i\lambda(s-r)} \right]_{-\pi}^{\pi} = 0 \quad \text{para } r \neq s; \tag{5.40}$$

pero para $r = s$

$$\int_{-\pi}^{\pi} d\lambda = 2\pi. \tag{5.41}$$

Lo que implica que a partir de (5.37) logramos

$$2\pi d_s = \int_{-\pi}^{\pi} e^{i\lambda s} \, f(\lambda) \, d\lambda = \gamma_s. \tag{5.42}$$

En (5.38) obtenemos

$$\begin{aligned} f(\lambda) &= \frac{1}{2\pi} \sum_{r=-\infty}^{\infty} \gamma_r \, e^{-i\lambda r} \\ &= \frac{1}{2\pi} \left[\gamma_0 + 2 \sum_{r=1}^{\infty} \gamma_r \cos \lambda r \right]. \end{aligned} \tag{5.43}$$

Entonces (5.37) y (5.43) son inversas de Fourier una de la otra. Esto implica que $f(\lambda)$ $(-\pi < \lambda \leqslant \pi)$ y γ_r $(r = 0, 1, 2, \ldots)$ son matemáticamente equivalentes en el sentido que dado todos los valores de una podemos calcular todos los valores de la otra. Esto conlleva, por lo tanto, que el conocimiento de la densidad espectral es equivalente al conocimiento de la estructura serial de la serie.

La generalización de

$$y_t = \sum_{j=1}^{m} (a_j \cos \lambda_j t + b_j \operatorname{sen} \lambda_j t)$$

dada en (5.2), para λ variando continuamente es

$$y_t = \int_0^\pi \left[\cos \lambda t \, da(\lambda) + \operatorname{sen} \lambda t \, db(\lambda) \right], \tag{5.44}$$

donde $a(\lambda)$ y $b(\lambda)$ son procesos estocásticos reales definidos en $0 \leqslant \lambda \leqslant \pi$, son no correlacionados entre sí y tienen incrementos no correlacionados. Además satisfacen

$$E\left[da(\lambda)\right] = E\left[db(\lambda)\right] = 0, \tag{5.45}$$

$$E\left[da(\lambda)\right]^2 = E\left[db(\lambda)\right]^2 = dF_+(\lambda), \tag{5.46}$$

$$\begin{aligned} E\left[da(\lambda_1)da(\lambda_2)\right] &= E\left[db(\lambda_1)db(\lambda_2)\right] \\ &= 0 \quad \text{para } \lambda_1 \neq \lambda_2, \end{aligned} \tag{5.47}$$

$$E\left[da(\lambda_1)db(\lambda_2)\right] = 0 \quad \text{para todo } \lambda_1, \lambda_2. \tag{5.48}$$

Como se hizo anteriormente, se pueden encontrar las condiciones para que (5.31) y (5.44) sean equivalentes. Se puede mostrar fácilmente que

$$dF_+(\lambda) = \begin{cases} dF(\lambda) \text{ para } \lambda = 0, \pi, \\ 2dF(\lambda) \text{ para } \lambda \neq 0, \pi. \end{cases} \tag{5.49}$$

Tenemos entonces que

$$\gamma_s = \int_0^\pi \cos \lambda s \, dF_+(\lambda). \tag{5.50}$$

Frecuentemente $F_+(\lambda)$ tiene derivada $F'_+(\lambda) = f_+(\lambda)$, lo que implica que (5.50) se puede escribir como

$$\gamma_s = \int_0^\pi \cos \lambda s \, f_+(\lambda) \, d\lambda. \tag{5.51}$$

Se puede deducir que las expresiones (5.50) y (5.51) tienen inversa de Fourier dada por

$$f_+(\lambda) = \begin{cases} \dfrac{1}{\pi} \displaystyle\sum_{r=-\infty}^{\infty} \gamma_r \cos \lambda r = \dfrac{1}{\pi}\left[\gamma_0 + 2 \displaystyle\sum_{r=1}^{\infty} \gamma_r \cos \lambda r\right], & 0 < \lambda < \pi, \\[4mm] \dfrac{1}{2\pi}\left[\gamma_0 + 2 \displaystyle\sum_{r=1}^{\infty} \gamma_r \cos \lambda r\right], & \lambda = 0, \pi. \end{cases} \tag{5.52}$$

A $F_+(\lambda)$ y a $f_+(\lambda)$ se los conoce también como la función de distribución espectral y la función de densidad espectral respectivamente.

Se conoce cuándo se está frente a $F(\lambda)$ y $f(\lambda)$ o a $F_+(\lambda)$ y $f_+(\lambda)$ directamente del contexto en que se trabaja. A las primeras se las usa frecuentemente en teoría y a las segunda en la práctica.

A (5.31) se la conoce como la representación espectral y a (5.44) como la representación de Cramér (compleja y real respectivamente) de la serie $\{y_t\}$.

La pregunta que uno se hace es si, dada una serie estacionaria, existen las representaciones (5.31) y (5.44). La respuesta es: **Sí, siempre**. La prueba fue dada por Cramér (1946). La demostración para el caso en que $f(\lambda)$ existe es como sigue: comenzando con las γ_r's se obtiene $f(\lambda)$ a partir de (5.43). Luego se construye un proceso estocástico en $(0, \pi]$ con incrementos no correlacionados y con $E\left|dc(\lambda)\right|^2 = f(\lambda)\, d\lambda$.

5.2.3. Ejemplo

Supongamos que tenemos un proceso ortogonal $y_t = \varepsilon_t$, donde los ε_t's son no correlacionados, con media cero y varianza σ^2 para todo t. Entonces

$$\gamma_r = \left\{ \begin{array}{ll} \sigma^2, & r = 0, \\ 0, & r \neq 0. \end{array} \right. \tag{5.53}$$

De (5.43) tenemos que

$$f(\lambda) = \frac{\gamma_0}{2\pi} = \frac{\sigma^2}{2\pi}, \quad -\pi < \lambda \leqslant \pi, \tag{5.54}$$

y

$$f_+(\lambda) = \frac{\gamma_0}{\pi} = \frac{\sigma^2}{\pi}, \quad 0 < \lambda < \pi. \tag{5.55}$$

Para una serie real se tiene que $f(-\lambda) = f(\lambda)$. De lo anterior vemos que el espectro es horizontal, o sea equivalente al de la luz blanca. De allí el hecho que a $\{\varepsilon_t\}$ se lo denomine *ruido blanco*. La Figura 5.1 muestra la densidad espectral $f_+(\lambda)$ del proceso $\{\varepsilon_t\}$ con $V(\varepsilon_t) = \sigma^2 = 10.$■

5.2.4. Ejemplo

Supongamos que tenemos un proceso AR(1) de la siguiente forma

$$y_t + \alpha y_{t-1} = \varepsilon_t, \quad |\alpha| < 1, \tag{5.56}$$

donde ε_t es un proceso ortogonal con varianza σ^2.

Como ya se mostró en el Capítulo 3

$$\gamma_r = \sigma_y^2(-\alpha)^r, \quad \sigma_y^2 = \frac{\sigma^2}{1 - \alpha^2}. \tag{5.57}$$

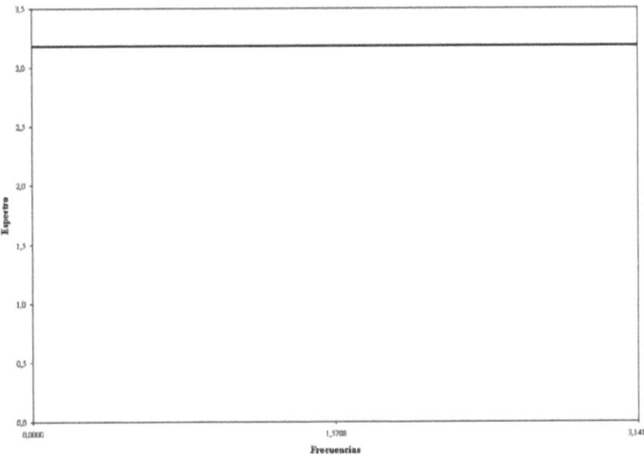

Figura 5.1: Densidad espectral de un proceso ortogonal (o ruido blanco) con varianza igual a 10

Entonces

$$
\begin{aligned}
f(\lambda) &= \frac{\sigma_y^2}{2\pi}\left[\cdots + (-\alpha)^2\,e^{-2i\lambda} + (-\alpha)\,e^{-i\lambda} + 1 + (-\alpha)\,e^{i\lambda} + (-\alpha)^2\,e^{2i\lambda} + \cdots\right] \\
&= \frac{\sigma_y^2}{2\pi}\left[-\frac{\alpha\,e^{-i\lambda}}{1+\alpha\,e^{-i\lambda}} + \frac{1}{1+\alpha\,e^{i\lambda}}\right] = \frac{\sigma_y^2}{2\pi}\left[\frac{-\alpha\,e^{-i\lambda} - \alpha^2 + 1 + \alpha\,e^{-i\lambda}}{(1+\alpha\,e^{-i\lambda})(1+\alpha\,e^{i\lambda})}\right] \\
&= \frac{\sigma_y^2}{2\pi}\left[\frac{(1-\alpha^2)}{|1+\alpha\,e^{i\lambda}|^2}\right] = \frac{\sigma_y^2(1-\alpha^2)}{2\pi(1+\alpha^2+2\alpha\cos\lambda)}.
\end{aligned}
\tag{5.58}
$$

Por lo tanto

$$
f(0) = \frac{\sigma_y^2(1-\alpha^2)}{2\pi(1+\alpha)^2} = \frac{\sigma_y^2(1-\alpha)}{2\pi(1+\alpha)},
\tag{5.59}
$$

y

$$
f(\pi) = \frac{\sigma_y^2(1-\alpha^2)}{2\pi(1-\alpha)^2} = \frac{\sigma_y^2(1+\alpha)}{2\pi(1-\alpha)}.
\tag{5.60}
$$

La Figura 5.2 muestra la densidad espectral $f_+(\lambda)$ para el proceso $\{y_t\}$ definido en (5.56) con $\alpha = -0,6$ y $V(\varepsilon_t) = \sigma^2 = 10$.

Esta densidad espectral tiene la forma típica de la correspondiente a una serie de tiempo positivamente autocorrelacionada, así las oscilaciones de bajas frecuencias (para λ pequeño) son mayores que las oscilaciones de alta frecuencia (para λ grande). Entonces, se sugiere que una series es positivamente autocorrelacionada si tiene alta las frecuencias bajas.∎

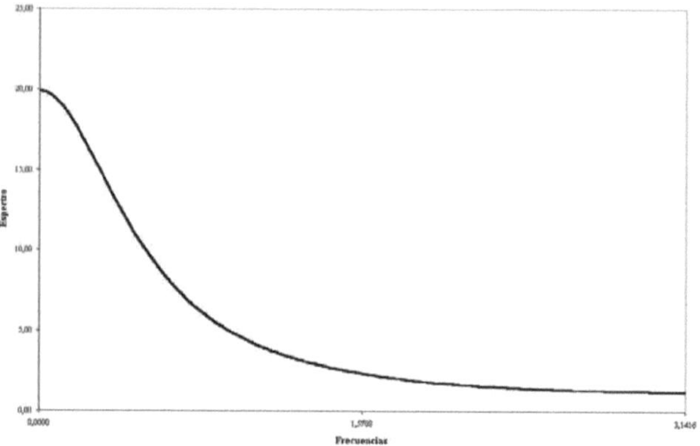

Figura 5.2: Densidad espectral de un proceso AR(1) con $\alpha = -0,6$ y $V(\varepsilon_t) = 10$

5.3. Relación entre el espectro y la FGA

La función generatriz de autocovarianzas (FGA) definida en el Capítulo 3 es

$$\Gamma(z) = \sum_{r=-\infty}^{\infty} \gamma_r z^r. \tag{5.61}$$

Por otra parte, en (5.43) se definió a la densidad espectral como

$$f(\lambda) = \frac{1}{2\pi} \sum_{r=-\infty}^{\infty} \gamma_r \, e^{i\lambda r}. \tag{5.62}$$

Lo que implica que

$$f(\lambda) = \frac{1}{2\pi}\Gamma(e^{i\lambda}). \tag{5.63}$$

5.3.1. Ejemplo

Supongamos que tenemos un proceso ARMA(k, h) de la forma

$$y_t + \alpha_1 y_{t-1} + \cdots + \alpha_k y_{t-k} = \varepsilon_t + \beta_1 \varepsilon_{t-1} + \beta_2 \varepsilon_{t-2} + \cdots + \beta_h \varepsilon_{t-h}, \tag{5.64}$$

donde ε_t es un proceso ortogonal con varianza σ^2. Vimos que este proceso tiene FGA de la forma

$$\Gamma(Z) = \sigma^2 \frac{\left(\sum_{j=0}^{h} \beta_j Z^j\right)\left(\sum_{k=0}^{h} \beta_k Z^{-k}\right)}{\left(\sum_{r=0}^{k} \alpha_r Z^r\right)\left(\sum_{s=0}^{k} \alpha_s Z^{-s}\right)}, \tag{5.65}$$

con $\alpha_0 = \beta_0 = 1$. Por lo tanto, la densidad espectral del proceso ARMA(k, h) es

$$f(\lambda) = \frac{\sigma^2}{2\pi} \frac{\left(\sum\limits_{j=0}^{h} \beta_j \, e^{i\lambda j}\right)\left(\sum\limits_{j=0}^{h} \beta_j \, e^{-i\lambda j}\right)}{\left(\sum\limits_{j=0}^{k} \alpha_j \, e^{i\lambda j}\right)\left(\sum\limits_{j=0}^{k} \alpha_j \, e^{-i\lambda j}\right)} = \frac{\sigma^2}{2\pi} \left| \frac{\sum\limits_{j=0}^{h} \beta_j \, e^{i\lambda j}}{\sum\limits_{j=0}^{k} \alpha_j \, e^{i\lambda j}} \right|^2 . \tag{5.66}$$

$\blacksquare$

5.4. Efecto del filtrado lineal

Supongamos que el proceso $\{y_t\}$ es estacionario con media cero y densidad espectral $f(\lambda)$. Consideremos el operador lineal que produce w_t a partir de y_t, donde

$$w_t = \sum_{r=-p}^{q} \delta_r y_{t+r}. \tag{5.67}$$

Esto se denomina *filtro lineal* (o promedio móvil). Puesto que los coeficientes δ_r no dependen del tiempo, algunas veces se denomina a (5.67) un *filtro lineal invariante en el tiempo*, en contraposición con un *filtro lineal dependiente del tiempo* en donde los δ_r's dependen del tiempo t.

La s-ésima autocovarianza, γ_s^*, del proceso $\{w_t\}$ es

$$\gamma_s^* = E(w_t w_{t+s}) = E\left[\left(\sum_{r=-p}^{q} \delta_r y_{t+r}\right)\left(\sum_{k=-p}^{q} \delta_k y_{t+s+k}\right)\right]. \tag{5.68}$$

Por ejemplo, para $s = 0$ tenemos

$$\gamma_0^* = \sum_r \delta_r^2 \gamma_0 + 2\sum_r \delta_r \delta_{r+1} \gamma_1 + \cdots , \tag{5.69}$$

la que es una expresión complicada de manejar, y será más complicada aún para $s > 0$. Recuérdese que en (5.69) $\gamma_s = E(y_t y_{t+s})$.

Consideremos la representación espectral

$$y_t = \int_{-\pi}^{\pi} e^{i\lambda t} \, dc(\lambda),$$

del proceso $\{y_t\}$, entonces

$$\begin{aligned}
w_t &= \sum_{r=-p}^{q} \delta_r y_{t+r} = \sum_{r=-p}^{q} \delta_r \int_{-\pi}^{\pi} e^{i\lambda(t+r)} \, dc(\lambda) \\
&= \int_{-\pi}^{\pi} e^{i\lambda t} \sum_{r=-p}^{q} \delta_r \, e^{i\lambda r} \, dc(\lambda) = \int_{-\pi}^{\pi} e^{i\lambda t} \, dc^*(\lambda),
\end{aligned} \tag{5.70}$$

donde

$$dc^*(\lambda) = \sum_{r=-p}^{q} \delta_r \, e^{i\lambda r} \, dc(\lambda) = \delta(e^{i\lambda}) \, dc(\lambda), \tag{5.71}$$

y $\delta(z) = \sum_{r=-p}^{q} \delta_r z^r$.

Sean $F^*(\lambda)$ la función de distribución espectral de w_t y $f^*(\lambda)$ la correspondiente función de densidad espectral. Entonces

$$
\begin{aligned}
f^*(\lambda)\,d\lambda &= dF^*(\lambda) = E\left[\overline{dc^*(\lambda)}\,dc^*(\lambda)\right] \\
&= \delta(e^{i\lambda})\delta(e^{-i\lambda})E\left[\overline{dc(\lambda)}\,dc(\lambda)\right] \\
&= \left|\delta(e^{i\lambda})\right|^2 f(\lambda)\,d\lambda,
\end{aligned}
\tag{5.72}
$$

lo que implica que

$$f^*(\lambda) = \left|\delta(e^{i\lambda})\right|^2 f(\lambda), \tag{5.73}$$

o sea que el efecto del filtrado lineal en el dominio de las frecuencias es simplemente multiplicar $f(\lambda)$ por el factor $\left|\delta(e^{i\lambda})\right|^2$. Denominamos a ese factor *función de transferencia* y denominamos a $\delta(e^{i\lambda})$ *función de respuesta en las frecuencias* (algunos autores denominan a $\delta(e^{i\lambda})$ función de transferencia y a $\left|\delta(e^{i\lambda})\right|^2$ función de respuesta en las frecuencias).

5.5. Diagonalización de matrices

En esta sección se discute el problema de la diagonalización asintótica de la matriz de autocovarianzas estacionaria mediante vectores de Fourier, y está basada en el trabajo de Amemiya y Fuller (1967).

Consideremos la matriz circular de autocovarianzas definida como

$$\mathbf{\Gamma}_c = \begin{pmatrix} \gamma_0 & \gamma_1 & \gamma_2 & \cdots & \gamma_{n-1} \\ \gamma_{n-1} & \gamma_0 & \gamma_1 & \cdots & \gamma_{n-2} \\ \gamma_{n-2} & \gamma_{n-1} & \gamma_0 & \cdots & \gamma_{n-3} \\ \vdots & \vdots & \vdots & \ddots & \vdots \\ \gamma_1 & \gamma_2 & \gamma_3 & \cdots & \gamma_0 \end{pmatrix}. \tag{5.74}$$

Ahora mostraremos que esta matriz tiene eigenvectores

$$\varphi_k = \frac{1}{\sqrt{n}}\left(\, 1 \quad e^{i\frac{2\pi k}{n}} \quad e^{i\frac{4\pi k}{n}} \quad \cdots \quad e^{i\frac{2\pi(n-1)k}{n}} \,\right)', \tag{5.75}$$

y eigenvalores

$$\lambda_k = \sum_{h=0}^{n-1} \gamma_h \, e^{i\frac{2\pi hk}{n}}, \tag{5.76}$$

para $k = 0, 1, 2, \ldots, n-1$.

Recuérdese que

$$e^{i\frac{2\pi nk}{n}} = e^{i2\pi k} = 1. \tag{5.77}$$

En general, para una matriz $\mathbf{A}$ de orden $n \times n$ y vectores ℓ_k, $k = 0, 1, 2, \ldots$, de orden n, si se satisface que $\mathbf{A}\ell_k = \lambda_k \ell_k$, $k = 0, 1, 2, \ldots$, entonces ℓ_k es un eigenvector de $\mathbf{A}$ con eigenvalor λ_k. En nuestro caso tenemos que

$$
\begin{aligned}
\boldsymbol{\Gamma}_c \boldsymbol{\varphi}_k \;&=\; \frac{1}{\sqrt{n}} \begin{pmatrix} \gamma_0 + \gamma_1\, e^{i\frac{2\pi k}{n}} + \cdots + \gamma_{n-1}\, e^{i\frac{2\pi(n-1)k}{n}} \\ \gamma_0\, e^{i\frac{2\pi k}{n}} + \gamma_1\, e^{i\frac{4\pi k}{n}} + \cdots + \gamma_{n-1} \\ \vdots \\ \gamma_0\, e^{i\frac{2\pi(n-1)k}{n}} + \gamma_1 + \cdots + \gamma_{n-1}\, e^{i\frac{2\pi(n-2)k}{n}} \end{pmatrix} \\[2mm]
&=\; \frac{1}{\sqrt{n}} \left(\gamma_0 + \gamma_1\, e^{i\frac{2\pi k}{n}} + \cdots + \gamma_{n-1}\, e^{i\frac{2\pi(n-1)k}{n}} \right) \times \begin{pmatrix} 1 \\ e^{i\frac{2\pi k}{n}} \\ \vdots \\ e^{i\frac{2\pi(n-1)k}{n}} \end{pmatrix} \\[2mm]
&=\; \lambda_k \boldsymbol{\varphi}_k.
\end{aligned}
\tag{5.78}
$$

Lo que implica que $\boldsymbol{\varphi}_k$ es un eigenvector de $\boldsymbol{\Gamma}_c$ con eigenvalor λ_k, para $k = 0, 1, 2, \ldots, n-1$.

Sea

$$
\boldsymbol{\varphi}_k^* = \frac{1}{\sqrt{n}} \begin{pmatrix} 1 & e^{-i\frac{2\pi k}{n}} & \cdots & e^{-i\frac{2\pi(n-1)k}{n}} \end{pmatrix} = \overline{\boldsymbol{\varphi}}_k',
\tag{5.79}
$$

entonces

$$
\boldsymbol{\varphi}_k^* \boldsymbol{\varphi}_k = \left(\frac{1}{\sqrt{n}} \right)^2 (1 + 1 + \cdots + 1) = 1.
\tag{5.80}
$$

Lo que implica que

$$
\boldsymbol{\varphi}_k^* \boldsymbol{\Gamma}_c \boldsymbol{\varphi}_k = \boldsymbol{\varphi}_k^* \lambda_k \boldsymbol{\varphi}_k = \lambda_k.
\tag{5.81}
$$

Por otra parte

$$
\boldsymbol{\varphi}_k^* \boldsymbol{\varphi}_s = \left(\frac{1}{\sqrt{n}} \right)^2 \sum_{j=0}^{n-1} e^{i\frac{2\pi(s-k)j}{n}} = 0, \quad k \neq s.
\tag{5.82}
$$

Consecuentemente

$$
\boldsymbol{\varphi}_k^* \boldsymbol{\Gamma}_c \boldsymbol{\varphi}_s = \boldsymbol{\varphi}_k^* \lambda_s \boldsymbol{\varphi}_s = 0.
\tag{5.83}
$$

Sean las matrices

$$
\boldsymbol{\varphi} = \begin{pmatrix} \boldsymbol{\varphi}_0 & \boldsymbol{\varphi}_1 & \cdots & \boldsymbol{\varphi}_{n-1} \end{pmatrix},
\tag{5.84}
$$

$$
\boldsymbol{\varphi}^* = \begin{pmatrix} \boldsymbol{\varphi}_0^* \\ \boldsymbol{\varphi}_1^* \\ \vdots \\ \boldsymbol{\varphi}_{n-1}^* \end{pmatrix}.
\tag{5.85}
$$

Entonces, usando (5.81) y (5.83) tenemos

$$
\boldsymbol{\varphi}^* \boldsymbol{\Gamma}_c \boldsymbol{\varphi} = \begin{pmatrix} \lambda_0 & 0 & \cdots & 0 \\ 0 & \lambda_1 & \ddots & \vdots \\ \vdots & \ddots & \ddots & \vdots \\ 0 & \cdots & \cdots & \lambda_{n-1} \end{pmatrix} = \boldsymbol{\Lambda}.
\tag{5.86}
$$

O sea que hemos diagonalizado Γ_c mediante φ^* y φ para obtener la matriz diagonal Λ con elementos diagonales λ_k, para $k = 0, 1, 2, \ldots, n-1$.

Debemos notar el hecho remarcable que la diagonalización (5.86) no depende de los valores γ_0, γ_1, ..., γ_{n-1}.

Consideremos ahora el caso simétrico donde $\gamma_j = \gamma_{n-j}$, para $j = 1, 2, \ldots, \left[\frac{n}{2}\right]$, y donde $[x]$ significa la parte entera de x. Pensemos que n es impar en todos los casos en que fuera necesario a fin de hacer el álgebra más sencilla. El caso en que n es par requiere modificaciones menores a los pasos que se dan más abajo, pero en términos generales se mantiene la validez de los resultados. Esto implica que Γ_c es simétrica, entonces

$$
\begin{aligned}
\lambda_k &= \gamma_0 + \sum_{j=1}^{\left[\frac{n}{2}\right]} \gamma_j \left(e^{i\frac{2\pi jk}{n}} + e^{-i\frac{2\pi jk}{n}} \right) \\
&= \gamma_0 + \sum_{j=1}^{\left[\frac{n}{2}\right]} \gamma_j \cos\left(\frac{2\pi jk}{n} \right),
\end{aligned}
\tag{5.87}
$$

y

$$
\lambda_{n-k} = \gamma_0 + \sum_{j=1}^{\left[\frac{n}{2}\right]} \gamma_j \cos\left(\frac{2\pi j(n-k)}{n} \right) = \lambda_k,
\tag{5.88}
$$

para $k = 1, 2, \ldots, \left[\frac{n}{2}\right]$. O sea que los eigenvalores son iguales de a pares excepto para $k = 0$. Cuando n es par tenemos un sólo eigenvalor para $k = \frac{n}{2}$.

Cuando los γ_s's son reales también lo son los λ_k's. Denotemos a la matriz real y simétrica mediante Γ_s. Ahora mostraremos cómo construir un conjunto de eigenvectores reales para ella:

Sean

$$
\begin{aligned}
\mathbf{F}_{2j-1} &= \frac{1}{\sqrt{2}} \left(e^{i\frac{2\pi j}{n}} \varphi_j + e^{-i\frac{2\pi j}{n}} \varphi_{n-j} \right) \\
&= \sqrt{\frac{2}{n}} \begin{pmatrix} \cos\frac{2\pi j}{n} \\ \cos\frac{4\pi j}{n} \\ \vdots \\ 1 \end{pmatrix},
\end{aligned}
\tag{5.89}
$$

$$
\begin{aligned}
\mathbf{F}_{2j} &= \frac{1}{i\sqrt{2}} \left(e^{i\frac{2\pi j}{n}} \varphi_j - e^{-i\frac{2\pi j}{n}} \varphi_{n-j} \right) \\
&= \sqrt{\frac{2}{n}} \begin{pmatrix} \operatorname{sen}\frac{2\pi j}{n} \\ \operatorname{sen}\frac{4\pi j}{n} \\ \vdots \\ 0 \end{pmatrix},
\end{aligned}
\tag{5.90}
$$

para $j = 1, 2, \ldots, \left[\frac{n}{2}\right]$, y

$$
\mathbf{F}_0 = \varphi_0.
\tag{5.91}
$$

Ahora bien, $\mathbf{F}_h$ es real para todo h, lo que implica que $\mathbf{F}_h^* = \mathbf{F}_h'$. Además

$$\mathbf{F}_h^* \mathbf{F}_h = \mathbf{F}_h' \mathbf{F}_h = 1 \text{ para todo } h. \tag{5.92}$$

También

$$\mathbf{F}_h' \mathbf{F}_k = 0 \text{ para todo } h \neq k. \tag{5.93}$$

Entonces

$$\begin{aligned}
\mathbf{\Gamma}_s \mathbf{F}_k &= \frac{1}{\sqrt{2}} \mathbf{\Gamma}_s \left(e^{i\frac{2\pi j}{n}} \boldsymbol{\varphi}_j + e^{-i\frac{2\pi j}{n}} \boldsymbol{\varphi}_{n-j} \right) \\
&= \frac{1}{\sqrt{2}} \left(e^{i\frac{2\pi j}{n}} \lambda_j \boldsymbol{\varphi}_j + e^{-i\frac{2\pi j}{n}} \lambda_{n-j} \boldsymbol{\varphi}_{n-j} \right) \\
&= \frac{1}{\sqrt{2}} \lambda_j \left(e^{i\frac{2\pi j}{n}} \boldsymbol{\varphi}_j + e^{-i\frac{2\pi j}{n}} \boldsymbol{\varphi}_{n-j} \right) = \lambda_j \mathbf{F}_k,
\end{aligned} \tag{5.94}$$

con $k = 2j - 1$. De forma similar se puede mostrar que $\mathbf{\Gamma}_s \mathbf{F}_k = \lambda_j \mathbf{F}_k$ para $k = 2j$. Lo que implica que

$$\mathbf{\Gamma}_s \mathbf{F}_k = \nu_k \mathbf{F}_k, \tag{5.95}$$

donde $\nu_k = \lambda_j$ para $k = 2j - 1$ y $k = 2j$. De esto surge que $\mathbf{F}_k$ es un eigenvector de $\mathbf{\Gamma}_s$ con eigenvalor ν_k. Puesto que

$$\mathbf{F}_h' \mathbf{F}_k = \left\{ \begin{array}{l} 1 \text{ si } h = k, \\ 0 \text{ si } h \neq k, \end{array} \right. \tag{5.96}$$

entonces

$$\mathbf{F}_h' \mathbf{\Gamma}_s \mathbf{F}_k = \left\{ \begin{array}{l} \nu_k \text{ si } h = k, \\ 0 \text{ si } h \neq k, \end{array} \right. \tag{5.97}$$

y la matriz

$$\mathbf{F} = \left(\begin{array}{cccc} \mathbf{F}_0 & \mathbf{F}_1 & \cdots & \mathbf{F}_{n-1} \end{array} \right) \tag{5.98}$$

es una matriz ortogonal que diagonaliza $\mathbf{\Gamma}_s$. Así

$$\begin{aligned}
\mathbf{F}' \mathbf{\Gamma}_s \mathbf{F} &= \begin{pmatrix}
\nu_0 & 0 & 0 & \cdots & 0 \\
0 & \nu_1 & 0 & \cdots & 0 \\
0 & 0 & \nu_2 & \cdots & 0 \\
\vdots & \vdots & \vdots & \ddots & \vdots \\
0 & 0 & 0 & \cdots & \nu_{n-1}
\end{pmatrix} \\
&= \begin{pmatrix}
\lambda_0 & 0 & 0 & 0 & 0 & \cdots & 0 \\
0 & \lambda_1 & 0 & 0 & 0 & \cdots & 0 \\
0 & 0 & \lambda_1 & 0 & 0 & \cdots & 0 \\
0 & 0 & 0 & \lambda_2 & 0 & \cdots & 0 \\
0 & 0 & 0 & 0 & \lambda_2 & \ddots & 0 \\
\vdots & \vdots & \vdots & \vdots & \ddots & \ddots & \vdots \\
0 & 0 & 0 & 0 & 0 & \cdots & \lambda_{\left[\frac{n}{2}\right]}
\end{pmatrix}.
\end{aligned} \tag{5.99}$$

A la matriz $\mathbf{F}$ se la conoce como *Matriz de Fourier*. Recuérdese que para n par se deben hacer pequeños cambios.

Teníamos

$$\nu_k = \lambda_j = \gamma_0 + \sum_{r=1}^{\left[\frac{n}{2}\right]} \gamma_r \cos\left(\frac{2\pi j r}{n}\right), \tag{5.100}$$

para $k = 2j - 1$ y $k = 2j$, $j = 1, 2, \ldots, \left[\frac{n}{2}\right]$. Comparémoslo con la densidad espectral $f(\omega)$ evaluada en $\omega = \frac{2\pi j}{n}$ que es

$$f\left(\frac{2\pi j}{n}\right) = \frac{1}{2\pi}\left[\gamma_0 + \sum_{r=1}^{\infty} \gamma_r \cos\left(\frac{2\pi j r}{n}\right)\right]. \tag{5.101}$$

Lo que implica que para n grande,

$$\lambda_j \approx 2\pi f\left(\frac{2\pi j}{n}\right). \tag{5.102}$$

Ahora mostraremos que estos resultados se cumplen aproximadamente para la matriz de autocovarianzas estacionaria, la cual, de acuerdo a como se la definió en el Capítulo 2, se escribe como

$$\Gamma = \begin{pmatrix} \gamma_0 & \gamma_1 & \gamma_2 & \cdots & \gamma_{n-1} \\ \gamma_1 & \gamma_0 & \gamma_1 & \cdots & \gamma_{n-2} \\ \gamma_2 & \gamma_1 & \gamma_0 & \cdots & \gamma_{n-3} \\ \vdots & \vdots & \vdots & \ddots & \vdots \\ \gamma_{n-1} & \gamma_{n-2} & \gamma_{n-3} & \cdots & \gamma_0 \end{pmatrix}. \tag{5.103}$$

Esta es una matriz de Toeplitz no circular. En todo momento suponemos que $\sum_{h=0}^{\infty} |\gamma_h| < \infty$.

Sean $\mathbf{a}$, $\mathbf{b}$ dos columnas de la matriz $\mathbf{F}$ definida en (5.98). Entonces

$$\begin{aligned}
\mathbf{a}'\Gamma_s\mathbf{b} - \mathbf{a}'\Gamma\mathbf{b} &= (a_1\, a_2\, \cdots\, a_n)\begin{pmatrix} \gamma_0 & \gamma_1 & \cdots & \gamma_1 \\ \gamma_1 & \gamma_0 & \cdots & \gamma_2 \\ \vdots & \vdots & \ddots & \vdots \\ \gamma_1 & \gamma_2 & \cdots & \gamma_0 \end{pmatrix}\begin{pmatrix} b_1 \\ b_2 \\ \vdots \\ b_n \end{pmatrix} \\
&\quad -(a_1\, a_2 \cdots a_n)\begin{pmatrix} \gamma_0 & \gamma_1 & \cdots & \gamma_{n-1} \\ \gamma_1 & \gamma_0 & \cdots & \gamma_{n-2} \\ \vdots & \vdots & \ddots & \vdots \\ \gamma_{n-1} & \gamma_{n-2} & \cdots & \gamma_0 \end{pmatrix}\begin{pmatrix} b_1 \\ b_2 \\ \vdots \\ b_n \end{pmatrix} \\
&= (\gamma_1 - \gamma_{n-1})(a_1 b_n + a_n b_1) + (\gamma_2 - \gamma_{n-2})(a_1 b_{n-1} \\
&\quad + a_2 b_n + a_{n-1} b_1 + a_n b_2) + \cdots \\
&\quad + (\gamma_N - \gamma_{n-N})(a_1 b_{n-N+1} + a_2 b_{n-N+2} + \cdots + a_N b_n \\
&\quad + a_{n-N+1} b_1 + a_{n-N+2} b_2 + \cdots + a_n b_N) \\
&\quad + \sum_{m=N+1}^{\left[\frac{n}{2}\right]} (\gamma_m - \gamma_{n-m}) \sum_{j=1}^{m}(a_j b_{n-m+j} + a_{n-m+j} b_j).
\end{aligned} \tag{5.104}$$

Denotemos a las primeras cuatro filas del último miembro de (5.104) anterior como S_1 y a la última fila como S_2. Para N fijo y cuando $n \to \infty$, $S_1 \to 0$ debido a que cada $|a_j|$, $|b_j| \leqslant \sqrt{\frac{2}{n}}$. Por otra parte

$$
\begin{aligned}
|S_2| &\leqslant \sum_{m=N+1}^{\left[\frac{n}{2}\right]} \left(|\gamma_m| + |\gamma_{n-m}| \right) \frac{n}{2} 2 \frac{2}{n} \\
&\leqslant 2 \sum_{m=N+1}^{\left[\frac{n}{2}\right]} \left(|\gamma_m| + |\gamma_{n-m}| \right) = 2 \sum_{m=N+1}^{n-N-1} |\gamma_m| \\
&\leqslant 2 \sum_{m=N+1}^{n} |\gamma_m| \leqslant 2 \sum_{m=N+1}^{\infty} |\gamma_m|,
\end{aligned}
\tag{5.105}
$$

y esto puede ser hecho tan pequeño como uno quiera tomando N suficientemente grande, debido a que $\sum_{m=0}^{\infty} |\gamma_m|$ es convergente.

Estos resultados prueban que $\mathbf{a}'\mathbf{\Gamma}_s\mathbf{b} - \mathbf{a}'\mathbf{\Gamma b} \to 0$ cuando $n \to \infty$. O sea que $\mathbf{F}'\mathbf{\Gamma}_s\mathbf{F} - \mathbf{F}'\mathbf{\Gamma F} \to \mathbf{0}$ cuando $n \to \infty$. Entonces $\mathbf{F}'\mathbf{\Gamma}_s\mathbf{F}$ es diagonal con eigenvalores λ_j definidos en (5.100) y $\mathbf{F}'\mathbf{\Gamma F}$ es aproximadamente diagonal con eigenvalores λ_j. Con esto hemos mostrado que $\mathbf{\Gamma}$ es aproximadamente diagonalizada por la matriz $\mathbf{F}$, dando aproximadamente una matriz diagonal con elementos iguales de a pares que son aproximadamente iguales a

$$
2\pi f \left(\frac{2\pi j}{n} \right) = \pi f_+ \left(\frac{2\pi j}{n} \right).
\tag{5.106}
$$

Además, esta diagonalización es la misma cualquiera sea el conjunto de autocovarianzas γ_j's.

5.6. Estimación de la densidad espectral

Ahora debemos encarar el proceso de estimar la densidad espectral. Para ello partiremos de un estimador muy usado en diversas aplicaciones hasta mediados del siglo XX, el periodograma, y mostraremos que el mismo es un estimador inconsistente de la densidad espectral. Luego propondremos otros estimadores que son consistentes. Posteriormente mostraremos cómo estimar consistentemente la función de distribución espectral.

5.7. El periodograma

Supongamos que tenemos una muestra $y_1, \ldots, y_n$ de una serie de tiempo estacionaria con $E(y_t) = 0$, $E(y_t y_{t+r}) = \gamma_r$ para todo t, y queremos estimar la densidad espectral $f(\omega)$ del proceso $\{y_t\}$. Definimos al periodograma o periodograma de intensidad como

$$
\begin{aligned}
I(\omega) &= \frac{1}{2\pi n}\left[\left(\sum_{t=1}^{n} y_t \cos \omega t\right)^2 + \left(\sum_{t=1}^{n} y_t \operatorname{sen} \omega t\right)^2\right] \\
&= \frac{1}{2\pi n}\left|\sum_{t=1}^{n} y_t\, e^{i\omega t}\right|^2 = \frac{1}{2\pi n}\left(\sum_{t=1}^{n} y_t\, e^{i\omega t}\right)\left(\sum_{s=1}^{n} y_s\, e^{-i\omega s}\right) \\
&= \frac{1}{2\pi n}\left[\sum_{t=1}^{n} y_t^2 + \sum_{t=1}^{n-1} y_t y_{t+1}\left(e^{i\omega} + e^{-i\omega}\right) + \cdots \right. \\
&\qquad \left. + \sum_{t=1}^{n-r} y_t y_{t+r}\left(e^{i\omega r} + e^{-i\omega r}\right) + \cdots + y_1 y_n \left(e^{i\omega(n-1)} + e^{-i\omega(n-1)}\right)\right] \\
&= \frac{1}{2\pi}\sum_{r=1-n}^{n-1} c_r\, e^{i\omega r},
\end{aligned}
\tag{5.107}
$$

donde a

$$
c_r = \frac{1}{n}\sum_{t=1}^{n-|r|} y_t y_{t+|r|}
\tag{5.108}
$$

se la conoce como la autocovarianza muestral de orden r. Si la esperanza de y_t no es cero, usualmente se usa la fórmula

$$
c_r = \frac{1}{n}\sum_{t=1}^{n-|r|}\left(y_t - \overline{y}\right)\left(y_{t+|r|} - \overline{y}\right),
\tag{5.109}
$$

donde $\overline{y} = \frac{1}{n}\sum_{t=1}^{n} y_t$. Aquí $|r|$ significa el valor absoluto de r. Vemos que

$$
E(c_r) = \frac{n-|r|}{n}\gamma_r = \left(1 - \frac{|r|}{n}\right)\gamma_r,
\tag{5.110}
$$

y

$$
\begin{aligned}
E\left[I(\omega)\right] &= \frac{1}{2\pi}\sum_{r=1-n}^{n-1}\left(1 - \frac{|r|}{n}\right)\gamma_r\, e^{i\omega r} \\
&\rightarrow \frac{1}{2\pi}\sum_{r=-\infty}^{\infty}\gamma_r\, e^{i\omega r} = f(\omega),
\end{aligned}
\tag{5.111}
$$

que es la densidad espectral, cuando $n \to \infty$, siempre que $\sum_{r=1}^{n-1} r\gamma_r = o(1)$, lo cual es verdadero si $r\gamma_r \to 0$. Esto usualmente se satisface para todos los procesos estacionarios, lo que implica que $I(\omega)$ es un estimador asintóticamente insesgado de $f(\omega)$.

La pregunta ahora es qué podemos decir sobre la varianza de $I(\omega)$. Para responderla, empecemos considerando el caso especial sencillo de un proceso ortogonal o ruido blanco.

5.7.1. Periodograma de un proceso ortogonal

Supongamos que y_t es un proceso ortogonal o ruido blanco. Esto significa que los y_t's son independientes con media cero y varianza σ^2. Supongamos también que el cuarto cumulante, κ_4, de y_t es finito, donde $\kappa_4 = \mu_4 - 3\sigma^4$, $\mu_4 = E(y_t^4)$. Puesto que $\gamma_r = 0$ para $r \neq 0$ y $\gamma_0 = \sigma^2$, tenemos $E\left[I(\omega)\right] = \frac{\sigma^2}{2\pi}$ exactamente.

Sea

$$
\begin{aligned}
g(\omega_1, \omega_2) &= E\left[I(\omega_1)I(\omega_2)\right] \\
&= \frac{1}{4\pi^2 n^2} E\left[\sum_s y_s\, e^{i\omega_1 s} \sum_t y_t\, e^{-i\omega_1 t} \sum_u y_u\, e^{i\omega_2 u} \sum_v y_v\, e^{-i\omega_2 v}\right] \\
&= \frac{1}{4\pi^2 n^2} E\left\{\sum_{s,t,u,v} y_s y_t y_u y_v\, e^{i[(s-t)\omega_1 + (u-v)\omega_2]}\right\}, \quad \omega_1 \neq \omega_2. \quad (5.112)
\end{aligned}
$$

Ahora bien, $E(y_s y_t y_u y_v) = 0$ a menos que

1. $s = t = u = v$, lo que implica que

$$
E(y_t^4) = \mu_4 = \kappa_4 + 3\sigma^4. \quad (5.113)
$$

2. s, t, u, v son iguales de a pares, esto es

$$
E(y_t^2 y_v^2) = \sigma^4, \quad t \neq v. \quad (5.114)
$$

Entonces

$$
\begin{aligned}
g(\omega_1, \omega_2) &= \frac{1}{4\pi^2 n^2} \left\{ n(\kappa_4 + 3\sigma^4) + \sigma^4 \sum_{s \neq t} e^{i(s-t)\omega_1} \right. \\
&\quad \times \left[e^{i(s-t)\omega_2} + e^{-i(s-t)\omega_2} \right] + n(n-1)\sigma^4 \Big\} \\
&= \frac{1}{4\pi^2 n^2} \left\{ n\kappa_4 + n^2\sigma^4 \right. \\
&\quad \left. + \sigma^4 \sum_{s,t} \left[e^{i(s-t)(\omega_1+\omega_2)} + e^{i(s-t)(\omega_1-\omega_2)} \right] \right\}, \quad (5.115)
\end{aligned}
$$

para $\omega_1 \neq \omega_2$. Por otra parte,

$$
\begin{aligned}
\sum_{s,t} e^{i(s-t)\lambda} &= \sum_s e^{is\lambda} \sum_t e^{-it\lambda} = \left| \sum_{s=1}^{n} e^{is\lambda} \right|^2 \\
&= \left| \frac{1 - e^{in\lambda}}{1 - e^{i\lambda}} \right|^2 = \frac{(1 - e^{in\lambda})(1 - e^{-in\lambda})}{(1 - e^{i\lambda})(1 - e^{-i\lambda})} \\
&= \frac{2(1 - \cos n\lambda)}{2(1 - \cos \lambda)} = \frac{\operatorname{sen}^2\left(\frac{n\lambda}{2}\right)}{\operatorname{sen}^2\left(\frac{\lambda}{2}\right)}. \quad (5.116)
\end{aligned}
$$

Lo que nos lleva a

$$
g(\omega_1,\omega_2) = \frac{1}{4\pi^2 n^2}\left\{ n\kappa_4 + n^2\sigma^4 + \sigma^4\left[\left\{\frac{\operatorname{sen}\left(\frac{n(\omega_1+\omega_2)}{2}\right)}{\operatorname{sen}\left(\frac{\omega_1+\omega_2}{2}\right)}\right\}^2\right.\right.
$$
$$
\left.\left. + \left\{\frac{\operatorname{sen}\left(\frac{n(\omega_1-\omega_2)}{2}\right)}{\operatorname{sen}\left(\frac{\omega_1-\omega_2}{2}\right)}\right\}^2\right]\right\}. \tag{5.117}
$$

para $\omega_1 \neq \omega_2$. Con ello tenemos que

$$
\operatorname{cov}\left[I(\omega_1), I(\omega_2)\right] = g(\omega_1,\omega_2) - \frac{\sigma^4}{4\pi^2}
$$
$$
= \frac{1}{4\pi^2 n^2}\left\{ n\kappa_4 + \sigma^4\left[\left\{\frac{\operatorname{sen}\left(\frac{n(\omega_1+\omega_2)}{2}\right)}{\operatorname{sen}\left(\frac{\omega_1+\omega_2}{2}\right)}\right\}^2\right.\right.
$$
$$
\left.\left. + \left\{\frac{\operatorname{sen}\left(\frac{n(\omega_1-\omega_2)}{2}\right)}{\operatorname{sen}\left(\frac{\omega_1-\omega_2}{2}\right)}\right\}^2\right]\right\}, \tag{5.118}
$$

para $\omega_1 \neq \omega_2$.

Cuando $\omega_1 \to \omega_2 = \omega$, usando L'Hôpital, tenemos que

$$
\frac{\operatorname{sen}\left(\frac{n(\omega_1-\omega_2)}{2}\right)}{\operatorname{sen}\left(\frac{\omega_1-\omega_2}{2}\right)} \to n, \tag{5.119}
$$

$$
\frac{\operatorname{sen}\left(\frac{n(\omega_1+\omega_2)}{2}\right)}{\operatorname{sen}\left(\frac{\omega_1+\omega_2}{2}\right)} \to \left\{\begin{array}{l} \frac{\operatorname{sen} n\omega}{\operatorname{sen} \omega}\ \text{si}\ \omega \neq 0,\pi, \\ n\ \text{si}\ \omega = 0,\pi. \end{array}\right. \tag{5.120}
$$

Esto implica que

$$
V\left[I(\omega)\right] = \left\{\begin{array}{l} \frac{1}{4\pi^2 n^2}\left[n\kappa_4 + n^2\sigma^4 + \sigma^4\frac{\operatorname{sen}^2 n\omega}{\operatorname{sen}^2 \omega}\right]\ \text{si}\ \omega \neq 0,\pi, \\ \frac{1}{4\pi^2 n^2}\left(n\kappa_4 + 2n^2\sigma^4\right)\ \text{si}\ \omega = 0,\pi. \end{array}\right. \tag{5.121}
$$

Estos son resultados exactos.

De lo anterior se deduce que

$$
V\left[I(\omega)\right] \approx \left\{\begin{array}{l} \frac{\sigma^4}{4\pi^2}\ \text{si}\ \omega \neq 0,\pi, \\ \frac{2\sigma^4}{4\pi^2}\ \text{si}\ \omega = 0,\pi. \end{array}\right. \tag{5.122}
$$

De lo que se infiere que $V\left[I(\omega)\right] \nrightarrow 0$ cuando $n \to \infty$. Con esto se puede mostrar que $I(\omega)$ no es un estimador consistente de $f(\omega)$.

Nótese que cuando ω_1 y ω_2 tienen la forma $\frac{2\pi j}{n}$, con j entero,

$$
\operatorname{cov}\left[I(\omega_1), I(\omega_2)\right] = \frac{\kappa_4}{4\pi^2 n}, \quad \omega_1 \neq \omega_2, \tag{5.123}
$$

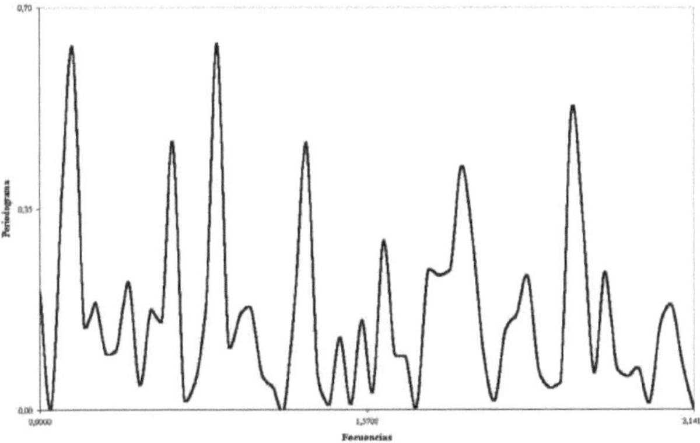

Figura 5.3: Periodograma de un proceso ortogonal con varianza igual a 1

$$V\left[I(\omega)\right] = \begin{cases} \frac{1}{4\pi^2}\left(\frac{\kappa_4}{n} + \sigma^4\right) & \text{si } \omega \neq 0, \pi, \\ \frac{1}{4\pi^2}\left(\frac{\kappa_4}{n} + 2\sigma^4\right) & \text{si } \omega = 0, \pi. \end{cases} \tag{5.124}$$

De (5.118) y (5.123), para $\omega_1 \neq \omega_2$ y cuando $n \to \infty$ vemos que

$$\text{cov}\left[I(\omega_1), I(\omega_2)\right] \to 0. \tag{5.125}$$

De lo visto, en particular del hecho que $V\left[I(\omega)\right] \nrightarrow 0$ cuando $n \to \infty$, deducimos que el gráfico de $I(\omega)$ tiene una apariencia típicamente inestable, con fuertes ascensos y descensos, o sea que no es suave. La Figura 5.3 corresponde al periodograma de una serie de ruido blanco o proceso ortogonal.

5.7.2. Periodograma de una serie estacionaria general

Supongamos que tenemos una serie $\{y_t\}$ que tiene la siguiente representación de promedio móvil

$$y_t = \sum_{j=0}^{\infty} \alpha_j \varepsilon_{t-j}, \tag{5.126}$$

donde $\{\varepsilon_t\}$ es un proceso ortogonal o ruido blanco.

Consideremos primero el promedio móvil finito

$$y_t = \sum_{j=0}^{m} \alpha_j \varepsilon_{t-j}. \tag{5.127}$$

Sabemos que la densidad espectral de y_t es, en este último caso,

$$f_y(\omega) = \left|\sum_{j=0}^{m} \alpha_j \, e^{ij\omega}\right|^2 f_\varepsilon(\omega) = \frac{\sigma^2}{2\pi}\left|\sum_{j=0}^{m} \alpha_j \, e^{ij\omega}\right|^2. \tag{5.128}$$

El periodograma para una muestra $y_1, \ldots, y_n$ de la serie es

$$
\begin{aligned}
I_y(\omega) &= \frac{1}{2\pi n}\left|\sum_{t=1}^{n} y_t\, e^{i\omega t}\right|^2 = \frac{1}{2\pi n}\left|\sum_{t=1}^{n}\sum_{j=0}^{m} \alpha_j \varepsilon_{t-j}\, e^{i\omega t}\right|^2 \\
&= \frac{1}{2\pi n}\left|\sum_{s=1-j}^{n-j}\sum_{j=0}^{m} \alpha_j \varepsilon_s\, e^{i\omega(s+j)}\right|^2 = \frac{1}{2\pi n}\left|\sum_{j=0}^{m} \alpha_j\, e^{i\omega j} \sum_{s=1-j}^{n-j} \varepsilon_s\, e^{i\omega s}\right|^2 \\
&\approx \frac{1}{2\pi n}\left|\sum_{j=0}^{m} \alpha_j\, e^{i\omega j}\right|^2 \left|\sum_{s=1}^{n} \varepsilon_s\, e^{i\omega s}\right|^2 \\
&\approx \left|\sum_{j=0}^{m} \alpha_j\, e^{i\omega j}\right|^2 I_\varepsilon(\omega), \quad \text{para } n \text{ grande,} \\
&\approx \frac{2\pi}{\sigma^2} f_y(\omega) I_\varepsilon(\omega).
\end{aligned}
\tag{5.129}
$$

Lo que implica que

$$
V\left[I_y(\omega)\right] \approx \frac{1}{\sigma^4} f_y^2(\omega)\left\{\frac{\kappa_4}{n} + \frac{\sigma^4}{n^2}\left[\frac{\operatorname{sen}^2 n\omega}{\operatorname{sen}^2 \omega} + n^2\right]\right\},
\tag{5.130}
$$

entonces

$$
V\left[I_y(\omega)\right] \rightarrow \begin{cases} f_y^2(\omega) \text{ cuando } n \to \infty \text{ y } \omega \neq 0, \pi, \\ 2 f_y^2(\omega) \text{ cuando } n \to \infty \text{ y } \omega = 0, \pi. \end{cases}
\tag{5.131}
$$

De estos resultados se puede mostrar que $I_y(\omega)$, a pesar de ser asintóticamente insesgado, es inconsistente.

Notemos en (5.131), que para $\omega \neq 0, \pi$, la varianza asintótica de $I_y(\omega)$ es el cuadrado de la media asintótica.

A fin de continuar con el estudio de la varianza de $I_y(\omega)$, hagamos una disgresión para presentar un resultado general. Consideremos una variable aleatoria z que se relaciona con otra y de la siguiente manera

$$
y = \log z,
\tag{5.132}
$$

entonces

$$
dy \approx \frac{1}{z} dz \approx \frac{1}{E(z)} dz,
\tag{5.133}
$$

por lo tanto

$$
V(y) \approx \frac{1}{\left[E(z)\right]^2} V(z).
\tag{5.134}
$$

Tomemos $z = I_y(\omega)$. Entonces en (5.134) obtenemos

$$
V\left[\log I_y(\omega)\right] \approx \frac{1}{f_y^2(\omega)} V\left[I_y(\omega)\right] \approx 1.
\tag{5.135}
$$

Lo que implica que $\log I_y(\omega)$ tiene aproximadamente una varianza constante. De aquí vemos que algunas veces es preferible trabajar con $\log I_y(\omega)$ en lugar de $I_y(\omega)$.

Como antes, tenemos que

$$\text{cov}\left[I_y(\omega_1), I_y(\omega_2)\right] = O\left(\frac{1}{n}\right), \tag{5.136}$$

para ω_1, ω_2 general y cuando $\{\varepsilon_t\}$ no es Gaussiano. Esto obedece al hecho de que para procesos no Gaussianos el cuarto cumulante, κ_4, es en general distinto de cero. Si $\{\varepsilon_t\}$ es Gaussiano, ese cuarto cumulante es igual a cero, entonces tenemos que

$$\text{cov}\left[I_y(\omega_1), I_y(\omega_2)\right] = O\left(\frac{1}{n^2}\right), \tag{5.137}$$

para ω_1, ω_2 general. Pero si ω_1, ω_2 son de la forma $\frac{2\pi j}{n}$, con j entero, (5.137) es igual a cero. Estos resultados se deben esencialmente a Bartlett (1955, pág. 278).

Todo lo anterior se satisface para m finito en (5.127). Se puede mostrar que también se satisface para $m = \infty$ siempre que $\sum_{j=1}^{\infty} |\alpha_j| j^{\frac{1}{2}} < \infty$.

Aún cuando se puede calcular el periodograma $I(\omega)$ de un proceso estacionario general en infinitos puntos en el intervalo $(0, \pi)$, no es equivalente a tener un número infinito de observaciones, debido a que solamente comenzamos con un número n finito de ellas. En efecto, valores de $I(\omega)$ para ω de la forma $\frac{2\pi j}{n}$ es equivalente a tener toda la información en la muestra sobre la densidad espectral $f(\omega)$ del proceso bajo consideración.

5.8. Estimación consistente del espectro

Supongamos que la densidad espectral $f(\omega)$ de un cierto proceso estocástico $\{y_t\}$ es una función "suave" de ω. Con objetivos puramente matemáticos extendamos su definición fuera del intervalo $(-\pi, \pi]$ tomando $f(\omega + 2k\pi) = f(\omega)$ para todo ω y $k = 0, \pm 1, \pm 2, \ldots$.

Consideremos un estimador de la densidad espectral $f(\omega)$ de la forma

$$\widehat{f}(\omega) = \int_{-\pi}^{\pi} W(\varphi) I(\omega + \varphi) d\varphi, \tag{5.138}$$

donde $W(\varphi)$ es una función de pesos (ponderaciones) tal que

$$\int_{-\pi}^{\pi} W(\varphi) d\varphi = 1, \tag{5.139}$$

y $W(\varphi + 2k\pi) = W(\varphi)$ para todo φ y $k = 0, \pm 1, \pm 2, \ldots$. O sea que $W(\varphi)$ es una función periódica con período 2π. También se espera que $W(\varphi)$ tome valores grandes en un vecindario del origen y pequeños para el resto del dominio, como puede ser la función graficada en la Figura 5.4.

Pongamos $\omega + \varphi = \theta$, entonces $\varphi - \theta$ ω. Por lo tanto (5.138) queda

$$\widehat{f}(\omega) = \int_{-\pi+\omega}^{\pi+\omega} W(\theta - \omega) I(\theta) d\theta = \int_{-\pi}^{\pi} W(\theta - \omega) I(\theta) d\theta, \tag{5.140}$$

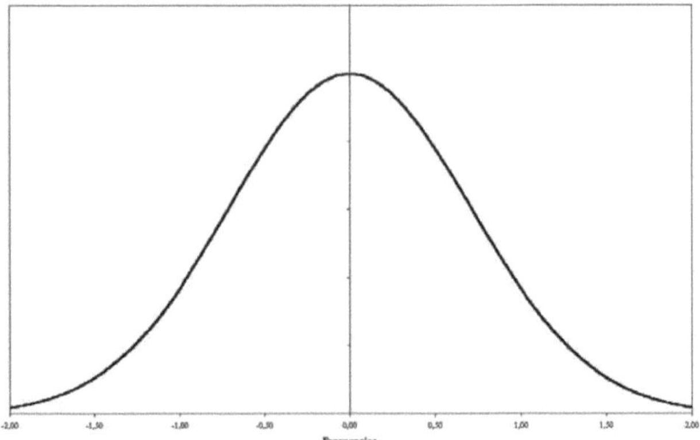

Figura 5.4: Ejemplo de ventana espectral

esto último debido a que el integrando es periódico con período 2π.

El propósito es obtener $\widehat{f}(\omega)$ como un promedio local de los valores de $I(\theta)$ en un vecindario de $\theta = \omega$. Además, queremos que la función de ponderaciones $W(\varphi)$ sea lo suficientemente ámplia como para lograr un estimador consistente de $f(\omega)$, pero no tan ámplia como para que nos de un sesgo indebido.

Sustituyendo $I(\theta)$ por la última línea de (6.52) en (5.140) tenemos

$$\widehat{f}(\omega) = \int_{-\pi}^{\pi} W(\theta - \omega)\frac{1}{2\pi} \sum_{s=1-n}^{n-1} c_s\, e^{is\theta}\, d\theta = \frac{1}{2\pi} \sum_{s=1-n}^{n-1} k_s c_s\, e^{is\omega}, \qquad (5.141)$$

donde

$$k_s = \int_{-\pi}^{\pi} W(\theta - \omega)\, e^{is(\theta-\omega)}\, d\theta. \qquad (5.142)$$

Pongamos nuevamente $\theta - \omega = \varphi$ lo que implica que $\theta = \omega + \varphi$, entonces (5.142) queda

$$k_s = \int_{-\pi-\omega}^{\pi-\omega} W(\varphi)\, e^{is\varphi}\, d\varphi = \int_{-\pi}^{\pi} W(\varphi)\, e^{is\varphi}\, d\varphi, \qquad (5.143)$$

debido a que $W(\varphi)\, e^{is\varphi}$ es periódica con período 2π. Esto implica que k_s es la transformada de Fourier de $W(\varphi)$. La ecuación (5.143) es análoga a la relación $c_s = \int_{-\pi}^{\pi} I(\omega)\, e^{is\omega}\, d\omega$ entre c_s e $I(\omega)$. Lo que implica que tiene transformada inversa de Fourier

$$W(\varphi) = \frac{1}{2\pi} \sum_{s=1-n}^{n-1} k_s\, e^{-is\varphi}. \qquad (5.144)$$

Por lo tanto, hemos obtenido el estimador $\widehat{f}(\omega)$ de la densidad espectral $f(\omega)$ de dos formas diferentes:

1. $\widehat{f}(\omega)$ como un promedio ponderado de $I(\omega)$ con función de ponderaciones $W(\theta - \omega)$;

2. $\widehat{f}(\omega)$ como un promedio ponderado de c_s con función de ponderaciones k_s.

A la función $W(\varphi)$ se la conoce como *ventana espectral*. A la función k_s se la conoce como *ventana de los rezagos*.

5.9. Elección de la ventana

En esta sección discutiremos cómo elegir la función $W(\varphi)$ (o equivalentemente la función k_s) a fin de lograr un estimador consistente de la densidad espectral. Hace muchos años el objetivo en la elección de la ventana era facilitar la computación. Hoy en día esto no es muy importante. Por ello, la función k_s fue frecuentemente elegida de tal manera que $k_s = 0$ para $|s| > m$, para algún valor de m sustancialmente menor que n. Denominamos a m el punto de truncamiento. Esto implica que necesitamos computar c_s solamente para $s \leqslant m$.

En la práctica deberíamos aproximar $\widehat{f}(\omega) = \int_{-\pi}^{\pi} W(\theta - \omega)I(\theta)d\theta$. Tomemos valores de θ de la forma $\theta_j = \frac{2\pi j}{n}$, lo que implica que $d\theta = \frac{2\pi}{n}$. Entonces aproximamos $\widehat{f}(\omega)$ mediante

$$\widehat{f}(\omega) = \frac{2\pi}{n} \sum_{j=0}^{\left[\frac{n}{2}\right]} W(\theta_j - \omega)I(\theta_j). \tag{5.145}$$

Aquí estamos dejando de lado la contribución de $I(\theta_j)$ para $\theta_j < 0$. Esto es equivalente a suponer que $W(\theta_j - \omega)$ es cercana a cero para esos puntos.

De (5.130) tenemos que

$$V\left[W(\theta_j - \omega)I(\theta_j)\right] \approx W^2(\theta_j - \omega)f^2(\theta_j)\left(1 + \frac{\kappa_4}{n\sigma^4}\right), \tag{5.146}$$

y de (5.123) junto con (5.129) logramos

$$\mathrm{cov}\left[W(\theta_j - \omega)I(\theta_j), W(\theta_i - \omega)I(\theta_i)\right] \approx W(\theta_i - \omega)W(\theta_j - \omega)f(\theta_i)f(\theta_j)\frac{\kappa_4}{n\sigma^4}. \tag{5.147}$$

Esto implica que

$$
\begin{aligned}
V\left[\widehat{f}(\omega)\right] &\approx \frac{4\pi^2}{n^2}\left[\sum_j W^2(\theta_j-\omega)f^2(\theta_j)\right. \\
&\quad \left. + \sum_{i,j} W(\theta_i-\omega)W(\theta_j-\omega)f(\theta_i)f(\theta_j)\frac{\kappa_4}{n\sigma^4}\right] \\
&\approx \frac{4\pi^2}{n^2}\left[\sum_j W^2(\theta_j-\omega)f^2(\theta_j)\right. \\
&\quad \left. + \frac{\kappa_4}{n\sigma^4}\left(\sum_j W(\theta_j-\omega)f(\theta_j)\right)^2\right] \\
&\approx \frac{2\pi}{n}\left[\int_{-\pi}^{\pi} W^2(\theta-\omega)f^2(\theta)d\theta\right. \\
&\quad \left. + \frac{\kappa_4}{2\pi\sigma^4}\left(\int_{-\pi}^{\pi} W(\theta-\omega)f(\theta)d\theta\right)^2\right].
\end{aligned}
\tag{5.148}
$$

En cuanto al sesgo tenemos que

$$
E\left[\widehat{f}(\omega)\right] \approx \int_{-\pi}^{\pi} W(\theta-\omega)f(\theta)d\theta,
\tag{5.149}
$$

lo que implica que

$$
\text{sesgo} \approx \int_{-\pi}^{\pi} W(\theta-\omega)f(\theta)d\theta - f(\theta),
\tag{5.150}
$$

el que es pequeño debido a la forma y características de la función $W(\omega)$ y a que $\int_{-\pi}^{\pi} W(x)dx = 1$.

5.10. Estimadores Particulares del Espectro

En esta sección presentamos y analizamos algunas propuestas específicas de estimadores de la densidad espectral. No hacemos una presentación exhaustiva de todos los estimadores sugeridos, solamente vemos un grupo de ellos que a nuestro entender constituye un conjunto con propiedades y rasgos los suficientemente amplios como para ser considerado básico, de tal manera que su estudio permite comprender cualquier otro estimador particular.

5.10.1. Estimador de Daniell

Fue propuesto por Daniell (1946) durante la discusión de un trabajo presentado por Bartlett (1946) en una reunión de The Royal Statistical Society. Consiste simplemente en

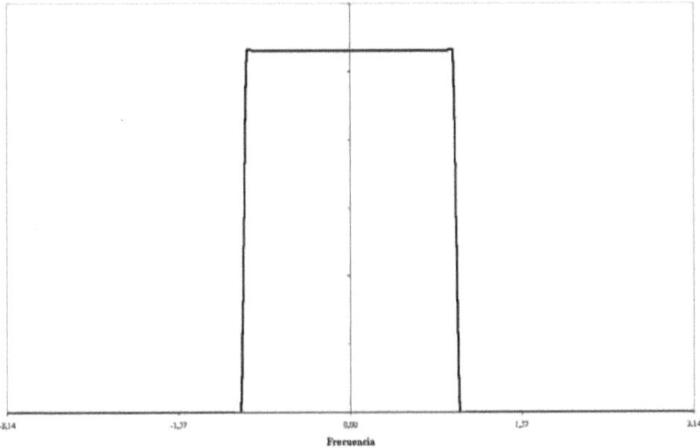

Figura 5.5: Ventana espectral de Daniell

promediar $I(\omega_j)$ dentro de una banda de frecuencia de ancho igual a $2\pi b$ y alrededor de ω, donde b es "pequeño". Así,

$$W(\varphi) = \begin{cases} \frac{1}{2\pi b}, & |\varphi| \leqslant \pi b, \\ 0, & |\varphi| > \pi b. \end{cases} \tag{5.151}$$

Esto implica que la ventana espectral $W(\varphi)$ es rectangular, como se observa en la Figura 5.5.

La ventana de los rezagos es, en este caso,

$$\begin{aligned}
k_s &= \int_{-\pi b}^{\pi b} \frac{e^{is\varphi}}{2\pi b} d\varphi = \frac{1}{2\pi b}\frac{1}{is}\left(e^{is\pi b} - e^{-is\pi b}\right) \\
&= \frac{\text{sen}\,(\pi bs)}{\pi bs}, \quad s = 0, 1, 2, \ldots .
\end{aligned} \tag{5.152}$$

El gráfico de esta función es una curva sinusoidal suave que tiende a cero rápidamente. La Figura 5.6 muestra el gráfico de esta función tomada como continua para todo s real y positivo.

Esta ventana de los rezagos dada en (5.152) usa todas las c_s's para el cálculo de la estimación del espectro. A pesar que la ventana espectral tiene la forma ideal, o sea la rectangular, antes se consideraba poco práctica debido a que necesita el cálculo de todas las c_s's o las $I(\omega_j)$'s, cuando deseamos estimar $f(\omega)$ para todo valor de ω. Hoy en día el cálculo es muy fácil, particularmente con la Transformada Rápida de Fourier (Fast Fourier Transform) la que será tratada en §5.13.

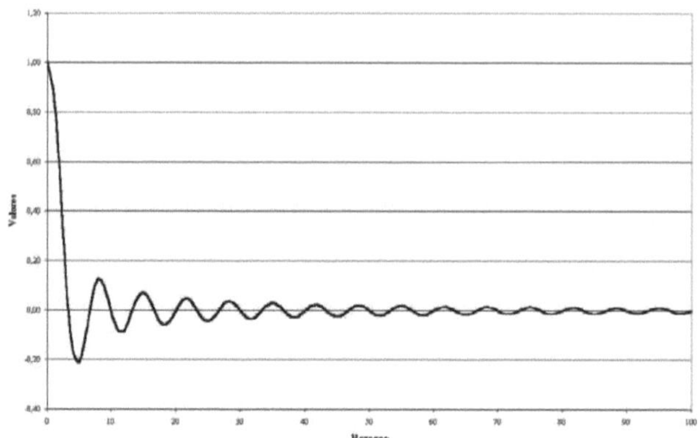

Figura 5.6: Ventana de los rezagos de Daniell tomada como continua para todo s real y positivo

5.10.2. Estimador truncado

Supongamos que reemplazamos los c_s's por 0 para $|s| > m$. Esto implica menores cálculos. Entonces

$$\widehat{f}(\omega) = \frac{1}{2\pi} \sum_{s=-m}^{m} c_s\, e^{is\omega}, \tag{5.153}$$

de esto se sigue que

$$k_s = \begin{cases} 1, & |s| \leqslant m, \\ 0, & |s| > m. \end{cases} \tag{5.154}$$

Lo que implica que

$$\begin{aligned} W(\varphi) &= \frac{1}{2\pi} \sum_{s=-m}^{m} e^{is\varphi} = \frac{1}{2\pi} e^{-im\varphi} \frac{1 - e^{i(2m+1)\varphi}}{1 - e^{i\varphi}} \\ &= \frac{1}{2\pi} \frac{e^{i(m+\frac{1}{2})\varphi} - e^{-i(m+\frac{1}{2})\varphi}}{e^{i\frac{\varphi}{2}} - e^{-i\frac{\varphi}{2}}} = \frac{1}{2\pi} \frac{\operatorname{sen}\left(m + \frac{1}{2}\right)\varphi}{\operatorname{sen}\left(\frac{\varphi}{2}\right)}. \end{aligned} \tag{5.155}$$

En la Figura 5.7 se presenta la ventana espectral definida en (5.155). Se observa que tiene un lóbulo principal positivo pero también tiene un lóbulo secundario negativo (y así sucesivamente) lo que produce, en muchos casos, estimaciones no satisfactorias.

5.10.3. Estimador de Bartlett

Fue propuesto por Bartlett (1950). Este estimador elimina el lóbulo negativo de la ventana espectral del estimador truncado visto anteriormente. Se tiene en este caso que

$$k_s = \begin{cases} 1 - \frac{|s|}{m}, & |s| \leqslant m, \\ 0, & |s| > m. \end{cases} \tag{5.156}$$

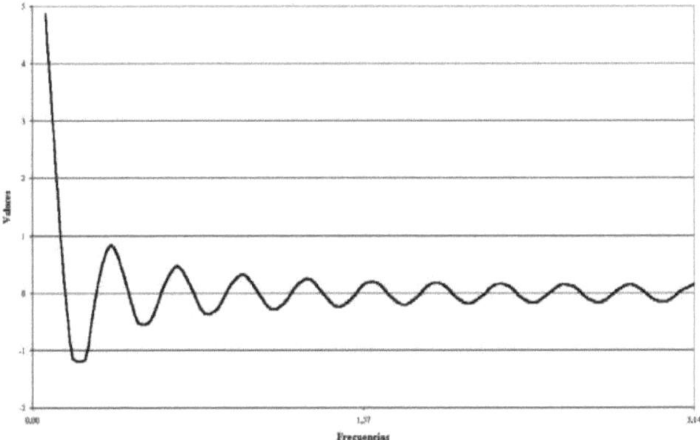

Figura 5.7: Ventana espectral del estimador truncado

Entonces

$$W(\varphi) = \frac{1}{2\pi} \frac{\operatorname{sen}^2\left(\frac{m\varphi}{2}\right)}{m \operatorname{sen}^2\left(\frac{\varphi}{2}\right)} \geqslant 0. \tag{5.157}$$

Bartlett obtuvo este estimador dividiendo la serie de longitud n en $\frac{n}{m}$ segmentos de longitud m y luego considerando el promedio de los $I(\omega)$'s sobre estos $\frac{n}{m}$ segmentos. Mayores detalles sobre la forma en que Bartlett obtuvo este estimador se darán en el Capítulo 6.

Bartlett logró una ventana espectral, dada en (5.157), no negativa que tiende a morir (tiende a cero) más rápidamente que la ventana correspondiente a la estimación truncada; pero no muere lo suficientemente rápido.

5.10.4. Estimador de Parzen

Este estimador fue propuesto por Parzen (1961). Se usa mucho hoy en día debido a la gran facilidad de cálculo con computadoras. El estimador es

$$\widehat{f}(\omega) = \frac{1}{2\pi} \sum_{s=1-n}^{n-1} k_s c_s \cos(s\omega), \tag{5.158}$$

con

$$k_s = \begin{cases} 1 - 6\left(\frac{s}{m}\right)^2 + 6\left|\frac{s}{m}\right|^3, & \left|\frac{s}{m}\right| \leq \frac{1}{2}, \\ 2\left(1 - \left|\frac{s}{m}\right|\right)^3, & \frac{1}{2} \leq \left|\frac{s}{m}\right| \leq 1, \\ 0, & \left|\frac{s}{m}\right| > 1. \end{cases} \tag{5.159}$$

Originalmente Parzen propuso que m debe ser par. En este estimador m cumple una función de truncado similar a lo que sucede en los estimadores anteriores. La función que es $1 - 6y^2 + 6|y|^3$ para $|y| \leq \frac{1}{2}$, $2(1 - |y|^3)$ para $\frac{1}{2} \leq |y| \leq 1$, y 0 para $1 \leq |y|$ es proporcional a la función de densidad de la media de cuatro observaciones de una distribución uniforme en el intervalo -1 a 1.

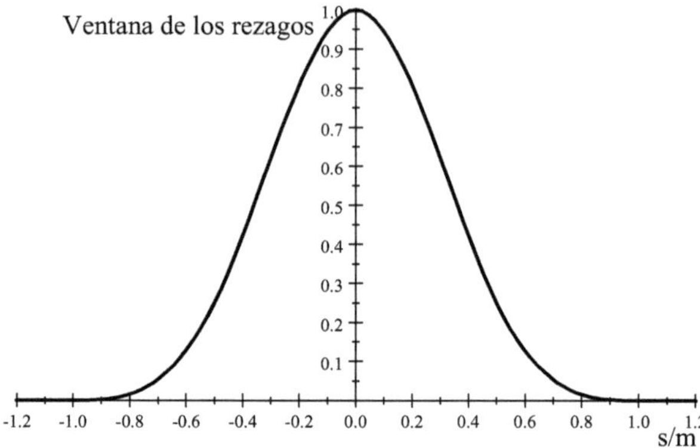

Figura 5.8: Ventana de los rezagos de Parzen

En la Figura 5.8 se grafica la ventana de los rezagos de Parzen mostrada en la ecuación (5.159). Debe notarse que la gráfica es continua para $\frac{s}{m}$ ya que de esa forma se observa con más claridad sus características.

5.10.5. Consideraciones generales

Otras ventanas y por consiguiente otros estimadores de la densidad espectral fueron desarrollados, tales como los conocidos como Hanning y Hamming, propuestos ambos por Blackman y Tukey (1959), otro estimador de Parzen (1957), etc., cuyas ventanas mueren rápidamente. En muchos casos se suele estar satisfecho con la estimación de Daniell, en particular cuando n es grande. En este caso se puede usar la Transformada Rápida de Fourier para agilizar los cálculos. El paquete STAMP usa la estimación de Parzen dada anteriormente.

Debe notarse que en la práctica solamente estimamos $f_+(\omega)$, $0 \leqslant \omega \leqslant \pi$.

Con respecto a la distribución de la densidad espectral estimada, la misma será analizada en el próximo capítulo pero solamente en lo concerniente a los fines inferenciales y de acuerdo a las necesidades de ciertos tests allí estudiados. De cualquier manera, Abril (1987) obtuvo la densidad aproximada de formas cuadráticas de variables aleatorias estacionarias. A partir de esos resultados es posible lograr aproximaciones a las densidades de las autocovarianzas muestrales y de la densidad espectral muestral.

5.10.6. Ejemplo

Continuando con el análisis de la serie presentada en los ejemplos del Capítulo anterior, que consiste en el número, expresado en miles, de pasajeros transportados internacionalmente por las empresas aéreas para cada mes desde Enero de 1949 hasta Diciembre de 1960, vamos a mostrar las estimaciones del periodograma y de la densidad espectral usando el estimador

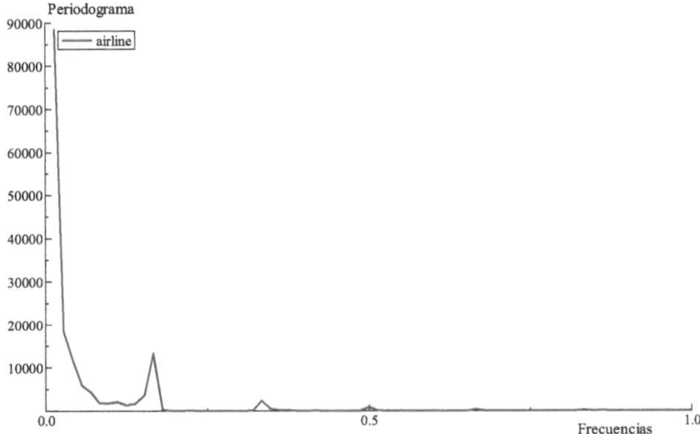

Figura 5.9: Periodograma de la serie que consiste en el número, expresado en miles, de pasajeros transportados internacionalmente por las empresas aéreas para cada mes desde Enero de 1949 hasta Diciembre de 1960

de Parzen que provee el paquete *StructuralTime Series Analyser, Modeler and Predictor* (STAMP), versión 8.2, desarrollado por Koopman, Harvey, Doornik y Shephard (2009).

En la Figura 5.9 se muestra el periodograma de la serie del número, expresado en miles, de pasajeros transportados internacionalmente por las empresas aéreas para cada mes desde Enero de 1949 hasta Diciembre de 1960 y en la Figura 5.10 la densidad espectral estimada de la misma serie. Como se dijo anteriormente, el periodograma no es un buen estimador de la densidad espectral, por eso aqui solamente se muestra su forma pero el análisis se hace usando la estimación consistente de esta densidad. En ambas figuras se observa una importante presencia de componentes de baja frecuencia, los que corresponden a la tendencia. Se debe acarar que las frecuencias están definidas en el intervalo $[0, \pi]$ pero el programa las divide en π, por lo tanto en los gráficos las mismas están en el intervalo $[0, 1]$.

La Figura 5.11 muestra la densidad espectral estimada del logaritmo de la serie bajo estidio. Como se observa, esta Figura no difiere significativamente de la Figura 5.10 ya que la operación de tomar logaritmos de la serie solamente estabilizó la varianza de la misma, pero no produjo transformaciones significativas en el dominio de las frecuencias de la serie. Por lo tanto, la presencia de la tendencia sigue siendo dominante en la serie.

La Figura 5.12 muestra la densidad espectral estimada de las primeras diferencias del logaritmo de la serie bajo estudio. Como se recordará en §4.6.1 del Capítulo anterior, al tomar primeras diferencias del logaritmo de la serie se elimina la tendencia quedando el componente estación. Este componente es claramente observado en los picos de la densidad espectral mostrada en la Figura 5.12. Dichos picos suceden en las frecuencias estacionales que son $\frac{\pi}{6}, \frac{2\pi}{6}, \frac{3\pi}{6}, \frac{4\pi}{6}, \frac{5\pi}{6}$ y π, o sea en $\frac{\pi}{6}$ y sus armónicos. Recuerdese que el programa divide a las frecuencias en π, por lo tanto en nuestros gráficos las frecuencias estacionales son iguales a $\frac{1}{6}, \frac{2}{6}, \frac{3}{6}, \frac{4}{6}, \frac{5}{6}$ y 1.

La Figura 5.13 muestra la densidad espectral estimada de las diferencias de orden doce

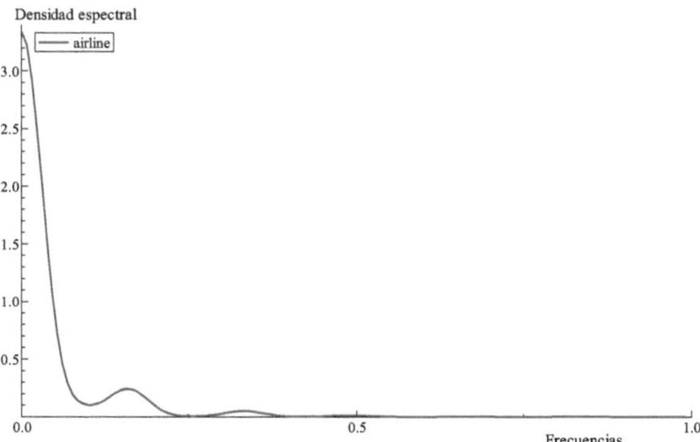

Figura 5.10: Densidad espectral estimada de la serie que consiste en el número, expresado en miles, de pasajeros transportados internacionalmente por las empresas aéreas para cada mes desde Enero de 1949 hasta Diciembre de 1960

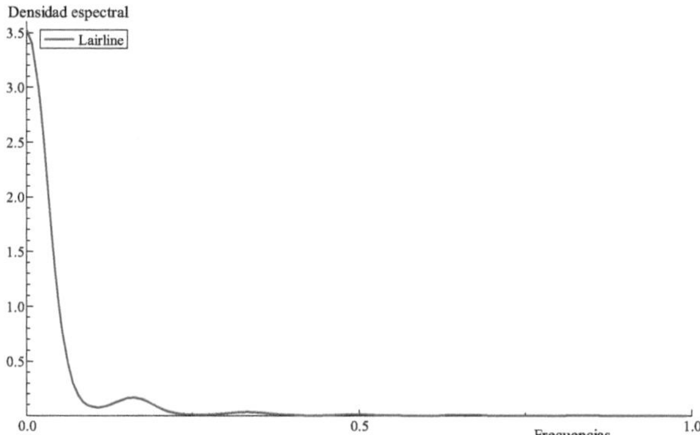

Figura 5.11: Densidad espectral estimada del logaritmo de la serie que consiste en el número, expresado en miles, de pasajeros transportados internacionalmente por las empresas aéreas para cada mes desde Enero de 1949 hasta Diciembre de 1960

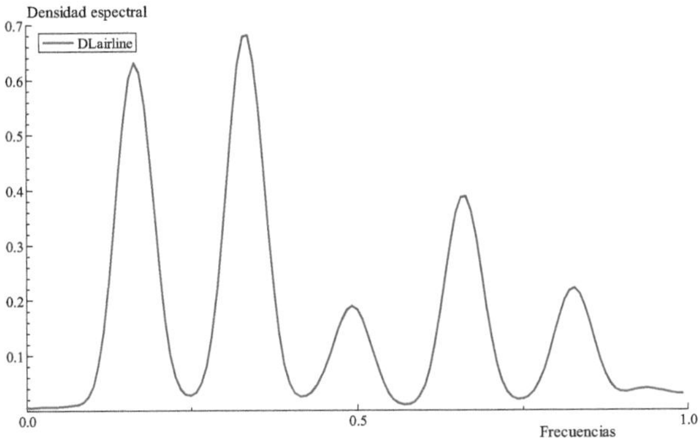

Figura 5.12: Densidad espectral estimada de las primeras diferencias del logaritmo de la serie que consiste en el número, expresado en miles, de pasajeros transportados internacionalmente por las empresas aéreas para cada mes desde Enero de 1949 hasta Diciembre de 1960

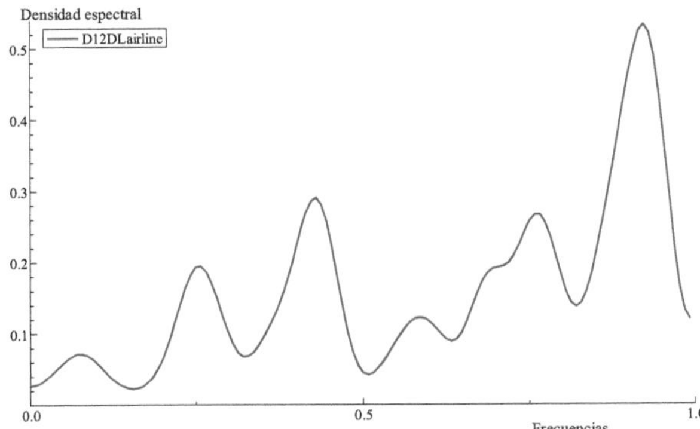

Figura 5.13: Densidad espectral estimada de las diferencias de orden doce de las primeras diferencias del logaritmo de la serie que consiste en el número, expresado en miles, de pasajeros transportados internacionalmente por las empresas aéreas para cada mes desde Enero de 1949 hasta Diciembre de 1960

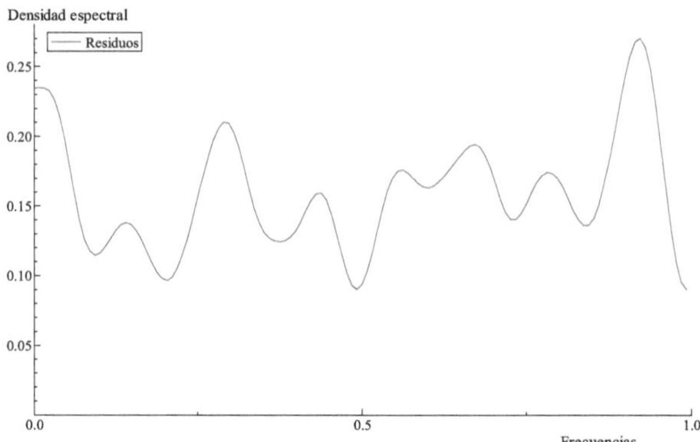

Figura 5.14: Densidad espectral estimada de los resíduos de entre la serie de los logaritmos, diferenciada (primeras diferencias y diferencias de orden 12) y corregida por media de pasajeros transportados internacionalmente y el modelo estimado en §4.8.1 del Capítulo 4

de las primeras diferencias del logaritmo de la serie bajo estudio. De acuerdo al enfoque de Box-Jenkins desarrollado en el Capítulo anterior, esta serie ya sería estacionaria, por lo tanto se le puede estimar un modelo de tipo ARMA, lo que efentivamente se hace en §4.8.1 del Capítulo 4. Posteriormente, en esa misma sección de ese Capítulo se calculan los resíduos de entre la serie de los logaritmos, diferenciada (primeras diferencias y diferencias de orden 12) y corregida por media de pasajeros transportados internacionalmente y el modelo estimado. La densidad espectral estimada de esos resíduos se muestra en la Figura 5.14. Esta densidad correspondería a la estimación del espectro de un ruido blanco o proceso ortogonal, lo que si parece ser el caso ya que si bien la gráfica no es una recta horizontal como corresponde a la densidad espectral de un proceso ortogonal, pero debido a que la escala de las fluctuaciones es muy pequeña y a las características propias de una estimación espectral se puede afirmar que no difiere significativamente del espectro de un proceso ortogonal.∎

5.11. Estimación ARMA del espectro

Supongamos que la serie de tiempo $\{y_t\}$ satisface un proceso ARMA(k, h) de la forma

$$y_t + \alpha_1 y_{t-1} + \cdots + \alpha_k y_{t-k} = \varepsilon_t + \beta_1 \varepsilon_{t-1} + \beta_2 \varepsilon_{t-2} + \cdots + \beta_h \varepsilon_{t-h}, \tag{5.160}$$

donde ε_t es un proceso ortogonal con varianza σ^2. En el Capítulo 8 se vio que la densidad espectral del proceso $\{y_t\}$ que satisface (5.160) es

$$f(\lambda) = \frac{\sigma^2}{2\pi} \frac{\left(\sum_{j=0}^{h} \beta_j \, \mathrm{e}^{i\lambda j}\right)\left(\sum_{j=0}^{h} \beta_j \, \mathrm{e}^{-i\lambda j}\right)}{\left(\sum_{j=0}^{k} \alpha_j \, \mathrm{e}^{i\lambda j}\right)\left(\sum_{j=0}^{k} \alpha_j \, \mathrm{e}^{-i\lambda j}\right)} = \frac{\sigma^2}{2\pi} \frac{\left|\sum_{j=0}^{h} \beta_j \, \mathrm{e}^{i\lambda j}\right|^2}{\left|\sum_{j=0}^{k} \alpha_j \, \mathrm{e}^{i\lambda j}\right|}, \tag{5.161}$$

con $\alpha_0 = \beta_0 = 1$.

Dada una muestra $y_1, \ldots, y_n$, queremos estimar la función de densidad espectral del proceso $\{y_t\}$ definida en (5.161). Una forma alternativa a la no paramétrica descripta en las secciones anteriores es procediendo mediante un enfoque paramétrico. Esto es, primero se estiman los parámetros $\alpha_1, \ldots, \alpha_k$, $\beta_1, \ldots, \beta_h$ y σ^2 mediante la aplicación de la metodología presentada en el Capítulo 5, lográndose los estimadores $a_1, \ldots, a_k$, $b_1, \ldots, b_h$ y $\widehat{\sigma}^2$ respectivamente. Luego se aplican esos estimadores a la fórmula (5.161), lográndose el estimador paramétrico de la densidad espectral

$$\widehat{f}(\lambda) = \frac{\widehat{\sigma}^2}{2\pi} \frac{\left(\sum_{j=0}^{h} b_j \, \mathrm{e}^{i\lambda j}\right)\left(\sum_{j=0}^{h} b_j \, \mathrm{e}^{-i\lambda j}\right)}{\left(\sum_{j=0}^{k} a_j \, \mathrm{e}^{i\lambda j}\right)\left(\sum_{j=0}^{k} a_j \, \mathrm{e}^{-i\lambda j}\right)} = \frac{\widehat{\sigma}^2}{2\pi} \frac{\left|\sum_{j=0}^{h} b_j \, \mathrm{e}^{i\lambda j}\right|^2}{\left|\sum_{j=0}^{k} a_j \, \mathrm{e}^{i\lambda j}\right|}. \tag{5.162}$$

con $a_0 = b_0 = 1$.

Las propiedades asintóticas del estimador definido en (5.162) dependen de las propiedades asintóticas de los estimadores $a_1, \ldots, a_k$, $b_1, \ldots, b_h$ y $\widehat{\sigma}^2$. Así, si estos últimos estimadores son "buenos" en algún sentido, la densidad definida en (5.162) es "buena", de otra manera no lo será.

5.12. Estimación de la distribución espectral

En esta sección discutimos el problema de estimar la función de distribución espectral. Lo hacemos aquí y no en otro capítulo separado pues, por su sencillez y simpleza no amerita hacerlo de otra manera.

Queremos estimar

$$F_+(\omega) = \int_0^{\omega} f_+(\lambda)d\lambda. \tag{5.163}$$

Sea $p = \left[\frac{\omega n}{2\pi}\right]$ el número (entero) de valores de $\omega_j = \frac{2\pi j}{n}$ que hay en $(0, \omega]$. Así, tomemos

$$\widehat{F}_+(\omega) = \frac{4\pi}{n} \sum_{j=1}^{p} I(\omega_j). \tag{5.164}$$

Entonces

$$E\left[\widehat{F}_+(\omega)\right] \approx \frac{4\pi}{n} \sum_{j=1}^{p} f(\omega_j) = \frac{2\pi}{n} \sum_{j=1}^{p} f_+(\omega_j) \approx \int_0^{\omega} f_+(\lambda)d\lambda = F_+(\omega). \tag{5.165}$$

$$
\begin{aligned}
V\left[\widehat{F}_+(\omega)\right] &= \frac{16\pi^2}{n^2}\left[\sum_{j=1}^{p} f^2(\omega_j) + \frac{\kappa_4}{n\sigma^4}\left(\sum_{j=1}^{p} f(\omega_j)\right)^2\right] \\
&\approx \frac{8\pi}{n}\left[\int_0^{\omega} f^2(\lambda)d\lambda + \frac{\kappa_4}{2\pi\sigma^4}\left(\int_0^{\omega} f(\lambda)d\lambda\right)^2\right] \\
&= O\left(\frac{1}{n}\right).
\end{aligned}
\tag{5.166}
$$

Esto implica que $\widehat{F}_+(\omega)$ es un estimador consistente de $F_+(\omega)$, cosa que no sucede con $I(\omega)$ como estimador de $f(\omega)$. Lo anterior está basado en que

$$
V\left[I(\omega_j)\right] \approx f^2(\omega_j)\left[1 + \frac{\kappa_4}{n\sigma^4}\right],
$$

y

$$
\mathrm{cov}\left[I(\omega_i), I(\omega_j)\right] \approx \frac{f(\omega_i)f(\omega_j)\kappa_4}{n\sigma^4}.
$$

5.13. Transformada rápida de Fourier

Antes de aproximadamente el año 1965, la forma estándar de calcular la estimación de la densidad espectral fue a través del uso de (5.141), o sea como un promedio ponderado de las autocovarianzas muestrales c_s's. El grueso de esos cálculos estaba en el cómputo de los c_s's, y consecuentemente era la costumbre usar una ventana de los rezagos del tipo truncada (como la correspondiente al estimador truncado o al de Bartlett), de tal manera que solamente m (sustancialmente menor que $n-1$) autocovarianzas muestrales eran necesarias. Sin embargo, la introducción por parte de Cooley y Tukey (1965) del algoritmo de la *transformada rápida de Fourier* (*"fast Fourier transform"* o FFT) virtualmente revolucionó los aspectos computacionales del análisis espectral. Este algoritmo provee técnicas numéricas generales para computar transformadas de Fourier finitas de manera extremadamente rápida y eficiente, y aunque tiene un amplio campo de aplicaciones fuera del contexto del análisis espectral, es particularmente adecuado para los cómputos de las estimaciones espectrales. Usando este algoritmo se puede fácilmente calcular el periodograma directamente a partir de los datos, luego las autocovarianzas muestrales y la estimación de la densidad espectral. Sucede que este método es mucho más eficiente (en términos de tiempo de computación) que cualquier otro, inclusive aquellos que se basan en estimadores truncados, y hoy en día es el método estándar usado por los paquetes de computación que incluyen análisis espectral.

Supongamos que tenemos observaciones $y_1, \ldots, y_n$ de una serie de tiempo y queremos calcular $I(\omega_j)$ sobre el recorrido completo $-\pi < \omega_j \leqslant \pi$, donde $\omega_j = \frac{2\pi j}{n}$. Esto involucra el cálculo de la suma

$$
d_j = \sum_{t=1}^{n} y_t\, e^{i\omega_j t}, \qquad j = -\left[\frac{n-1}{2}\right], \ldots, \left[\frac{n}{2}\right],
\tag{5.167}
$$

debido a que

$$
I(\omega_j) = \frac{1}{2\pi n}\left|d_j\right|^2,
$$

y donde $[x]$ es la parte entera de x.

Poniendo $y_0 = y_n$ obtenemos la forma más conveniente

$$d_j = \sum_{t=0}^{n-1} y_t \, e^{\frac{2\pi ijt}{n}}, \tag{5.168}$$

y podemos tomar el dominio de j como $0, 1, \ldots, n-1$ debido a que d_j es periódica con período n.

Ahora supongamos que $n = rs$ donde r, s son enteros. Entonces t puede escribirse en la forma $t = rp + q$, $p = 0, \ldots, s-1$, $q = 0, \ldots, r-1$. Así tenemos

$$d_j = \sum_{p=0}^{s-1} \sum_{q=0}^{r-1} y_{rp+q} \, e^{\frac{2\pi ij(rp+q)}{n}}. \tag{5.169}$$

Sin embargo $\frac{r}{n} = \frac{1}{s}$, consecuentemente

$$e^{\frac{2\pi ij(rp+q)}{n}} = e^{\frac{2\pi ijp}{s}} \, e^{\frac{2\pi ijq}{n}}. \tag{5.170}$$

Por consiguiente tenemos

$$d_j = \sum_{q=0}^{r-1} b_{jq} \, e^{\frac{2\pi ijq}{n}}, \tag{5.171}$$

donde

$$b_{jq} = \sum_{p=0}^{s-1} y_{rp+q} \, e^{\frac{2\pi ijp}{s}}, \tag{5.172}$$

Por lo tanto d_j puede calcularse en dos etapas. Primero calcular b_{jq} a partir de (5.172) y luego d_j usando (5.171). El algoritmo es eficiente puesto que (5.172) define una función que es periódica con período s para cada q, de modo que

$$b_{jq} = b_{j+\ell s, q} \text{ para } \ell = 1, \ldots, r-1. \tag{5.173}$$

Así, calculamos (5.172) para cada q y cada $j = 0, \ldots, s-1$, y entonces obtenemos los valores de b_{jq} para $j = s, \ldots, n-1$ a partir de (5.173). Esto reduce el número de operaciones de ns a s^2 para cada q. De ese modo, para calcular b_{jq} para todo j, q se requieren rs^2 operaciones. Además, (5.171) requiere r operaciones para cada j, o sea nr en total. El número total de operaciones es, de esta manera, $rs^2 + nr = n(r+s)$. Esto hay que compararlo con las n^2 operaciones para el cálculo directo de (5.168).

Supongamos ahora que $n = r_1 r_2 \cdots r_k$ es la representación de n como el producto de números primos. Podemos entonces usar la descomposición anterior k veces para obtener un algoritmo muy eficiente. En particular, si $n = 2^k$ entonces el número de operaciones es del orden de $2kn$ lo cual es del orden de $n \log n$. Esta es la forma de n usada con mayor frecuencia. Agregando el número apropiado de ceros al final de los datos todo tamaño muestral puede ser puesto de esta forma. No obstante, para n grande la distancia entre dos potencias sucesivas de 2 es bastante grande, lo cual reduce las ventajas del método. En consecuencia, algoritmos que usan potencias de 3, 5, etc. son frecuentemente usados.

5.13.1. Cálculo de las autocovarianzas muestrales mediante la transformada rápida de Fourier

Tenemos que

$$I(\lambda_j) = \frac{1}{2\pi} \sum_{r=1-n}^{n-1} c_r \, e^{ir\lambda_j}, \tag{5.174}$$

donde

$$c_r = \frac{1}{n} \sum_{t=1}^{n-|r|} y_t y_{t+|r|}, \qquad \lambda_j = \frac{2\pi j}{2n-1}. \tag{5.175}$$

Así

$$\sum_{j=1-n}^{n-1} I(\lambda_j) \, e^{-is\lambda_j} = \frac{1}{2\pi} \sum_{r=1-n}^{n-1} c_r \sum_{j=1-n}^{n-1} e^{i(r-s)\lambda_j} = \frac{2n-1}{2\pi} c_s, \tag{5.176}$$

lo que implica que

$$c_s = \frac{2\pi}{2n-1} \sum_{j=1-n}^{n-1} I(\lambda_j) \, e^{-is\lambda_j}. \tag{5.177}$$

Consecuentemente podemos obtener $I(\lambda_j)$ mediante la transformada rápida de Fourier y c_s para $s = 0, 1, \ldots, n-1$ a partir de (5.177).

Este método requiere sustancialmente menos tiempo de cómputo para el cálculo de todos o de una porción importante de los c_r's. Nótese que la técnica anterior requiere el cálculo en los valores $\frac{2\pi j}{2n-1}$ mientras que la transformada rápida de Fourier normalmente calcula para $\omega_j = \frac{2\pi j}{n}$. Si queremos seguir este último método, podemos hacerlo fácilmente aumentando los valores de $y_1, \ldots, y_n$ con $n-1$ ceros para que nos de $n' = 2n - 1$ valores y luego calcular en $\frac{2\pi j}{n'}$.

Aún para estimaciones de la densidad espectral basadas en el truncado del correlograma lo dado anteriormente es menos costoso asintóticamente que el cómputo directo de los productos rezagados.

Capítulo 6

Estimación y Tests en las Frecuencias

6.1. Introducción

En este capítulo suponemos que tenemos observaciones $y_1, \ldots, y_n$ de una serie de tiempo estacionaria. En particular suponemos que conocemos todo el proceso generador de esa serie excepto los parámetros, y nuestro interés es estimar esos parámetros, pero a diferencia de lo visto anteriormente, nuestro interés es efectuar la estimación en el dominio de las frecuencias. Por ejemplo, podemos saber que las observaciones $y_1, \ldots, y_n$ han sido generadas por el siguiente proceso ARMA(k, h)

$$y_t + \alpha_1 y_{t-1} + \cdots + \alpha_k y_{t-k} = \varepsilon_t + \beta_1 \varepsilon_{t-1} + \beta_2 \varepsilon_{t-2} + \cdots + \beta_h \varepsilon_{t-h}, \qquad (6.1)$$

donde los ε_t's son independientes $N(0, \sigma^2)$ y conocemos los valores de k y h. Entonces, nuestro interés es lograr estimadores en el dominio de las frecuencias y con buenas propiedades estadísticas de los parámetros $\alpha_1, \ldots, \alpha_k, \beta_1, \ldots, \beta_h$ y σ^2.

En el Capítulo 3 vimos que los procesos ARMA son adecuados para representar a las series de tiempo estacionarias. Ello implica el conocimiento del orden de ese proceso, o sea el conocimiento de k y h en la presente notación. Ahora bien, en este capítulo presuponemos que sabemos cuales son los valores de k y h, aunque en situaciones prácticas ellos son desconocidos y deben ser determinados. La forma de determinar estos valores fue tratada en el Capítulo 4, particularmente en la sección en donde se analiza el proceso de identificación del modelo.

En las secciones siguientes de este capítulo presentamos la estimación en el dominio de las frecuencias de los parámetros de procesos estacionarios en general y como casos particulares nos referiremos a los modelos ARMA estacionarios.

6.2. Estimación en procesos estacionarios

Supongamos que tenemos una muestra $y_1, \ldots, y_n$, la que tiene distribución conjunta $N(\mathbf{0}, \boldsymbol{\Gamma})$, esto es

$$dP = \frac{|\boldsymbol{\Gamma}|^{-1/2}}{(2\pi)^{n/2}}\, e^{-\frac{1}{2}\mathbf{y}'\boldsymbol{\Gamma}^{-1}\mathbf{y}}\, dy_1 \cdots dy_n, \qquad (6.2)$$

donde $\mathbf{y} = (y_1, \ldots, y_n)'$ y queremos estimar los parámetros de esta distribución.

Para llevar las variables al dominio de las frecuencias, hagamos una transformación de Fourier de la siguiente manera,

$$
\begin{aligned}
z_0 &= \sqrt{n}\,\overline{y}, \\
z_{2j-1} &= \sqrt{\frac{2}{n}} \sum_{t=1}^{n} y_t \cos \frac{2\pi j t}{n}, \\
z_{2j} &= \sqrt{\frac{2}{n}} \sum_{t=1}^{n} y_t \operatorname{sen} \frac{2\pi j t}{n},
\end{aligned}
\tag{6.3}
$$

con $\overline{y} = n^{-1} \sum_{t=1}^{n} y_t$, para $j = 1, 2, \dots, \left[\frac{n}{2}\right]$, n se supone, sin pérdida de generalidad, impar y $[x]$ significa la parte entera de x.

Como vimos anteriormente, los eigenvalores de $\mathbf{\Gamma}$ son, asintóticamente, $2\pi f(\omega_r)$ Entonces $|\mathbf{\Gamma}| = \prod_{r=0}^{n-1} 2\pi f(\omega_r)$, asintóticamente, con $\omega_r = \frac{2\pi j}{n}$ si $r = 2j-1$ o $r = 2j$, $j = 1, 2, \dots, \left[\frac{n}{2}\right]$.

Por lo tanto, el logaritmo de la verosimilitud es

$$
\log L \approx -\frac{n}{2} \log 2\pi - \frac{1}{2} \sum_{r=0}^{n-1} \log 2\pi f(\omega_r) - \frac{1}{4\pi} \sum_{r=0}^{n-1} \frac{z_r^2}{f(\omega_r)}.
\tag{6.4}
$$

En situaciones prácticas, se suele eliminar la media, por lo tanto z_0 desaparece de (6.4). Además, recordando que

$$
p_j = z_{2j-1}^2 + z_{2j}^2 = a_j^2 + b_j^2,
\tag{6.5}
$$

podemos escribir el logaritmo de la verosimilitud para variables ajustadas por media como

$$
\log L \approx -\frac{n}{2} \log 2\pi - \frac{1}{2} \sum_{r=0}^{n-1} \log 2\pi f(\omega_r) - \frac{1}{4\pi} \sum_{j=1}^{m} \frac{p_j}{f(\omega_j)},
\tag{6.6}
$$

con $\omega_j = \frac{2\pi j}{n}$, $m = \left[\frac{n}{2}\right]$.

6.2.1. Ejemplo

Cuando el proceso y_t sigue un modelos ARMA de la forma (6.1) se puede mostrar que el término $\sum_{r=0}^{n-1} \log 2\pi f(\omega_r) = O(1)$ de (6.6). También sabemos que

$$
f(\omega_j) = \frac{\sigma^2}{2\pi} \left| \frac{\sum_{r=0}^{h} \beta_r\, e^{i\omega_j r}}{\sum_{r=0}^{k} \alpha_r\, e^{i\omega_j r}} \right|^2 .
\tag{6.7}
$$

Entonces, los estimadores por máxima verosimilitud de $\alpha_1, \dots, \alpha_k, \beta_1, \dots, \beta_h$ son asintóticamente equivalentes a los que se obtienen al maximizar

$$
S = \sum_{j=1}^{m} p_j \left| \frac{\sum_{r=0}^{k} \alpha_r\, e^{i\omega_j r}}{\sum_{r=0}^{h} \beta_r\, e^{i\omega_j r}} \right|^2
\tag{6.8}
$$

con respecto a los α_r's y los β_r's. Esto es una forma más explícita que el método en el dominio del tiempo analizado en el Capítulo 4. ∎

Regresemos al proceso estacionario general $\mathbf{y} = (y_1, \ldots, y_n)'$. Los primeros dos términos de $\log L$ en (6.6) son, poniendo $d\lambda = \frac{2\pi}{n}$,

$$-\frac{n}{2}\log 2\pi - \frac{1}{2}\sum_{r=0}^{n-1}\log\{2\pi f(\omega_r)\} \approx -\frac{n}{2}\log 2\pi - \frac{n}{4\pi}\int_{-\pi}^{\pi}\log\{2\pi f(\lambda)\}d\lambda. \tag{6.9}$$

Supongamos que podemos aproximar el proceso $\{y_t\}$ suficientemente bien mediante una autorregresión de orden alto. En ese caso podemos escribir

$$y_t + \alpha_1 y_{t-1} + \cdots + \alpha_{k^*} y_{t-k^*} = \varepsilon_t, \tag{6.10}$$

con $V(\varepsilon_t) = \sigma^2$. Entonces, la verosimilitud L es aproximadamente igual a

$$L \approx \frac{1}{(2\pi\sigma^2)^{n/2}}\, e^{-\frac{1}{2\sigma^2}\sum_t (y_t + \alpha_1 y_{t-1} + \cdots + \alpha_{k^*} y_{t-k^*})^2}, \tag{6.11}$$

y el logaritmo es

$$\log L \approx -\frac{n}{2}\log 2\pi - \frac{n}{2}\log\sigma^2 - \frac{1}{2\sigma^2}\sum_t (y_t + \alpha_1 y_{t-1} + \cdots + \alpha_{k^*} y_{t-k^*})^2. \tag{6.12}$$

Comparando (6.9) con (6.12) concluimos que

$$-\frac{n}{2}\log\sigma^2 \approx -\frac{n}{4\pi}\int_{-\pi}^{\pi}\log\{2\pi f(\lambda)\}d\lambda, \tag{6.13}$$

lo que implica que

$$\log\sigma^2 \approx \frac{1}{2\pi}\int_{-\pi}^{\pi}\log\{2\pi f(\lambda)\}d\lambda, \tag{6.14}$$

y a su vez que

$$\sigma^2 \approx \exp\left\{\frac{1}{2\pi}\int_{-\pi}^{\pi}\log\{2\pi f(\lambda)\}d\lambda\right\}. \tag{6.15}$$

Recuérdese que σ^2 es igual a la varianza del error de predicción un paso adelante cuando se está prediciendo y_t dado $y_{t-1}, y_{t-2}, \ldots$.

El resultado (6.15) es la fórmula de Kolmogorov para la varianza, y es válida cuando la densidad espectral del proceso es $f(\lambda) > 0$ para todo λ.

6.2.2. Ejemplo

Supongamos que y_t es ahora un proceso ortogonal o ruido blanco. Entonces, sabemos que $f(\lambda) = \frac{\sigma^2}{2\pi}$, lo que implica que $2\pi f(\lambda) = \sigma^2$. Por otra parte

$$\frac{1}{2\pi}\int_{-\pi}^{\pi}\log\{2\pi f(\lambda)\}d\lambda = \frac{1}{2\pi}\int_{-\pi}^{\pi}\log\sigma^2 d\lambda = \log\sigma^2. \tag{6.16}$$

Entonces (6.15) nos da en este caso

$$\sigma^2 = e^{\log \sigma^2}.$$

Esta última expresión nos indica que, en el caso de un proceso ortogonal o ruido blanco, la fórmula de Kolmogorov es una identidad.∎

Regresemos al problema de estimar los parámetros del proceso generador de la serie de tiempo. Denotemos al conjunto de esos parámetros por $\theta_1, \ldots, \theta_p$. Supongamos que la densidad espectral de la serie puede ser escrita como

$$f(\lambda) = \frac{\sigma^2}{2\pi} g(\lambda, \theta_1, \ldots, \theta_p). \tag{6.17}$$

Por ejemplo, para el modelos ARMA definido en (6.1) se tiene que

$$f(\lambda) = \frac{\sigma^2}{2\pi} \left| \frac{\sum\limits_{r=0}^{h} \beta_r \, e^{i\omega_j r}}{\sum\limits_{r=0}^{k} \alpha_r \, e^{i\omega_j r}} \right|^2, \tag{6.18}$$

lo que nos lleva a ver que los $\theta_1, \ldots, \theta_p$ pueden ser los coeficientes de un modelo ARMA.

Por otra parte, escribiendo $g(\lambda) = g(\lambda, \theta_1, \ldots, \theta_p)$, vemos que

$$\frac{1}{2\pi} \int\limits_{-\pi}^{\pi} \log\{2\pi f(\lambda)\} d\lambda = \frac{1}{2\pi} \int\limits_{-\pi}^{\pi} \left[\log \sigma^2 + \log g(\lambda)\right] d\lambda$$

$$= \log \sigma^2 + \frac{1}{2\pi} \int\limits_{-\pi}^{\pi} \log g(\lambda) d\lambda. \tag{6.19}$$

Lo que implica, utilizando (6.15), que

$$\sigma^2 = \exp\left\{ \log \sigma^2 + \frac{1}{2\pi} \int\limits_{-\pi}^{\pi} \log g(\lambda) d\lambda \right\}. \tag{6.20}$$

A su vez

$$1 = \exp\left\{ \frac{1}{2\pi} \int\limits_{-\pi}^{\pi} \log g(\lambda) d\lambda \right\}, \tag{6.21}$$

y

$$\frac{1}{2\pi} \int\limits_{-\pi}^{\pi} \log g(\lambda) d\lambda = 0. \tag{6.22}$$

El logaritmo de la verosimilitud es, a partir de (6.6), (6.19), (6.20), (6.21) y (6.22), aproximadamente

$$\log L \approx -\frac{n}{2} \log 2\pi - \frac{n}{4\pi} \int\limits_{-\pi}^{\pi} \log\{2\pi f(\lambda)\} d\lambda - \frac{1}{4\pi} \sum\limits_{j=1}^{m} \frac{p_j}{f(\omega_j)}$$

$$\approx -\frac{n}{2} \log(2\pi\sigma^2) - \frac{1}{2\sigma^2} \sum\limits_{j=1}^{m} \frac{p_j}{g_j}, \tag{6.23}$$

con $g_j = g(\omega_j)$ y $\omega_j = \frac{2\pi j}{n}$. Esta última expresión parece ser una forma más natural para el $\log L$.

Sean los operadores

$$\frac{\partial}{\partial \boldsymbol{\theta}} = \begin{bmatrix} \frac{\partial}{\partial \theta_1} \\ \vdots \\ \frac{\partial}{\partial \theta_p} \end{bmatrix}, \ \frac{\partial}{\partial \boldsymbol{\theta'}} = \begin{bmatrix} \frac{\partial}{\partial \theta_1} & \cdots & \frac{\partial}{\partial \theta_p} \end{bmatrix}. \tag{6.24}$$

Entonces

$$\frac{\partial \log L}{\partial \boldsymbol{\theta}} \approx \frac{1}{2\sigma^2} \sum_{j=1}^{m} \frac{p_j}{g_j^2} \frac{\partial g_j}{\partial \boldsymbol{\theta}}, \tag{6.25}$$

igualando a cero y resolviendo para $\boldsymbol{\theta}$ obtenemos el estimador por máxima verosimilitud $\widehat{\boldsymbol{\theta}}$ para $\boldsymbol{\theta}$.

Por otra parte

$$\frac{\partial^2 \log L}{\partial \boldsymbol{\theta} \partial \boldsymbol{\theta'}} \approx \frac{1}{2\sigma^2} \left[\sum_{j=1}^{m} \frac{p_j}{g_j^2} \frac{\partial^2 g_j}{\partial \boldsymbol{\theta} \partial \boldsymbol{\theta'}} - 2 \sum_{j=1}^{m} \frac{p_j}{g_j^3} \frac{\partial g_j}{\partial \boldsymbol{\theta}} \frac{\partial g_j}{\partial \boldsymbol{\theta'}} \right]. \tag{6.26}$$

Sabemos que $p_j = 4\pi I(\omega_j)$ y que $E\left[I(\omega_j)\right] \approx f(\omega_j) = \frac{\sigma^2}{2\pi} g_j$, por lo tanto $E(p_j) \approx 2\sigma^2 g_j$. Así, poniendo $d\lambda = \frac{2\pi}{n}$, tenemos

$$\begin{aligned} E\left(\frac{\partial^2 \log L}{\partial \boldsymbol{\theta} \partial \boldsymbol{\theta'}}\right) &\approx \sum_{j=1}^{m} \frac{1}{g_j} \frac{\partial^2 g_j}{\partial \boldsymbol{\theta} \partial \boldsymbol{\theta'}} - 2 \sum_{j=1}^{m} \frac{1}{g_j^2} \frac{\partial g_j}{\partial \boldsymbol{\theta}} \frac{\partial g_j}{\partial \boldsymbol{\theta'}} \\ &\approx \frac{n}{2\pi} \left[\int_0^\pi \frac{1}{g(\lambda)} \frac{\partial^2 g(\lambda)}{\partial \boldsymbol{\theta} \partial \boldsymbol{\theta'}} d\lambda \right. \\ &\quad \left. - 2 \int_0^\pi \frac{1}{g^2(\lambda)} \frac{\partial g(\lambda)}{\partial \boldsymbol{\theta}} \frac{\partial g(\lambda)}{\partial \boldsymbol{\theta'}} d\lambda \right]. \end{aligned} \tag{6.27}$$

En consecuencia

$$\begin{aligned} E\left(\frac{\partial^2 \log L}{\partial \boldsymbol{\theta} \partial \boldsymbol{\theta'}}\right) &\approx \frac{n}{4\pi} \left[\int_{-\pi}^\pi \frac{1}{g(\lambda)} \frac{\partial^2 g(\lambda)}{\partial \boldsymbol{\theta} \partial \boldsymbol{\theta'}} d\lambda \right. \\ &\quad \left. - 2 \int_{-\pi}^\pi \frac{1}{g^2(\lambda)} \frac{\partial g(\lambda)}{\partial \boldsymbol{\theta}} \frac{\partial g(\lambda)}{\partial \boldsymbol{\theta'}} d\lambda \right]. \end{aligned} \tag{6.28}$$

Derivando ambos miembros de (6.22) con respecto a $\boldsymbol{\theta}$ obtenemos

$$\int_{-\pi}^\pi \frac{1}{g(\lambda)} \frac{\partial g(\lambda)}{\partial \boldsymbol{\theta}} d\lambda = \int_{-\pi}^\pi \frac{\partial \log g(\lambda)}{\partial \boldsymbol{\theta}} d\lambda = \mathbf{0}. \tag{6.29}$$

Derivando nuevamente (6.29), ahora con respecto a $\boldsymbol{\theta}'$ logramos

$$\int_{-\pi}^{\pi} \frac{1}{g(\lambda)} \frac{\partial^2 g(\lambda)}{\partial \boldsymbol{\theta} \partial \boldsymbol{\theta}'} d\lambda - \int_{-\pi}^{\pi} \frac{1}{g^2(\lambda)} \frac{\partial g(\lambda)}{\partial \boldsymbol{\theta}} \frac{\partial g(\lambda)}{\partial \boldsymbol{\theta}'} d\lambda = \mathbf{0}. \tag{6.30}$$

Entonces, usando (6.30), la fórmula (6.28) queda

$$\begin{aligned}
E\left(\frac{\partial^2 \log L}{\partial \boldsymbol{\theta} \partial \boldsymbol{\theta}'}\right) &\approx -\frac{n}{4\pi} \int_{-\pi}^{\pi} \frac{1}{g(\lambda)} \frac{\partial^2 g(\lambda)}{\partial \boldsymbol{\theta} \partial \boldsymbol{\theta}'} d\lambda \\
&\approx -\frac{n}{4\pi} \int_{-\pi}^{\pi} \frac{1}{g^2(\lambda)} \frac{\partial g(\lambda)}{\partial \boldsymbol{\theta}} \frac{\partial g(\lambda)}{\partial \boldsymbol{\theta}'} d\lambda \\
&\approx -\frac{n}{4\pi} \int_{-\pi}^{\pi} \frac{\partial \log g(\lambda)}{\partial \boldsymbol{\theta}} \frac{\partial \log g(\lambda)}{\partial \boldsymbol{\theta}'} d\lambda.
\end{aligned} \tag{6.31}$$

En (6.23) teníamos que

$$\log L \approx -\frac{n}{2} \log 2\pi - \frac{n}{2} \log \sigma^2 - \frac{1}{2\sigma^2} \sum_{j=1}^{m} \frac{p_j}{g_j}. \tag{6.32}$$

Derivando con respecto a σ^2 tenemos

$$\frac{\partial \log L}{\partial \sigma^2} \approx -\frac{n}{2\sigma^2} + \frac{1}{2\sigma^4} \sum_{j=1}^{m} \frac{p_j}{g_j}. \tag{6.33}$$

Luego de igualar a cero obtenemos el estimador por máxima verosimilitud $\widehat{\sigma}^2$ de σ^2, el que es

$$\widehat{\sigma}^2 = \frac{1}{n} \sum_{j=1}^{m} \frac{p_j}{g_j}. \tag{6.34}$$

Nótese que $\sum_{j=1}^{m} \frac{p_j}{g_j}$ se comporta como la suma de cuadrados residual de una autorregresión. Por otra parte

$$\begin{aligned}
\frac{\partial^2 \log L}{\partial \sigma^2 \partial \boldsymbol{\theta}'} &\approx -\frac{1}{2\sigma^4} \sum_{j=1}^{m} \frac{p_j}{g_j^2} \frac{\partial g_j}{\partial \boldsymbol{\theta}'} \\
&\approx -\frac{1}{2\sigma^4} \sum_{j=1}^{m} \frac{p_j}{g_j} \frac{\partial \log g_j}{\partial \boldsymbol{\theta}'}.
\end{aligned} \tag{6.35}$$

Tomando esperanza y procediendo como antes

$$E\left(\frac{\partial^2 \log L}{\partial \sigma^2 \partial \boldsymbol{\theta}'}\right) \approx -\frac{1}{2\sigma^4} 2\sigma^2 \sum_{j=1}^{m} \frac{\partial \log g_j}{\partial \boldsymbol{\theta}'} \approx -\frac{n}{2\pi\sigma^2} \int_{0}^{\pi} \frac{\partial \log g(\lambda)}{\partial \boldsymbol{\theta}'} d\lambda. \tag{6.36}$$

Sabemos que $f(\lambda) = f(-\lambda)$; por lo tanto $g(\lambda) = g(-\lambda)$ y $\frac{\partial \log g(\lambda)}{\partial \boldsymbol{\theta}'} = \frac{\partial \log g(-\lambda)}{\partial \boldsymbol{\theta}'}$. Entonces, usando esto y resultados anteriores tenemos que

$$\int_0^\pi \frac{\partial \log g(\lambda)}{\partial \boldsymbol{\theta}'} d\lambda = \frac{1}{2} \int_{-\pi}^\pi \frac{\partial \log g(\lambda)}{\partial \boldsymbol{\theta}'} d\lambda = \mathbf{0}, \tag{6.37}$$

lo que implica que

$$E\left(\frac{\partial^2 \log L}{\partial \sigma^2 \partial \boldsymbol{\theta}'}\right) = \mathbf{0}. \tag{6.38}$$

Esto significa que $\widehat{\sigma}^2$ y $\widehat{\boldsymbol{\theta}}$ son asintóticamente no correlacionados.

Además, vemos que asintóticamente

$$V(\widehat{\boldsymbol{\theta}}) = \left[-E\left(\frac{\partial^2 \log L}{\partial \boldsymbol{\theta} \partial \boldsymbol{\theta}'}\right)\right]^{-1}, \tag{6.39}$$

debido a que

$$V\left[\begin{array}{c} \widehat{\sigma}^2 \\ \widehat{\boldsymbol{\theta}} \end{array}\right] = -\left[\begin{array}{cc} E\left(\frac{\partial^2 \log L}{\partial (\sigma^2)^2}\right) & E\left(\frac{\partial^2 \log L}{\partial \sigma^2 \partial \boldsymbol{\theta}'}\right) \\ E\left(\frac{\partial^2 \log L}{\partial \boldsymbol{\theta} \partial \sigma^2}\right) & E\left(\frac{\partial^2 \log L}{\partial \boldsymbol{\theta} \partial \boldsymbol{\theta}'}\right) \end{array}\right]^{-1}, \tag{6.40}$$

y a que $E\left(\frac{\partial \log L}{\partial \sigma^2 \partial \boldsymbol{\theta}'}\right) = \mathbf{0}$ asintóticamente.

Entonces

$$V(\widehat{\boldsymbol{\theta}}) = \left[\frac{n}{4\pi} \int_{-\pi}^\pi \frac{\partial \log g(\lambda)}{\partial \boldsymbol{\theta}} \frac{\partial \log g(\lambda)}{\partial \boldsymbol{\theta}'} d\lambda\right]^{-1}. \tag{6.41}$$

De esto se desprende que en los modelos ARMA los estimadores de los parámetros del modelos y de σ^2 son asintóticamente no correlacionados.

6.2.3. Ejemplo

Consideremos el modelos AR(1)

$$y_t + \alpha y_{t-1} = \varepsilon_t, \tag{6.42}$$

donde ε_t es un proceso ortogonal con $V(\varepsilon_t) = \sigma^2$. Sabemos que

$$f(\lambda) = \frac{\sigma^2}{2\pi} \frac{1}{|1 + \alpha\, e^{i\lambda}|^2}, \tag{6.43}$$

y

$$g(\lambda) = \frac{1}{|1 + \alpha\, e^{i\lambda}|^2}. \tag{6.44}$$

Entonces

$$\log g(\lambda) = -2 \log \left|1 + \alpha\, e^{i\lambda}\right|, \tag{6.45}$$

y

$$V(\widehat{\alpha}) = \left[\frac{n}{4\pi} \int_{-\pi}^\pi \left(\frac{\partial \log g(\lambda)}{\partial \alpha}\right)^2 d\lambda\right]^{-1}. \tag{6.46}$$

Consideremos ahora un modelo MA(1) con idéntico coeficiente que el AR(1) anterior, o sea

$$y_t = \varepsilon_t + \alpha\varepsilon_{t-1}, \tag{6.47}$$

donde ε_t es el mismo proceso anterior. Entonces, en este caso

$$g(\lambda) = \left|1 + \alpha\,e^{i\lambda}\right|^2, \tag{6.48}$$

y

$$\log g(\lambda) = 2\log\left|1 + \alpha\,e^{i\lambda}\right|. \tag{6.49}$$

Por lo tanto en este modelo MA(1) la $V(\widehat{\alpha})$ es idéntica a la fórmula (6.41) del modelo AR(1). Aún más, las distribuciones asintóticas de los estimadores de α en los modelos MA(1) y AR(1) son idénticas, pero Abril (1985) mostró que las distribuciones aproximadas difieren a partir del segundo término de la expansión de aproximación.

Este resultado para la varianza se generaliza para modelos de ordenes más alto. Así, para cualquier modelo ARMA, se pueden intercambiar las partes AR y MA, y las expresiones para $V(\widehat{\boldsymbol{\theta}})$ serán exactamente las mismas.∎

6.3. Tests en el dominio de las frecuencias

Si observamos que el periodograma contiene un número de picos, no podemos concluir inmediatamente que cada uno de ellos corresponda a un componente periódico genuino de la serie y_t. Ello se debe a que, aun en el caso "nulo" cuando la serie observada corresponde a un proceso ortogonal, es posible que se encuentren picos en el periodograma debido simplemente a las fluctuaciones muestrales. En consecuencia, debemos aplicar tests a los picos del periodograma para determinar si sus valores son significativamente más grandes que los que hubieran debido ser si no existieran componentes periódicos genuinos en la serie.

Se debe notar que si una serie y_t contiene componentes periódicos genuinos ello implica que posee correlación serial de algún orden. Por lo tanto, a fin de determinar si eso sucede se puede pensar en usar los tests de correlación serial en el dominio del tiempo estudiados en el Capítulo 2 o bien aquellos definidos en el dominio de las frecuencias y que serán estudiados más adelante.

En este Capítulo se discuten algunos tests de correlación serial usando al periodograma para construir los estadísticos correspondientes. En particular, se analizan los tests de Schuster y Fisher para detectar periodicidades. El test de Schuster es útil para testar la presencia de un único pico en el espectro pero presupone que se conoce la varianza de la serie, en caso de no conocerse esa varianza se puede usar el test de Fisher. Luego se estudian los tests basados en el periodograma acumulado, útiles para testar el alejamiento general de la serie, sobre todo el espectro, de la independencia serial. Se finaliza con un test que permite detectar la falta de estacionariedad de la serie considerada.

6.4. Tests basados en el periodograma

Como se dijo anteriormente, comenzamos estudiando algunos tests de correlación serial basados en el periodograma. Para ello, vemos inicialmente la distribución del periodograma bajo el supuesto de Gaussianidad. Así, supongamos que tenemos observaciones $y_1, \ldots, y_n$ las cuales son independientes $N(\mu, \sigma^2)$ y sean

$$a_j = \sqrt{\frac{2}{n}} \sum_{t=1}^{n} y_t \cos \frac{2\pi j t}{n}, \tag{6.50}$$

$$b_j = \sqrt{\frac{2}{n}} \sum_{t=1}^{n} y_t \operatorname{sen} \frac{2\pi j t}{n}, \tag{6.51}$$

para $j = 1, 2, \ldots, m$ y $n = 2m+1$. El caso de n par requiere solamente algunas modificaciones menores que no le quitan generalidad a lo dado a continuación. Entonces

$$\begin{aligned} p_j &= a_j^2 + b_j^2 = \frac{2}{n} \left| \sum_{t=1}^{n} y_t \, e^{i\frac{2\pi j t}{n}} \right|^2 \\ &= 4\pi I \left(\frac{2\pi j}{n} \right). \end{aligned} \tag{6.52}$$

Frecuentemente se suele denominar a p_j el periodograma.

Observamos que (6.50) y (6.51) junto con $a_0 = \sqrt{n} \, (\overline{y} - \mu)$ constituyen una transformación ortogonal, donde la matriz de la transformación es la transpuesta de la matriz de Fourier definida en el Capítulo 5, la que es aplicada al vector formado por las $(y_t - \mu)$'s. Esto implica que $a_1, \ldots, a_m, b_1, \ldots, b_m$ son independientes $N(0, \sigma^2)$, de donde surge que p_j se distribuye como $\sigma^2 \chi_2^2$. Además $p_1, p_2, \ldots, p_m$ son independientes.

Poniendo $w_j = \frac{p_j}{2\sigma^2}$, tenemos que $w_1, w_2, \ldots, w_m$ son variables aleatorias independientes exponenciales con densidad e^{-w}.

Recuérdese que si x tiene distribución Gamma con densidad

$$dP = \frac{a^\gamma}{\Gamma(\gamma)} x^{\gamma-1} \, e^{-ax} \, dx, \tag{6.53}$$

poniendo $a = \frac{1}{2}$ y $\gamma = \frac{1}{2}r$ obtenemos una variable con distribución χ_r^2.

6.4.1. Test de Schuster de periodicidad

Este test fue diseñado por Schuster (1898) para contrastar la hipótesis nula de independencia serial, lo que implica un espectro horizontal, versus la alternativa de un espectro horizontal excepto por un sólo pico en una frecuencia desconocida ω. Así, en la hipótesis nula las observaciones $y_1, \ldots, y_n$ son independientes $N(\mu, \sigma^2)$. En la alternativa esperaríamos que p_j sea "grande" para j cercano a $\frac{n\omega}{2\pi}$, puesto que si

$$\omega \approx \frac{2\pi j}{n} \quad \text{entonces} \quad j \approx \frac{n\omega}{2\pi}. \tag{6.54}$$

Si la alternativa es verdadera esperaríamos que al menos uno de los p_j's sea "grande", esto nos lleva a considerar que el estadístico del test es $\max_j p_j$. Este test se aplica cuando σ^2 es conocido o cuando n es muy grande.

Bajo la hipótesis nula, tenemos que $w_j = \frac{p_j}{2\sigma^2}$ tiene densidad e^{-w}. Consecuentemente

$$\Pr(w_j \leqslant x) = 1 - e^{-x}, \tag{6.55}$$

y

$$
\begin{aligned}
\Pr\left(\max_j w_j \leqslant x\right) &= \Pr\left(w_1, w_2, \ldots, w_m \leqslant x\right) \\
&= \left(1 - e^{-x}\right)^m. \tag{6.56}
\end{aligned}
$$

Ahora bien, $w_j \leqslant x$ cuando $\frac{p_j}{2\sigma^2} \leqslant x$, esto es, cuando $p_j \leqslant 2\sigma^2 x$. Sea $z = 2\sigma^2 x$, lo que implica que $x = \frac{z}{2\sigma^2}$, entonces

$$
\begin{aligned}
\Pr\left(\max_j p_j \leqslant x\right) &= \left(1 - e^{-x}\right)^m \\
&= \left(1 - e^{-\frac{z}{2\sigma^2}}\right)^m, \tag{6.57}
\end{aligned}
$$

para $0 \leqslant z < \infty$.

De (6.57) surge que tenemos la función de distribución exacta del estadístico del test $\max_j p_j$. Vemos que constituye un procedimiento muy simple para efectuar el test.

6.4.2. Test del periodograma de Fisher

Como antes, queremos testar la hipótesis nula de independencia serial, lo que implica un espectro horizontal, versus la alternativa de un espectro horizontal excepto por un sólo pico en una frecuencia desconocida ω. Podríamos usar el test de Schuster, pero en la práctica σ^2 es desconocido, y se lo estima por

$$S^2 = \frac{1}{n-1} \sum_{t=1}^{n} (y_t - \overline{y})^2. \tag{6.58}$$

Ahora queremos basar el test en la distribución del $\max_j \frac{p_j}{S^2}$, lo que nos conduce al test del periodograma de Fisher (1929).

Sabemos que

$$
\begin{aligned}
\sum_{t=1}^{n} (y_t - \overline{y})^2 &= \sum_{t=1}^{n} y_t^2 - n\overline{y}^2 \\
&= \sum_{j=1}^{m} (a_j^2 + b_j^2), \tag{6.59}
\end{aligned}
$$

debido a la transformación ortogonal de $y_1, \ldots, y_n$ a $a_0, a_1, \ldots, a_m, b_1, \ldots, b_m$ vista anteriormente. Lo que implica que

$$\sum_{t=1}^{n} (y_t - \overline{y})^2 = \sum_{j=1}^{m} p_j. \tag{6.60}$$

Usamos como estadístico del test a $\max_j \frac{p_j}{S^2}$, o equivalentemente a

$$\max_j \frac{p_j}{\sum_{i=1}^{m} p_i} = \max_j \frac{w_j}{\sum_{i=1}^{m} w_i} = g, \tag{6.61}$$

donde $w_1, \ldots, w_m$ son variables aleatorias independientes con densidad exponencial e^{-w}. Denotemos a los valores ordenados de $w_1, \ldots, w_m$ como $w_{(1)} \leqslant w_{(2)} \leqslant \ldots \leqslant w_{(m)}$. Entonces, la densidad conjunta de $w_1, \ldots, w_m$ es

$$dP = \exp\left\{ -\sum_{i=1}^{m} w_i \right\} dw_1 \cdots dw_m, \tag{6.62}$$

para $0 \leqslant w_1, \ldots, w_m < \infty$. Además, se puede mostrar que la densidad conjunta de $w_{(1)}, w_{(2)}, \ldots, w_{(m)}$ es

$$dP = m! \exp\left\{ -\sum_{i=1}^{m} w_{(i)} \right\} dw_{(1)} \cdots dw_{(m)}, \tag{6.63}$$

para $0 \leqslant w_{(1)} \leqslant \ldots \leqslant w_{(m)} < \infty$. Realizando la transformación

$$\begin{aligned}
v_1 &= m\, w_{(1)}, \\
v_2 &= (m-1)(w_{(2)} - w_{(1)}), \\
v_3 &= (m-2)(w_{(3)} - w_{(2)}), \\
&\vdots \\
v_m &= w_{(m)} - w_{(m-1)},
\end{aligned} \tag{6.64}$$

vemos que la inversa del Jacobiano es $J^{-1} = m!$. Asimismo

$$\sum_{i=1}^{m} v_i = \sum_{i=1}^{m} w_{(i)}. \tag{6.65}$$

Entonces, a partir de (6.63) logramos para la densidad conjunta de $v_1, v_2, \ldots, v_m$ lo siguiente

$$dP = \exp\left\{ -\sum_{i=1}^{m} v_i \right\} dv_1 \cdots dv_m, \tag{6.66}$$

la que es idéntica a (6.62). De aquí deducimos que $v_1, \ldots, v_m$ son variables aleatorias independientes con densidad $\exp(1)$, o sea que tienen densidad

$$\frac{1}{\theta} \exp\left\{ -\frac{v}{\theta} \right\}, \quad \text{con } \theta = 1. \tag{6.67}$$

Teníamos que $g = \frac{w_{(m)}}{\sum_{i=1}^{m} w_{(i)}}$. A partir de (6.64) vemos que

$$\begin{aligned}
w_{(m)} &= v_m + w_{(m-1)}, \\
w_{(m-1)} &= \frac{1}{2} v_{m-1} + w_{(m-2)}, \\
&\vdots \\
w_{(2)} &= \frac{1}{m-1} v_2 + w_{(1)}, \\
w_{(1)} &= \frac{1}{m} v_1.
\end{aligned} \tag{6.68}$$

Luego, tenemos para g

$$g = \frac{v_m + \frac{1}{2}v_{m-1} + \cdots + \frac{1}{m-1}v_2 + \frac{1}{m}v_m}{\sum_{i=1}^{m} v_i} = \frac{\sum_{j=1}^{m} \lambda_j^* v_j}{\sum_{i=1}^{m} v_i}. \tag{6.69}$$

Si v_j es $\exp(1)$, entonces $2v_j$ es χ_2^2. Así, podemos escribir $2v_j = \xi_j^2 + \xi_{j+1}^2$, donde los ξ_k's son variables aleatorias independientes con distribución $N(0,1)$. Por lo tanto, si pensamos que en el numerador y denominador de (6.69) tenemos $2m$ términos y que los v_j's son iguales de a pares, podemos escribir

$$g = \frac{\sum_{j=1}^{2m} \lambda_j \xi_j^2}{\sum_{j=1}^{2m} \xi_j^2}. \tag{6.70}$$

Este estadístico tiene la distribución de R. L. Anderson vista al tratar, en el Capítulo 4, la distribución del coeficiente de correlación serial muestral. Sustituyendo logramos

$$\Pr(g \;\leqslant\; s) = 1 - m(1-s)^{m-1} + \binom{m}{2}(1-2s)^{m-1}$$
$$+ \cdots + (-1)^r \binom{m}{r}(1-rs)^{m-1}, \tag{6.71}$$

donde la suma se debe continuar en tanto $(1 - rs) > 0$, o sea se termina cuando $r = \left[\frac{1}{s}\right]$. Fisher (1929) obtuvo este resultado en un celebrado trabajo, mediante métodos ad hoc.

La aproximación

$$\Pr(g \leqslant s) \approx 1 - m(1-s)^{m-1} \tag{6.72}$$

es claramente precisa.

6.4.3. Ejemplo

Aplicando el test del periodograma de Fisher a los residuos entre la serie de los logaritmos, diferenciada (primeras diferencias y diferencias de orden 12) y corregida por media de pasajeros transportados internacionalmente por las empresas aéreas para cada mes desde Enero de 1949 hasta Diciembre de 1960 y el modelo estimado en §4.8.1 del Capítulo 4 obtenemos, en el programa ITSM 2000, lo siguiente:

- Ratio of maximum periodogram to mean = 3.58979

- Probability of exceeding this value (under H0) = 0.885691

Puesto el la probabilidad es alta, el test de Fisher no sugiere que se deba rechazar la hipótesis que los residuos son una realización de un proceso ortogonal.∎

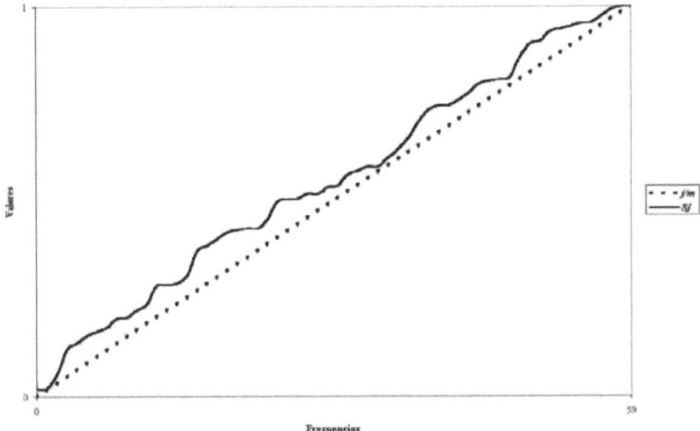

Figura 6.1: Periodograma acumulado normalizado de una serie observada (línea llena) y de un proceso ortogonal (línea punteada)

6.5.   Test del periodograma acumulado

A los tests de Schuster y de Fisher se los usa cuando se está interesado en contrastar la presencia de un sólo pico en el espectro. Ahora bien, si queremos testar el alejamiento general de la serie de la independencia serial sobre todo el espectro debemos pensar en otro tipo de test. En este caso se quiere un test en el dominio de las frecuencias, no en el dominio del tiempo como sería, por ejemplo, un test de autocorrelación. Así, para atender este requerimiento podemos usar el test del periodograma acumulado.

Aún cuando los valores $p_1, \ldots, p_m$ contienen esencialmente toda la información existente en la muestra sobre el alejamiento de la independencia serial, el gráfico de los p_j's para todos los valores de j, que es equivalente al gráfico del periodograma, es difícil de interpretar debido a que, como ya lo vimos en el Capítulo 5, es muy inestable pues su varianza no decrece con n. Ante esto es mejor graficar el periodograma acumulado, o mejor aún, el periodograma acumulado normalizado que se lo define como.

$$S_j = \frac{\sum\limits_{r=1}^{j} p_r}{\sum\limits_{i=1}^{m} p_i}, \quad j = 1, \ldots, m. \tag{6.73}$$

Este tiene una apariencia más suave como se lo puede ver en la Figura 6.1. Además converge a $\frac{F_+(\omega)}{F_+(\pi)}$ para $\omega = \frac{2\pi j}{n}$. En la Figura 6.1 se presentan el periodograma acumulado normalizado de una serie observada (línea llena correspondiente a S_j) y el periodograma acumulado normalizado de un proceso ortogonal (o ruido blanco) (línea punteada correspondiente a $\frac{j}{m}$).

La curva de S_j es una estimación de la función de distribución espectral estandarizada o normalizada.

La hipótesis nula H_0 es que las observaciones $y_1, \ldots, y_n$ son variables aleatorias independientes con distribución $N(\mu, \sigma^2)$. Se puede mostrar que bajo H_0, $E(S_j) = \frac{j}{m}$.

El alejamiento de H_0 es indicado mediante el alejamiento de la curva muestral, o curva de S_j, de la línea diagonal. Medidas naturales de esta discrepancia o alejamiento son los estadísticos

$$C^+ = \max_j \left(S_j - \frac{j}{m} \right), \tag{6.74}$$

$$C^- = \max_j \left(\frac{j}{m} - S_j \right), \tag{6.75}$$

y

$$C = \max(C^+, C^-) = \max_j \left| S_j - \frac{j}{m} \right| \tag{6.76}$$

el que fue propuesto por Bartlett (1955).

6.5.1. Ejemplo

En la Figura 6.2 se muestra el periodograma acumulado normalizado de los resíduos entre la serie de los logaritmos, diferenciada (primeras diferencias y diferencias de orden 12) y corregida por media de pasajeros transportados internacionalmente por las empresas aéreas para cada mes desde Enero de 1949 hasta Diciembre de 1960 y el modelo estimado en §4.8.1 del Capítulo 4 y el periodograma acumulado normalizado de un proceso ortogonal o ruido blanco. Como se puede observar, ambas curvas no son significativamente diferentes, por lo que podemos decir que los resíduos corresponden a una muestra de observaciones de un proceso ortogona, por lo tanto el modelo estimado es satisfactorio.∎

6.5.2. Distribución de $S_1, \ldots, S_{m-1}$ bajo H_0

Tenemos que

$$S_j = \frac{\sum\limits_{r=1}^{j} p_r}{\sum\limits_{i=1}^{m} p_i} = \frac{\sum\limits_{r=1}^{j} w_r}{\sum\limits_{i=1}^{m} w_i}, \tag{6.77}$$

donde $w_j = \frac{p_j}{2\sigma^2}$.

Poniendo $w = \sum_{i=1}^{m} w_i$ vemos que

$$\sum_{r=1}^{j} w_r = w S_j. \tag{6.78}$$

Consecuentemente

$$\begin{aligned}
w_1 &= w S_1, \\
w_j &= w \left(S_j - S_{j-1} \right), \quad j = 2, \ldots, m-1, \\
w_m &= w(1 - S_{m-1}).
\end{aligned} \tag{6.79}$$

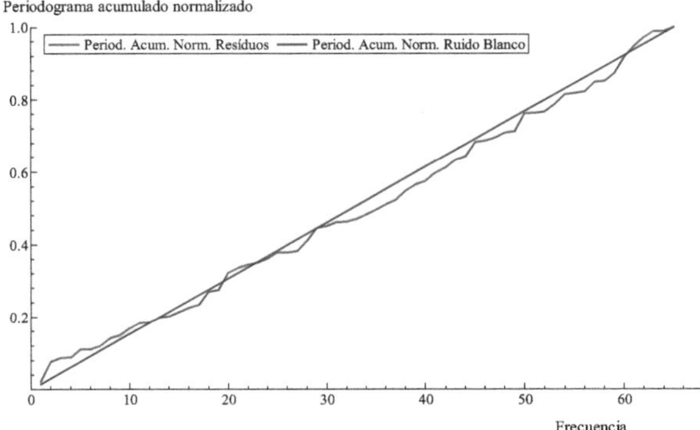

Figura 6.2: Periodograma acumulado normalizado de los resíduos entre la serie de los logaritmos, diferenciada (primeras diferencias y diferencias de orden 12) y corregida por media de pasajeros transportados internacionalmente por las empresas aéreas para cada mes desde Enero de 1949 hasta Diciembre de 1960 y el modelo estimado en §4.8.1 del Capítulo 4 y el periodograma acumulado normalizado de un proceso ortogonal o ruido blanco. Las frecuencias son en este caso iguales a $\frac{\omega n}{2\pi}$, $0 \le \omega \le \pi$

El Jacobiano de esta transformación es

$$J = \frac{\partial(w_1, \ldots, w_m)}{\partial(S_1, \ldots, S_{m-1}, w)}$$

$$= \begin{vmatrix} w & 0 & \cdots & 0 & S_1 \\ -w & w & \cdots & 0 & (S_2 - S_1) \\ \vdots & \ddots & \ddots & \vdots & \vdots \\ 0 & 0 & \ddots & w & (S_{m-1} - S_{m-2}) \\ 0 & 0 & \ldots & -w & (1 - S_{m-1}) \end{vmatrix}. \tag{6.80}$$

Reemplazando en la matriz del determinante la segunda fila por la suma de la primera más la segunda, luego en la matriz resultante se reemplaza la tercera fila por la suma de la segunda más la tercera, y así sucesivamente, logramos

$$J - \begin{vmatrix} w & 0 & \cdots & 0 & S_1 \\ 0 & w & \cdots & 0 & S_2 \\ \vdots & \vdots & \ddots & \vdots & \vdots \\ 0 & 0 & \cdots & w & S_{m-1} \\ 0 & 0 & \cdots & 0 & 1 \end{vmatrix} = w^{m-1}. \tag{6.81}$$

Bajo H_0 las w_j's son, como ya vimos, variables aleatorias independientes con densidad

$\exp(1)$, entonces

$$
\begin{aligned}
dP &= \exp\left\{-\sum_{r=1}^{m} w_r\right\} dw_1 \cdots dw_m \\
&= w^{m-1}\, e^{-w}\, dS_1 \cdots dS_{m-1} dw.
\end{aligned}
\tag{6.82}
$$

Integrando (6.82) con respecto a w vemos que

$$
\int_0^{\infty} w^{m-1}\, e^{-w}\, dw = \Gamma(m) = (m-1)!.
\tag{6.83}
$$

Por lo tanto

$$
dP = (m-1)!dS_1 \cdots dS_{m-1},
\tag{6.84}
$$

para $0 \leqslant S_1 \leqslant S_2 \leqslant \cdots \leqslant S_{m-1} \leqslant 1$.

Ahora bien, si $x_{(1)}, \ldots, x_{(n)}$ son estadísticos de orden provenientes de una distribución uniforme en el intervalo $(0,1)$ (esto es, provienen de una distribución $U(0,1)$), se sabe que su distribución conjunta es $dP = n!dx_{(1)} \cdots dx_{(n)}$, $0 \leqslant x_{(1)} \leqslant \ldots \leqslant x_{(n)} \leqslant 1$. Lo que implica que $S_1, \ldots, S_{m-1}$ se distribuyen bajo H_0 como estadísticos de orden de una distribución $U(0,1)$ provenientes de una muestra con $n = m-1$ observaciones. Además y de (6.77), se ve que el periodograma acumulado está relacionado con la función de distribución muestral.

6.5.3. Disgresión sobre la función de distribución muestral

Supongamos que $x_1, \ldots, x_n$ son un conjunto de n observaciones independientes de una población con función de distribución continua $F(x)$, $-\infty < x_1, \ldots, x_n < \infty$. La función de distribución muestral se la define como la proporción de observaciones $x_1, \ldots, x_n$ que son menores o iguales que x, para todo x en $(-\infty, \infty)$, y se la denota como $F_n(x)$. Sean $x_{(1)} \leqslant \ldots \leqslant x_{(n)}$ los valores ordenados de la muestra. A partir de la distribución binomial sabemos que $E[F_n(x)] = F(x)$. Si queremos testar la bondad del ajuste de la distribución $F(x)$ a los datos, podemos medir el alejamiento de los datos de la hipótesis bajo estudio midiendo la discrepancia entre la función muestral $F_n(x)$ y la verdadera curva $F(x)$. Kolmogorov (1933) sugirió medir esa discrepancia mediante el máximo de la distancia vertical entre $F_n(x)$ y $F(x)$, esto es

$$
D_n = \sup_{-\infty < x < \infty} |F_n(x) - F(x)|.
\tag{6.85}
$$

Este es un estadístico de "distribución libre" puesto que D_n no cambia ante variaciones en la escala horizontal de x.

Poniendo $t = F(x)$, $t_j = F(x_{(j)})$ para $j = 1, \ldots, n$ y definiendo a $F_n(t)$ como la proporción de valores $t_j \leqslant t$, $0 \leqslant t \leqslant 1$, tenemos que

$$
D_n = \sup_{0 \leqslant t \leqslant 1} |F_n(t) - t|.
\tag{6.86}
$$

Vemos que $t \sim U(0,1)$. Consideremos también

$$
D_n^+ = \sup_{0 \leqslant t \leqslant 1} [F_n(t) - t],
\tag{6.87}
$$

$$D_n^- = \sup_{0 \leqslant t \leqslant 1} \left[t - F_n(t) \right]. \tag{6.88}$$

Entonces $D_n = \text{máx}(D_n^+, D_n^-)$. En la práctica se calcula

$$D_n^+ = \max_{j=1,\dots,n} \left(\frac{j}{n} - t_j \right), \tag{6.89}$$

$$D_n^- = \max_{j=1,\dots,n} \left(t_j - \frac{j-1}{n} \right). \tag{6.90}$$

Kolmogorov (1933) mostró que

$$\lim_{n \to \infty} \text{Pr}\left(\sqrt{n} D_n \leqslant d \right) = \sum_{j=-\infty}^{\infty} (-1)^j \, e^{-2j^2 d^2}. \tag{6.91}$$

Smirnov (1939a y b) mostró que

$$\lim_{n \to \infty} \text{Pr}\left(\sqrt{n} D_n^+ \leqslant d \right) = 1 - e^{-2d^2}. \tag{6.92}$$

Debe notarse que D_n^- tiene exactamente la misma distribución que D_n^+.

Durbin (1973) realizó un excelente trabajo de análisis de los diferentes tests basados en la función de distribución muestral.

6.5.4. Relación con los estadísticos C

Vemos que $S_1, \dots, S_{m-1}$ se distribuyen como $t_1, \dots, t_n$ con $n = m - 1$. Vemos también que C^+ y D_n^- se aproximan y que tienen la misma distribución límite, o sea que

$$\lim_{m \to \infty} \text{Pr}\left(\sqrt{m} C^+ \leqslant d \right) = 1 - e^{-2d^2}. \tag{6.93}$$

Una cosa similar sucede entre C^- y D_n^+. También C y D_n tienen la misma distribución límite dada por

$$\lim_{m \to \infty} \text{Pr}\left(\sqrt{m} C \leqslant d \right) = \sum_{j=-\infty}^{\infty} (-1)^j \, e^{-2j^2 d^2}. \tag{6.94}$$

El resultado (6.94) fue mostrado por Bartlett (1955).

Las distribuciones exactas de C, C^+ y C^- fueron tabuladas por Durbin (1969).

Para testar H_0 versus la alternativa de frecuencias bajas en exceso (o sea, de correlación serial positiva), se rechaza H_0 si el valor de C^+ observado es mayor que C_0^+, donde C_0^+ es el valor de tabla correspondiente a la distribución de C^+. De forma similar, para la alternativa de frecuencias altas en exceso, se rechaza H_0 si el valor de C^- observado es mayor que C_0^-, donde C_0^- es el valor de tabla correspondiente a la distribución de C^-. Asimismo, para la alternativa de un alejamiento general de la independencia serial, se rechaza H_0 si el valor de C observado es mayor que C_0, donde C_0 es el valor de tabla correspondiente a la distribución de C.

6.6. Test de estacionariedad

En este caso queremos investigar la falta de estacionariedad de una serie. Una forma de hacerlo es estudiar los cambios de la densidad espectral a través del tiempo.

Supongamos que la longitud de la serie observada es $n = (p+1)m$. Calculemos entonces, el periodograma móvil, o sea el periodograma para cada segmento de longitud m cuando el inicio se va moviendo a lo largo de la serie. Para el r-ésimo segmento tomemos

$$I_r(\lambda_j) = \frac{1}{2\pi m} \left| \sum_{t=1}^{m} y_{t+r}\, e^{i\lambda_j t} \right|^2, \tag{6.95}$$

con $\lambda_j = \frac{2\pi j}{m}$, $j = 1, 2, \ldots, \left[\frac{m}{2}\right]$, $r = 0, 1, \ldots, mp$.

Sabemos que

$$I_r(\lambda_j) = \frac{1}{2\pi} \sum_{s=1-m}^{m-1} c_{rs}\, e^{i\lambda_j s}, \tag{6.96}$$

donde

$$c_{rs} = \frac{1}{m} \sum_{t=1}^{m-|s|} y_{t+r} y_{t+r+|s|}. \tag{6.97}$$

Aquí se puede tomar a los y_t's como desvíos ya sea de la media general o ya sea de la media del respectivo segmento. En nuestro caso los tomamos como desvíos de la media general.

El procedimiento de detección consiste en graficar los diferentes periodogramas correspondientes a los distintos segmentos y luego examinarlos si se alejan de la constancia.

Supongamos que sean constantes, entonces nos preguntamos si podemos tomar la media de los $I_r(\lambda_j)$'s como un estimador de $f(\lambda_j)$. Esto es

$$\begin{aligned}
\widehat{f}(\lambda_j) &= \frac{1}{mp+1} \sum_{r=0}^{mp} I_r(\lambda_j) \\
&= \frac{1}{(mp+1)2\pi} \sum_{r=0}^{mp} \sum_{s=1-m}^{m-1} c_{rs}\, e^{i\lambda_j s}.
\end{aligned} \tag{6.98}$$

El coeficiente de $\frac{1}{2\pi} e^{i\lambda_j s}$ en (6.98) es

$$\begin{aligned}
&\frac{1}{m(mp+1)} \Big[y_1 y_{|s|+1} + 2 y_2 y_{|s|+2} \\
&+ \cdots + (m-|s|) y_{m-|s|} y_m + (m-|s|) y_{m-|s|+1} y_{m+1} \\
&+ (m-|s|) y_{m-|s|+2} y_{m+2} + \cdots + 2 y_{n-|s|-1} y_{n-1} + y_{n-|s|} y_n \Big] \\
&\approx \frac{m-|s|}{m} \frac{1}{mp+1} \sum_{t=1}^{n-|s|} y_t y_{t+|s|},
\end{aligned} \tag{6.99}$$

para n grande.

Reemplazando (6.99) en (6.98), implica que

$$\widehat{f}(\lambda_j) \approx \frac{1}{2\pi} \sum_{s=1-m}^{m-1} \left(1 - \frac{|s|}{m}\right) c_s \, e^{i\lambda_j s} \, .$$

Este es el estimador de Bartlett de la densidad espectral definido en el Capítulo 5. Además, esta es la forma como Bartlett (1950) la obtuvo.

Capítulo 7

Análisis Espectral Bivariado

7.1. Introducción

Podemos extender los métodos espectrales vistos en capítulos anteriores a observaciones multivariadas. Por ejemplo, supongamos que tenemos un par de series, x_t e y_t, ámbas individualmente estacionarias con $E(x_t) = E(y_t) = 0$. Supongamos que las series pueden ser complejas. Sea

$$\left. \begin{array}{l} \gamma_{xx}(r) = E(x_{t+r}\overline{x}_t), \\ \gamma_{yy}(r) = E(y_{t+r}\overline{y}_t), \\ \gamma_{xy}(r) = E(x_{t+r}\overline{y}_t). \end{array} \right\} \tag{7.1}$$

Si γ_{xx}, γ_{yy}, γ_{xy} en (7.1) son independientes de t para todo t, decimos que las series son conjuntamente estacionarias.

A partir de (7.1) tenemos que

$$\begin{array}{rcl} \gamma_{xx}(r) & = & E(x_t\overline{x}_{t-r}) \\ & = & E(\overline{x}_{t-r}x_t) \\ & = & \overline{E(x_{t-r}\overline{x}_t)} \\ & = & \overline{\gamma_{xx}(-r)}. \end{array} \tag{7.2}$$

De forma similar $\gamma_{yy}(r) = \overline{\gamma_{yy}(-r)}$. Pero

$$\begin{array}{rcl} \gamma_{xy}(r) & = & E(x_{t+r}\overline{y}_t) \\ & = & E(x_t\overline{y}_{t-r}) \\ & = & \overline{E(y_{t-r}\overline{x}_t)} \\ & = & \overline{\gamma_{yx}(-r)}. \end{array} \tag{7.3}$$

En general se tiene que $\gamma_{xy}(r) \neq \overline{\gamma_{xy}(-r)}$.

Las propiedades de covarianza de las dos series están especificadas por la matriz

$$\boldsymbol{\gamma}(s) = \left[\begin{array}{cc} \gamma_{xx}(s) & \gamma_{xy}(s) \\ \gamma_{yx}(s) & \gamma_{yy}(s) \end{array} \right]. \tag{7.4}$$

7.2. El espectro cruzado

Como vimos anteriormente, x_t e y_t tienen representación espectral

$$x_t = \int_{-\pi}^{\pi} e^{i\omega t}\, dS_x(\omega), \tag{7.5}$$

$$y_t = \int_{-\pi}^{\pi} e^{i\omega t}\, dS_y(\omega), \tag{7.6}$$

donde $S_x(\omega)$ y $S_y(\omega)$ son procesos estocásticos con incrementos no correlacionados. Esto es, con

$$E\left[dS_x(\omega_1)\overline{dS_x(\omega_2)}\right] = \begin{cases} dF_{xx}(\omega), & \text{si } \omega_1 = \omega_2 = \omega, \\ 0, & \text{de otra manera,} \end{cases} \tag{7.7}$$

$$E\left[dS_y(\omega_1)\overline{dS_y(\omega_2)}\right] = \begin{cases} dF_{yy}(\omega), & \text{si } \omega_1 = \omega_2 = \omega, \\ 0, & \text{de otra manera.} \end{cases} \tag{7.8}$$

Se puede mostrar que si los procesos son conjuntamente estacionarios

$$E\left[dS_x(\omega_1)\overline{dS_y(\omega_2)}\right] = \begin{cases} dF_{xy}(\omega), & \text{si } \omega_1 = \omega_2 = \omega, \\ 0, & \text{de otra manera.} \end{cases} \tag{7.9}$$

Esto implica que $dF_{yx}(\omega) = \overline{dF_{xy}(\omega)}$. De lo anterior se logra las definiciones de $F_{xx}(\omega)$, $F_{yy}(\omega)$ y $F_{xy}(\omega)$.

Las propiedades espectrales del proceso bivariado están determinadas por la matriz

$$\mathbf{F}(\omega) = \begin{bmatrix} F_{xx}(\omega) & F_{xy}(\omega) \\ F_{yx}(\omega) & F_{yy}(\omega) \end{bmatrix}, \tag{7.10}$$

donde $F_{yx}(\omega) = \overline{F_{xy}(\omega)}$. Vemos que $\mathbf{F}(\omega)$ es una matriz hermítica y que también es no negativa definida. Recordemos que una matriz es hermítica cuando su transpuesta conjugada es igual a la matriz dada.

A las derivadas $F'_{xx}(\omega)$, $F'_{yy}(\omega)$, $F'_{xy}(\omega)$ se las denota como $f_{xx}(\omega)$, $f_{yy}(\omega)$, $f_{xy}(\omega)$, respectivamente. A $f_{xy}(\omega)$ se la denomina la *densidad espectral cruzada* o *espectro cruzado* (algunos autores también la denominan *densidad espectral conjunta*). La matriz

$$\mathbf{f}(\omega) = \begin{bmatrix} f_{xx}(\omega) & f_{xy}(\omega) \\ f_{yx}(\omega) & f_{yy}(\omega) \end{bmatrix} \tag{7.11}$$

es hermítica y no negativa definida, se la denomina la matriz de densidad espectral.

Consideremos la matriz real

$$\begin{bmatrix} f_{xx}(\omega) & |f_{xy}(\omega)| \\ |f_{yx}(\omega)| & f_{yy}(\omega) \end{bmatrix}, \tag{7.12}$$

la cual es simétrica y no negativa definida. Se parece a una matriz ordinaria de covarianzas. El análogo en el dominio de las frecuencias del cuadrado del coeficiente de correlación es

$$C(\omega) = \frac{|f_{xy}(\omega)|^2}{f_{xx}(\omega) f_{yy}(\omega)}. \tag{7.13}$$

A (7.13) se lo denomina *coherencia* en la frecuencia ω entre las series x_t e y_t.

A diferencia de $f_{xx}(\omega)$ y $f_{yy}(\omega)$, $f_{xy}(\omega)$ es en general complejo aún cuando x_t e y_t sean series reales. Supongamos que x_t e y_t son series reales, entonces escribamos

$$f_{xy}(\omega) = c(\omega) + iq(\omega), \tag{7.14}$$

donde c y q son funciones reales. A $c(\omega)$ se lo denomina *co-espectro* y a $q(\omega)$ se lo denomina *espectro en cuadratura*.

Observemos que

$$c^2(\omega) + q^2(\omega) = |f_{xy}(\omega)|^2 \leqslant f_{xx}(\omega)f_{yy}(\omega). \tag{7.15}$$

Por otra parte, usando (7.9), tenemos que

$$\begin{aligned}
\gamma_{xy}(r) &= E(x_{t+r}\overline{y}_t) = E\left[\int_{-\pi}^{\pi} e^{i\omega_1(t+r)} \, dS_x(\omega_1) \int_{-\pi}^{\pi} e^{-i\omega_2 t} \, \overline{dS_y(\omega_2)}\right] \\
&= \int_{-\pi}^{\pi}\int_{-\pi}^{\pi} e^{i\omega_1(t+r)-i\omega_2 t} \, E\left[dS_x(\omega_1)\overline{dS_y(\omega_2)}\right] \\
&= \int_{-\pi}^{\pi} e^{i\omega r} f_{xy}(\omega)d\omega.
\end{aligned} \tag{7.16}$$

La expresión (7.16) tiene inversa de Fourier dada por

$$f_{xy}(\omega) = \frac{1}{2\pi} \sum_{r=-\infty}^{\infty} e^{-i\omega r} \, \gamma_{xy}(r). \tag{7.17}$$

Entonces

$$c(\omega) + iq(\omega) = \frac{1}{2\pi} \sum_{r=-\infty}^{\infty} (\cos r\omega - i \operatorname{sen} r\omega)\, \gamma_{xy}(r). \tag{7.18}$$

Debe notarse que $\gamma_{xy}(r)$ es real. De lo anterior deducimos que

$$\begin{aligned}
c(\omega) &= \frac{1}{2\pi} \sum_{r=-\infty}^{\infty} \gamma_{xy}(r)\cos(r\omega) \\
&= \frac{1}{2\pi}\left\{\gamma_{xy}(0) + \sum_{r=1}^{\infty} \left[\gamma_{xy}(r) + \gamma_{xy}(-r)\right]\cos(r\omega)\right\},
\end{aligned} \tag{7.19}$$

para $\omega \neq 0, \pi$. Nótese que $\gamma_{xy}(-r) = \overline{\gamma_{yx}(r)}$. Además

$$\begin{aligned}
q(\omega) &= \frac{1}{2\pi} \sum_{r=-\infty}^{\infty} -\gamma_{xy}(r)\operatorname{sen}(r\omega) \\
&= \frac{1}{2\pi} \sum_{r=1}^{\infty} \left[-\gamma_{xy}(r) + \gamma_{xy}(-r)\right]\operatorname{sen}(r\omega).
\end{aligned} \tag{7.20}$$

Se observa que $c(\omega)$ es una función par de ω, mientras que $q(\omega)$ es una función impar.

7.3. Interpretación de $c(\omega)$ y $q(\omega)$

Consideremos las representaciones reales de x_t e y_t dadas por

$$x_t = \int_0^\pi \left\{ \cos(\omega t)dU_x(\omega) + \operatorname{sen}(\omega t)dV_x(\omega) \right\}, \qquad (7.21)$$

$$y_t = \int_0^\pi \left\{ \cos(\omega t)dU_y(\omega) + \operatorname{sen}(\omega t)dV_y(\omega) \right\}, \qquad (7.22)$$

donde $U_x(\omega), V_x(\omega), U_y(\omega)$ y $V_y(\omega)$ tienen las mismas propiedades enunciadas en el Capítulo 5 para $a(\lambda)$ y $b(\lambda)$, y se puede mostrar además que

$$\begin{aligned}
E\left[dU_x(\omega)dU_y(\omega)\right] &= 2c(\omega)d\omega \\
&= E\left[dV_x(\omega)dV_y(\omega)\right],
\end{aligned} \qquad (7.23)$$

$$\begin{aligned}
E\left[dU_x(\omega)dV_y(\omega)\right] &= 2q(\omega)d\omega \\
&= -E\left[dU_y(\omega)dV_x(\omega)\right].
\end{aligned} \qquad (7.24)$$

Se debe eliminar el factor 2 de las ecuaciones anteriores cuando $\omega = 0, \pi$. Además los dU's y dV's son no correlacionados en frecuencias diferentes.

Los componentes dentro de cada uno de los conjuntos siguientes

$$\left\{ \cos(\omega t)dU_x(\omega), \cos(\omega t)dU_y(\omega) \right\} \text{ y } \left\{ \operatorname{sen}(\omega t)dV_x(\omega), \operatorname{sen}(\omega t)dV_y(\omega) \right\},$$

se dice que están "en fase"; por otra parte, los componentes dentro de cada uno de los conjuntos siguientes

$$\left\{ \cos(\omega t)dU_x(\omega), \operatorname{sen}(\omega t)dV_y(\omega) \right\} \text{ y } \left\{ \operatorname{sen}(\omega t)dV_x(\omega), \cos(\omega t)dU_y(\omega) \right\},$$

se dice que están "fuera de fase". El co-espectro mide la covarianza de los componentes que están en fase. El espectro en cuadratura mide la covarianza de los componentes que están fuera de fase.

En el análisis es importante y útil realizar diagramas de las magnitudes antes definidas. El gráfico de $C(\omega)$ para las diferentes frecuencias ω se denomina el *diagrama de la coherencia*.

Una medida de la diferencia de fase entre los componentes de frecuencias

$$\left\{ \cos(\omega t)dU_x(\omega) + \operatorname{sen}(\omega t)dV_x(\omega) \right\} y \left\{ \cos(\omega t)dU_y(\omega) + \operatorname{sen}(\omega t)dV_y(\omega) \right\}$$

es

$$\psi(\omega) = \tan^{-1}\left(\frac{q(\omega)}{c(\omega)} \right). \qquad (7.25)$$

A $\psi(\omega)$ se la denomina la *fase*. Esto proviene de lo siguiente,

$$\begin{aligned}
f_{xy}(\omega) &= c(\omega) + iq(\omega) \\
&= A(\omega)\,e^{i\psi(\omega)} \\
&= A(\omega)\cos\psi(\omega) + iA(\omega)\operatorname{sen}\psi(\omega),
\end{aligned}$$

entonces

$$\frac{q(\omega)}{c(\omega)} = \frac{\operatorname{sen}\psi(\omega)}{\cos\psi(\omega)}$$
$$= \tan\psi(\omega),$$

de donde finalmente surge el resultado.

El gráfico de $\psi(\omega)$ para las diferentes frecuencias ω se denomina el *diagrama de la fase*. La *ganancia* se define como

$$R_{xy}(\omega) = \frac{|f_{xy}(\omega)|}{f_{yy}(\omega)}. \tag{7.26}$$

Se la puede interpretar como la amplitud cuadrática media relativa en la frecuencia ω. El gráfico de $R_{xy}(\omega)$ para las diferentes frecuencias ω se denomina el *diagrama de la ganancia*.

7.4. Interpretación adicional de la coherencia

Escribamos

$$dU_x(\omega) = a_x, \quad dV_x(\omega) = b_x, \tag{7.27}$$
$$dU_y(\omega) = a_y, \quad dV_y(\omega) = b_y. \tag{7.28}$$

Sabemos que las varianzas $V(a_x) = V(b_x) = 2f_{xx}(\omega)d\omega$ a lo que denominamos σ_x^2. Además $V(a_y) = V(b_y) = 2f_{yy}(\omega)d\omega$ a lo que denominamos σ_y^2. También $\operatorname{cov}(a_x, a_y) = \operatorname{cov}(b_x, b_y)$ $= 2c(\omega)d\omega$ a lo que denominamos $\rho_1\sigma_x\sigma_y$. A ρ_1 se lo puede interpretar como la correlación entre (a_x, a_y) o entre (b_x, b_y). Y $\operatorname{cov}(a_x, b_y) = -\operatorname{cov}(a_y, b_x) = 2q(\omega)d\omega$ a lo que denominamos $\rho_2\sigma_x\sigma_y$. Consideremos el modelo de regresión múltiple bivariado

$$a_y = \beta_1 a_x - \beta_2 b_x + \xi,$$
$$b_y = \beta_2 a_x + \beta_1 b_x + \eta.$$

Se puede mostrar que los coeficientes tienen esta estructura, o sea que $\beta_1 = \rho_1\frac{\sigma_y}{\sigma_x}$, $\beta_2 = \rho_2\frac{\sigma_y}{\sigma_x}$. Además, las varianzas son

$$V(\xi) = V(\eta) = \sigma_y^2 - (\beta_1^2 + \beta_2^2)\sigma_x^2$$
$$= (1 - \rho_1^2 - \rho_2^2)\sigma_y^2. \tag{7.29}$$

Por otra parte, el cuadrado del coeficiente de correlación múltiple, o coeficiente de determinación, es

$$\begin{aligned} R^2 &= \rho_1^2 + \rho_2^2 = \frac{\operatorname{cov}^2(a_x, a_y) + \operatorname{cov}^2(a_x, b_y)}{\sigma_x^2\sigma_y^2} \\ &= \frac{\left[c^2(\omega) + q^2(\omega)\right](d\omega)^2}{f_{xx}(\omega)d\omega\, f_{yy}(\omega)d\omega} \\ &= \frac{|f_{xy}(\omega)|^2}{f_{xx}(\omega)f_{yy}(\omega)} = C(\omega). \end{aligned} \tag{7.30}$$

Entonces tenemos que la coherencia $C(\omega)$ es el cuadrado del coeficiente de correlación múltiple de cada uno de $dU_y(\omega)$, $dV_y(\omega)$ en $dU_x(\omega)$, $dV_x(\omega)$. La coherencia mide la fuerza de la asociación entre las dos series para las diferentes frecuencias.

7.5. Efecto del filtrado en la coherencia

El interés es determinar la coherencia entre la serie original y la serie filtrada.
Supongamos que la serie x_t es estacionaria. Sea

$$y_t = \sum_{r=-\infty}^{\infty} c_r x_{t+r}, \ \text{con} \ \sum_{r=-\infty}^{\infty} c_r^2 < \infty. \tag{7.31}$$

Sabemos que

$$x_t = \int_{-\pi}^{\pi} e^{it\omega}\, dS_x(\omega), \tag{7.32}$$

entonces

$$x_{t+r} = \int_{-\pi}^{\pi} e^{i(t+r)\omega}\, dS_x(\omega). \tag{7.33}$$

De (7.31) y (7.33) se deduce que

$$\begin{aligned}
y_t &= \int_{-\pi}^{\pi} \sum_{r=-\infty}^{\infty} c_r\, e^{i(t+r)\omega}\, dS_x(\omega) \\
&= \int_{-\pi}^{\pi} e^{it\omega}\, dS_y(\omega),
\end{aligned} \tag{7.34}$$

lo que implica que

$$dS_y(\omega) = \ell(\omega) dS_x(\omega), \ \text{donde} \ \ell(\omega) = \sum_{r=-\infty}^{\infty} c_r\, e^{ir\omega}. \tag{7.35}$$

Por otra parte

$$\begin{aligned}
dF_{yy}(\omega) &= E\left[dS_y(\omega)\overline{dS_y(\omega)} \right] \\
&= |\ell(\omega)|^2\, dF_{xx}(\omega),
\end{aligned} \tag{7.36}$$

entonces

$$f_{yy}(\omega) = |\ell(\omega)|^2\, f_{xx}(\omega). \tag{7.37}$$

Además

$$\begin{aligned}
dF_{xy}(\omega) &= E\left[dS_x(\omega)\overline{dS_y(\omega)} \right] \\
&= \overline{\ell(\omega)} dF_{xx}(\omega),
\end{aligned} \tag{7.38}$$

lo que implica que

$$f_{xy}(\omega) = \overline{\ell(\omega)} f_{xx}(\omega). \tag{7.39}$$

Por lo tanto

$$\mathbf{f}(\omega) = \begin{bmatrix} f_{xx}(\omega) & f_{xy}(\omega) \\ f_{yx}(\omega) & f_{yy}(\omega) \end{bmatrix}$$

$$= \begin{bmatrix} 1 & \overline{\ell(\omega)} \\ \ell(\omega) & |\ell(\omega)|^2 \end{bmatrix} f_{xx}(\omega). \tag{7.40}$$

En consecuencia, la coherencia es

$$C(\omega) = \frac{|f_{xy}(\omega)|^2}{f_{xx}(\omega)f_{yy}(\omega)}$$

$$= \frac{|\ell(\omega)|^2 f_{xx}^2(\omega)}{|\ell(\omega)|^2 f_{xx}^2(\omega)} = 1. \tag{7.41}$$

De lo que se deduce que la coherencia entre la serie original y la serie filtrada es igual a uno. Además, esto nos dice que la asociación en el dominio de las frecuencias entre las series original y filtrada es perfecta desde el punto de vista de la linealidad.

7.6. Efecto de un desplazamiento en la fase

Supongamos que la serie x_t es estacionaria y que y_t difiere de esta solamente en que el componente de frecuencia ω está desplazado en fase por una cantidad $\varphi(\omega)$, $0 \leqslant \omega \leqslant \pi$. Así

$$x_t = \int_0^\pi \cos(\omega t)dU_x(\omega) + \int_0^\pi \mathrm{sen}(\omega t)dV_x(\omega), \tag{7.42}$$

$$y_t = \int_0^\pi \cos(\omega t - \varphi(\omega))dU_x(\omega) + \int_0^\pi \mathrm{sen}(\omega t - \varphi(\omega))dV_x(\omega). \tag{7.43}$$

Además

$$E(x_t y_{t-r}) = 2\int_0^\pi [\cos(\omega t)\cos(\omega t - \omega r - \varphi(\omega))$$

$$+ \mathrm{sen}(\omega t)\,\mathrm{sen}(\omega t - \omega r - \varphi(\omega))]\, f_{xx}(\omega)d\omega, \tag{7.44}$$

puesto que

$$E\left[dU_x(\omega)\right]^2 = E\left[dV_x(\omega)\right]^2 = 2f_{xx}(\omega).$$

Entonces

$$E(x_t y_{t-r}) = 2\int_0^\pi \cos\left(\omega r + \varphi(\omega)\right) f_{xx}(\omega)d\omega$$

$$= \int_{-\pi}^\pi e^{i(\omega r + \Phi(\omega))} f_{xx}(\omega)d\omega, \tag{7.45}$$

donde

$$\Phi(\omega) = \begin{cases} \varphi(\omega), \text{ si } 0 < \omega \leqslant \pi, \\ 0, \text{ si } \omega = 0, \\ -\varphi(\omega), \text{ si } -\pi < \omega < 0. \end{cases} \tag{7.46}$$

Sabemos que

$$E(x_t y_{t-r}) = \gamma_{xy}(r) = \int_{-\pi}^{\pi} e^{i\omega r} f_{xy}(\omega)d\omega, \tag{7.47}$$

lo que implica que

$$f_{xy}(\omega) = e^{i\Phi(\omega)} f_{xx}(\omega), \quad -\pi < \omega \leqslant \pi, \tag{7.48}$$

lo que a su vez nos da

$$\begin{aligned} f_{xy}(\omega) &= e^{i\varphi(\omega)} f_{xx}(\omega), \quad 0 < \omega \leqslant \pi \\ &= c(\omega) + iq(\omega). \end{aligned} \tag{7.49}$$

Esto conlleva a que

$$c(\omega) = \cos\varphi(\omega) f_{xx}(\omega), \tag{7.50}$$

$$q(\omega) = \operatorname{sen}\varphi(\omega) f_{xx}(\omega), \tag{7.51}$$

y a que

$$\begin{aligned} C(\omega) &= \frac{|f_{xy}(\omega)|^2}{f_{xx}(\omega) f_{yy}(\omega)} \\ &= \frac{f_{xx}^2(\omega)}{f_{xx}(\omega) f_{yy}(\omega)}. \end{aligned} \tag{7.52}$$

Por otra parte podemos escribir

$$\begin{aligned} y_t &= \int_0^{\pi} \{\cos(\omega t)\cos\varphi(\omega) + \operatorname{sen}(\omega t)\operatorname{sen}\varphi(\omega)\} \, dU_x(\omega) \\ &\quad + \int_0^{\pi} \{\operatorname{sen}(\omega t)\cos\varphi(\omega) - \cos(\omega t)\operatorname{sen}\varphi(\omega)\} \, dV_x(\omega) \\ &= \int_0^{\pi} \{\cos(\omega t)dU_y(\omega) + \operatorname{sen}(\omega t)dV_y(\omega)\}, \end{aligned} \tag{7.53}$$

donde

$$dU_y(\omega) = \cos\varphi(\omega)dU_x(\omega) - \operatorname{sen}\varphi(\omega)dV_x(\omega),$$

$$dV_y(\omega) = \operatorname{sen}\varphi(\omega)dU_x(\omega) + \cos\varphi(\omega)dV_x(\omega).$$

Entonces

$$\begin{aligned} 2f_{yy}(\omega) &= E\left[dU_y(\omega)\right]^2 = \left[\cos^2\varphi(\omega) + \operatorname{sen}^2\varphi(\omega)\right] 2f_{xx}(\omega) \\ &= 2f_{xx}(\omega). \end{aligned}$$

Lo que nos conduce a

$$f_{yy}(\omega) = f_{xx}(\omega), \tag{7.54}$$

y por (7.52), a

$$C(\omega) = 1. \tag{7.55}$$

Además

$$\begin{aligned}
\psi(\omega) &= \tan^{-1}\left(\frac{q(\omega)}{c(\omega)}\right) \\
&= \tan^{-1}\tan\varphi(\omega) = \varphi(\omega).
\end{aligned} \tag{7.56}$$

7.6.1. Caso especial

Supongamos que $\varphi(\omega) = b\omega$, donde b es un entero. Esto se lo interpreta como un desplazamiento de la fase proporcional a las frecuencias. Entonces

$$\begin{aligned}
y_t &= \int_0^{\pi} [\cos\omega(t-b)dU_x(\omega) + \operatorname{sen}\omega(t-b)dV_x(\omega)] \\
&= x_{t-b}.
\end{aligned}$$

O sea que y_t es x_t rezagado.

Entonces, si el diagrama de la fase es aproximadamente igual a una línea recta que pasa por el origen, se sigue que y_t es aproximadamente igual a x_t pero rezagado.■

7.6.2. Efecto en la correlación entre los componentes de las series en la frecuencia ω

El objetivo es determinar el efecto de un desplazamiento en la fase en la correlación entre los componentes de las series x_t e y_t en la frecuencia ω. Así, consideremos a las series conjuntamente estacionarias x_t, y_t, escritas como

$$x_t = \int_0^{\pi} [\cos(\omega t)dU_x(\omega) + \operatorname{sen}(\omega t)dV_x(\omega)],$$

$$y_t = \int_0^{\pi} [\cos(\omega t)dU_y(\omega) + \operatorname{sen}(\omega t)dV_y(\omega)].$$

El componente de x_t en la frecuencia ω es

$$dx(\omega) = \cos(\omega t)dU_x(\omega) + \operatorname{sen}(\omega t)dV_x(\omega).$$

Consideremos el componente de y_t en la frecuencia ω desplazado en fase por una cantidad λ. Este es

$$dy'(\omega) = \cos(\omega t + \lambda)dU_y(\omega) + \operatorname{sen}(\omega t + \lambda)dV_y(\omega).$$

Entonces

$$\begin{aligned}
E\left[dx(\omega)dy'(\omega)\right] &= \left[\cos(\omega t)\cos(\omega t + \lambda) + \operatorname{sen}(\omega t)\operatorname{sen}(\omega t + \lambda)\right]2c(\omega)d\omega \\
&\quad + \left[\cos(\omega t)\operatorname{sen}(\omega t + \lambda) - \operatorname{sen}(\omega t)\cos(\omega t + \lambda)2q(\omega)d\omega\right. \\
&= \left[2c(\omega)\cos\lambda + 2q(\omega)\operatorname{sen}\lambda\right]d\omega.
\end{aligned} \tag{7.57}$$

Por otra parte

$$E\left[dx(\omega)\right]^2 = 2f_{xx}(\omega)d\omega, \quad E\left[dy'(\omega)\right]^2 = 2f_{yy}(\omega)d\omega. \tag{7.58}$$

Por lo tanto, de (7.57) y (7.58) tenemos la correlación

$$\operatorname{corr}\left[dx(\omega)dy'(\omega)\right] = \frac{2c(\omega)\cos\lambda + 2q(\omega)\operatorname{sen}\lambda}{\sqrt{2f_{xx}(\omega)2f_{yy}(\omega)}}. \tag{7.59}$$

Para maximizar (7.59) con respecto a λ debemos tomar la derivada parcial con respecto a λ e igualarla a cero, lo que nos da

$$-c(\omega)\operatorname{sen}\lambda + q(\omega)\cos\lambda = 0,$$

de donde obtenemos que

$$\tan\lambda = \frac{q(\omega)}{c(\omega)},$$

y

$$\lambda = \tan^{-1}\left(\frac{q(\omega)}{c(\omega)}\right). \tag{7.60}$$

Así, vemos que

$$\cos\lambda = \frac{c(\omega)}{\sqrt{c^2(\omega) + q^2(\omega)}},$$

$$\operatorname{sen}\lambda = \frac{q(\omega)}{\sqrt{c^2(\omega) + q^2(\omega)}}.$$

Con ello tenemos que

$$\begin{aligned}
\operatorname{máx}\operatorname{corr}\left[dx(\omega)dy'(\omega)\right] &= \frac{c^2(\omega) + q^2(\omega)}{\sqrt{c^2(\omega) + q^2(\omega)}\sqrt{f_{xx}(\omega)f_{yy}(\omega)}} \\
&= \sqrt{\frac{c^2(\omega) + q^2(\omega)}{f_{xx}(\omega)f_{yy}(\omega)}} = \sqrt{C(\omega)}.
\end{aligned} \tag{7.61}$$

Lo que implica que la coherencia $C(\omega)$ es igual a la máxima correlación entre componentes de frecuencia ω. Además,

$$\psi(\omega) = \tan^{-1}\left(\frac{q(\omega)}{c(\omega)}\right) \tag{7.62}$$

es el desplazamiento de la fase necesario para obtener esa máxima correlación.

7.7. Relaciones de regresión

Supongamos que tenemos la siguiente relación

$$y_t = \sum_{r=-\infty}^{\infty} c_r x_{t-r} + \varepsilon_t, \tag{7.63}$$

donde $\{x_t\}$ y $\{\varepsilon_t\}$ son conjuntamente estacionarias y no correlacionadas entre sí, con

$$\sum_{r=-\infty}^{\infty} c_r^2 < \infty.$$

Queremos la coherencia entre las series x_t e y_t.

Tenemos que

$$z_t = \int_{-\pi}^{\pi} e^{it\omega}\, dS_z(\omega), \tag{7.64}$$

donde z es igual a x, y o ε, según sea el caso.

De (7.63) y (7.64)

$$\int_{-\pi}^{\pi} e^{it\omega}\, dS_y(\omega) = \sum_{r=-\infty}^{\infty} c_r \int_{-\pi}^{\pi} e^{i(t-r)\omega}\, dS_x(\omega) + \int_{-\pi}^{\pi} e^{it\omega}\, dS_\varepsilon(\omega). \tag{7.65}$$

De aquí se deduce que

$$dS_y(\omega) = \sum_{r=-\infty}^{\infty} c_r\, e^{-ir\omega}\, dS_x(\omega) + dS_\varepsilon(\omega). \tag{7.66}$$

Esto implica que

$$dS_y(\omega) = \ell(\omega) dS_x(\omega) + dS_\varepsilon(\omega), \tag{7.67}$$

donde

$$\ell(\omega) = \sum_{r=-\infty}^{\infty} c_r\, e^{-ir\omega}.$$

Entonces

$$dF_{yy}(\omega) = E\left[dS_y(\omega)\overline{dS_y(\omega)}\right] = |\ell(\omega)|^2\, dF_{xx}(\omega) + dF_{\varepsilon\varepsilon}(\omega),$$

y

$$f_{yy}(\omega) = |\ell(\omega)|^2 f_{xx}(\omega) + f_{\varepsilon\varepsilon}(\omega). \tag{7.68}$$

Por otra parte

$$dF_{xy}(\omega) = E\left[dS_x(\omega)\overline{dS_y(\omega)}\right] = \overline{\ell(\omega)}dF_{xx}(\omega),$$

y

$$f_{xy}(\omega) = \overline{\ell(\omega)}f_{xx}(\omega). \tag{7.69}$$

Entonces, la matriz (7.11) queda en este caso como

$$\mathbf{f}(\omega) = \begin{bmatrix} f_{xx}(\omega) & \overline{\ell(\omega)} f_{xx}(\omega) \\ \ell(\omega) f_{xx}(\omega) & |\ell(\omega)|^2 f_{xx}(\omega) + f_{\varepsilon\varepsilon}(\omega) \end{bmatrix}.$$

Consecuentemente, la coherencia es

$$
\begin{aligned}
C(\omega) &= \frac{|f_{xy}(\omega)|^2}{f_{xx}(\omega) f_{yy}(\omega)} = \frac{|\ell(\omega)|^2 f_{xx}^2(\omega)}{|\ell(\omega)|^2 f_{xx}^2(\omega) + f_{xx}(\omega) f_{\varepsilon\varepsilon}(\omega)} \\
&= \frac{1}{1 + \frac{f_{\varepsilon\varepsilon}(\omega)}{|\ell(\omega)|^2 f_{xx}(\omega)}} < 1.
\end{aligned}
\tag{7.70}
$$

De (7.70) vemos que la coherencia ente la variable dependiente (serie y_t) y la variable independiente (serie x_t) es siempre menor que uno, posiblemente por la presencia de los disturbios ε_t que indican que la relación entre x_t e y_t no es perfectamente lineal.

7.8. Estimación

Básicamente para la estimación del espectro cruzado y otras magnitudes del análisis espectral bivariado se usan las mismas técnicas que las usadas para estimar la densidad espectral univariada, y que fueron desarrolladas en el Capítulo 5.

Así, supongamos que tenemos muestras $y_1, \ldots, y_n$ y $x_1, \ldots, x_n$ de series de tiempo estacionarias, reales, con $E(y_t) = E(x_t) = 0$, que satisfacen (7.1) para todo t, y queremos estimar los elementos de la matriz (7.11) de los procesos $\{y_t\}$ y $\{x_t\}$. Primeramente definimos a

$$c_{xx}(r) = \frac{1}{n} \sum_{t=1}^{n-|r|} x_t x_{t+|r|}, \tag{7.71}$$

$$c_{yy}(y) = \frac{1}{n} \sum_{t=1}^{n-|r|} y_t y_{t+|r|}, \tag{7.72}$$

$$c_{xy}(r) = \frac{1}{n} \sum_{t=1}^{n-|r|} y_t x_{t+|r|}, \tag{7.73}$$

como los estimadores de γ_{xx}, γ_{yy}, γ_{xy} respectivamente. Es claro que esos estimadores son consistentes para los respectivos parámetros. Luego, siguiendo a lo presentado en el Capítulo 5, podemos estimar consistentemente a las densidades espectrales de cada una de las series mediante

$$
\begin{aligned}
\widehat{f}_{ii}(\omega) &= \int_{-\pi}^{\pi} W(\theta - \omega) I_{ii}(\theta) d\theta \\
&= \frac{1}{2\pi} \sum_{s=1-n}^{n-1} k_s c_{ii}(s) \, e^{is\omega}, \quad \text{para } i = x, y,
\end{aligned}
\tag{7.74}
$$

donde $c_{ii}(s)$ fue definida en (7.71), (7.72) y (7.73), $I_{ii}(\theta)$ es el periodograma de la serie respectiva, k_s y $W(\omega)$ son las ventanas de los rezagos y espectral, respectivamente, definidas en el Capítulo 5.

Para estimar la densidad espectral cruzada debemos usar la forma (7.14) y estimar consistentemente cada una de sus partes. Así, siguiendo el razonamiento dado para el caso univariado, podemos estimar el co-espectro $c(\omega)$ como

$$\widehat{c}(\omega) = \frac{1}{2\pi} \left\{ k_0 c_{xy}(0) + \sum_{r=1}^{n-1} k_r \left[c_{xy}(r) + c_{xy}(-r) \right] \cos(r\omega) \right\}, \tag{7.75}$$

y al espectro en cuadratura $q(\omega)$ como

$$\widehat{q}(\omega) = \frac{1}{2\pi} \sum_{r=1}^{n-1} k_r \left[-c_{xy}(r) + c_{xy}(-r) \right] \operatorname{sen}(r\omega), \tag{7.76}$$

donde, como antes, k_r es la ventana de los rezagos. De aquí surge inmediatamente que el estimador de $f_{xy}(\omega)$ es

$$\widehat{f}_{xy}(\omega) = \widehat{c}(\omega) + i\widehat{q}(\omega). \tag{7.77}$$

Una forma alternativa de estimar directamente $f_{xy}(\omega)$ y no a través de sus componentes, es mediante el siguiente estimador

$$\widehat{f}_{xy}(\omega) = \int_{-\pi}^{\pi} W(\theta - \omega) I_{xy}(\theta) d\theta, \tag{7.78}$$

donde, como antes, $W(\omega)$ es la ventana espectral e

$$I_{xy}(\omega) = \frac{1}{2\pi} \sum_{r=1-n}^{n-1} c_{xy}(r) \, e^{i\omega r} \tag{7.79}$$

es el periodograma cruzado.

La coherencia es estimada a partir de (7.74) y (7.78), o de (7.74), (7.75) y (7.76), como

$$\begin{aligned}
\widehat{C}(\omega) &= \frac{\left| \widehat{f}_{xy}(\omega) \right|^2}{\widehat{f}_{xx}(\omega) \widehat{f}_{yy}(\omega)} \\
&= \frac{\widehat{c}^2(\omega) + \widehat{q}^2(\omega)}{\widehat{f}_{xx}(\omega) \widehat{f}_{yy}(\omega)},
\end{aligned} \tag{7.80}$$

y la fase como

$$\widehat{\psi}(\omega) = \tan^{-1} \left(\frac{\widehat{q}(\omega)}{\widehat{c}(\omega)} \right). \tag{7.81}$$

En cuanto a la ganancia, se la estima como

$$\begin{aligned}
\widehat{R}_{xy}(\omega) &= \frac{\left| \widehat{f}_{xy}(\omega) \right|}{\widehat{f}_{yy}(\omega)} \\
&= \frac{\sqrt{\widehat{c}^2(\omega) + \widehat{q}^2(\omega)}}{\widehat{f}_{yy}(\omega)},
\end{aligned} \tag{7.82}$$

donde $\widehat{f}_{xy}(\omega)$, $\widehat{f}_{yy}(\omega)$, $\widehat{c}(\omega)$ y $\widehat{q}(\omega)$ fueron definidos anteriormente.

Capítulo 8

Regresión con Series de Tiempo

8.1. Introducción

Muchas de las técnicas usadas en el estudio de las series de tiempo son aquellas basadas en el análisis de regresión (teoría clásica de mínimos cuadrados) o bien son adaptaciones o análogas de ellas. Las variables independientes o regresores pueden ser funciones del tiempo. Resumimos primero los procedimientos estadísticos cuando los términos aleatorios o errores son no correlacionados. Luego esos procedimientos son modificados para considerar los casos de términos aleatorios o errores con matriz de varianzas arbitraria, estudiando en esas circunstancias las cualidades (en relación a eficiencia y sesgo) de la estimación por mínimos cuadrados (MC) y la teoría asintótica bajo la presencia de correlación serial. También se consideran los casos en que algunos de los regresores son variables dependientes rezagadas con errores autocorrelacionados.

8.2. Análisis clásico de regresión

Consideremos el modelos de regresión

$$\mathbf{y} = \mathbf{X}\boldsymbol{\beta} + \mathbf{u}, \tag{8.1}$$

donde $\mathbf{y}$ es un vector de variables dependientes de orden $n \times 1$, $\mathbf{X}$ es una matriz de regresores o variables independientes de orden $n \times k$, $\boldsymbol{\beta}$ es un vector de coeficientes de orden $k \times 1$ y $\mathbf{u}$ es un vector de errores de orden $n \times 1$.

Supongamos que queremos realizar el análisis por mínimos cuadrados ordinarios (MCO). Las condiciones para la validez de MCO son

i) $E(\mathbf{u} \mid \mathbf{X}) = \mathbf{0}$,

ii) $V(\mathbf{u} \mid \mathbf{X}) = \sigma^2 \mathbf{I}$.

Cuando la condición ii) se satisface, se dice que los errores $\mathbf{u}$ son esféricos.
Dado que el vector columna $\mathbf{u}$ es

$$\mathbf{u} = \begin{pmatrix} u_1 & u_2 & \cdots & u_n \end{pmatrix}', \tag{8.2}$$

las condiciones anteriores implican que

$$E(u_t \mid \mathbf{X}) = 0, \tag{8.3}$$

$$E(u_t u_s \mid \mathbf{X}) = \begin{cases} 0, & \text{si } t \neq s, \\ \sigma^2, & \text{si } t = s. \end{cases} \tag{8.4}$$

O sea que los u_t's deben tener media cero, deben ser no correlacionados y tener varianza constante σ^2.

El estimador por MCO de $\boldsymbol{\beta}$ en (8.1) es

$$\mathbf{b} = (\mathbf{X}'\mathbf{X})^{-1}\mathbf{X}'\mathbf{y}. \tag{8.5}$$

Sea la varianza estimada de $\mathbf{b}$

$$\widehat{V}(\mathbf{b}) = S^2(\mathbf{X}'\mathbf{X})^{-1}, \tag{8.6}$$

donde

$$S^2 = \frac{1}{n-k}(\mathbf{y} - \mathbf{X}\mathbf{b})'(\mathbf{y} - \mathbf{X}\mathbf{b}). \tag{8.7}$$

Cuando i) y ii) se satisface tenemos que:

a) $\mathbf{b}$ es un estimador eficiente de $\boldsymbol{\beta}$, en efecto es el Mejor Estimador Lineal e Insesgado (MELI o BLUE en Inglés),

b) $E\left[\widehat{V}(\mathbf{b})\right] = V(\mathbf{b})$, o sea que el estimador de la varianza de $\mathbf{b}$ es insesgado.

8.3. Regresión con errores no-esféricos

Supongamos que

$$E(\mathbf{u}\mathbf{u}' \mid \mathbf{X}) = \mathbf{V} \neq \sigma^2\mathbf{I}, \tag{8.8}$$

donde $\mathbf{V}$ es una matriz positiva definida de orden n. Cuando el vector $\mathbf{u}$ satisface (8.8) se dice que los errores no son esféricos, o bien que son no-esféricos.

Supongamos además que la matriz $\mathbf{X}$ es fija. Sabemos que

$$\begin{aligned} \mathbf{b} &= (\mathbf{X}'\mathbf{X})^{-1}\mathbf{X}'\mathbf{y} = (\mathbf{X}'\mathbf{X})^{-1}\mathbf{X}'(\mathbf{X}\boldsymbol{\beta} + \mathbf{u}) \\ &= \boldsymbol{\beta} + (\mathbf{X}'\mathbf{X})^{-1}\mathbf{X}'\mathbf{u}. \end{aligned} \tag{8.9}$$

Entonces, $E(\mathbf{b}) = \boldsymbol{\beta}$, o sea que $\mathbf{b}$ es insesgado. Asimismo

$$\begin{aligned} V(\mathbf{b}) &= E\left[(\mathbf{b} - \boldsymbol{\beta})(\mathbf{b} - \boldsymbol{\beta})'\right] \\ &= E\left[(\mathbf{X}'\mathbf{X})^{-1}\mathbf{X}'\mathbf{u}\mathbf{u}'\mathbf{X}(\mathbf{X}'\mathbf{X})^{-1}\right] \\ &= (\mathbf{X}'\mathbf{X})^{-1}\mathbf{X}'\mathbf{V}\mathbf{X}(\mathbf{X}'\mathbf{X})^{-1}. \end{aligned} \tag{8.10}$$

Por otra parte, de la teoría de MC generalizados sabemos que el estimador eficiente de $\boldsymbol{\beta}$ es

$$\widehat{\boldsymbol{\beta}} = (\mathbf{X}'\mathbf{V}^{-1}\mathbf{X})^{-1}\mathbf{X}'\mathbf{V}^{-1}\mathbf{y}. \tag{8.11}$$

El que tiene varianza

$$V(\widehat{\beta}) = (\mathbf{X}'\mathbf{V}^{-1}\mathbf{X})^{-1}. \tag{8.12}$$

La eficiencia de un estimador se define como al cociente entre el determinante de la matriz de varianzas del estimador eficiente sobre el determinante de la matriz de varianzas del estimador considerado, lo que implica que es menor o igual que uno. Consecuentemente, la eficiencia de **b** es

$$
\begin{aligned}
\mathrm{Ef}(\mathbf{b}) &= \frac{\left|V(\widehat{\beta})\right|}{|V(\mathbf{b})|} = \frac{|\mathbf{X}'\mathbf{V}^{-1}\mathbf{X}|^{-1}}{|\mathbf{X}'\mathbf{X}|^{-1}\,|\mathbf{X}'\mathbf{V}\mathbf{X}|\,|\mathbf{X}'\mathbf{X}|^{-1}} \\
&= \frac{|\mathbf{X}'\mathbf{X}|^{2}}{|\mathbf{X}'\mathbf{V}\mathbf{X}|\,|\mathbf{X}'\mathbf{V}^{-1}\mathbf{X}|}.
\end{aligned}
\tag{8.13}
$$

Como ya dijimos, la eficiencia es menor o igual que uno, pero la pregunta es ¿cuán pequeña puede ser? Tratemos de encontrar una matriz $\mathbf{X}$ tal que para una dada matriz de varianzas $\mathbf{V}$, la $\mathrm{Ef}(\mathbf{b})$ sea tan pequeña como se pueda.

8.3.1. Consideremos el caso $k = 1$

Así, sea

$$\mathbf{y} = \beta\mathbf{x} + \mathbf{u}, \tag{8.14}$$

donde el vector columna $\mathbf{x}$ es

$$\mathbf{x} = \begin{pmatrix} x_1 & x_2 & \cdots & x_n \end{pmatrix}'. \tag{8.15}$$

Entonces, usando (8.13), tenemos

$$\mathrm{Ef}(b) = \frac{(\mathbf{x}'\mathbf{x})^2}{\mathbf{x}'\mathbf{V}\mathbf{x}\mathbf{x}'\mathbf{V}^{-1}\mathbf{x}}. \tag{8.16}$$

Por otra parte, sea $\mathbf{L}$ una matriz ortogonal que diagonaliza $\mathbf{V}$, esto es

$$
\begin{aligned}
\mathbf{L}'\mathbf{V}\mathbf{L} &= \begin{pmatrix} \lambda_1 & 0 & \cdots & 0 \\ 0 & \lambda_2 & \ddots & 0 \\ \vdots & \ddots & \ddots & \vdots \\ 0 & 0 & \cdots & \lambda_n \end{pmatrix} \\
&= \mathbf{\Lambda},
\end{aligned}
\tag{8.17}
$$

donde $0 < \lambda_1 \leqslant \lambda_2 \leqslant \cdots \leqslant \lambda_n$ son los eigenvalores de $\mathbf{V}$. Sea $\mathbf{w} = \mathbf{L}'\mathbf{x}$, y el i-ésimo componente de $\mathbf{w}$ es w_i. Esto implica que $\mathbf{x} = \mathbf{L}\mathbf{w}$, entonces (8.16) queda

$$
\begin{aligned}
\mathrm{Ef}(b) &= \frac{(\mathbf{w}'\mathbf{w})^2}{\mathbf{w}'\mathbf{\Lambda}\mathbf{w}\mathbf{w}'\mathbf{\Lambda}^{-1}\mathbf{w}} \\
&= \frac{\left(\displaystyle\sum_{i=1}^{n} w_i^2\right)^2}{\left(\displaystyle\sum_{i=1}^{n} \lambda_i w_i^2\right)\left(\displaystyle\sum_{i=1}^{n} \frac{w_i^2}{\lambda_i}\right)} \leqslant 1,
\end{aligned}
\tag{8.18}
$$

por la desigualdad de Cauchy. Nos interesa conocer condiciones bajo las cuales $\mathrm{Ef}(b) = 1$. Ellas son:

1) $\lambda_1 = \lambda_2 = \cdots = \lambda_n = \sigma^2$. Esto nos conduce a la estimación por MC ordinarios cuando ii) se satisface.

2) $w_i = c \neq 0$, para algún i, $w_j = 0$ para todo $j \neq i$. Se sigue entonces que

$$\mathrm{Ef}(b) = \frac{(c^2)^2}{\lambda_i c^2 \frac{1}{\lambda_i} c^2} = 1. \tag{8.19}$$

La pregunta ahora es qué implica lo anterior para el vector $\mathbf{x}$ de regresores. Para responderla, sea ℓ_i el i-ésimo vector columna de la matriz $\mathbf{L}$, entonces

$$\mathbf{x} \;=\; \mathbf{Lw} = \begin{pmatrix} \ell_1 & \ell_2 & \cdots & \ell_n \end{pmatrix} \begin{pmatrix} 0 \\ \vdots \\ 0 \\ c \\ 0 \\ \vdots \\ 0 \end{pmatrix}$$

$$\;=\; c\ell_i, \tag{8.20}$$

o sea que $\mathbf{x}$ está sobre el i-ésimo eigenvector de la matriz $\mathbf{V}$. Lo que implica que la estimación por MC ordinarios es eficiente cuando $\mathbf{x}$ está sobre algún eigenvector de la matriz $\mathbf{V}$.

3) Sea $\Im = \{i_1, i_2, \ldots, i_q\}$ un subconjunto de los valores $i = 1, 2, \ldots, n$. Entonces, supongamos que $\lambda_i = \lambda$ para todo $i \in \Im$, $w_i = c_i \neq 0$ para todo $i \in \Im$ y $w_i = 0$ para todo $i \notin \Im$. Ante ello tenemos que

$$\mathrm{Ef}(b) = \frac{\left(\sum_{i \in \Im} c_i^2\right)^2}{\left(\lambda \sum_{i \in \Im} c_i^2\right) \frac{1}{\lambda} \left(\sum_{i \in \Im} c_i^2\right)} = 1. \tag{8.21}$$

La pregunta nuevamente es qué implica esto para $\mathbf{x}$. Entonces, bajo las condiciones enunciadas,

$$\mathbf{x} \;=\; \mathbf{Lw} = \begin{pmatrix} \ell_1 & \ell_2 & \cdots & \ell_n \end{pmatrix} \begin{pmatrix} w_1 \\ w_2 \\ \vdots \\ w_n \end{pmatrix}$$

$$\;=\; \sum_{i \in \Im} c_i \ell_i, \tag{8.22}$$

o sea que $\mathbf{x}$ es una combinación lineal de un subconjunto de eigenvectores de la matriz $\mathbf{V}$, y los eigenvalores correspondientes a esos eigenvectores son todos iguales. En este caso la estimación por MC ordinarios es eficiente.

Debe observarse que 1) y 2) son casos especiales de 3). También debe observarse que cuando $\mathbf{x}$ es aproximadamente una combinación lineal de un subconjunto de eigenvectores de la matriz $\mathbf{V}$, y los eigenvalores correspondientes a esos eigenvectores son todos iguales, MC ordinarios es aproximadamente eficiente.

8.3.2. Aplicación a una regresión cuyas variables son series de tiempo

Supongamos, en este caso, que el vector $\mathbf{u}$ de (8.14) es una muestra de una serie de tiempo estacionaria. Entonces su matriz de varianzas es

$$\mathbf{V} = \begin{pmatrix} \gamma_0 & \gamma_1 & \cdots & \gamma_{n-1} \\ \gamma_1 & \gamma_0 & \ddots & \gamma_{n-2} \\ \vdots & \ddots & \ddots & \vdots \\ \gamma_{n-1} & \gamma_{n-2} & \cdots & \gamma_0 \end{pmatrix} = \mathbf{\Gamma}. \tag{8.23}$$

Sabemos, de acuerdo a lo visto anteriormente, que los eigenvectores de esta matriz son aproximadamente los vectores de Fourier $\mathbf{F}_0, \mathbf{F}_1, \ldots, \mathbf{F}_{n-1}$, que los eigenvalores son aproximadamente $2\pi f(0)$, $2\pi f\left(\frac{2\pi}{n}\right)$, $2\pi f\left(\frac{2\pi}{n}\right)$, $2\pi f\left(\frac{4\pi}{n}\right)$, $2\pi f\left(\frac{4\pi}{n}\right)$, ..., $2\pi f\left(\frac{2\left[\frac{n}{2}\right]\pi}{n}\right)$, y que esos eigenvalores son iguales de a pares excepto para $2\pi f(0)$ y $2\pi f\left(\frac{2\left[\frac{n}{2}\right]\pi}{n}\right)$ cuando n es par.

Supongamos que la variable $\mathbf{x}$ representa un regresor que "cambia suavemente", esto significa que este regresor consiste casi enteramente de componentes de baja frecuencia, o sea que estos componentes aproximadamente pertenecen a un subespacio generado por los eigenvectores de baja frecuencia que están en una banda angosta de frecuencias cercanas al origen. Para una densidad espectral típica, los valores de la densidad espectral en esa banda serán aproximadamente iguales. Esto implica que MC ordinarios es aproximadamente eficiente.

De forma similar, si queremos ajustar una regresión que consista en una onda sinusoidal pura, o sea que

$$x_t = \alpha_1 \cos\left(\frac{2\pi j t}{n}\right) + \alpha_2 \operatorname{sen}\left(\frac{2\pi j t}{n}\right), \tag{8.24}$$

MC ordinarios es aproximadamente eficiente. Un caso especial de esto es cuando se ajusta un ciclo anual de la forma

$$\alpha_1 \cos\left(\frac{2\pi t}{12}\right) + \alpha_2 \operatorname{sen}\left(\frac{2\pi t}{12}\right) \tag{8.25}$$

a datos mensuales cuando n es un múltiplo de 12.

8.3.3. Ejemplo

Anteriormente se analizó la serie consiste en el logaritmo del número, expresado en miles, de pasajeros transportados internacionalmente por las empresas aéreas para cada mes desde Enero de 1949 hasta Diciembre de 1960 cuyo gráfico se muestra en la Figura 8.1. Como se puede observar, la serie presenta una importante tendencia lineal ascendente. Por lo tanto, se puede proponer la siguiente regresión lineal en el tiempo para estimar la tendencia de la serie

$$y_t = \beta_0 + \beta_1 t + u_t, \qquad t = 1, \ldots, n, \tag{8.26}$$

donde y_t es la serie a estudiar y u_t es el t-ésimo componente del vector $\mathbf{u}$ cuya matriz de varianzas está dada en la fórmula (8.23). La tendencia lineal definida en la fórmula anterior

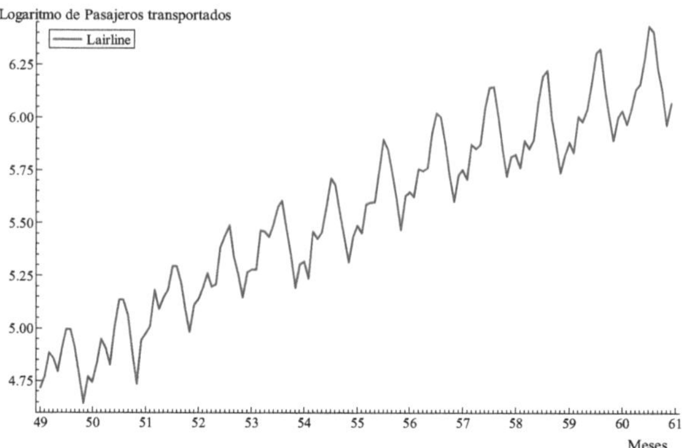

Figura 8.1: Logaritmo natural del número, expresado en miles, de pasajeros transportados internacionalmente por las empresas aéreas, para cada mes desde Enero de 1949 hasta Diciembre de 1960

consiste casi enteramente de componentes de baja frecuencia, por lo tanto la estimación por MCO de los parámetros de la tendencia de (8.26) será aproximadamente eficiente.

En la Figura 8.2 se muestra a la serie de los logaritmos estudiada y la tendencia lineal estimada por MCO de acuerdo a (8.26).■

La otra pregunta que nos hacemos es cuán malo puede ser MCO para estimar a β de (8.14) con matriz de varianzas de $\mathbf{u}$ dada en (8.23). Esto es equivalente a encontrar una cota inferior a la Ef(b). Para encontrar la solución necesitamos el siguiente:

Lema. (Desigualdad de Kantorovich). Si X es una variable aleatoria tal que $0 < m \leqslant X \leqslant M$, entonces

$$E(X)E(X^{-1}) \leqslant \frac{(m+M)^2}{4mM} = \frac{1}{4}\left(\frac{m}{M} + \frac{M}{m} + 2\right). \tag{8.27}$$

Demostración. Para $0 < m \leqslant x \leqslant M$,

$$0 \leqslant (M-x)(x-m) = (M+m-x)x - Mm, \tag{8.28}$$

lo que implica que

$$\frac{1}{x} \leqslant \frac{M+m-x}{Mm}. \tag{8.29}$$

La esperanza de $\frac{1}{X}$ multiplicada por $E(X)$ satisface, en consecuencia,

$$E(X)E(X^{-1}) \leqslant \frac{1}{Mm}[M + m - E(X)]E(X). \tag{8.30}$$

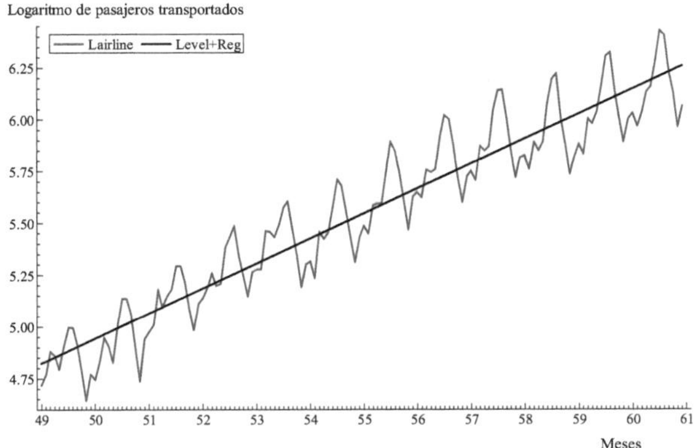

Figura 8.2: Logaritmo natural del número, expresado en miles, de pasajeros transportados internacionalmente por las empresas aéreas, para cada mes desde Enero de 1949 hasta Diciembre de 1960 más la tendencia lineal estimada por MCO de acuerdo a (8.26)

Por otra parte

$$
\begin{aligned}
0 \leqslant \left[E(X) - \frac{1}{2}(M+m) \right]^2 &= [E(X)]^2 - (M+m)E(X) \\
&\quad + \frac{(M+m)^2}{4} \\
&= -[M+m-E(X)]E(X) \\
&\quad + \frac{(M+m)^2}{4}.
\end{aligned}
\tag{8.31}
$$

Lo que implica que

$$
[M+m-E(X)]E(X) \leqslant \frac{(M+m)^2}{4}.
\tag{8.32}
$$

Este último resultado junto con (8.30) nos conducen a

$$
E(X)E(X^{-1}) \leqslant \frac{(m+M)^2}{4mM} = \frac{1}{4}\left(\frac{m}{M} + \frac{M}{m} + 2 \right).
$$

Q.E.D.■

La desigualdad de Kantorovich suele interpretársela como la cota opuesta a la desigualdad de Cauchy.

Regresemos al problema de encontrar una cota inferior a la Ef(b). Esto es equivalente a encontrar una cota superior a

$$
\frac{1}{\text{Ef}(b)} = \frac{\left(\sum\limits_{i=1}^{n} \lambda_i w_i^2 \right)\left(\sum\limits_{i=1}^{n} \frac{w_i^2}{\lambda_i} \right)}{\left(\sum\limits_{i=1}^{n} w_i^2 \right)^2} = \rho.
\tag{8.33}
$$

Obsérvese que definiendo

$$a^2 = \frac{\sum\limits_{i=1}^{n} \lambda_i w_i^2}{\sum\limits_{i=1}^{n} w_i^2}, \qquad c^2 = \frac{\sum\limits_{i=1}^{n} \frac{w_i^2}{\lambda_i}}{\sum\limits_{i=1}^{n} w_i^2}, \tag{8.34}$$

resulta que $\rho = a^2 c^2$. Por otra parte tenemos que

$$a^2 = E(\lambda), \qquad c^2 = E(\lambda^{-1}). \tag{8.35}$$

Entonces, por aplicación del Lema anterior vemos que

$$\rho = a^2 c^2 = \frac{1}{\mathrm{Ef}(b)} \leqslant \frac{(\lambda_1 + \lambda_n)^2}{4\lambda_1 \lambda_n}, \tag{8.36}$$

donde $0 < \lambda_1 \leqslant \lambda_2 \leqslant \ldots \leqslant \lambda_n$. Consecuentemente

$$\mathrm{Ef}(b) \geqslant \frac{4\lambda_1 \lambda_n}{(\lambda_1 + \lambda_n)^2}. \tag{8.37}$$

La pregunta ahora es si esta cota se puede alcanzar. La respuesta es sí, cuando el vector $\mathbf{w}$ es de la forma

$$\mathbf{w} = \begin{pmatrix} d \\ 0 \\ \vdots \\ 0 \\ d \end{pmatrix}. \tag{8.38}$$

En este caso

$$\begin{aligned} \mathrm{Ef}(b) &= \frac{(2d^2)^2}{[d^2(\lambda_1 + \lambda_n)]\left[d^2\left(\frac{1}{\lambda_1} + \frac{1}{\lambda_n}\right)\right]} \\ &= \frac{4\lambda_1 \lambda_n}{(\lambda_1 + \lambda_n)^2}. \end{aligned} \tag{8.39}$$

Esto implica sobre el vector $\mathbf{x}$ de regresores lo siguiente

$$\begin{aligned} \mathbf{x} &= \begin{pmatrix} \ell_1 & \ell_2 & \cdots & \ell_n \end{pmatrix} \begin{pmatrix} 0 \\ \vdots \\ d \\ 0 \\ \vdots \\ d \\ 0 \\ \vdots \\ 0 \end{pmatrix} \\ &= d(\ell_{c_1} + \ell_{c_2}), \end{aligned} \tag{8.40}$$

donde ℓ_{c_1} y ℓ_{c_2} son los eigenvectores correspondientes a los eigenvalores λ_{c_1} y λ_{c_2} respectivamente, los que a su vez son, respectivamente, el mayor y el menor eigenvalor de la matriz $\mathbf{V}$. En este caso $\mathbf{x}$ es el ángulo bisector entre ℓ_{c_1} y ℓ_{c_2}. Esto implica que, cuando $\mathbf{x}$ es la semisuma entre los componentes de baja frecuencia y los de alta frecuencia, MC ordinarios es muy ineficiente.

8.3.4. Ejemplo

Sea u_t de (8.14) generado por un proceso AR(1) de la forma

$$u_t = \rho u_{t-1} + \varepsilon_t, \tag{8.41}$$

donde suponemos que $\rho > 0$. Entonces, la densidad espectral es

$$f(\omega) = \frac{c}{1 + \rho^2 - 2\rho\cos\omega}, \tag{8.42}$$

con

$$c = \frac{\sigma_u^2(1 - \rho^2)}{2\pi}. \tag{8.43}$$

Dado que $\rho > 0$, tenemos

$$\max_{\omega} f(\omega) \;\; = \;\; f(0) = \frac{c}{(1-\rho)^2}, \tag{8.44}$$

$$\min_{\omega} f(\omega) \;\; = \;\; f(\pi) = \frac{c}{(1+\rho)^2}. \tag{8.45}$$

Con ello, si λ_1 y λ_n son el menor y el mayor eigenvalor de la matriz $\mathbf{V}$ de varianzas de la muestra de tamaño n del proceso $\{u_t\}$, vemos que

$$\frac{\lambda_n}{\lambda_1} \to \frac{\max_\omega f(\omega)}{\min_\omega f(\omega)} = \frac{(1+\rho)^2}{(1-\rho)^2}. \tag{8.46}$$

Luego, de (8.39), tenemos

$$
\begin{aligned}
\min \mathrm{Ef}(b) \;\; &= \;\; \frac{4\lambda_1\lambda_n}{(\lambda_1 + \lambda_n)^2} = \frac{4\frac{\lambda_n}{\lambda_1}}{\left(1 + \frac{\lambda_n}{\lambda_1}\right)^2} \\[2mm]
&= \;\; \frac{4\frac{(1+\rho)^2}{(1-\rho)^2}}{\left[1 + \frac{(1+\rho)^2}{(1-\rho)^2}\right]^2} \\[2mm]
&= \;\; \frac{4(1+\rho)^2(1-\rho)^2}{[(1+\rho)^2 + (1-\rho)^2]} = \left(\frac{1-\rho^2}{1+\rho^2}\right)^2,
\end{aligned}
\tag{8.47}
$$

donde b es el estimador por MC ordinarios de β en (8.14) cuando los elementos del vector $\mathbf{u}$ satisfacen el modelo (8.41).

En el Cuadro 8.1 tenemos los valores de la eficiencia mínima, calculada de acuerdo a la fórmula (8.47), del estimador por MCO b del coeficiente β en (8.14) cuando los u_t's satisfacen (8.41), para distintos valores del coeficiente autorregresivo ρ. Observamos que a medida que ρ se aproxima a 1 la eficiencia mínima se aproxima a 0, lo que muestra lo inadecuado que puede resultar en esas circunstancias MCO para estimar β. Estos resultados fueron logrados por Watson (1955).∎

ρ	$0,3$	$0,6$	$0,9$
mín Ef(b)	$0,70$	$0,22$	$0,01$

Cuadro 8.1: Mínima Ef(b) para distintos valores de rho en una regresión simple con errores AR(1)

8.3.5. Extensión para el caso $k > 1$

Sabemos de (8.13) que

$$\text{Ef}(\mathbf{b}) = \frac{|\mathbf{X}'\mathbf{X}|^2}{|\mathbf{X}'\mathbf{V}\mathbf{X}|\,|\mathbf{X}'\mathbf{V}^{-1}\mathbf{X}|}.$$

En un muy buen trabajo, Martin Knott (1975) mostró que

$$\text{Ef}(\mathbf{b}) \geqslant \frac{4\lambda_1\lambda_n}{(\lambda_1 + \lambda_n)^2}\frac{4\lambda_2\lambda_{n-1}}{(\lambda_2 + \lambda_{n-1})^2} \cdots \frac{4\lambda_k\lambda_{n-k}}{(\lambda_k + \lambda_{n-k})^2}. \tag{8.48}$$

8.4.   Sesgo en la estimación de la varianza

Nuestro interés en esta sección es estudiar el sesgo en la estimación de la varianza $V(\mathbf{b})$ del estimador $\mathbf{b}$ por MCO del coeficiente β de una regresión de la forma (8.1) cuando los errores son no-esféricos.

A fin de hacer la exposición más sencilla de tal manera que el lector no se vea envuelto en álgebra pesada que impida la visualización de los resultados importantes, consideremos el caso de un sólo regresor, o sea $k = 1$. La extensión para valores de k mayores que 1 puede ser razonablemente directa.

Para $k = 1$, sabemos que

$$\widehat{V}(b) = \frac{S^2}{\mathbf{x}'\mathbf{x}}, \tag{8.49}$$

donde b es el estimador por MCO del coeficiente β de una regresión de la forma (8.14),

$$\begin{aligned} S^2 &= \frac{1}{n-1}(\mathbf{y} - b\mathbf{x})'(\mathbf{y} - b\mathbf{x}) \\ &\approx \frac{1}{n-1}\mathbf{u}'\mathbf{u}, \end{aligned} \tag{8.50}$$

y

$$E(S^2) \approx \frac{1}{n}\sum_{i=1}^{n} v_{ii}. \tag{8.51}$$

En (8.51), los v_{ii}'s son los elementos diagonales de la matriz $\mathbf{V}$ que fue definida en (8.8), lo mismo que el vector $\mathbf{u}$ fue definido en (8.2). Denotemos al segundo miembro de $E(S^2)$ dado en (8.51) como σ^2. Recuérdese que, de cualquier manera, en series de tiempo $v_{ii} = \sigma_u^2$.

También sabemos que

$$V(b) = \frac{\mathbf{x}'\mathbf{V}\mathbf{x}}{(\mathbf{x}'\mathbf{x})^2}, \tag{8.52}$$

y de lo anterior tenemos que

$$E[\widehat{V}(b)] \approx \frac{\sigma^2}{\mathbf{x}'\mathbf{x}}. \tag{8.53}$$

ρ	$0,3$	$0,6$	$0,9$
$\frac{\text{máx }R}{\text{mín }R}$	$3,47$	$16,00$	$361,00$

Cuadro 8.2: Sesgo posible del estimador por MCO de la varianza del estimador del coeficiente de una regresión simple

Definamos

$$R = \frac{E[\widehat{V}(b)]}{V(b)} \approx \frac{\sigma^2 \mathbf{x}'\mathbf{x}}{\mathbf{x}'\mathbf{V}\mathbf{x}}. \tag{8.54}$$

Si $R = 1$ concluimos que $\widehat{V}(b)$ es un estimador insesgado de $V(b)$. Sabemos que

$$\lambda_1 \leqslant \frac{\mathbf{x}'\mathbf{V}\mathbf{x}}{\mathbf{x}'\mathbf{x}} \leqslant \lambda_n, \tag{8.55}$$

donde λ_1 y λ_n son el menor y el mayor eigenvalor de $\mathbf{V}$, respectivamente. La cota mínima se alcanza cuando $\mathbf{x} = \ell_1$. La cota máxima se alcanza cuando $\mathbf{x} = \ell_n$. Recordemos que, en este caso, ℓ_1 y ℓ_n son los eigenvectores de $\mathbf{V}$ correspondientes a los eigenvalores menor, λ_1, y mayor, λ_n, respectivamente.

Lo anterior implica que

$$\frac{\sigma^2}{\lambda_n} \leqslant R \leqslant \frac{\sigma^2}{\lambda_1}, \tag{8.56}$$

y también

$$\frac{\text{máx }R}{\text{mín }R} = \frac{\lambda_n}{\lambda_1}. \tag{8.57}$$

Este es un resultado exacto debido a que no depende del supuesto que $E(S^2) = \sigma^2$. Esto es una medida de cuán importante puede llegar a ser el sesgo de la estimación por MCO de la varianza del estimador (por MCO) del coeficiente de una regresión.

8.4.1. Ejemplo

Sea u_t de (8.14) generado por un proceso AR(1) de la forma

$$u_t = \rho u_{t-1} + \varepsilon_t, \tag{8.58}$$

donde suponemos que $\rho > 0$. Entonces, de (8.46),

$$\frac{\lambda_n}{\lambda_1} \approx \frac{1 + \rho^2 + 2\rho}{1 + \rho^2 - 2\rho} = \left(\frac{1+\rho}{1-\rho}\right)^2. \tag{8.59}$$

En base a esto podemos ver en el Cuadro 8.2 cuán sesgada puede llegar a ser la estimación por MCO de la varianza del estimador (por MCO) del coeficiente de una regresión simple.

Nótese que máx R y mín R se alcanzan cuando $\mathbf{x}$ es un eigenvector de $\mathbf{V}$, o sea cuando MCO es eficiente.∎

Regresando al caso general para $k = 1$, sabemos que

$$R = \frac{E[\widehat{V}(b)]}{V(b)} \approx \frac{1}{n} \frac{\mathbf{x}'\mathbf{x}}{\mathbf{x}'\mathbf{V}\mathbf{x}} \operatorname{tr}\mathbf{V}. \tag{8.60}$$

Supongamos que el vector de regresores $\mathbf{x}$ está sobre un eigenvector de $\mathbf{V}$. En particular supongamos que $\mathbf{x} = c\ell$, donde ℓ es el eigenvector de $\mathbf{V}$ correspondiente al eigenvalor λ, entonces

$$\mathbf{V}\ell = \lambda\ell \ \ \text{y} \ \ \ell'\mathbf{V}\ell = \lambda, \tag{8.61}$$

por consiguiente

$$\begin{aligned}
\mathbf{x}'\mathbf{V}\mathbf{x} &= c^2\lambda, \\
\mathbf{x}'\mathbf{x} &= c^2, \\
\frac{\mathbf{x}'\mathbf{x}}{\mathbf{x}'\mathbf{V}\mathbf{x}} &= \frac{1}{\lambda},
\end{aligned}$$

y también

$$\operatorname{tr} \mathbf{V} = \sum_{i=1}^{n} \lambda_i.$$

Así

$$R = \frac{1}{n}\frac{\sum_{i=1}^{n}\lambda_i}{\lambda} = \frac{\overline{\lambda}}{\lambda}. \tag{8.62}$$

Lo que implica en este caso, que la estimación por MC ordinarios de la varianza del estimador del coeficiente es insesgada si λ está próximo a $\overline{\lambda}$. De otra manera es sesgada.

En series de tiempo, cuando $\mathbf{x}$ representa un regresor que "cambia suavemente", implica que contiene componentes de baja frecuencia o sea que están próximos a $f(0)$. Por consiguiente

$$R = \frac{\overline{f(\omega)}}{f(0)}, \tag{8.63}$$

donde

$$\overline{f(\omega)} = \frac{1}{\pi}\int_{0}^{\pi} f(\omega)d\omega = \frac{1}{2\pi}V(u_t),$$

puesto que, de acuerdo a lo visto anteriormente,

$$V(u_t) = \int_{-\pi}^{\pi} f(\omega)d\omega.$$

Se puede estimar todo lo anterior, estimando adecuadamente la densidad espectral de acuerdo a lo visto anteriormente.

8.5. Autorregresión con errores AR(1)

Las condiciones para la validez de MCO son, de acuerdo a lo visto anteriormente,

i) $E(\mathbf{u} \mid \mathbf{X}) = \mathbf{0}$,

ii) $V(\mathbf{u} \mid \mathbf{X}) = \sigma^2\mathbf{I}$.

Un ejemplo donde no se satisfacen es cuando algunos de los regresores son iguales a valores rezagados de la variable dependiente. Así, supongamos que tenemos

$$y_t = \beta x_t + \gamma y_{t-1} + u_t, \tag{8.64}$$
$$u_t = \alpha u_{t-1} + \varepsilon_t,$$

con $|\gamma| < 1$, $|\alpha| < 1$ y donde $x_1, \ldots, x_n, y_0$ son fijos. Supongamos que $\frac{1}{n} \sum_{t=1}^{n} x_t^2$ converge a una constante positiva cuando $n \to \infty$.

Designando como b y c a los estimadores por MCO de β y γ respectivamente, tenemos que las ecuaciones normales por MC son

$$\begin{cases} b \sum_t x_t^2 + c \sum_t x_t y_{t-1} = \sum_t x_t y_t, \\ b \sum_t x_t y_{t-1} + c \sum_t y_{t-1}^2 = \sum_t y_{t-1} y_t. \end{cases} \tag{8.65}$$

Sustituyendo la primera ecuación de (8.64) en el segundo miembro de las anteriores nos queda

$$\begin{cases} b \sum_t x_t^2 + c \sum_t x_t y_{t-1} = \sum_t x_t(\beta x_t + \gamma y_{t-1} + u_t), \\ b \sum_t x_t y_{t-1} + c \sum_t y_{t-1}^2 = \sum_t y_{t-1}(\beta x_t + \gamma y_{t-1} + u_t). \end{cases} \tag{8.66}$$

Luego

$$\begin{cases} (b - \beta)\frac{1}{n} \sum_t x_t^2 + (c - \gamma)\frac{1}{n} \sum_t x_t y_{t-1} = \frac{1}{n} \sum_t x_t u_t, \\ (b - \beta)\frac{1}{n} \sum_t x_t y_{t-1} + (c - \gamma)\frac{1}{n} \sum_t y_{t-1}^2 = \frac{1}{n} \sum_t y_{t-1} u_t. \end{cases} \tag{8.67}$$

Se puede mostrar que $\frac{1}{n} \sum_t x_t u_t$ tiene media cero y varianza $O(\frac{1}{n})$, por lo tanto converge a cero cuando $n \to \infty$. Por otra parte

$$\begin{aligned} \frac{1}{n} \sum_t y_{t-1} u_t &= \frac{1}{n} \sum_t (\beta x_{t-1} + \gamma y_{t-2} + u_{t-1}) u_t \\ &\to \gamma \frac{1}{n} \sum_t y_{t-2} u_t + \alpha \sigma^2, \end{aligned} \tag{8.68}$$

donde $\sigma^2 = V(u_t)$. Además,

$$\begin{aligned} \frac{1}{n} \sum_t y_{t-2} u_t &= \frac{1}{n} \sum_t (\beta x_{t-2} + \gamma y_{t-3} + u_{t-2}) u_t \\ &\to \gamma \frac{1}{n} \sum_t y_{t-3} u_t + \alpha^2 \sigma^2. \end{aligned} \tag{8.69}$$

Lo que implica que

$$\frac{1}{n} \sum_t y_{t-1} u_t \to \gamma^2 \frac{1}{n} \sum_t y_{t-3} u_t + \gamma \alpha^2 \sigma^2 + \alpha \sigma^2.$$

Continuando se llega a que

$$\begin{aligned} \frac{1}{n} \sum_t y_{t-1} u_t &\to \alpha \sigma^2 (1 + \alpha\gamma + \alpha^2 \gamma^2 + \cdots) \\ &\to \frac{\alpha \sigma^2}{1 - \alpha\gamma}. \end{aligned} \tag{8.70}$$

Entonces concluimos que, debido a que $\frac{1}{n}\sum_t x_t^2 \nrightarrow 0$, $\frac{1}{n}\sum_t x_t y_{t-1} \nrightarrow 0$, $\frac{1}{n}\sum_t y_{t-1}^2 \nrightarrow 0$, y a que el segundo miembro de (8.67) no converge a cero, todo cuando $n \rightarrow \infty$, no podemos tener que $b \rightarrow \beta$ y $c \rightarrow \gamma$ como soluciones límites de (8.67). Esto quiere decir que en este caso MCO produce estimadores de β y γ que son inconsistentes. Para solucionar este problema es esencial tomar en cuenta la autocorrelación en el proceso de estimación.

8.6. Tests de correlación serial

En las próximas secciones estudiaremos algunos tests para detectar correlación serial en un modelo de regresión. Correlación serial, también llamada autocorrelación, puede existir en cualquier estudio en el cual el orden de las observaciones tiene algún significado. Por lo tanto ocurre con mucha frecuencia en conjuntos de datos de series de tiempo. En esencia, correlación serial implica que el valor del término de error u_t pára un período t depende de una forma sistemática del valor del término de error en otros períodos de tiempos diferentes de t. Puesto que datos de series de tiempo son usados en muchas aplicaciones de regresión, es importante entender correlación serial, sus consecuencias para los estimadores por MCO y los diferentes test que están disponibles para detectarlo.

Debemos recordar que la presencia de correlación serial en el término de error de una regresión causa que los estimadores por MCO no sean eficientes y que la estimación de la varianza de esos estimadores sea sesgada, llevando a que los tests de hipótesis sean en ese caso poco confiables.

8.7. Test de Durbin-Watson

Supongamos que hemos realizado el análisis por MCO del modelo de regresión

$$\mathbf{y} = \mathbf{X}\boldsymbol{\beta} + \mathbf{u}, \tag{8.71}$$

donde $\mathbf{y}$ es un vector de orden $n \times 1$, $\mathbf{X}$ es una matriz no aleatoria de orden $n \times k$, $\boldsymbol{\beta}$ es un vector de orden $k \times 1$ y $\mathbf{u}$ es un vector aleatorio de orden $n \times 1$ con componentes u_t's.

Queremos testar por correlación serial de primer orden en $u_1, \ldots, u_n$ basado en los residuos observados

$$\mathbf{z} = \mathbf{y} - \mathbf{X}\mathbf{b}, \tag{8.72}$$

donde $\mathbf{b} = (\mathbf{X}'\mathbf{X})^{-1}\mathbf{X}'\mathbf{y}$ es el estimador por MCO de $\boldsymbol{\beta}$. Los componentes del vector $\mathbf{z}$ los denotamos como z_t.

Podemos usar como estadístico del test

$$r_1 = \frac{\sum_{t=2}^{n} z_t z_{t-1}}{\sum_{t=1}^{n} z_t^2},$$

o

$$r_c = \frac{\sum_{t=1}^{n} z_t z_{t-1}}{\sum_{t=1}^{n} z_t^2}, \quad \text{con } z_0 = z_n,$$

o

$$\frac{\delta^2}{S^2} = \frac{n}{n-1} \frac{\sum\limits_{t=2}^{n}(z_t - z_{t-1})^2}{\sum\limits_{t=1}^{n} z_t^2},$$

donde hemos supuesto que una columna de la matriz $\mathbf{X}$ es un vector de constantes (1 en general), o sea que hemos ajustado la media en el modelo de regresión. Aparte del factor $\frac{n}{n-1}$ todos los estadísticos propuestos tienen la forma

$$r = \frac{\mathbf{z}'\mathbf{A}\mathbf{z}}{\mathbf{z}'\mathbf{z}}, \tag{8.73}$$

donde, por ejemplo, en el caso del estadístico $\frac{\delta^2}{S^2}$ de von Neumann tenemos que

$$\mathbf{A} = \begin{pmatrix} 1 & -1 & 0 & \cdots & 0 & 0 & 0 \\ -1 & 2 & -1 & \ddots & \vdots & \vdots & \vdots \\ 0 & -1 & 2 & \ddots & \ddots & \vdots & \vdots \\ \vdots & \ddots & \ddots & \ddots & \ddots & \ddots & \vdots \\ \vdots & \vdots & \ddots & \ddots & 2 & -1 & 0 \\ \vdots & \vdots & \vdots & \ddots & -1 & 2 & -1 \\ 0 & 0 & 0 & \cdots & 0 & -1 & 1 \end{pmatrix}. \tag{8.74}$$

Durbin y Watson (1950, 1951) encontraron que la distribución de r definido en (8.73) depende de la matriz de regresores $\mathbf{X}$. Esto implica que no se pueden tabular los puntos significativos de r que sean válidos para todo $\mathbf{X}$.

Consideremos el estadístico

$$d = \frac{\sum\limits_{t=2}^{n}(z_t - z_{t-1})^2}{\sum\limits_{t=1}^{n} z_t^2}, \tag{8.75}$$

Durbin y Watson (1950, 1951) mostraron que

$$d_L \leqslant d \leqslant d_U, \tag{8.76}$$

donde

$$d_L = \frac{\sum\limits_{i=1}^{n-k} \lambda_i \xi_i^2}{\sum\limits_{i=1}^{n-k} \xi_i^2}, \quad d_U = \frac{\sum\limits_{i=1}^{n-k} \lambda_{i+k-1} \xi_i^2}{\sum\limits_{i=1}^{n-k} \xi_i^2}, \tag{8.77}$$

k es el número de columnas de la matriz $\mathbf{X}$, $0 \leqslant \lambda_1 \leqslant \cdots \leqslant \lambda_{n-1}$ son los eigenvalores de la matriz $\mathbf{A}$ definida en (8.73) y los ζ_j's son variables aleatorias independientes $N(0,1)$. Estos autores tabularon los puntos significativos de d_L y d_U.

Correlación serial positiva de primer orden está indicada por valores bajos de d.

Durbin y Watson (1950, 1951) sugieren aplicar el test acotado para testar la hipótesis nula H_0: los u_t's son independientes $N(0, \sigma^2)$, de la siguiente manera:

a) rechace la hipótesis nula H_0 a favor de que los u_t's son positivamente autocorrelacionados de primer orden si el valor observado de d es menor que el valor tabulado d_L^o de d_L.

b) acepte la hipótesis nula H_0 si el valor observado de d es mayor que el valor tabulado d_U^o de d_U.

c) el test no es concluyente cuando el valor observado de d es tal que $d_L^o \leqslant d \leqslant d_U^o$, donde d_L^o y d_U^o son los valores tabulados de d_L y d_U respectivamente.

En el caso no concluyente, se sugiere aproximar la distribución del estadístico del test mediante una distribución Beta en el intervalo $(0,4)$ con media y varianza exactas calculadas para la matriz $\mathbf{X}$ observada.

Se puede mostrar que cuando la regresión "cambia suavemente", la distribución de d_U es razonablemente una buena aproximación a la distribución de d.

Durbin y Watson (1971), en un trabajo posterior, sugieren para el caso no concluyente, aproximar a d mediante $a + bd_U$, donde a y b son tomadas de tal manera que la media y la varianza de $a + bd_U$ y de d son iguales. En este caso se rechaza H_0 cuando el valor observado de $d < a + bd_U^o$, donde d_U^o es el punto significativo tabulado de d_U. La ventaja de este procedimiento sobre la aproximación Beta es que los puntos significativos de d_U están disponibles en tablas.

De (8.75) se puede mostrar que

$$
d \approx 2 - 2\frac{\displaystyle\sum_{t=2}^{n} z_t z_{t-1}}{\displaystyle\sum_{t=1}^{n} z_t^2}. \tag{8.78}
$$

También se puede mostrar que para tamaños de muestras n moderadamente grandes y bajo la hipotesis nula H_0: los u_t's son independientes $N(0, \sigma^2)$, el estadístico d se distribuye aproximadamente igual a una variable normal con media 2 y varianza $\frac{4}{n}$, resultado que se puede usar para testar la falta de correlación serial (equivalente a testar que $d = 2$).

Abril y Maekawa (1991a, 1991b, 1992, 1997, 1999), en una serie de trabajos, mostraron que el estadístico d de Durbin y Watson es aproximadamente válido para testar correlación serial de primer orden en regresión no lineal, no siendo necesario el uso de tablas especiales para esos casos.

8.7.1. Ejemplo

En este ejemplo analizaremos un conjunto de datos que consiste en observaciones anuales, desde 1870 hasta 1938, del logaritmo de tres variables: el consumo *per capita* de bebidas alcohólicas denotado como y_t (Figura 9.10), el ingreso *per capita* denotado como x_{1t} (Figura 9.11) y los precios relativos de las bebidas alcohólicas denotados como x_{2t} (Figura 9.12) todo para Gran Bretaña. Este conjunto de datos es históricamente famoso ya que fue usado como banco de pruebas en 1951 para el estadístico de Durbin-Watson. Analizamos este ejemplo usando el paquete *STAMP 8.2: Structural Time Series Analyser, Modeller and Predictor* desarrollado por Koopman, Harvey, Doornik y Shephard (2009) en donde se pueden

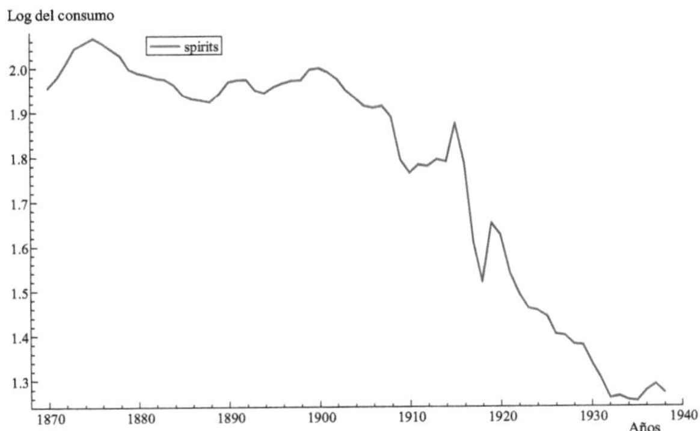

Figura 8.3: Logaritmo del consumo *per capita* de bebidas alcohólicas en Gran Bretaña. Datos anuales desde 1870 a 1938

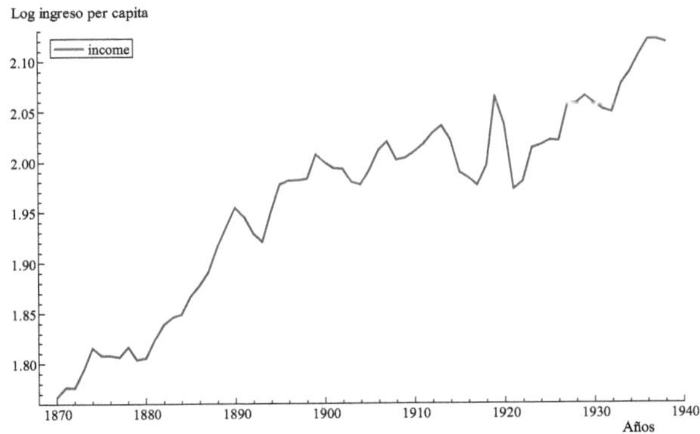

Figura 8.4: Logaritmo del ingreso *per capita* en Gran Bretaña. Datos anuales desde 1870 a 1938

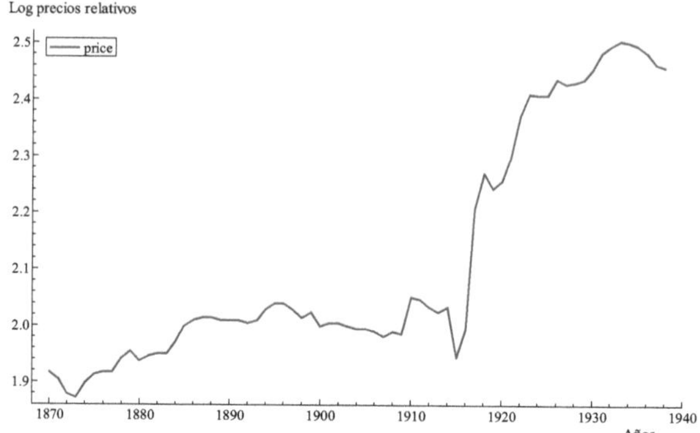

Figura 8.5: Logaritmos de los precios relativos de las bebidas alcóholicas en Gran Bretaña. Datos anuales desde 1870 a 1938

encontrar los datos. Si bien el paquete Stamp no está específicamente desarrollado para realizar regresiones, puede hacer sin ningún inconveniente y de forma totalmente eficiente.

Ingreso y precios son variables explicativas y el consumo es la variable dependiente, por lo tanto se desea estimar la siguiente regresión lineal

$$y_t = \beta_0 + \beta_1 x_{1t} + \beta_2 x_{2t} + u_t, \qquad t = 1, 2, \ldots, 69, \tag{8.79}$$

donde u_t representa el error de la regresión. La regresión estimada usando esas variables explicativas es

$$y_t = 4,60702 - 0,12043\, x_{1t} - 1,22752\, x_{2t} + z_t \qquad t = 1, 2, \ldots, 69, \tag{8.80}$$

donde z_t representa los resíduos entre los valores observados de y_t y la regresión estimada.

En la Figura 8.6 mostramos los resíduos z_t de la regresión estimada en (8.80) y la Figura 8.7 muestra las autocorrelaciones y las autocorrelaciones parciales estimadas de la serie de resíduos z_t de la regresión estimada en (8.80). una correlación serial significativa en los residuos. Es evidente, de este último gráfico, que existe una importante correlación serial positiva de primer orden en los resíduos de la serie. Además, el valor del estadístico d de Durbin-Watson es $d = 0,24$ el cual es inferior al valor significativo de la tabla respectiva que es $d_L^o = 1,55$ para $n = 69$ y dos variables independientes. Por ello podemos decir, con un nivel de significación igual a $0,05$, que los u_t's son positivamente autocorrelacionados de primer orden. Además, usando la aproximación normal del estadístico d tenemos que

$$\frac{d - 2}{\sqrt{\frac{4}{n}}} = -7,31,$$

valor que está totalmente en la zona de rechazo de la hipótesis de falta de correlación serial con un nivel de significación igual a $0,05$.■

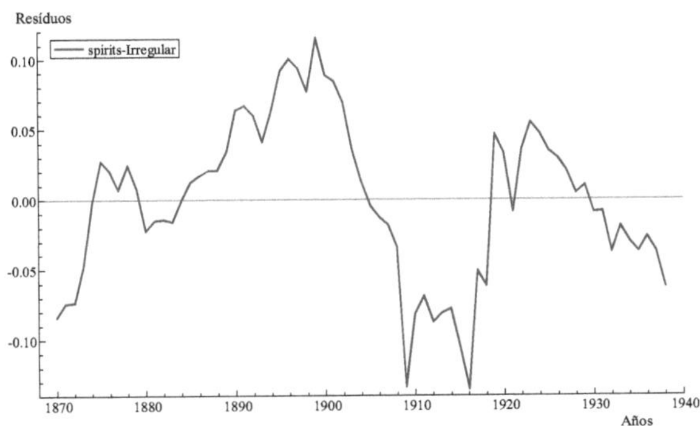

Figura 8.6: Residuos de la regresión estimada en (8.80)

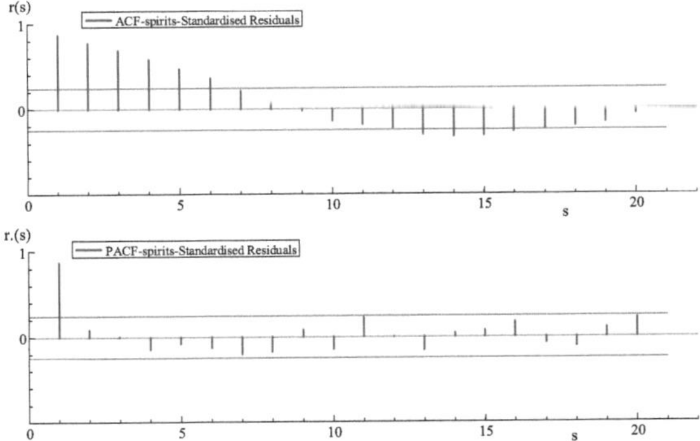

Figura 8.7: Autocorrelaciones (gráfico superior) y autocorrelaciones parciales (gráfico inferior) estimadas de la serie de residuos de la regresión estimada en (8.80)

8.8. Test h de Durbin

Supongamos que tenemos el modelo

$$y_t + \alpha_1 y_{t-1} + \cdots + \alpha_p y_{t-p} = \beta_1 x_{1t} + \cdots + \beta_q x_{qt} + u_t, \tag{8.81}$$

al cual le aplicamos MCO y obtenemos los residuos z_t's.

Se puede mostrar que el test de Durbin y Watson presentado en la sección anterior no es válido debido a la presencia de valores rezagados de y_t como variables explicativas, o sea a la presencia de $y_{t-1}, \cdots, y_{t-p}$ como regresores.

Para enfrentar el problema solamente se tienen resultados asintóticos (Durbin, 1970). Así, sea

$$a = \frac{\sum\limits_{t=2}^{n} z_t z_{t-1}}{\sum\limits_{t=1}^{n} z_t^2}, \quad \text{o} \ \ a = 1 - \frac{1}{2}d. \tag{8.82}$$

Se puede mostrar que

$$\begin{cases} E(a) \approx 0, \\ V(a) \approx \frac{1}{n}\left[1 - nV(\widehat{\alpha}_1)\right], \end{cases} \tag{8.83}$$

donde $\widehat{\alpha}_1$ es el estimador por MC ordinarios de α_1. En el caso en que todos los regresores son fijos, se puede mostrar que $V(a) \approx \frac{1}{n}$.

El estadístico sugerido por Durbin (1970) para testar la hipótesis nula H_0: los u_t's en (8.81) son independientes $N(0, \sigma^2)$, versus la alternativa H_1: los u_t provienen de un proceso AR(1) estacionario, es

$$h = a\sqrt{\frac{n}{1 - n\widehat{V}(\widehat{\alpha}_1)}}, \tag{8.84}$$

donde $\widehat{V}(\widehat{\alpha}_1)$ es el estimador por MC ordinarios de $V(\widehat{\alpha}_1)$.

Usando (8.83) se puede mostrar que bajo H_0

$$h \longrightarrow N(0, 1) \ \text{en distribución.} \tag{8.85}$$

Este test tiene la ventaja que puede ser fácilmente calculado a partir de la salida de la computadora de un programa estándar de regresión.

El problema que presenta es que algunas veces $1 - n\widehat{V}(\widehat{\alpha}_1) \leqslant 0$. Esto puede suceder particularmente cuando el verdadero valor de α_1 es próximo a 0. En esos casos Durbin sugiere un test adicional que opera de la siguiente manera:

Regrese z_t en $z_{t-1}, y_{t-1}, \ldots, y_{t-p}, x_{1t}, \ldots, x_{qt}$. Sea c el estimador por MCO del coeficiente de z_{t-1}, entonces tómese como estadístico del test

$$K = \frac{c}{\sqrt{\widehat{V}(c)}}, \tag{8.86}$$

donde $\widehat{V}(c)$ es la varianza estimada de c que produce el programa de computación.

Bajo H_0 se puede mostrar que

$$K \longrightarrow N(0, 1) \ \text{en distribución.} \tag{8.87}$$

Por lo tanto, se compara al valor observado de K con los puntos significativos de la tabla de la distribución $N(0,1)$.

Durbin indicó que este último procedimiento puede ser extendido para testar la hipótesis alternativa que los errores u_t siguen un modelo AR(k) en lugar de un AR(1) simplemente tomando los residuos rezagados z_{t-1}, z_{t-2}, ..., z_{t-k} como regresores adicionales en la segunda regresión y testando la significación conjunta de los coeficientes de esos residuos rezagados. El esquema AR(k) es

$$u_t = \varphi_1 u_{t-1} + \varphi_2 u_{t-2} + \cdots + \varphi_k u_{t-k} + \varepsilon_t,$$

donde ε_t es un proceso ortogonal. La hipótesis nula sería en este caso

$$H_0\colon \varphi_1 = \varphi_2 = \cdots = \varphi_k = 0.$$

Nuevamente, esto puede ser hecho mediante la aplicación de cualquier programa estándar de regresión múltiple , el cual produce el valor del estadístico usado para testar la significación conjunta de los coeficientes respectivos.

8.9. Test en el dominio de las frecuencias

En esta sección analizamos un test de correlación serial basado en el periodograma acumulado. Así, supongamos que hemos realizado el análisis por MC ordinarios del modelo de regresión

$$\mathbf{y} = \mathbf{X}\boldsymbol{\beta} + \mathbf{u}, \tag{8.88}$$

donde $\mathbf{y}$ es un vector de orden $n \times 1$, $\mathbf{X}$ es una matriz no aleatoria de orden $n \times k$ cuya primera columna es de 1's, $\boldsymbol{\beta}$ es un vector de orden $k \times 1$ y $\mathbf{u}$ es un vector aleatorio de orden $n \times 1$ con componentes u_t's. Supongamos, sin pérdida de generalidad, que n y k son impares, en particular supongamos que $n = 2m + 1$, y supongamos que los u_t's son independientes $N(0, \upsilon^2)$. Esto último es la hipótesis nula H_0 a testar.

Queremos testar H_0 basado en los residuos observados

$$\mathbf{z} = \mathbf{y} - \mathbf{Xb}, \tag{8.89}$$

donde $\mathbf{b} = (\mathbf{X'X})^{-1}\mathbf{X'y}$ es el estimador por MCO de $\boldsymbol{\beta}$. Los componentes del vector $\mathbf{z}$ los denotamos como z_t.

Definamos

$$p_j = \frac{2}{n} \left| \sum_{t=1}^{n} z_t \, \mathrm{e}^{i\frac{2\pi jt}{n}} \right|^2 , \; j = 1, 2, \ldots, m, \tag{8.90}$$

además

$$S_j = \frac{\sum_{r=1}^{j} p_r}{\sum_{i=1}^{m} p_i}, \; j = 1, 2, \ldots, m. \tag{8.91}$$

Conocemos que $\sum_{i=1}^{m} p_i = \sum_{t=1}^{n} z_t^2$. También sabemos que $\sum_{r=1}^{j} p_r$ es una forma cuadrática en $z_1, \ldots, z_n$. Por lo tanto S_j definido en (8.91) tiene la forma de $r = \frac{\mathbf{z'Az}}{\mathbf{z'z}}$ considerado por

Durbin y Watson y presentado anteriormente. Ellos encontraron que, si $\mathbf{A}$ tiene eigenvalores $0 \leqslant \lambda_1 \leqslant \cdots \leqslant \lambda_{n-1}$, se satisface la desigualdad

$$r_L \leqslant r \leqslant r_U,$$

donde

$$r_L = \frac{\sum\limits_{i=1}^{n-k} \lambda_i \xi_i^2}{\sum\limits_{i=1}^{n-k} \xi_i^2}, \quad r_U = \frac{\sum\limits_{i=1}^{n-k} \lambda_{i+k-1} \xi_i^2}{\sum\limits_{i=1}^{n-k} \xi_i^2},$$

y donde los ξ_j's son variables aleatorias independientes $N(0,1)$.

En el caso considerado en esta sección, se puede mostrar que la matriz $\mathbf{A}$ de S_j tiene $2j$ eigenvalores iguales a 1 y $n - 2j$ eigenvalores iguales 0. Entonces, siguiendo un razonamiento equivalente al anterior se puede mostrar que

$$S_{jL} \leqslant S_j \leqslant S_{jU}, \tag{8.92}$$

donde

$$S_{jL} = \begin{cases} 0, & j = 1, \ldots, \tfrac{1}{2}(n-k), \\ \dfrac{\sum\limits_{i=1}^{2j-(k-1)} \xi_{ji}^2}{\sum\limits_{i=1}^{n-k} \xi_{ji}^2}, & j = m - \tfrac{1}{2}(k+1), \ldots, m, \end{cases} \tag{8.93}$$

$$S_{jU} = \begin{cases} \dfrac{\sum\limits_{i=1}^{2j} \xi_{ji}^2}{\sum\limits_{i=1}^{n-k} \xi_{ji}^2}, & j = 1, \ldots, m - \tfrac{1}{2}(k-1), \\ 1, & j > m - \tfrac{1}{2}(k-1). \end{cases} \tag{8.94}$$

En este caso tenemos un problema técnico: los ξ_{ji} no son todos los mismos para todo j.

La gran ventaja es que S_{jU} y $S_{jL} - \tfrac{1}{2}(n-k)$ tienen la misma distribución que S_j^*, donde S_j^* tiene la distribución de S_j considerada en Capítulo 6 anterior, con m reemplazado por $m - \tfrac{1}{2}(k-1) = \tfrac{1}{2}(n-k)$.

Aquí se puede obtener un test acotado análogo al test de Durbin y Watson presentado anteriormente. Así, sea C_0 el valor significativo al 5% de C^+ definido en el Capítulo 6 anterior, y basado en $m' = m - \tfrac{1}{2}(k-1)$, entonces:

a) rechace H_0 si el valor observado de $C^+ > C_0 + \frac{j}{m'}$,

b) acepte H_0 si el valor observado de $C^+ < C_0 + \frac{j'}{m'}$, $j' = j - \tfrac{1}{2}(k-1)$, o sea si el camino observado no llega a cruzar nunca la línea $y = C_0 + \frac{j'}{m'}$.

c) si ninguna de las dos situaciones anteriores sucede, el test no es concluyente.

Este tratamiento fue desarrollado por Durbin (1969).

Se debe notar que, a diferencia del estadístico d definido en (8.75), este procedimiento no necesita tablas especiales para las situaciones de regresión.

Una excelente visión panorámica del problema de testar por correlación serial en el análisis de regresión, desde 1950 hasta finales de la década del '70, se encuentra en un par de trabajos muy bien realizado por Durbin (1982, 1983).

8.10. Estimación en regresión con series de tiempo

En muchas situaciones prácticas uno se enfrenta con el problema de ajustar modelos de regresión a datos de series de tiempo con errores autocorrelacionados. Así, consideremos el modelo

$$\mathbf{y} = \mathbf{X}\boldsymbol{\beta} + \mathbf{u}, \tag{8.95}$$

donde $\mathbf{y}$ es un vector de variables dependientes de orden $n \times 1$, $\mathbf{X}$ es una matriz no aleatoria de regresores o variables independientes de orden $n \times k$, $\boldsymbol{\beta}$ es un vector de coeficientes de orden $k \times 1$, $\mathbf{u}$ es un vector de errores de orden $n \times 1$ cuyos componentes son los u_t's que provienen de una serie de tiempo estacionaria con media $E(u_t) = 0$ y varianza $E(\mathbf{uu}') \neq \sigma^2 \mathbf{I}$ ($\mathbf{I}$ es la matriz identidad). Queremos estimar $\boldsymbol{\beta}$ eficientemente mediante $\widehat{\boldsymbol{\beta}}$ y estimar $V(\widehat{\boldsymbol{\beta}})$ adecuadamente. La solución la podemos encontrar tanto en el dominio del tiempo como en el dominio de las frecuencias. El el dominio del tiempo el problema se trata aproximando el comportamiento de u_t mediante un modelo paramétrico simple como el ARMA. En el dominio de las frecuencias se usa la densidad espectral del proceso $\{u_t\}$, la cual puede ser estimada de forma paramétrica aproximando nuevamente el comportamiento de u_t mediante un modelo paramétrico simple como el ARMA, o de forma no paramétrica suavizando el periodograma de acuerdo a lo visto en el Capítulo 5.

8.11. MV en regresión con errores correlacionados

8.11.1. Caso simple con errores AR(1)

Consideremos aquí el modelo simple

$$y_t = \beta x_t + u_t, \qquad t = 0, 1, \ldots, n, \tag{8.96}$$

donde los x_t's son no aleatorios y donde

$$u_t = \alpha u_{t-1} + \varepsilon_t. \tag{8.97}$$

Suponemos que u_0 es fijo. Consideremos la distribución de $\varepsilon_1, \ldots, \varepsilon_n$ cuando los tomamos como independientes $N(0, \sigma^2)$, entonces

$$dP = \frac{1}{(2\pi\sigma^2)^{n/2}} \exp\left\{ -\frac{1}{2\sigma^2} \sum_{t=1}^{n} \varepsilon_t^2 \right\} d\varepsilon_1 \ldots d\varepsilon_n. \tag{8.98}$$

Transformando primero a la distribución de $u_t = y_t - \beta x_t$ y luego a la de los y_t's obtenemos la distribución de las observaciones que es

$$dP = \frac{1}{(2\pi\sigma^2)^{n/2}} \exp\left\{ -\frac{1}{2\sigma^2} \sum_{t-1}^{n} [(y_t - \beta x_t) - \alpha(y_{t-1} - \beta x_{t-1})]^2 \right\} dy_1 \ldots dy_n. \tag{8.99}$$

Luego, tomando logaritmos tenemos

$$\log L = -\frac{n}{2}\log(2\pi) - \frac{n}{2}\log\sigma^2 - \frac{1}{2\sigma^2}\sum_{t=1}^{n}\varepsilon_t^2, \tag{8.100}$$

donde $\varepsilon_t = u_t - \alpha u_{t-1} = y_t - \beta x_t - \alpha y_{t-1} + \alpha\beta x_{t-1}$.

Aún cuando, como sucede en la práctica, no supongamos que u_0 es fijo, todavía se puede suponer que esta última expresión nos da una buena aproximación al verdadero logaritmo de la verosimilitud.

Trabajando (8.100) tenemos

$$\frac{\partial \log L}{\partial \alpha} = -\frac{1}{\sigma^2} \sum_{t=1}^{n} \varepsilon_t \frac{\partial \varepsilon_t}{\partial \alpha}, \ \text{con} \ \frac{\partial \varepsilon_t}{\partial \alpha} = -u_{t-1}, \tag{8.101}$$

$$\begin{aligned} \frac{\partial^2 \log L}{\partial \alpha^2} &= -\frac{1}{\sigma^2} \sum_{t=1}^{n} \left(\frac{\partial \varepsilon_t}{\partial \alpha} \right)^2, \text{puesto que } \frac{\partial^2 \varepsilon_t}{\partial \alpha^2} = 0, \\ &= -\frac{1}{\sigma^2} \sum_{t=1}^{n} u_{t-1}^2, \end{aligned} \tag{8.102}$$

$$\frac{\partial \log L}{\partial \beta} = -\frac{1}{\sigma^2} \sum_{t=1}^{n} \varepsilon_t \frac{\partial \varepsilon_t}{\partial \beta}, \ \text{con} \ \frac{\partial \varepsilon_t}{\partial \beta} = -(x_t - \alpha x_{t-1}), \tag{8.103}$$

$$\begin{aligned} \frac{\partial^2 \log L}{\partial \beta^2} &= -\frac{1}{\sigma^2} \sum_{t=1}^{n} \left(\frac{\partial \varepsilon_t}{\partial \beta} \right)^2, \text{puesto que } \frac{\partial^2 \varepsilon_t}{\partial \beta^2} = 0, \\ &= -\frac{1}{\sigma^2} \sum_{t=1}^{n} (x_t - \alpha x_{t-1})^2, \end{aligned} \tag{8.104}$$

$$\begin{aligned} \frac{\partial^2 \log L}{\partial \alpha \partial \beta} &= -\frac{1}{\sigma^2} \sum_{t=1}^{n} \left(\varepsilon_t \frac{\partial^2 \varepsilon_t}{\partial \alpha \partial \beta} + \frac{\partial \varepsilon_t}{\partial \alpha} \frac{\partial \varepsilon_t}{\partial \beta} \right) \\ &= -\frac{1}{\sigma^2} \sum_{t=1}^{n} \left[\varepsilon_t x_{t-1} + u_{t-1}(x_t - \alpha x_{t-1}) \right], \end{aligned} \tag{8.105}$$

$$\frac{\partial \log L}{\partial \sigma^2} = -\frac{n}{2\sigma^2} + \frac{1}{2\sigma^4} \sum_{t=1}^{n} \varepsilon_t^2, \tag{8.106}$$

$$\frac{\partial^2 \log L}{\partial (\sigma^2)^2} = \frac{n}{2\sigma^4} - \frac{1}{\sigma^6} \sum_{t=1}^{n} \varepsilon_t^2, \tag{8.107}$$

$$\frac{\partial^2 \log L}{\partial \alpha \partial \sigma^2} = -\frac{1}{\sigma^4} \sum_{t=1}^{n} \varepsilon_t u_{t-1}, \tag{8.108}$$

$$\frac{\partial^2 \log L}{\partial \beta \partial \sigma^2} = -\frac{1}{\sigma^4} \sum_{t=1}^{n} \varepsilon_t (x_t - \alpha x_{t-1}). \tag{8.109}$$

Denotemos

$$\boldsymbol{\theta} = \begin{pmatrix} \alpha \\ \beta \\ \sigma^2 \end{pmatrix}, \tag{8.110}$$

y a su estimador por MV como $\widehat{\boldsymbol{\theta}}$. Además, sabemos que

$$V(\widehat{\boldsymbol{\theta}}) \approx \left[E\left(-\frac{\partial^2 \log L}{\partial \boldsymbol{\theta} \partial \boldsymbol{\theta}'} \right) \right]^{-1}, \tag{8.111}$$

donde

$$E\left(-\frac{\partial^2 \log L}{\partial \boldsymbol{\theta} \partial \boldsymbol{\theta}'} \right) = \begin{pmatrix} \frac{n\sigma_u^2}{\sigma^2} = \frac{n}{1-\alpha^2} & 0 & 0 \\ 0 & \frac{1}{\sigma^2}\sum_t (x_t - \alpha x_{t-1})^2 & 0 \\ 0 & 0 & \frac{n}{2\sigma^4} \end{pmatrix}. \tag{8.112}$$

Esto implica que si estimamos α, β, σ^2 por MV, los estimadores son asintóticamente no correlacionados y cada uno de ellos tiene la misma varianza asintótica que tendría si los otros dos parámetros fueran exactamente conocidos. En efecto, poniendo juntos (8.96) y (8.97) tenemos que

$$y_t - \alpha y_{t-1} = \beta(x_t - \alpha x_{t-1}) + \varepsilon_t, \tag{8.113}$$

la que es una regresión ordinaria de $y_t - \alpha y_{t-1}$ en $(x_t - \alpha x_{t-1})$, lo que implica que si α es conocido, el estimador por MCO de β es

$$\widehat{\beta} = \frac{\sum_t (x_t - \alpha x_{t-1})(y_t - \alpha y_{t-1})}{\sum_t (x_t - \alpha x_{t-1})^2}, \tag{8.114}$$

con

$$V(\widehat{\beta}) = \frac{\sigma^2}{\sum_t (x_t - \alpha x_{t-1})^2}. \tag{8.115}$$

Esta varianza es la misma que aparece en la posición correspondiente de la matriz (8.111), usando (8.112).

8.11.2. Caso general con errores ARMA(p, q)

Lo mismo que se observó en el caso simple con errores AR(1), se satisface para el modelo de regresión general

$$y_t = \beta_1 x_{1t} + \cdots + \beta_k x_{kt} + u_t, \tag{8.116}$$

donde los u_t's están generados por un modelo ARMA(p, q) con coeficientes $\alpha_1, \ldots, \alpha_{p+q}$. Si la varianza residual del proceso ARMA es σ^2, entonces los tres conjuntos de parámetros $(\alpha_1, \ldots, \alpha_{p+q})$, $(\beta_1, \cdots, \beta_k)$ y σ^2 son estimados por tres conjuntos de estimadores por MV (obtenidos al maximizar $\log L$ con respecto a todos los parámetros) los cuales son asintóticamente mutuamente no correlacionados, y cada conjunto tiene la misma distribución asintótica que tendría si hubiese sido estimado por MV ante el conocimiento de los verdaderos valores de los otros dos conjuntos de parámetros.

Lo anterior no se satisface cuando alguna de las x's son valores rezagados de las y's. Entonces, uno se pregunta cómo obtener estimadores por MV en esos casos, ya que la maximización del $\log L$ es un problema no lineal. Una respuesta es usando métodos numéricos.

8.11.3. Estimación eficiente en tres pasos

Existen métodos en tres pasos que producen estimadores que son asintóticamente equivalentes a los estimadores por MV.

Consideremos el modelo simple

$$y_t = \beta x_t + u_t, \qquad t = 0, 1, \ldots, n, \tag{8.117}$$

donde los x_t's son no aleatorios y donde

$$u_t = \alpha u_{t-1} + \varepsilon_t. \tag{8.118}$$

Queremos estimar β eficientemente. Para ello seguimos el siguiente procedimiento:

- **Paso 1**: Aplicar MCO a la ecuación (8.117) anterior para obtener un primer estimador de β de la siguiente forma

$$b = \frac{\sum\limits_{t=1}^{n} x_t y_t}{\sum\limits_{t=1}^{n} x_t^2}. \tag{8.119}$$

- **Paso 2**: Estimar α de la segunda ecuación anterior a partir de los residuos minimocuadráticos usando el estimador "obvio" dado por

$$a = \frac{\sum\limits_{t=2}^{n} z_t z_{t-1}}{\sum\limits_{t=1}^{n} z_t^2}, \tag{8.120}$$

donde $z_t = y_t - bx_t$.

- **Paso 3**: Sabemos que la transformación AR de la primera ecuación anterior nos da

$$y_t - \alpha y_{t-1} = \beta(x_t - \alpha x_{t-1}) + \varepsilon_t, \tag{8.121}$$

lo que satisface los supuestos de MCO. Por lo tanto, aplicando MCO a esta última ecuación, pero con a de la fórmula (8.120) del paso anterior en lugar de α, obtenemos como estimador de β a

$$\widehat{\beta}_1 = \frac{\sum\limits_{t=2}^{n} (x_t - ax_{t-1})(y_t - ay_{t-1})}{\sum\limits_{t=2}^{n} (x_t - ax_{t-1})^2}. \tag{8.122}$$

Ahora se debe mostrar que este procedimiento produce estimadores eficientes. Para ello usamos el método quasi-Newton-Raphson de iteración, también conocido como método de Fisher de los marcadores ("scoring" en Inglés).

Disgresión sobre el método de Newton-Raphson

Supongamos que tenemos una muestra de tamaño n con verosimilitud $L(\boldsymbol{\theta})$ y queremos el estimador por MV $\widehat{\boldsymbol{\theta}}$ del vector de parámetros $\boldsymbol{\theta}$. En términos generales, el estimador por MV $\widehat{\boldsymbol{\theta}}$ es la solución del sistema de ecuaciones

$$\frac{\partial \log L}{\partial \boldsymbol{\theta}} = \mathbf{0}. \tag{8.123}$$

Esta última expresión, al evaluarse en $\widehat{\boldsymbol{\theta}}$, puede escribirse como la siguiente igualdad

$$\frac{\partial \log L}{\partial \widehat{\boldsymbol{\theta}}} = \mathbf{0}. \tag{8.124}$$

Entonces, usando una expansión del tipo Taylor tenemos

$$\mathbf{0} = \frac{\partial \log L}{\partial \widehat{\boldsymbol{\theta}}} \approx \frac{\partial \log L}{\partial \boldsymbol{\theta}} + \frac{\partial^2 \log L}{\partial \boldsymbol{\theta} \partial \boldsymbol{\theta}'}(\widehat{\boldsymbol{\theta}} - \boldsymbol{\theta}). \tag{8.125}$$

Supongamos que $\boldsymbol{\theta}_1$ es un valor (o una estimación) inicial, en consecuencia, aproximadamente y a partir de (8.125) tenemos que

$$\widehat{\boldsymbol{\theta}} - \boldsymbol{\theta}_1 \approx - \left(\frac{\partial^2 \log L}{\partial \boldsymbol{\theta}_1 \partial \boldsymbol{\theta}_1'} \right)^{-1} \left(\frac{\partial \log L}{\partial \boldsymbol{\theta}_1} \right) = d\boldsymbol{\theta}_1. \tag{8.126}$$

Tomemos como segunda aproximación a

$$\boldsymbol{\theta}_2 = \boldsymbol{\theta}_1 + d\boldsymbol{\theta}_1, \tag{8.127}$$

y repitamos el proceso hasta que en alguna iteración el nuevo valor difiera muy poco del de la iteración anterior.

El método de Fisher de los marcadores ("scoring") reemplaza en el cálculo de $d\boldsymbol{\theta}_1$ a $\frac{\partial^2 \log L}{\partial \boldsymbol{\theta}_1 \partial \boldsymbol{\theta}_1'}$ por $E\left(\frac{\partial^2 \log L}{\partial \boldsymbol{\theta} \partial \boldsymbol{\theta}'} \right)\Big|_{\boldsymbol{\theta}\,=\,\boldsymbol{\theta}_1}$ y así sucesivamente en cada secuencia.

Eficiencia de la estimación en tres pasos

Regresando a nuestro problema de estimación en tres pasos, sea

$$\boldsymbol{\theta} = \begin{pmatrix} \alpha \\ \beta \\ \sigma^2 \end{pmatrix}, \tag{8.128}$$

y sea $\boldsymbol{\theta}_1$ el estimador correspondiente logrado mediante el procedimiento en tres pasos, o sea que

$$\boldsymbol{\theta}_1 = \begin{pmatrix} a \\ \widehat{\beta}_1 \\ \widehat{\sigma}^2 \end{pmatrix}, \tag{8.129}$$

donde a está definido en (8.120) y $\widehat{\beta}_1$ en (8.122). Entonces

$$E\left(-\frac{\partial^2 \log L}{\partial\boldsymbol{\theta}\partial\boldsymbol{\theta}'}\right)\Bigg|_{\boldsymbol{\theta}\,=\,\boldsymbol{\theta}_1} = \begin{pmatrix} \frac{n}{1-a^2} & 0 & 0 \\ 0 & \frac{1}{\widehat{\sigma}^2}\sum_t(x_t - ax_{t-1})^2 & 0 \\ 0 & 0 & \frac{n}{2\widehat{\sigma}^4} \end{pmatrix}. \tag{8.130}$$

De esto se sigue, y de acuerdo a (8.126), que el siguiente paso de la iteración por el método de Fisher es

$$\begin{aligned}
\widehat{\beta} - \widehat{\beta}_1 &\approx \frac{\widehat{\sigma}^2}{\sum_t(x_t - ax_{t-1})^2} \\
&\quad \times \frac{1}{\widehat{\sigma}^2}\sum_t(x_t - ax_{t-1})\left[(y_t - ay_{t-1}) - \widehat{\beta}_1(x_t - ax_{t-1})\right] \\
&\approx 0,
\end{aligned} \tag{8.131}$$

puesto que $\widehat{\beta}_1 = \frac{\sum_{t=2}^n (x_t - ax_{t-1})(y_t - ay_{t-1})}{\sum_{t=2}^n (x_t - ax_{t-1})^2}$ de acuerdo a lo definido en (8.122). Esto implica que el primer incremento es $\widehat{\beta}_2 - \widehat{\beta}_1 = 0$. Así, una iteración es suficiente para obtener el estimador eficiente. Consecuentemente, $\widehat{\beta}_1$ es eficiente.

Un resultado equivalente también se satisface para un modelo general de regresión con k regresores y para un proceso general AR.

Estos resultados son válidos debido a que todos los elementos de la matriz $E\left(-\frac{\partial^2 \log L}{\partial\boldsymbol{\theta}\partial\boldsymbol{\theta}'}\right)$ correspondientes a correlaciones entre los estimadores de: a) los coeficientes de los regresores, b) los parámetros autorregresivos y c) la varianza, son cero. Si no fuera así, no se satisfarían, por ejemplo, cuando algunos de los regresores son valores rezagados de la variable dependiente. O sea que, el método de estimación en tres pasos no produce estimadores eficientes cuando se tiene variables dependientes rezagadas como regresores.

Notemos que $\widehat{\beta} - \widehat{\beta}_1$ es aproximadamente cero y no exactamente igual a cero. Por lo tanto, en algunos casos se puede estar dispuesto a continuar con las iteraciones hasta llegar a la estimación por MV plena.

8.12. Estimación en el dominio de las frecuencias. I

Consideremos primeramente el modelo simple

$$y_t = \beta x_t + u_t, \qquad t = 0, 1, \ldots, n, \tag{8.132}$$

donde los x_t's son no aleatorios, los u_t's satisfacen

$$u_t = \alpha u_{t-1} + \varepsilon_t, \tag{8.133}$$

y donde los ε_t's son variables aleatorias independientes $N(0, \sigma^2)$.

8.12.1. Caso circular

Como una aproximación, tomemos el modelo circular para los errores u_t, o sea que

$$u_t = \alpha u_{t-1} + \varepsilon_t, \ u_0 = u_n, \ t = 1, \ldots, n, \tag{8.134}$$

donde los ε_t's son variables aleatorias independientes $N(0, \sigma^2)$ y suponemos cada vez que sea necesario que n es impar. Entonces

$$dP = \frac{1 - \alpha^n}{(2\pi\sigma^2)^{n/2}} \exp\left\{-\frac{1}{2\sigma^2} \sum_{t=1}^{n} (u_t - \alpha u_{t-1})^2\right\} du_1 \cdots du_n. \tag{8.135}$$

Transformando a $y_1, \ldots, y_n$ mediante $y_t = \beta x_t + u_t$ vemos que el Jacobiano es

$$J = \frac{\partial(u_1, \cdots, u_n)}{\partial(y_1, \ldots, y_n)} = 1. \tag{8.136}$$

En consecuencia

$$\log L = \log(1 - \alpha^n) - \frac{n}{2}\log(2\pi\sigma^2) - \frac{1}{2\sigma^2}\sum_{t=1}^{n}(u_t - \alpha u_{t-1})^2. \tag{8.137}$$

Pero

$$\begin{aligned}
\sum_{t=1}^{n}(u_t - \alpha u_{t-1})^2 &= (1 + \alpha^2)\sum_{t=1}^{n} u_t^2 - 2\alpha\sum_{t=1}^{n} u_t u_{t-1} \\
&= \mathbf{u}'\left[(1+\alpha^2)\mathbf{I} - \alpha\mathbf{A}\right]\mathbf{u}, \tag{8.138}
\end{aligned}$$

donde $\mathbf{I}$ es la matriz identidad de orden n,

$$\mathbf{u} = \begin{pmatrix} u_1 \\ \vdots \\ u_n \end{pmatrix}, \tag{8.139}$$

y la matriz $\mathbf{A}$ de orden $n \times n$ es

$$\mathbf{A} = \begin{pmatrix}
0 & 1 & 0 & \cdots & 0 & 1 \\
1 & 0 & 1 & \cdots & 0 & 0 \\
0 & 1 & 0 & \ddots & \vdots & \vdots \\
\vdots & \vdots & \ddots & \ddots & \ddots & \vdots \\
0 & 0 & 0 & \ddots & 0 & 1 \\
1 & 0 & 0 & \cdots & 1 & 0
\end{pmatrix}. \tag{8.140}$$

Entonces, usando (8.138),

$$\log L = \log(1 - \alpha^n) - \frac{n}{2}\log(2\pi\sigma^2) - \frac{1}{2\sigma^2}\mathbf{u}'\left[(1+\alpha^2)\mathbf{I} - \alpha\mathbf{A}\right]\mathbf{u}. \tag{8.141}$$

Haciendo la transformación ortogonal

$$\begin{aligned}
a_0 &= \sqrt{n}\,\bar{u}, \\
a_j &= \sqrt{\frac{2}{n}}\sum_{t=1}^{n} u_t \cos\frac{2\pi j t}{n}, \\
b_j &= \sqrt{\frac{2}{n}}\sum_{t=1}^{n} u_t \operatorname{sen}\frac{2\pi j t}{n},
\end{aligned}$$

para $j = 1, \ldots, m$, $n = 2m + 1$, donde $\bar{u} = \frac{1}{n}\sum_{t=1}^{n} u_t$. Estas transformaciones pueden ser escritas como

$$\begin{pmatrix} \mathbf{a} \\ \mathbf{b} \end{pmatrix} = \mathbf{F}'\mathbf{u},$$

donde $\mathbf{F}$ es una matriz de Fourier definida en el Capítulo 5 anterior. Con esto podemos escribir (8.141) como

$$\begin{aligned} \log L &= \log(1 - \alpha^n) - \frac{n}{2}\log(2\pi\sigma^2) \\ &\quad - \frac{1}{2\sigma^2}\left[\sum_{j=1}^{m}(a_j^2 + b_j^2)\left(1 + \alpha^2 - 2\alpha\cos\frac{2\pi j}{n}\right) \right. \\ &\quad \left. + n\bar{u}^2(1 - \alpha)^2\right], \end{aligned} \tag{8.142}$$

debido a que $\mathbf{F}$ diagonaliza a la matriz $\mathbf{A}$ con eigenvalores iguales a $2\cos\frac{2\pi j}{n}$.

8.12.2. Caso no circular

Consideremos ahora el modelo

$$y_t = \beta x_t + u_t, \qquad t = 0, 1, \ldots, n, \tag{8.143}$$

donde los x_t's son no aleatorios y los u_t's satisfacen

$$E(u_t) = 0, \tag{8.144}$$

$$E(\mathbf{uu}') = \mathbf{\Gamma} = \begin{pmatrix} \gamma_0 & \gamma_1 & \gamma_2 & \cdots & \gamma_{n-1} \\ \gamma_1 & \gamma_0 & \gamma_1 & \cdots & \gamma_{n-2} \\ \gamma_2 & \gamma_1 & \gamma_0 & \cdots & \gamma_{n-3} \\ \vdots & \vdots & \vdots & \ddots & \vdots \\ \gamma_{n-1} & \gamma_{n-2} & \gamma_{n-3} & \cdots & \gamma_0 \end{pmatrix}, \tag{8.145}$$

con densidad

$$dP = \frac{|\mathbf{\Gamma}|^{-1/2}}{(2\pi)^{n/2}}\exp\left\{-\frac{1}{2}\mathbf{u}'\mathbf{\Gamma}^{-1}\mathbf{u}\right\}du_1 \ldots du_n, \tag{8.146}$$

donde $\mathbf{u}$ fue definido en (8.139).

Transformando a $y_1, \ldots, y_n$ usando (8.143) obtenemos

$$dP = \frac{|\mathbf{\Gamma}|^{-1/2}}{(2\pi)^{n/2}}\exp\left\{-\frac{1}{2}(\mathbf{y} - \beta\mathbf{x})'\mathbf{\Gamma}^{-1}(\mathbf{y} - \beta\mathbf{x})\right\}dy_1 \ldots dy_n, \tag{8.147}$$

donde

$$\mathbf{x} = \begin{pmatrix} x_1 \\ \vdots \\ x_n \end{pmatrix}, \quad \mathbf{y} = \begin{pmatrix} y_1 \\ \vdots \\ y_n \end{pmatrix}.$$

Haciendo nuevamente la transformación ortogonal

$$a_0 = \sqrt{n}\,\overline{u},$$

$$a_j = \sqrt{\frac{2}{n}} \sum_{t=1}^{n} u_t \cos \frac{2\pi j t}{n},$$

$$b_j = \sqrt{\frac{2}{n}} \sum_{t=1}^{n} u_t \operatorname{sen} \frac{2\pi j t}{n},$$

para $j = 1, \ldots, m$, $n = 2m+1$, donde $\overline{u} = \frac{1}{n}\sum_{t=1}^{n} u_t$ y $u_t = y_t - \beta x_t$. Estas transformaciones, como antes, pueden ser escritas como

$$\begin{pmatrix} \mathbf{a} \\ \mathbf{b} \end{pmatrix} = \mathbf{F}'\mathbf{u},$$

donde $\mathbf{F}$ es una matriz de Fourier definida en el Capítulo 5 anterior y $\mathbf{u} = \mathbf{y} - \beta\mathbf{x}$. Recuérdese que $\mathbf{F}$ aproximadamente diagonaliza $\mathbf{\Gamma}$ y también $\mathbf{\Gamma}^{-1}$. Los eigenvalores de $\mathbf{\Gamma}^{-1}$ son aproximadamente iguales a

$$\frac{1}{2\pi f(\frac{2\pi j}{n})}, \ j = 0, 1, \ldots, \frac{n-1}{2}, \tag{8.148}$$

y se repiten para $j \neq 0$ cuando n es impar.

Si trabajamos con desvíos con respecto a la media, se elimina el término a_0.

De lo anterior tenemos que

$$\log L \approx -\frac{n}{2}\log(2\pi) - \frac{1}{2}\log|\mathbf{\Gamma}| - \frac{1}{4\pi}\sum_{j=1}^{m} \frac{a_j^2 + b_j^2}{f(\omega_j)}, \tag{8.149}$$

con $m = \frac{1}{2}(n-1)$, $\omega_j = \frac{2\pi j}{n}$.

Se puede mostrar que $\log|\mathbf{\Gamma}| = O(1)$, por lo tanto lo podemos omitir en (8.149), con lo que nos queda

$$\log L \approx \text{ constante} - \frac{1}{4\pi}\sum_{j=1}^{m} \frac{a_j^2 + b_j^2}{f(\omega_j)}. \tag{8.150}$$

Realizando la siguiente transformación

$$\eta_{2j-1} = \sqrt{\frac{2}{n}} \sum_{t=1}^{n} y_t \cos\omega_j,$$

$$\eta_{2j} = \sqrt{\frac{2}{n}} \sum_{t=1}^{n} y_t \operatorname{sen}\omega_j,$$

$$\xi_{2j-1} = \sqrt{\frac{2}{n}} \sum_{t=1}^{n} x_t \cos\omega_j,$$

$$\xi_{2j} = \sqrt{\frac{2}{n}} \sum_{t=1}^{n} x_t \operatorname{sen}\omega_j,$$

para $j = 1, \ldots, m$, obtenemos

$$
\begin{aligned}
\log L &\approx \text{constante} - \frac{1}{4\pi} \sum_{j=1}^{m} \frac{(\eta_{2j-1} - \beta \xi_{2j-1})^2 + (\eta_{2j} - \beta \xi_{2j})^2}{f(\omega_j)} \\
&\approx \text{constante} - \frac{1}{4\pi} \sum_{r=1}^{n-1} \frac{(\eta_r - \beta \xi_r)^2}{f(\omega_r)},
\end{aligned} \tag{8.151}
$$

con $\omega_r = \frac{2\pi j}{n}$ si $r = 2j - 1$ ó $2j$.

Supongamos que tenemos un "buen" estimador $\widehat{f}(\omega_r)$ de $f(\omega_r)$. Entonces, podemos fácilmente estimar β por MC ponderados, resultando

$$
\widehat{\beta} = \frac{\sum\limits_{r=1}^{n-1} \frac{\eta_r \xi_r}{\widehat{f}(\omega_r)}}{\sum\limits_{r=1}^{n-1} \frac{\xi_r^2}{\widehat{f}(\omega_r)}}. \tag{8.152}
$$

Disgresión sobre MC ponderados

Supongamos, en esta disgresión, que ahora tenemos la regresión $y_r = \beta x_r + u_t$, donde los u_t's son no correlacionados (en al muchas situaciones se puede pensar que son independientes) con

$$
V(u_r) = \frac{k}{W_r}. \tag{8.153}
$$

MC ponderados resulta de mín $\sum_r W_r (y_r - \beta x_r)^2$. Entonces, derivando con respecto a β e igualando a cero resulta

$$
\widehat{\beta} = \frac{\sum\limits_{r} W_r y_r x_r}{\sum\limits_{r} W_r x_r^2} = \beta + \frac{\sum\limits_{r} W_r x_r u_r}{\sum\limits_{r} W_r x_r^2}. \tag{8.154}
$$

En consecuencia

$$
V(\widehat{\beta}) = \frac{\sum\limits_{r} W_r^2 x_r^2 \frac{k}{W_r}}{\left(\sum\limits_{r} W_r x_r^2 \right)^2} = \frac{k}{\sum\limits_{r} W_r x_r^2}. \tag{8.155}
$$

Varianza del estimador del caso no circular

Regresemos al caso que estamos analizando. Allí, de (8.151) tenemos que $V(\eta_r - \beta \xi_r) = 2\pi f(\omega_r)$, por consiguiente $k = 2\pi$ y $W_r = \frac{1}{f(\omega_r)}$ en (8.153). Así, usando (8.155),

$$
V(\widehat{\beta}) \approx \frac{2\pi}{\sum\limits_{r} \frac{\xi_r^2}{f(\omega_r)}}. \tag{8.156}
$$

En el caso particular en que los u_t's son un proceso ortogonal, se tiene que

$$
f(\omega_r) = \frac{\sigma^2}{2\pi} \quad \text{y} \quad \widehat{f}(\omega_r) = \frac{S^2}{2\pi},
$$

por lo tanto, en esta situación,

$$\widehat{V}(\widehat{\beta}) = \frac{2\pi}{\frac{2\pi}{S^2}\sum_r \xi_r^2} = \frac{S^2}{\sum_r \xi_r^2}$$

$$= \frac{S^2}{\sum_r x_r^2}. \tag{8.157}$$

Retomando el caso general no circular, vemos de (8.156) que transformando al dominio de las frecuencias se convierte el problema en uno de MC ponderados.

Estos resultados se extienden a una regresión múltiple como la siguiente

$$y_t = \beta_1 x_{1t} + \cdots + \beta_k x_{kt} + u_t, \tag{8.158}$$

donde las propiedades de los u_t's fueron definidas en (8.144) y (8.145) del inicio de esta subsección del tratamiento del caso no circular.

Haciendo la transformación de Fourier de $y_t, x_{1t}, \ldots x_{kt}$ a $\eta_j, \xi_{1j}, \ldots, \xi_{kj}$, vemos que los estimadores de $\beta_1, \ldots, \beta_k$ resultan de

$$\min_{\beta_1,\ldots,\beta_k} \sum_r \frac{(\eta_r - \beta_1\xi_{1r} - \cdots - \beta_k\xi_{kr})^2}{\widehat{f}(\omega_r)}.$$

Luego surge la pregunta de cómo obtenemos $\widehat{f}(\omega_r)$. Las respuestas posibles son:

a) Suponiendo un modelo paramétrico, por ejemplo un ARMA(h, k), se estima la densidad espectral respectiva mediante la fórmula ya discutida en el Capítulo 5. Si se supusiera un modelo AR solamente, se podría permanecer en el dominio del tiempo.

b) Ajustar primeramente una regresión por MC ordinarios. Con ello se logran estimadores consistentes de los β_j's (pero no eficientes). Luego estimar $f(\omega_r)$ a partir de los residuos por MC mediante las técnicas usuales discutidas en el Capítulo 5, por ejemplo usando la ventana de Daniell.

8.13. Estimación en el dominio de las frecuencias. II

Si la muestra es lo suficientemente grande se puede hacer una transformación de Fourier a los datos para llevarlos al dominio de las frecuencias. Luego, se divide el recorrido $(0, \pi)$ en p bandas de frecuencias y se supone que $f(\omega)$ es efectivamente constante dentro de cada banda de frecuencia. Esto es equivalente a suponer que los nuevos errores tienen realmente varianza constante dentro de cada banda. A continuación se ajusta una regresión por MC ordinarios dentro de cada banda. Esto produce estimadores eficientes puesto que la varianza es constante dentro de cada banda. Finalmente se combinan esas estimaciones ponderando cada una por la inversa de la estimación de la varianza. Con ello se logran buenas estimaciones de los coeficientes de regresión.

Como ejemplo consideremos el caso de $k = 1$ regresores. Luego de aplicar lo anterior se obtienen $b_1, \ldots, b_p$, que son los estimadores por MC ordinarios de β dentro de cada banda, con varianzas estimadas $\widehat{V}(b_1), \ldots, \widehat{V}(b_p)$ respectivamente. Ahora, combinamos las estimaciones ponderando cada b_i con el recíproco de la estimación de su varianza y obtenemos

$$\widehat{\beta} = \frac{\displaystyle\sum_{j=1}^{p} \frac{b_j}{\widehat{V}(b_j)}}{\displaystyle\sum_{j=1}^{p} \frac{1}{\widehat{V}(b_j)}}. \tag{8.159}$$

La estimación de la varianza es

$$\widehat{V}(\widehat{\beta}) \approx \frac{1}{\displaystyle\sum_{j=1}^{p} \frac{1}{\widehat{V}(b_j)}}. \tag{8.160}$$

8.14. Conclusión

A continuación presentamos algunas conclusiones sobre el ajuste de modelos de regresión con residuos autocorrelacionados.

Hemos analizado tres métodos:

1. El primero, analizado en §8.11 de este Capítulo, basado en el análisis en el dominio del tiempo. Suele trabajar bien para muestras pequeñas si el modelo AR es el adecuado para los residuos.

2. El segundo, analizado en §8.12 de este Capítulo, basado en el ajuste en el dominio de las frecuencias, necesita muestras moderadamente grandes o grandes para obtener buenos resultados.

3. El tercero, analizado en §8.13 de este Capítulo, basado en el ajuste en diferentes bandas en el dominio de las frecuencias, necesita muestras grandes o muy grandes para obtener buenos resultados.

Un muy buen tratamiento de las técnicas presentadas en este capítulo pueden verse en el libro de Hannan (1970), Capítulo VII, §4.

Capítulo 9

El Enfoque de Espacio de Estado

9.1. Introducción

En este Capítulo y el próximo se presenta un enfoque unificado para el análisis de series de tiempo. El tratamiento técnico está basado en los métodos de espacio de estado (EE). Estos métodos pueden ser aplicados a cualquier serie de tiempo que admita un modelo lineal, incluyendo aquellos dentro de la clase de los autorregresivos integrados de promedios móviles (ARIMA). Vamos a examinar los métodos para tratar una gran variedad de datos de series de tiempo, muchos de los cuales pueden tener irregularidades. La atención se centra en series de tiempo univariadas, pero se discute el uso de modelos multivariados para la estimación de valores faltantes en las series.

Los modelos autorregresivos integrados de promedios móviles como los presentados en los Capítulos 3 y 4 son frecuentemente considerados como los que proveen la base principal para el modelado de series de tiempo. Ahora bien, dada la tecnología actual, puede haber alternativas más atractivas, particularmente cuando se tratan datos desordenados. En las próximas secciones presentaremos las ideas básicas del modelado estructural de series de tiempo y haremos notar la relación con los modelos autorregresivos integrados de promedios móviles. El filtro de Kalman es también descripto. Este es necesario para el manejo de modelos estructurales de series de tiempo, pero con mayor importancia, y más allá de la clase de modelos usados, el mismo es crucial para el tratamiento de datos desordenados. En el resto del trabajo se describen métodos para manejar una gran variedad de datos irregulares. Todos estos métodos son presentados y tratados dentro de un marco unificado. Las razones para nuestra preferencia por los modelos estructurales serán aparente a medida que se avance en la lectura.

9.2. Modelos estructurales de series de tiempo

La idea básica de los modelos estructurales de series de tiempo (o STM según sus siglas en Inglés) es que ellos pueden ser puestos como modelos de regresión en donde la variables explicativas son funciones del tiempo, con coeficientes que cambian a través del tiempo. Entonces, dentro de un marco de regresión, una tendencia simple sería modelada en términos de una constante y el tiempo con un disturbio aleatorio aditivo, esto es

$$y_t = \alpha + \beta t + \varepsilon_t \qquad t = 1, \ldots, n, \tag{9.1}$$

donde n es la cantidad de observaciones. Este modelo es fácil de estimar usando mínimos cuadrados simple, pero sufre de la desventaja de que la tendencia es determinística. En general, esto es muy restrictivo. En efecto, en economía por ejemplo, si una variable es considerada que tiene tendencia determinística como la de (9.1) significaría que cualquier impulso económico de cualquier intensidad no tendrá efectos en el largo plazo, ya que todo retornará a su dada tendencia. Ahora bien, la flexibilidad es introducida permitiendo a los coeficientes α y β que evoluciones a través del tiempo como procesos estocásticos. De esta forma la tendencia se puede adaptar a los cambios subyacentes. La estimación actual, o *filtrada*, de la tendencia se la logra poniendo al modelo en su forma de espacio de estado y aplicándole luego el filtro de Kalman. El filtrado significa estimar todo el sistema con la información disponible hasta ese momento solamente. Algoritmos relacionados se usan para hacer *predicciones* y para los *suavizados*. Esto último significa computar el mejor estimador en todos los puntos de la muestra usando al conjunto total de observaciones. La magnitud por la cual los parámetros pueden variar está gobernada por *hiperparámetros*. Ellos pueden se estimados por máxima verosimilitud, pero, nuevamente, la llave de esto es la forma de espacio de estado y el filtro de Kalman. Todos estos métodos y algoritmos son descriptos en lo que sigue de este trabajo. Para las aplicaciones, el punto importante es entender qué hacen los modelos y cómo deben ser interpretados los resultados.

El enfoque clásico del modelado de series de tiempo está basado en el hecho de que un modelo general para cualquier serie estacionaria no determinística es el autorregresivo de promedio móvil de orden (p, q), esto es

$$y_t + \alpha_1 y_{t-1} + \cdots + \alpha_p y_{t-p} = \varepsilon_t + \beta_1 \varepsilon_{t-1} + \beta_2 \varepsilon_{t-2} + \cdots + \beta_q \varepsilon_{t-q}, \quad \varepsilon_t \sim \text{iid}\left(0, \sigma_\varepsilon^2\right), \quad (9.2)$$

donde iid$(0, \sigma^2)$ significa independiente, idénticamente distribuido con media cero y varianza σ^2. Esto usualmente se conoce como proceso ARMA(p, q). Como se vio en los Capítulos 3 y 4, la estrategia de modelado consiste primero en especificar valores adecuados de p y q sobre la base de un análisis del correlograma y otros estadísticos relevantes. Luego el modelo es estimado, usualmente bajo el supuesto que el disturbio es Gaussiano. Después, se examinan los residuos para ver si su apariencia corresponde a la aleatoriedad, y se computan varios estadísticos para tests. En particular, el estadístico Q^* de de Box-Ljung, el cual está basado en las primeras K autocorrelaciones de los residuos, se lo usa para testar la correlación serial de los residuos. Box y Jenkins (1976) se refieren a estos pasos como identificación, estimación y control de diagnóstico. Si el control de diagnóstico es satisfactorio, el modelo está listo para ser usado para predicciones. Si no lo es, se deberá intentar otra especificación. Box y Jenkins enfatizan el rol de la parsimonia, en el sentido que al seleccionar p y q los mismos deben ser pequeños. Ahora bien, existen argumentos, particularmente en econometría, que prefieren un modelo autorregresivo (o modelo AR según sus siglas) menos parsimonioso debido a que es más fácil de manejar e interpretar. Vistos como aproximaciones a procesos ARMA más generales, los modelos autorregresivos se escribirán como

$$y_t = \varphi_1 y_{t-1} + \varphi_2 y_{t-2} + \cdots + \varepsilon_t, \qquad \varepsilon_t \sim \text{iid}\left(0, \sigma_\varepsilon^2\right). \qquad (9.3)$$

Muchas series no son estacionarias. Con el objeto de resolver estas situaciones Box y Jenkins proponen que una serie debe ser diferenciada para hacerla estacionaria. Luego de ajustar un modelo ARMA a la serie diferenciada, el correspondiente modelo integrado es usado para las predicciones. Si la serie es diferenciada d veces, el modelo total de la serie es denotado como ARIMA(p, d, q). Los efectos estacionales pueden ser capturados mediante la diferenciación estacional.

La metodología de selección de modelos para los modelos estructurales es de alguna manera diferente, en el sentido que se pone menos énfasis en la observación del correlograma y correlograma parcial de diversas transformaciones de la serie con el objeto de obtener una especificación inicial. Con esto no queremos decir que no se debe observar el correlograma, pero nuestra experiencia es que él puede ser difícil de interpretar sin un conocimiento previo de la naturaleza de la serie, y en muestras pequeñas y/o con datos desordenados puede conducir a conclusiones erróneas. En lugar de ello, el énfasis está en la formulación del modelo en términos de componentes cuya presencia estaría sugerida por el conocimiento del fenómeno bajo estudio, de sus aplicaciones o por una inspección del gráfico de la serie. Por ejemplo, con observaciones mensuales, uno desearía incorporar desde un principio una parte estacional dentro del modelo, y solamente la sacará si luego prueba que no es significativa. Una vez que el modelo ha sido estimado, el mismo tipo de tests de diagnóstico que los usados para los modelos ARIMA pueden ser realizados con los residuos. En particular el estadístico de Box-Ljung puede ser computado, siendo sus grados de libertad igual al número de autocorrelaciones residuales menos el número de hiperparámetros relativos. Los tests estándares de falta de normalidad y heteroscedasticidad pueden ser aplicados, como así también tests de la calidad predictiva en períodos posteriores a la muestra. Los gráficos de los residuos deben ser examinados, de la misma manera que lo apuntado por Box y Jenkins para la construcción de modelos ARIMA. En un modelo estructural de series de tiempo, estos gráficos pueden ser complementados con gráficos de los componentes suavizados. Estos, frecuentemente, suelen ser muy informativos puesto que permiten al investigador constatar si los movimientos en los componentes corresponden a lo que podría esperarse sobre la base del conocimiento previo.

En lo que sigue se presentan los principales modelos univariados estructurales de series de tiempo. Se discuten también las relaciones entre modelos estructurales y los modelos ARIMA.

9.3. Modelo de nivel local

El modelo estructural de series de tiempo más simple presenta una situación en la que el nivel subyacente de la serie cambia a través del tiempo. Ese nivel es modelado por un camino aleatorio o *random walk* en inglés, sobre el cual se le sobreimpone un disturbio aleatorio o ruido blanco. Por lo tanto, la especificación es

$$
\begin{aligned}
y_t &= \mu_t + \varepsilon_t, & \varepsilon_t &\sim NID\left(0, \sigma_\varepsilon^2\right), & t &= 1, \ldots, n, \\
\mu_t &= \mu_{t-1} + \eta_t, & \eta_t &\sim NID\left(0, \sigma_\eta^2\right),
\end{aligned}
\tag{9.4}
$$

donde NID significa normales e independientemente distribuidas, y donde los dos disturbios ε_t y η_t son mutuamente no correlacionados. Una característica práctica muy importante de este modelo es que el estimador del nivel, basado en la información corriente disponible, está dado por un promedio móvil exponencialmente ponderado o EWMA de acuerdo a sus siglas en inglés, de las observaciones pasadas, donde la constante de suavizado es una función del cociente señal-ruido dado por $q = \sigma_\eta^2/\sigma_\varepsilon^2$. La predicción de observaciones futuras, no importa cuantos pasos adelante, está dada exactamente por la misma expresión. Esto fue mostrado por Muth (1960). Para un camino aleatorio puro, q tiende a infinito llegando a que la predicción es la última observación. A medida que q tiende a 0, la predicción se acerca a la media muestral.

9.4. Modelo de tendencia lineal local

Los modelos de tendencia lineal local reemplazan la tendencia determinística de (9.1) por una tendencia estocástica. La formulación exacta es

$$
\begin{aligned}
y_t &= \mu_t + \varepsilon_t, & \varepsilon_t &\sim NID\left(0, \sigma_\varepsilon^2\right), & t &= 1, \ldots, n, \\
\mu_t &= \mu_{t-1} + \beta_{t-1} + \eta_t, & \eta_t &\sim NID\left(0, \sigma_\eta^2\right), \\
\beta_t &= \beta_{t-1} + \zeta_t, & \zeta_t &\sim NID\left(0, \sigma_\zeta^2\right),
\end{aligned}
\tag{9.5}
$$

con los disturbios del nivel y de la pendiente η_t y ζ_t mutuamente no correlacionados entre si y con ε_t Las magnitudes por las cuales el nivel μ_t y la pendiente β_t cambian a través del tiempo están gobernadas por los hiperparámetros relativos $q_\eta = \sigma_\eta^2/\sigma_\varepsilon^2$ y $q_\zeta = \sigma_\zeta^2/\sigma_\varepsilon^2$. La función de predicción es una línea recta a partir de las estimaciones del nivel y de la pendiente al final de la muestra.

En el caso de que $q_\zeta = 0$, tenemos que $\beta_t = \beta_{t-1} = \cdots = \beta$. Ahora bien, si β es diferente de cero, la tendencia es un camino aleatorio más una constante, es decir, $\mu_t = \mu_{t-1} + \beta + \eta_t$. En ese caso, con $\alpha = \mu_0$, se verifica fácilmente que combinando esta última con la primera ecuación de (9.5) obtenemos

$$
y_t = \alpha + \beta t + \sum_{i=1}^{t} \eta_i + \varepsilon_t, \quad \varepsilon_t \sim NID\left(0, \sigma_\varepsilon^2\right), \quad \eta_t \sim NID\left(0, \sigma_\eta^2\right), \quad t = 1, \ldots, n. \tag{9.6}
$$

Aquí, el comportamiento de y_t está gobernado por dos componentes no estacionarios: una tendencia lineal determinística y la tendencia estocástica dada por $\sum \eta_i$.

Cuando $q_\zeta = 0$ y si $\beta = 0$ el modelo (9.5) se reduce al modelo (9.4). Resolviendo para μ_t cuando $\alpha = \mu_0$ tenemos que

$$
\mu_t = \alpha + \sum_{i=1}^{t} \eta_i.
$$

Usando esta ecuación para resolver en el caso de y_t obtenemos

$$
y_t = \alpha + \sum_{i=1}^{t} \eta_i + \varepsilon_t, \qquad t = 1, \ldots, n. \tag{9.7}
$$

Nótese que los sucesivos shocks η_t tienen efecto permanente en la sucesión $\{y_t\}$ por el hecho de que no hay un factor que decaiga y afecte los valores pasados η_{t-i}. Entonces, y_t tiene una tendencia estocástica μ_t.

Regresando al modelo general presentado en (9.5), tenemos en primer lugar y resolviendo para β_t que

$$
\beta_t = \beta_0 + \sum_{i=1}^{t} \zeta_i.
$$

Luego, usando esa solución para escribir μ_t, obtenemos

$$\begin{aligned}
\mu_t &= \mu_{t-1} + \beta_0 + \sum_{i=1}^{t-1} \zeta_i + \eta_t \\
&= \mu_0 + \beta_0 t + \sum_{j=1}^{t-1} (t-j)\,\zeta_j + \sum_{i=1}^{t} \eta_i.
\end{aligned}$$

Llegamos a que la solución para y_t es

$$y_t = \mu_0 + \beta_0 t + \sum_{j=1}^{t-1} (t-j)\,\zeta_j + \sum_{i=1}^{t} \eta_i + \varepsilon_t, \qquad t = 1, \ldots, n. \tag{9.8}$$

Aquí, cada elemento en la sucesión $\{y_t\}$ contiene una tendencia determinística, una tendencia estocástica y un movimiento irregular. Lo que es más interesante de este modelo es la forma de la tendencia. En lugar de ser determinísticos, los *coeficientes* del tiempo dependen de las realizaciones pasadas de la sucesión $\{\zeta_t\}$. Estos coeficientes pueden ser positivos para algunos valores de t y negativos para otros.

En el caso límite cuando ambos hiperparámetros son cero, la tendencia determinística se la obtiene con $\alpha = \mu_0$. Otro caso de especial interés sucede cuando $q_\eta = 0$ en el cual la tendencia suavizada es similar a una curvilínea, o *spline*, cúbica.

9.4.1. El filtro de Hodrick-Prescott

En la actualidad, el enfoque más común empleado para estimar tendencias en series de tiempo económicas es el conocido filtro de Hodrick-Prescott (HP). Metodológicamente fue publicado en Hodrick y Prescott (1997) pero originariamente apareció en 1980 como un manuscrito sin publicar. Suele ser considerado como un enfoque razonable para estimar tendencias.

Para presentear el filtro y discutir sus propiedas y limitaciones comencemos introduciendo el modelo básico que se usa para su desarrollo, el que se puede escribir como

$$y_t = \mu_t + \varepsilon_t, \qquad \varepsilon_t \sim NID\left(0, \sigma_\varepsilon^2\right), \quad t = 1, \ldots, n, \tag{9.9}$$

donde donde, y_t es el valor observado en el momento t de la serie bajo estudio, μ_t es la tendencia inobservable en el momento t y ε_t es un disturbio aleotorio o ruido, también inobservable.

El enfoque penalizado que da lugar al filtro de Hodrick-Prescott postula que la tendencia debe minimizar la función

$$M(\lambda) = \sum_{t=1}^{n}(y_t - \mu_t)^2 + \lambda \sum_{t=3}^{n}(\Delta^2 \mu_t)^2, \tag{9.10}$$

donde el operador de diferencia $\Delta = (1-B)$, B es el operador de rezago tal que $B^r y_t = y_{t-r}$, $\Delta^r y_t = (1-B)^r y_t$, $\Delta_s = (1-B^s)$ y $\lambda > 0$ es una constante que penaliza la falta de suavidad en la tendencia. Escribiendo $F = \sum_{t=1}^{n}(y_t - \mu_t)^2$ y $S = \sum_{t=3}^{n}(\Delta^2 \mu_t)^2$ se puede ver que cuando $\lambda \to 0$, se enfatiza el ajuste (F) de la tendencia a los datos por sobre su suavidad (S), por lo tanto $\mu_t \to y_t$. Lo opuesto ocurre cuando $\lambda \to \infty$, en cuyo caso la tendencia sigue esencialmente el modelo con línea $\Delta^2 \mu_t = 0$. Por lo tanto λ cumple un importante papel en la decisión de la suavidad de la tendencia. De acuerdo a Hodrick y Prescott (1997), este método fue propuesto por Whittaker y Henderson en 1924 para graduar datos actuariales, aunque se hizo una aplicación anterior, en 1867, por el astrónomo italiano Schiaparelli.

Como se dijo, λ cumple un importante papel en la decisión del suavizado de la tendencia. Una forma adecuada de decidir su valor sería tomando en consideración las varianzas σ_ε^2 de ε_t y $\sigma_{\Delta^2\mu}^2$ de $\Delta^2\mu_t$. En ese sentido, si se toma $\lambda = \sigma_\varepsilon^2/\sigma_{\Delta^2\mu}^2$ se estaría considerando de forma automática el balance entre el ajuste (F) y la suavidad (S) de la tendencia a los datos y además en ese caso, λ^{-1} sería equivalente a uno de los hiperparámetros relativos definidos anteriormente.

El problema de minimización subyacente en el filtro de HP puede escribirse en forma matricial como

$$\min_{\boldsymbol{\mu}} M(\lambda) = (\mathbf{y} - \boldsymbol{\mu})'(\mathbf{y} - \boldsymbol{\mu}) + \lambda(\mathbf{K}_2\boldsymbol{\mu})'(\mathbf{K}_2\boldsymbol{\mu}), \tag{9.11}$$

con $\mathbf{y} = (y_1, \ldots, y_n)'$ y $\boldsymbol{\mu} = (\mu_1, \ldots, \mu_n)'$, donde $\mathbf{K}_2$ es la matriz de orden $(n-2) \times n$ dada por

$$\mathbf{K}_2 = \begin{pmatrix} 1 & -2 & 1 & 0 & 0 & \cdots & 0 & 0 & 0 & 0 \\ 0 & 1 & -2 & 1 & 0 & \cdots & 0 & 0 & 0 & 0 \\ \vdots & \vdots & \vdots & \vdots & \vdots & \cdots & \vdots & \vdots & \vdots & \vdots \\ 0 & 0 & 0 & 0 & 0 & \cdots & 0 & 1 & -2 & 1 \end{pmatrix}. \tag{9.12}$$

La solución para (9.11) puede lograrse tomando la derivada de $M(\lambda)$ con respecto a $\boldsymbol{\mu}$, igualarla a cero, resolver la ecuación resultante y a partir de allí se obtiene $\widehat{\boldsymbol{\mu}}$ como resultado. Así, obtenemos

$$\widehat{\boldsymbol{\mu}} = (\mathbf{I}_n + \lambda\mathbf{K}_2'\mathbf{K}_2)^{-1}\mathbf{y}. \tag{9.13}$$

Puesto que la segunda deriva de de $M(\lambda)$ con respecto a $\boldsymbol{\mu}$ evaluada en $\boldsymbol{\mu} = \widehat{\boldsymbol{\mu}}$ es una matriz simétrica positiva definida, se sigue que (9.13) produce un mínimo y por lo tanto resuelve el problema. Debe notarse que para obtener $\widehat{\boldsymbol{\mu}}$, se debe invertir una matriz de orden $n \times n$. Ese cálculo puede causar inestabilidad y pérdida de precisión en la solución numérica cuando n es grande. Así, el enfoque penalizado tiene la ventaja de mostrar explícitamente los roles de λ, F y S, pero no provee una herramienta eficiente de cálculo para la tendencia.

A fin de seleccionar el valor de λ, Hodrick y Prescott (1997) tentativamente suponen que $\Delta^2\mu_t$ y ε_t son variables aleatorias independientes e idénticamente distribuidas como $N(0, \sigma_{\Delta^2\mu}^2)$ y $N(0, \sigma_\varepsilon^2)$, respectivamente. En su trabajo original, Hodrick y Prescott (1997) decidieron a priori que los valores $\sigma_\varepsilon = 5$ y $\sigma_{\Delta^2\mu} = 1/8$ son los apropiados para las series macroeconómicas trimestrales de los Estados Unidos que estaban estudiando y que correspondían al período 1950-1979. Por lo tanto, ellos decidieron usar $\lambda = \sigma_\varepsilon^2/\sigma_{\Delta^2\mu}^2 = 1600$. También llevaron a cabo un análisis de sensibilidad de sus resultados con $\lambda = 400$, $\lambda = 6400$ y $\lambda = \infty$. Concluyeron que solo con $\lambda = \infty$ los resultados cambian de manera importante, mientras que con los otros dos valores se producen básicamente los mismos resultados de regularidad empírica. Así, $\lambda = 1600$ se convirtió en el valor tradicional para la constante de suavizado en el uso del filtro de HP.

El filtro de HP tiene una fuerte parecido con las curvilíneas cúbicas (*"cubic splines"*) empleadas, por ejemplo, en regresión no paramétrica.

Un enfoque estadístico formal debe considerar postular un modelo, estimar sus parámetros (uno de los cuales es λ) y verificar que los supuestos subyacentes no son seriamente violados. Esto es lo que proponemos con el enfoque estructural de las series de tiempo que presentamos en este trabajo, en donde la estimación se realiza por máxima verosimilitud y λ se estima como la inversa del respectivo hiperparámetro relativo estimado. Un tratamiento muy completo del uso del filtro de HP se encuentra en Guerrero (2008). Por otra parte de Alba y Gómez (2012) dan un tratamiento excelente del filtro de HP con un enfoque Bayesiano.

9.5. Tendencia, estacionalidad e irregulares

Muchas series medidas trimestralmente o mensualmente están sujetas a variaciones estacionales. Lo que es efectivamente estacionalidad también ocurre cuando las observaciones está medidas dentro del día. De la misma manera que se necesita dar a la tendencia mayor flexibilidad permitiéndole que sea estocástica, también el componente estacional necesita que se le permita que cambie a través del tiempo. Aunque el argumento para que el componente estacional sea estocástico es menos fuerte que para la tendencia estocástica, todavía existen muchas razones por las cuales pueden suceder cambios en la estructura estacional; ver Harvey (1989, p. 95-98).

Si el componente estacional es determinístico, debe tener la propiedad de sumar cero sobre el año anterior; esto asegura que no se confunde con la tendencia. Agregando un término de disturbio a la suma del efecto estacional sobre el año anterior permite que la estructura estacional evolucione a través del tiempo. Esta es la forma de variables ficticias, o *variables dummies*, de la estacionalidad estocástica

$$\gamma_t = -\gamma_{t-1} - \ldots - \gamma_{t-s+1} + \omega_t, \qquad \omega_t \sim NID\left(0, \sigma_\omega^2\right), \tag{9.14}$$

donde s es la longitud del período estacional; así, para datos mensuales $s = 12$, para datos trimestrales $s = 4$, etc.

Un camino alternativo para capturar una estructura estacional determinística es mediante un conjunto de funciones senos y cosenos. Permitiendo que ellas sean estocásticas nos lleva a la forma trigonométrica de la estacionalidad estocástica

$$\gamma_t = \sum_{j=1}^{[s/2]} \gamma_{j,t}, \tag{9.15}$$

donde $\gamma_{j,t}$ es generado por

$$\begin{bmatrix} \gamma_{j,t} \\ \gamma_{j,t}^* \end{bmatrix} = \begin{bmatrix} \cos\lambda_j & \operatorname{sen}\lambda_j \\ -\operatorname{sen}\lambda_j & \cos\lambda_j \end{bmatrix} \begin{bmatrix} \gamma_{j,t-1} \\ \gamma_{j,t-1}^* \end{bmatrix} + \begin{bmatrix} \omega_{j,t} \\ \omega_{j,t}^* \end{bmatrix}, \quad j = 1, \ldots [s/2], \tag{9.16}$$

donde $\lambda_j = 2\pi j/s$ es la frecuencia en radianes, ω_t y ω_t^* son dos disturbios del tipo ruido blanco mutuamente no correlacionados con media cero y varianza común σ_ω^2 para $t = 1, \ldots, n$. Para s par $[s/2] = s/2$, mientras que para s impar $[s/2] = (s-1)/2$. Para s par, el componente para $j = s/2$ colapsa en

$$\gamma_{j,t} = \gamma_{j,t-1}\cos\lambda_j + \omega_{j,t}. \tag{9.17}$$

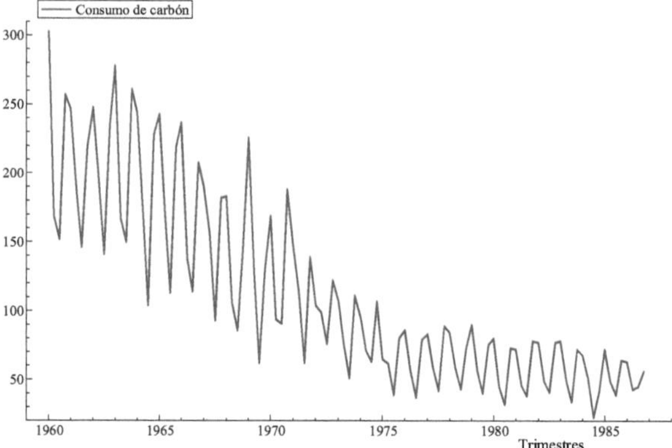

Figura 9.1: Consumo trimestral de carbón por "otros usuarios finales" en el Reino Unido desde el primer trimestre de 1960 hasta el cuarto trimestre de 1986

Sin los términos de disturbio este modelo estacional dará la misma estructura determinística que el modelo estacional con variables ficticias. De cualquier manera, es un mejor modelo de estacionalidad estocástica porque permite que el componente estacional evoluciones con mayor suavidad. Puede mostrarse que la suma de las estacionalidades sobre el año anterior sigue un modelo $MA(s-2)$ en lugar de ser un ruido blanco.

Los efectos estacionales típicamente están combinados en forma aditiva con la tendencia y los componentes irregulares. Ahora bien, en muchas aplicaciones, particularmente en economía, los componentes combinan multiplicativamente. De cualquier manera, tomando logaritmos y trabajando con el logaritmo de los valores podemos llegar a la estructura aditiva antes mencionada. Esto nos conduce al modelo estructural básico o BSM según sus siglas en inglés, que puede ser escrito como

$$y_t = \mu_t + \gamma_t + \varepsilon_t, \qquad t = 1, \ldots, n, \tag{9.18}$$

donde el componente de tendencia estocástica, μ_t y el componente irregular están definidos como en el modelo de tendencia lineal local presentado anteriormente.

9.5.1. Ejemplo

Consideramos la serie del consumo trimestral de carbón por "otros usuarios finales" en el Reino Unido desde el primer trimestre de 1960 hasta el cuarto trimestre de 1986. Los datos de esta serie se encuentran en Koopman, Harvey, Doornik y Shephard (2009). El gráfico de esta serie se muestra en la Figura 9.1, y el gráfico de la serie de los logaritmos se muestra en la Figura 9.2.

Usando el programa STAMP (Koopman, Harvey, Doornik y Shephard, 2009) estimamos un modelo estructural básico para la serie del logaritmo consumo trimestral de carbón por

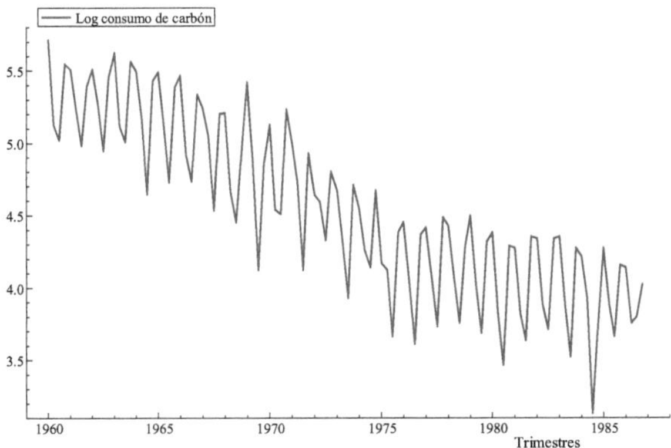

Figura 9.2: Logaritmo del consumo trimestral de carbón por "otros usuarios finales" en el Reino Unido desde el primer trimestre de 1960 hasta el cuarto trimestre de 1986

"otros usuarios finales" en el Reino Unido desde el primer trimestre de 1960 hasta el cuarto trimestre de 1986 y obtenemos los siguientes resultados (debe advertirse qen en nuestra notación n es el número de observaciones mientras que en el STAMP ello se denota como T):

```
UC( 1) Estimation done by Maximum Likelihood (exact score)
      The database used is ENERGYmiss1.in7
      The selection sample is: 1960(1) - 1986(4) (T=108,N=1)
      The dependent variable Y is: ofuCOAL1
      The model is: Y = Trend + Seasonal + Irregular
      Steady state........... found without full convergence
Log-Likelihood is 188.015 (-2 LogL = -376.031).
Prediction error variance is 0.0205058
Summary statistics
ofuCOAL1
T = 108.00
p = 3.0000
std.error = 0.14320
Normality = 6.6991       Chi^2(2) = 6.6991 [0.0351]*
H(34) = 1.5112           F(34, 34) = 1.5112 [0.1169]
DW = 1.8476              N(0,1,2-sided) = -0.7919 [0.4284]
r(1) = 0.003573          N(0,1,2 sided) = 0.6607 [0.5088]
q = 12.000
r(q) = -0.063351         N(0,1,2-sided) = -0.6584 [0.5103]
Q(q,q-p) = 6.0221        Chi^2(9) = 6.0221 [0.7377]
Rs^2 = 0.35124
```

```
Variances of disturbances:
                Value (q-ratio)
Level      0.000749323 ( 0.04554)
Slope      2.75127e-006 (0.0001672)
Seasonal  0.000000 ( 0.0000)
Irregular  0.0164540 ( 1.000)

State vector analysis at period 1986(4)
          Value       Prob
Level    3.90276 [0.00000]
Slope    -0.00685 [0.36652]
Seasonal chi2 test 485.58546 [0.00000]

Seasonal effects:
Period Value    Prob
1       0.27043  [0.00000]
2      -0.09705  [0.00002]
3      -0.40679  [0.00000]
4       0.23342  [0.00000]
```

Observamos que en los resultados del procesamiento no hay ningún mensaje de falta de convergencia, lo que nos asegura que el procedimiento de estimación por MV se ha realizado adecuadamente.

En los "Summary statistics" el programa nos provee de un conjunto de estadísticos básicos de diagnóstico y bondad de ajuste. Por ejemplo el estadístico Q de Box y Ljung es igual a $Q(12, 9) = 6,0221$. Este estadístico se usa para testar correlación serial residual, está basado en las primeras 12 autocorrelaciones de los resíduos y debe ser comparado con una distribución χ^2 con 9 grados de libertad. El resultado es que se acepta la hipótesis de falta de correlación serial en el componente irregular del modelo ya que para el valor de Q calculado la probabilidad en la cola de la distribución es $0,7377$ como se lo observa en los resultados del programa.

Puesto que el procedimiento de estimación converge y los diagnósticos parecen satisfactorios, podemos razonablemente confiar que se estimó un modelo adecuado (aun cuando podría no ser el mejor).

Las varianzas gobiernan los movimientos de los componentes. Ellas son parte de los resultados del modelo estimado. Así vemos que la varianza estimada del disturbio del nivel es $0,000749323$ y su cociente con la varianza estimada del componente irregular es $0,04554$. Se observa que la varianza estimada de los disturbios de la estacionalidad es cero, lo que estaría indicando que ese componente estacional no es estocástico. Una visión importante de los componentes estimados se tiene en los gráficos de los mismos que se pueden ver en la Figura 9.3.

En "State vector analysis at period 1986(4)" se suministran los valores estimados del nivel y de la pendiente. Por ejemplo, la pendiente es $-0,00685$ y el número entre corchetes es la probabilidad de obtener un valor absoluto de una variable normal estándar mayor que ese valor si el verdadero parámetro fuera cero. En este caso se acepta la hipótesis nula que el parámetro es cero. Luego hay un test de presencia general de estacionalidad con distribución χ^2 junto con la respectiva probabilidad. Vemos que se rechaza la hipótesis de ausencia de

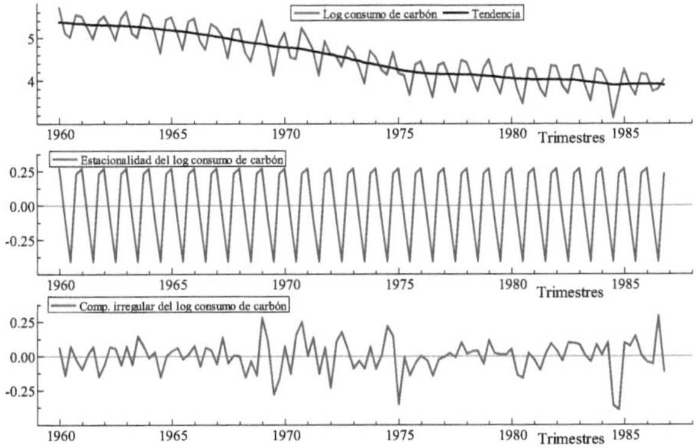

Figura 9.3: Gráfico de los comoponentes estimados en el modelo estructural básico del logaritmo del consumo trimestral de carbón por "otros usuarios finales" en el Reino Unido desde el primer trimestre de 1960 hasta el cuarto trimestre de 1986

estacionalidad. En "Seasonal effects" se presentan los valores estimados de la estacionalidad para cada período y entre corchetes la probabilidad correspondiente a ese valor para testar la hipótesis nula de falta de estacionalidad en ese período. Como se observa, en todos los casos se rechaza la hipótesis nula, por lo tanto se concluye que existe una estacionalidad significativa.

En este ejemplo, como en muchos otros, los datos están en logaritmos. Para tratar esta situaciones el programa nos brinda el "anti-log analisis", cuyos resultados para estos datos se dan a continuación.

State vector anti-log analysis at period 1986(4)
It is assumed that time series is in logs.

	Value	Prob
Level (anti-log)	49.53886	[0.00000]
Level (bias corrected)	49.63474	[.–]
Slope (yearly %growth)	-2.73858	[0.36652]
Seasonal chi2 test	485.58546	[0.00000]

Seasonal effects:

Period	Value	Prob	%Effect
1	1.31052	[0.00000]	31.05223
2	0.90751	[0.00002]	-9.24935
3	0.66578	[0.00000]	-33.42185
4	1.26291	[0.00000]	26.29148

Esta información adicional muestra, por ejemplo, que la pendiente puede interpretarse como una tasa de crecimiento resultando en este caso que la misma es igual a $-2,74\,\%$ por

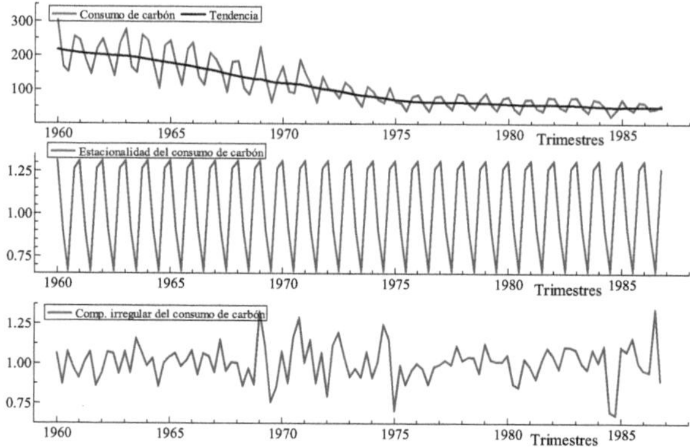

Figura 9.4: Gráfico del "anti-log" de los comoponentes estimados en el modelo estructural básico del logaritmo del consumo trimestral de carbón por "otros usuarios finales" en el Reino Unido desde el primer trimestre de 1960 hasta el cuarto trimestre de 1986

año. La estacionalidad se la puede interpretar como el factor por el cual se multiplica la tendencia, por ejemplo, el consumo de carbón es en promedio un 31 % mayor en el período 1, que es el invierno en el hemisferio norte. El gráfico del "anti-log" de los componentes se muestra en la Figura 9.4.

Control de diagnostico adicional puede ser realizado al graficar los resíduos y mirando su correlograma. También pued realizarse un gráfico de la distribución de los resíduos. Todo esto se encuentra en la Figura 9.5. Junto con esto el programa brinda un conjunto de estadísticos de diagnóstico.

El programa permite realizar, con el modelo estimado, predicciones un paso adelante dentro del período muestral y comparar esas predicciones con los valores observados. Realizamos las respectivas predicciones de los últimos tres años de la serie. Los gráficos de estos resultados se muestran en la Figura 9.6. En el primer gráfico se ve que los valores del tercer y cuarto trimestres de 1984 están fuera del intervalo de predicción. Las tres predicciones siguientes son también pobres. El test de predicción de Chow nos muestra lo siguiente:

Post-sample predictive tests.
Failure Chi2(12) test is 29.4566 [0.0034]
Cusum t(12) test is 0.2668 [0.7941]

La cifra mostrada entre corchetes indica que la probabilidad de un valor mayor que esa magnitud es $0,0034$. Esto nos da más evidencia que los errores de predicción no son consistentes con el modelo.

Este ejercicio puede repetirse haciendo predicciones de varios pasos adelante (por ejemplo 12) dentro del período muestral, por ejemplo de los últimos tres años, y allí nuevamente se observa que las predicciones del tercer y cuarto trimestres de 1984 son pobres. Con ello podemos concluir que los valores del tercer y cuarto trimestres de 1984 son observaciones

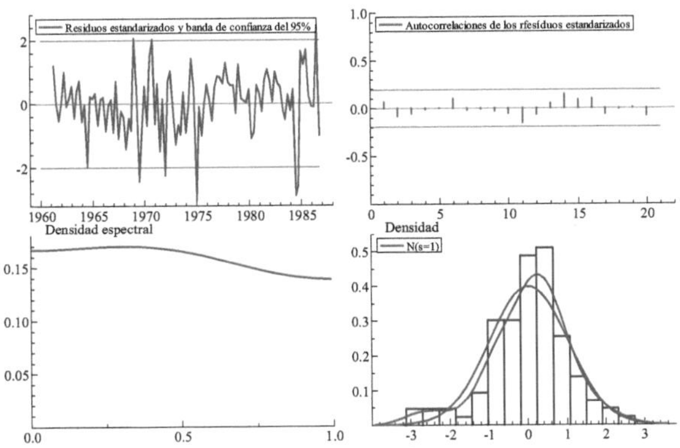

Figura 9.5: Análisis gráfico de los resíduos del modelo para el consumo de carbón

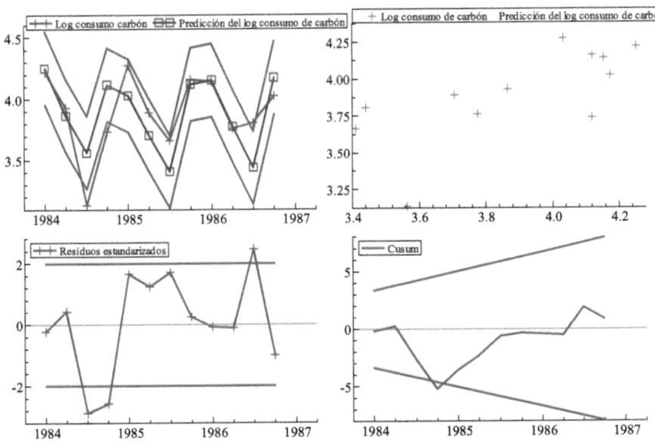

Figura 9.6: Análisis de predicción dentro del período muestral para el consumo de carbón

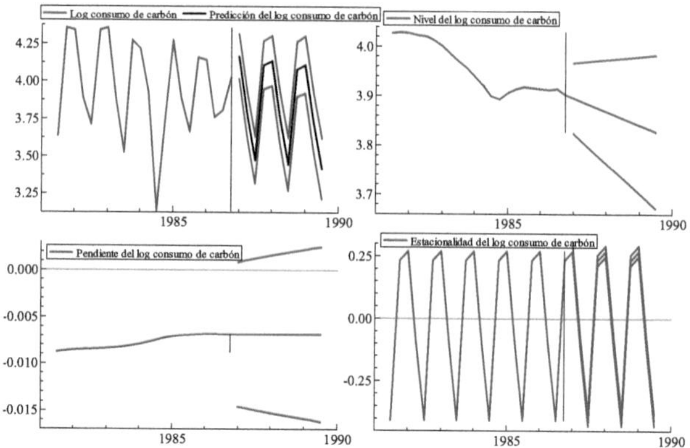

Figura 9.7: Análisis de predicción fuera del período muestral para el consumo de carbón

inusuales. Efectivamente, corresponden a un período de huelgas de los mineros. Por ello concluimos que el modelo es bueno pero que necesitaremos controlar a esas observaciones inusuales, cosa que haremos en el capítulo que sigue.

El programa permite realizar predicciones fuera del período muestral. En nuestro caso hacemos predicciones 11 pasos adelante, o sea predecimos los años 1987 y 1988 completos más los primeros tres trimestres del año 1989. Los gráficos correspondientes están en la Figura 9.7. Allí vemos la predicción de la serie, la del nivel, la de la pendiente y la del componente estacional, todo con el respectivo intervalo de confianza de predicción, el cual tiene un error medio cuadrático de los resíduos a cada lado. Notese que el intervalo aumenta a medida que uno avanza en el futuro de predicción.∎

9.6. Ciclos

Un ciclo determinístico puede ser expresado como una onda sinusoidal, esto es

$$\psi_t = \alpha \cos \lambda t + \beta \operatorname{sen} \lambda t, \qquad t = 1, \dots, n. \tag{9.19}$$

En la sección anterior se puntualizó que una estructura estacional puede ser modelada por un conjunta de tales ciclos definidos en las frecuencias estacionales. Agregando disturbios se permite que la estructura cambie a través del tiempo. Una situación algo diferente sucede cuando queremos modelar el ciclo, el cual puede ser estocástico, y, a diferencia de los ciclos estacionales, puede ser estacionario. La especificación estadística de tal ciclo, ψ_t, es como sigue

$$\begin{bmatrix} \psi_t \\ \psi_t^* \end{bmatrix} = \rho \begin{bmatrix} \cos \lambda_c & \operatorname{sen} \lambda_c \\ -\operatorname{sen} \lambda_c & \cos \lambda_c \end{bmatrix} \begin{bmatrix} \psi_{t-1} \\ \psi_{t-1}^* \end{bmatrix} + \begin{bmatrix} \kappa_t \\ \kappa_t^* \end{bmatrix}, \qquad t = 1, \dots, n, \tag{9.20}$$

donde λ_c es la frecuencia en radianes en el intervalo $0 \leq \lambda_c \leq \pi$, κ_t y κ_t^* son dos ruidos blanco mutuamente no correlacionados con media cero y varianza común σ_κ^2 y ρ es un *factor* *amortiguador* tal $0 < \rho \leq 1$. Nótese que el período es $2\pi/\lambda_c$. Para algunos propósitos es útil tomar la varianza de ψ_t en lugar de la varianza de κ_t, como un hiperparámetro. Entonces, como $\sigma_\kappa^2 = \left(1 - \rho^2\right)\sigma_\psi^2$, un ciclo determinístico, pero estacionario, se obtiene cuando $\rho = 1$. La función de autocorrelación (o ACF según sus siglas en Inglés) de ψ_t es

$$\rho\left(\tau\right) = \rho^\tau \cos \lambda\tau, \quad \tau = 0, 1, \ldots. \tag{9.21}$$

Este es un ciclo que tiende a cero a medida que τ tiende a infinito, excepto cuando $\rho = 1$. El espectro tiene un pico alrededor de λ_c, mostrando un comportamiento irregular o pseudo-cíclico. El pico se hace más agudo a medida que ρ se acerca a uno y en el caso límite cuando ρ es igual uno muestra un salto en la función de distribución espectral. Un test para la hipótesis $\rho = 1$ versus la alternativa de que es menor que uno está dado en Harvey y Streibel (1996).

Los componentes cíclicos de este tipo resultaron útiles en economía para modelar los ciclos económicos o de negocios, y en meteorología para modelar lluvias; ver Harvey y Jaeger (1993) y Koopman *et. al.* (1995). Los componentes cíclicos pueden ser combinados con los otros componentes, tales como tendencia y estacionalidad, y también otros ciclos o quizás procesos autorregresivos. Un proceso AR(1) es realmente el caso límite de un ciclo estocástico cuando λ_c es 0 o π aún cuando usualmente se lo especifica por separado, parcialmente para evitar confusiones y parcialmente porque no es el caso límite en modelos multivariados.

9.6.1. Ejemplo

Consideramos la serie de la precipitación anual de agua caida por lluvia, medida en centímetros, en Fortaleza, Brasil, desde 1849 hasta 1992. Nuestro análisis lo haremos con los datos hasta 1984 solamente. Los datos de esta serie se encuentran en Koopman, Harvey, Doornik y Shephard (2009). El gráfico de esta serie se muestra en la Figura 9.8. Allí vemos a la serie, el correlograma estimado, la estimación de la densidad espectral y el histograma junto con la densidad de los datos.

Del análisis gráfico observamos que la serie tiene una media constante. Del correlograma notamos que a pesar que las correlaciones son pequeñas, se nota evidencia que un ciclo está encerrado en el ruido. El mismo mensaje aparece en el espectro estimado, pero con mayor claridad.

Formulamos el modelo con nivel fijo, sin pendiente, un ciclo medio y el componente irregular, para el período 1849-1984. Elegimos un ciclo medio puesto que de esa manera el procedimiento de estimación se inicia con un período de 10 años y busca el mejor estimador por MV.

La parte más fácil de interpretar de los resultados del modelo es el conjunto de gráficos que se muestran en la Figura 9.9. Se ve en esta Fugura que el ciclo es algo irregular en período y amplitud, y está dominado por el componente irregular. Si se realiza la predicción se verá que el ciclo se aproxima a cero a medida que los pasos adelante predichos se incrementan.

Información más precisa sobre el ciclo se reproduce a continuación:

```
Variances of disturbances:
          Value       (q-ratio)
Level     0.000000  ( 0.0000)
Cycle     201.176    ( 0.1272)
```

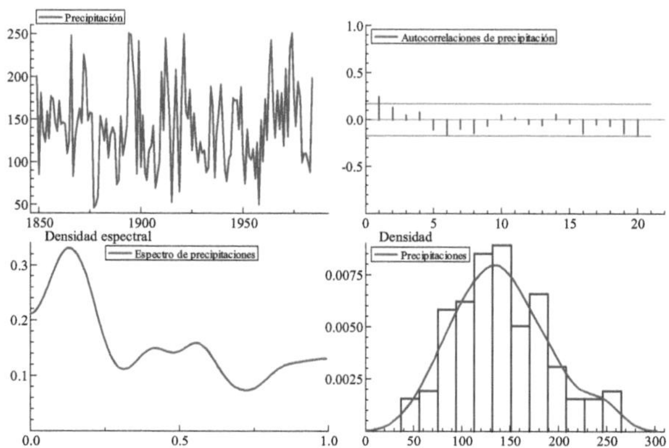

Figura 9.8: Análisis de la precipitación anual de agua caida por lluvia, medida en centímetros, en Fortaleza, Brasil, desde 1849 hasta 1984. Serie original, correlograma estimado, densidad espectral estimada y densidad con histograma de la serie

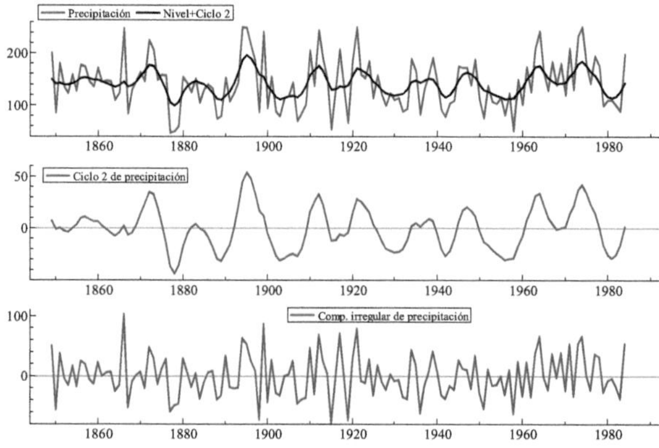

Figura 9.9: Análisis de la precipitación anual de agua caida por lluvia, medida en centímetros, en Fortaleza, Brasil, desde 1849 hasta 1984. Serie original con nivel y ciclo, ciclo estimado y componente irregular estimado

Irregular   1582.08   (1.000)

Cycle other parameters:
Variance   726.34024
Period   14.74860
Frequency   0.42602
Damping factor 0.85031

Los parámetros, de acuerdo a la definición dada en la ecuación (9.20), son:

- La varianza del ciclo σ_κ^2, la cual lo hace estocástico.

- El período (en años), $2\pi/\lambda_c$.

- La frecuencia (en radianes), λ_c.

- El factor amortiguador ("damping factor"), ρ.

La información en las frecuencias es más útil si se la presenta en términos de período (o sea 2π dividido en la frecuencia λ_c). Los resultados muestran que el período del ciclo es un poco menor a los 15 años.

También se muestra la varianza del ciclo y la varianza del disturbio del ciclo. La suma de esas varianzas más la varianza del componente irregular deberían, en teoría, ser iguales a la varianza de la variable observada.■

9.7. Modelos reducidos en forma ARIMA

Todos los modelos estructurales de series de tiempo descriptos en las secciones previas son lineales y por lo tanto existe el correspondiente modelo ARIMA que produce idénticas predicciones. Puesto que los modelos ARIMA contienen solamente un disturbio, se los llama la *forma reducida*.

La especificación de la forma reducida puede ser lograda en forma sencilla para los modelos simples. Así, para el de nivel local especificado en (9.4), tomando diferencias producimos que

$$\Delta y_t = \eta_t + \varepsilon_t - \varepsilon_{t-1}, \quad t = 2, \ldots, n. \tag{9.22}$$

La autocorrelación de primer orden es $-1/(2+q)$, donde q es cociente señal-ruido dado por $q = \sigma_\eta^2/\sigma_\varepsilon^2$, mientras que las siguientes, de ordenes más alto, son todas cero. Entonces la ACF es la misma que la de un proceso MA(1), y por lo tanto el nivel local tiene una forma reducida ARIMA$(0,1,1)$, esto es

$$\Delta y_t = \xi_t + \theta\xi_{t-1}, \quad t = 2, \ldots, n. \tag{9.23}$$

Igualando la autocorrelación de primer orden en los modelos nos da la siguiente relación entre los parámetros estructurales y de la forma reducida

$$\theta = \left[\left(q^2 + 4q\right)^{1/2} - 2 - q\right]/2, \tag{9.24}$$

donde q es el cociente señal-ruido. En la forma reducida ARIMA$(0,1,1)$, θ está condicionado a ser negativo. En modelos más complicados, las condiciones tienden a ser más fuertes. Así, la forma reducida de (9.18) es un modelo ARIMA en el cual las observaciones siguen un proceso ARMA$(4, s + 4)$, luego de tomar diferencias de primer orden y estacionales, esto es $\Delta\Delta_s y_t$ sigue un modelo ARMA$(4, s + 4)$. Si no estuviera sujeto a restricciones, este proceso contendría considerablemente más parámetros que la forma estructural. En efecto, un modelo ARIMA de tal complejidad virtualmente nunca sería identificado, y si lo fuera probablemente resultaría imposible de estimar.

El BSM tiene una forma reducida la cual, como lo mostró Maravall (1985), es muy próxima al modelo de aerolíneas del análisis de Box y Jenkins, o sea un ARIMA estacional de orden $(0, 1, 1) \times (0, 1, 1)_s$

$$\Delta\Delta_s y_t = (1 + \theta B)(1 + \Theta B^s)\,\xi_t, \quad \xi_t \sim NID\left(0, \sigma_\xi^2\right). \tag{9.25}$$

En efecto, el caso especial del BSM cuando los disturbios de la estacionalidad y de la pendiente son cero, es equivalente a un modelo de aerolínea con un parámetro estacional de promedio móvil, Θ, igual a menos uno.

Los modelos autorregresivos pueden producir aproximaciones pobres cuando los componentes son de cambios lentos. Por ejemplo, en los modelos de nivel local, un valor pequeño del cociente señal-ruido q, corresponde a un valor de θ próximo a -1 y el coeficiente AR en (9.3), el cual es igual a $(-\theta)^{-j}$, tiende a morir muy lentamente. Cuando un componente estacional está presente, típicamente cambiará lentamente en relación al resto de la serie, con el resultado que una aproximación AR puede ser muy pobre; ver Harvey y Scott (1994).

9.8. Variables explicativas

Las variables explicativas pueden fácilmente ser incluidas en un modelo estructural. En las próximas secciones haremos uso extensivo de variables explicativas tales como las variables ficticias. Ellas son usadas para el manejo de las observaciones faltantes y de los efectos de las intervenciones. Si $\mathbf{x}_t$ es un vector columna de $k \times 1$ variables explicativas observadas y $\boldsymbol{\beta}_t$ es el correspondiente vector de parámetros, el modelo

$$y_t = \mu_t + \mathbf{x}_t'\boldsymbol{\beta}_t + \varepsilon_t, \quad t = 1, \ldots, n, \tag{9.26}$$

puede ser considerado un modelo de regresión con componente tendencia estocástica, μ_t, definido en (9.5). Si $\sigma_\eta^2 = \sigma_\zeta^2 = 0$, el modelo se reduce a una regresión lineal con constante y una tendencia lineal. El vector $\boldsymbol{\beta}_t$ puede ser independiente del tiempo t quedando en ese caso igual a $\boldsymbol{\beta}$.

9.8.1. Ejemplo: Consumo de bebidas alcohólicas en Gran Bretaña

Continuamos con el ejemplo analizado en §8.7.1 del Capítulo 8 que consiste en observaciones anuales, desde 1870 hasta 1938, del logaritmo de tres variables: el consumo *per capita* de bebidas alcohólicas denotado como y_t (Figura 9.10), el ingreso *per capita* denotado como x_{1t} (Figura 9.11) y los precios relativos de las bebidas alcohólicas denotados como x_{2t} (Figura 9.12) todo para Gran Bretaña. Este conjunto de datos es históricamente famoso ya que fue usado como banco de pruebas en 1951 para el estadístico de Durbin-Watson. Analizamos este ejemplo usando el paquete *STAMP 8.2: Structural Time Series Analyser, Modeller and Predictor* desarrollado por Koopman, Harvey, Doornik y Shephard (2009) en donde se pueden

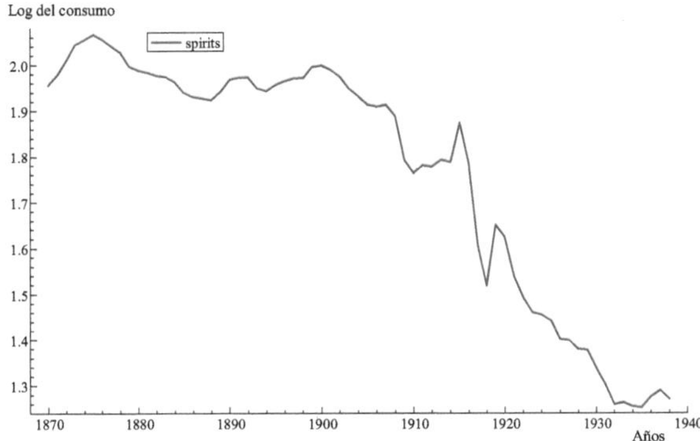

Figura 9.10: Logaritmo del consumo *per capita* de bebidas alcohólicas en Gran Bretaña. Datos anuales desde 1870 a 1938

encontrar los datos. Como ya se dijo, el paquete Stamp no está específicamente desarrollado para realizar regresiones pero puede hacerlas sin ningún inconveniente y de forma totalmente eficiente.

Los datos del consumo son parcialmente explicados por el ingreso per capita y los precios relativos. En el Capítulo anterior se propuso un modelo de regresión usando esas variables explicativas y se encontró una correlación serial significativa en los residuos, situación que persiste aún cuando una tendencia en el tiempo es incluida. Ahora bien, incluyendo un componente de tendencia estocástica como en (9.26) produce un buen ajuste. Ambos, el ingreso y los precios son significativos, con valores de t de $5, 67$ y $-14, 17$ respectivamente.

9.9. Forma de espacio de estado. Suavizado y filtrado de Kalman

El tratamiento estadístico de los modelos estructurales de series de tiempo está basado en la forma de espacio de estado (o SSF de acuerdo a sus siglas), el filtro de Kalman y el suavizador asociado. La función de verosimilitud se la construye a partir del filtro de Kalman en términos de la predicción un paso adelante, y es maximizada con respecto a los hiper-parámetros por optimización numérica. El vector marcador o *score* de los parámetros puede obtenerse a través de un algoritmo de suavizado asociado con el filtro de Kalman. Una vez que los hiperparámetros han sido estimado, el filtro es usado para lograr predicciones de los residuos un paso adelante, lo que nos permite calcular los estadísticos de diagnóstico para normalidad, correlación serial y bondad de ajuste. El suavizador es usado para estimar componentes no observables, tales como tendencia y estacionalidad, y para calcular estadísticos de diagnóstico que sirven para detectar observaciones atípicas y cambios estructurales. Los modelos ARIMA también pueden ser manejados usando el filtro de Kalman. El enfoque de

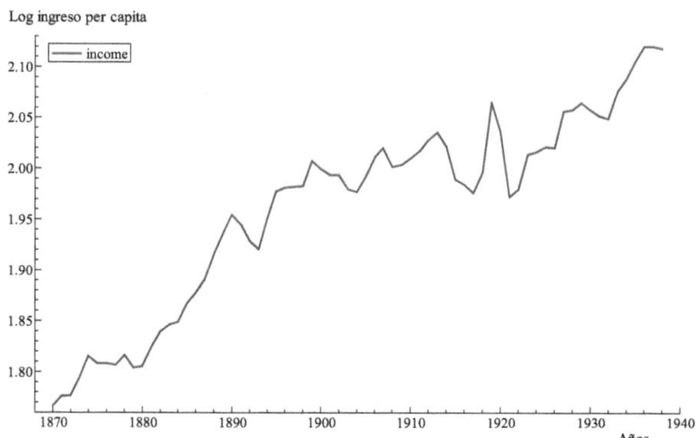

Figura 9.11: Logaritmo del ingreso *per capita* en Gran Bretaña. Datos anuales desde 1870 a 1938

Figura 9.12: Logaritmos de los precios relativos de las bebidas alcóholicas en Gran Bretaña. Datos anuales desde 1870 a 1938

espacio de estado es particularmente atractivo cuando los datos tienen valores faltantes o han sido agregados temporalmente, como se lo verá en más adelante.

9.10. La forma de espacio de estado

Todos los modelos lineales de series de tiempo tienen una representación de espacio de estado. Esa representación relaciona al vector de disturbios $\{\varepsilon_t\}$ con el vector de observaciones $\{\mathbf{y}_t\}$ a través de un proceso de Markov $\{\boldsymbol{\alpha}_t\}$. Una expresión conveniente de la forma de espacio de estado es

$$
\begin{aligned}
\mathbf{y}_t &= \mathbf{Z}_t\boldsymbol{\alpha}_t + \varepsilon_t, & \varepsilon_t &\sim N(\mathbf{0}, \mathbf{H}_t), & &(9.27)\\
\boldsymbol{\alpha}_t &= \mathbf{T}_t\boldsymbol{\alpha}_{t-1} + \mathbf{R}_t\boldsymbol{\eta}_t, & \boldsymbol{\eta}_t &\sim N(\mathbf{0}, \mathbf{Q}_t), & t &= 1, \ldots, n, & &(9.28)
\end{aligned}
$$

donde $\boldsymbol{\alpha}_t$ es el vector de estado de orden $m \times 1$, ε_t y $\boldsymbol{\eta}_t$ son vectores de disturbios serialmente independientes e independientes entre sí en todo momento de tiempo. Las matrices de sistema $\mathbf{Z}_t$, $\mathbf{T}_t$, $\mathbf{R}_t$, $\mathbf{H}_t$ y $\mathbf{Q}_t$ tienen dimensiones $N \times m$, $m \times m$, $m \times m$, $N \times N$ y $m \times m$ respectivamente, son fijas y si existen en ellas elementos desconocidos, son incorporados al vector $\boldsymbol{\psi}$ de hiperparámetros el cual es estimado por máxima verosimilitud. A (9.27) se la denomina ecuación de medición o ecuación de observación y a (9.28) ecuación de transición o ecuación de estado. En modelos univariados de series de tiempo $N = 1$ por lo tanto $\mathbf{H}_t$ es un escalar que se lo suele denotar como σ_ε^2.

En muchas aplicaciones $\mathbf{R}_t$ es la matriz identidad. En otras, uno puede definir $\boldsymbol{\eta}_t^* = \mathbf{R}_t\boldsymbol{\eta}_t$ y $\mathbf{Q}_t^* = \mathbf{R}_t\mathbf{Q}_t\mathbf{R}_t'$, y proceder sin la inclusión explícita de $\mathbf{R}_t$, con lo cual se hace parecer al modelo mucho más simple. No obstante, si $\mathbf{R}_t$ es de orden $m \times g$ y $\mathbf{Q}_t$ tiene rango $g < m$, existe una ventaja obvia en trabajar con $\boldsymbol{\eta}_t$ no singular en lugar de $\boldsymbol{\eta}_t^*$ singular.

El vector inicial de estado $\boldsymbol{\alpha}_0$ se supone que es aleatorio con media $\mathbf{a}$ y matriz de varianzas $\mathbf{P}$ donde $\mathbf{a}$ y $\mathbf{P}$ son conocidas. Si $\boldsymbol{\alpha}_t$ es no estacionaria entonces $\boldsymbol{\alpha}_0$ se supone que tiene una distribución a priori difusa, esto es la matriz de varianzas $\mathbf{P}$ es igual a $\kappa\mathbf{I}$, donde $\mathbf{I}$ es la matriz identidad y κ es un escalar que tiende a infinito; ver Harvey (1989, subsección 3.3.4).

9.11. El filtro de Kalman

El objetivo del filtro de Kalman es actualizar nuestro conocimiento del sistema cada vez que una nueva observación $\mathbf{y}_t$ es obtenida. Una vez que el modelo ha sido puesto en la forma de espacio de estado, el camino está abierto para la aplicación de un número importante de algoritmos. En el centro de ellos está al filtro de Kalman. Este filtro es un procedimiento recursivo para computar el estimador óptimo del vector de estado en el momento t, basado en la información disponible hasta ese momento de tiempo t. Esa información consiste en observaciones hasta $\mathbf{y}_t$ incluida.

En ciertas aplicaciones de ingeniería el filtro de Kalman es importante debido a la posibilidad de lograr estimaciones sobre la marcha, u *online* en inglés. El valor actual del vector de estado es de primordial interés; por ejemplo, puede representar las coordenadas de un cohete en el espacio, y el filtro de Kalman permite que la estimación del vector de estado sea continuamente actualizada cada vez que una nueva observación está disponible. A primera vista, el valor de tal procedimiento en las aplicaciones económicas parece limitado.

Las nuevas observaciones tienden a aparecer a intervalos menos frecuentes y el énfasis está en hacer predicciones de observaciones futuras basadas en una muestra dada. El vector de estado no siempre tiene una interpretación económica, y en los casos en que la tiene, es más apropiado estimar su valor en un punto particular del tiempo usando toda la información de la muestra y no solamente parte de ella. Estos dos problemas son conocidos como **predicción** y **suavizado** respectivamente. Sucede que el filtro de Kalman nos provee las bases para las soluciones de ambos problemas.

Otra razón para el rol central del filtro de Kalman es que cuando los disturbios y el vector de estado inicial están normalmente distribuidos, permite que la función de verosimilitud sea calculada a través de lo que se conoce como la descomposición del error de predicción. Esto abre el camino para la estimación de cualquier parámetro desconocido en el modelo. También provee las bases para los tests estadísticos y de especificación del modelo.

La forma en que se deriva el filtro de Kalman presentada más abajo se basa en el supuesto que los disturbios y el vector de estado inicial están normalmente distribuidos. Luego es usado un resultado estándar sobre la distribución normal multivariada para mostrar como es posible calcular recursivamente la distribución de $\boldsymbol{\alpha}_t$, condicional en la información establecida en el momento t, para todo t desde 1 hasta n. Estas distribuciones condicionales son a su vez normales y por lo tanto están completamente especificadas por sus matrices de medias y varianzas. Son estas cantidades las que el filtro de Kalman computa.

En el modelo Gaussiano de espacio de estado, el filtro de Kalman evalúa el estimador con media cuadrática mínima del vector de estado $\boldsymbol{\alpha}_{t+1}$ usando el conjunto de observaciones $\mathbf{Y}_t = \{\mathbf{y}_1, \ldots, \mathbf{y}_t\}$ y denotándolo $\mathbf{a}_{t+1} = E\left(\boldsymbol{\alpha}_{t+1}|\mathbf{Y}_t\right)$ y la correspondiente matriz de varianzas $\mathbf{P}_{t+1} = \mathrm{var}\left(\boldsymbol{\alpha}_{t+1}|\mathbf{Y}_t\right)$, para $t = 1, \ldots, n$. El filtro de Kalman está dado por la siguiente recursión hacia adelante

$$
\begin{aligned}
\mathbf{v}_t &= \mathbf{y}_t - \mathbf{Z}_t\mathbf{a}_t, & \mathbf{F}_t &= \mathbf{Z}_t\mathbf{P}_t\mathbf{Z}_t' + \mathbf{H}_t, \\
& & \mathbf{K}_t &= \mathbf{T}_{t+1}\mathbf{P}_t\mathbf{Z}_t'\mathbf{F}_t^{-1}, \\
\mathbf{a}_{t+1} &= \mathbf{T}_{t+1}\mathbf{a}_t + \mathbf{K}_t\mathbf{v}_t, & \mathbf{P}_{t+1} &= \mathbf{T}_{t+1}\mathbf{P}_t\mathbf{L}_t' + \mathbf{R}_{t+1}\mathbf{Q}_{t+1}\mathbf{R}_{t+1}', & t = 1, \ldots, n,
\end{aligned}
\tag{9.29}
$$

donde $\mathbf{L}_t = \mathbf{T}_{t+1} - \mathbf{K}_t\mathbf{Z}_t$, con las iniciaciones $\mathbf{a}_0 = \mathbf{a}$ y $\mathbf{P}_0 = \mathbf{P}$. Las recursiones por medio de los cuales se deriva el filtro de Kalman pueden verse en Anderson y Moore (1979), Harvey (1989) y Abril (1999). El caso límite $\mathbf{P} = \kappa\mathbf{I}$, donde $\mathbf{I}$ es la matriz identidad y $\kappa \to \infty$, puede ser manejado usando una modificación relativamente directa del filtro de Kalman como la propuesta por Ansley y Kohn (1985, 1990) y desarrollada por Koopman (1997). Otros tratamientos del caso límite están dados por de Jong (1991) y Snyder y Saligari (1996). El error de predicción un paso adelante del vector de observaciones es $\mathbf{v}_t = \mathbf{y}_t - E\left(\mathbf{y}_t|\mathbf{Y}_{t-1}\right)$ con matriz de varianzas $\mathbf{F}_t = \mathrm{var}\left(\mathbf{y}_t|\mathbf{Y}_{t-1}\right)$. Los resultados del filtro de Kalman son usados para computar el logaritmo de la función de verosimilitud $\ell\left(\mathbf{y}, \boldsymbol{\psi}\right)$, condicional en el vector de hiperparámetros $\boldsymbol{\psi}$ que, aparte de una constante aditiva, resulta ser

$$
\ell\left(\mathbf{y}, \boldsymbol{\psi}\right) = -\frac{n}{2}\log 2\pi - \frac{1}{2}\sum_{t=1}^{n}\log|\mathbf{F}_t| - \frac{1}{2}\sum_{t=1}^{n}\mathbf{v}_t'\mathbf{F}_t^{-1}\mathbf{v}_t.
\tag{9.30}
$$

La maximización numérica de $\ell\left(\mathbf{y}, \boldsymbol{\psi}\right)$ con respecto al vector de hiperparámetros $\boldsymbol{\psi}$, produce el estimador por máxima verosimilitud $\widetilde{\boldsymbol{\psi}}$ de $\boldsymbol{\psi}$.

Cuando el supuesto de normalidad se deja de lado, no hay ninguna garantía de que el filtro de Kalman produzca la media condicional del vector de estado. De cualquier manera es todavía un estimador óptimo en el sentido de que minimiza el error cuadrático medio dentro de la clase de todos los estimadores lineales.

9.12. Suavizado

Los trabajos de de Jong (1988, 1989), Kohn y Ansley (1989) y Koopman (1993) conducen a algoritmos de suavizados de los cuales diferentes estimadores pueden ser computados basándose en la muestra total $\mathbf{Y}_n$. El suavizado toma la forma de una recursión hacia atrás,

$$
\begin{aligned}
\mathbf{u}_t &= \mathbf{F}_t^{-1}\mathbf{v}_t - \mathbf{K}_t'\mathbf{r}_t, & \mathbf{M}_t &= \mathbf{F}_t^{-1} + \mathbf{K}_t'\mathbf{N}_t\mathbf{K}_t, \\
\mathbf{r}_{t-1} &= \mathbf{Z}_t'\mathbf{F}_t^{-1}\mathbf{v}_t + \mathbf{L}_t'\mathbf{r}_t, & \mathbf{N}_{t-1} &= \mathbf{Z}_t'\mathbf{F}_t^{-1}\mathbf{Z}_t + \mathbf{L}_t'\mathbf{N}_t\mathbf{L}_t,
\end{aligned}
\tag{9.31}
$$

todo para $t = n, n-1, \ldots, 1$, donde $\mathbf{r}_n = \mathbf{0}$ y $\mathbf{N}_n = \mathbf{0}$. Las recursiones requieren espacio de memoria para guardar los resultados $\mathbf{v}_t$, $\mathbf{F}_t$ y $\mathbf{K}_t$, para $t = 1, \ldots, n$ del filtro de Kalman. La serie $\{\mathbf{u}_t\}$ recibe el nombre de *error suavizado* o *residuo suavizado*. Como veremos luego, las cantidades suavizadas $\mathbf{u}_t$ y $\mathbf{r}_t$ juegan el rol de pivotes en la construcción de tests de diagnóstico para observaciones atípicas y cambios estructurales (ver Abril, 1999). El suavizador puede ser usado para computar el estimador suavizado del vector de disturbios $\widehat{\boldsymbol{\varepsilon}}_t = E\left(\boldsymbol{\varepsilon}_t \,|\, \mathbf{Y}_n\right)$, esto es

$$
\widehat{\boldsymbol{\varepsilon}}_t = \mathbf{H}_t\mathbf{u}_t, \quad \operatorname{var}\left(\widehat{\boldsymbol{\varepsilon}}_t\right) = \mathbf{H}_t - \mathbf{H}_t\mathbf{M}_t\mathbf{H}_t, \quad t = n, \ldots, 1,
\tag{9.32}
$$

ver Koopman (1993) y Durbin y Koopman (2001, 2012). El estimador suavizado del vector de estado $\widehat{\boldsymbol{\alpha}}_t = E\left(\boldsymbol{\alpha}_t \,|\, \mathbf{Y}_n\right)$ es construido vía una recursión simple hacia adelante

$$
\widehat{\boldsymbol{\alpha}}_{t+1} = \mathbf{T}_t\widehat{\boldsymbol{\alpha}}_t + \mathbf{R}_t\widehat{\boldsymbol{\eta}}_t, \quad t = 1, \ldots, n-1,
\tag{9.33}
$$

donde $\widehat{\boldsymbol{\eta}}_t = \mathbf{Q}_t\mathbf{R}_t'\mathbf{r}_{t-1}$, $\widehat{\boldsymbol{\alpha}}_0 = \mathbf{a}_0 + \widehat{\boldsymbol{\eta}}_0$ y $\widehat{\boldsymbol{\eta}}_0 = \mathbf{P}_0\mathbf{r}_0$. Un algoritmo más elaborado para computar el vector de estado suavizado, incluyendo la evaluación de su matriz de varianzas, está dado en de Jong (1988, 1989) y Kohn y Ansley (1989). Finalmente, los resultados del suavizador pueden también ser usados para computar el marcador exacto para los hiperparámetros; ver Koopman y Shephard (1992). Por ejemplo, el marcador de ψ_i, esto es del i-ésimo elemento del vector de hiperparámetros $\boldsymbol{\psi}$, está dado por

$$
\frac{\partial \ell\left(\mathbf{y}, \boldsymbol{\psi}\right)}{\partial \psi_i} = \frac{\partial}{\partial \psi_i}\left\{-\frac{n}{2}\log 2\pi - \frac{1}{2}\sum_{t=1}^{n}\log|\mathbf{F}_t| - \frac{1}{2}\sum_{t=1}^{n}\mathbf{v}_t'\mathbf{F}_t^{-1}\mathbf{v}_t\right\}.
\tag{9.34}
$$

La evaluación de (9.34) depende solamente de las recursiones de suavizado (9.31).

Se puede mostrar, con algo de algrbre un poco pesada, que los estimadores determinados en el proceso de filtrado y suavizado son efectivamente promedios ponderados de las observaciones.

9.13. Forma de espacio de estado para modelos estructurales

El modelo (9.4) de camino aleatorio más ruido está esencialmente en la forma de espacio de estado dada por las ecuaciones (9.27) y (9.28). Así, $\mathbf{Z}_t = \mathbf{T}_t = \mathbf{R}_t = 1$, o sea son escalares iguales a la unidad.

Para el modelo en (9.5) de tendencia lineal local el vector de estado es de dimensión dos. Todavía tenemos una representación invariante en el tiempo, $\mathbf{Z}_t = \begin{pmatrix} 1 & 0 \end{pmatrix}$ y

$$T_t = \begin{pmatrix} 1 & 1 \\ 0 & 1 \end{pmatrix}.$$

Otros modelos estructurales pueden fácilmente ser puestos en la forma de espacio de estado; para ello se recomienda ver Harvey (1989).

9.14. Forma de espacio de estado de los modelos ARIMA

Una representación de espacio de estado para modelos ARMA fue sugerida por Akaike (1974a). Nosotros adoptamos la representación propuesta por Pearlman (1980) en la cual el vector de estado es de longitud $r = \text{máx}\,(p, q)$. Para el siguiente proceso ARMA(p, q) general y univariado

$$y_t = \sum_{j=1}^{r} \phi_j\, y_{t-j} + \zeta_t + \sum_{j=1}^{r-1} \theta_j \zeta_{t-j}, \qquad t = 1, \ldots, n,$$

donde $\phi_j = 0$ para $j > p$, $\theta_j = 0$ para $j > q$, ζ_t es un proceso ortogonal o ruido blanco con media cero y varianza constante. Las cantidades de espacio de estado dadas en (9.27) y (9.28) toman la forma

$$\mathbf{Z}_t = \begin{pmatrix} 1 & 0 & \ldots & 0 \end{pmatrix} = \mathbf{Z}, \qquad \boldsymbol{\alpha}_t = \begin{pmatrix} y_t \\ \sum_{j=2}^{r} \phi_j y_{t-j+1} + \sum_{j=1}^{r-1} \theta_j \zeta_{t-j+1} \\ \sum_{j=3}^{r} \phi_j y_{t-j+2} + \sum_{j=2}^{r-1} \theta_j \zeta_{t-j+2} \\ \vdots \\ \phi_r y_{t-1} + \theta_{r-1}\zeta_t \end{pmatrix},$$

$$\mathbf{T}_t = \begin{pmatrix} \phi_1 & 1 & 0 & \ldots & 0 \\ \phi_2 & 0 & \ddots & \ddots & \vdots \\ \vdots & \vdots & \ddots & \ddots & \vdots \\ \vdots & \vdots & & \ddots & 1 \\ \phi_r & 0 & \ldots & \ldots & 0 \end{pmatrix} = \mathbf{T}, \qquad \mathbf{R}_t = \begin{pmatrix} 1 \\ \theta_1 \\ \vdots \\ \theta_{r-1} \end{pmatrix} = \mathbf{R}. \tag{9.35}$$

Con ello podemos escribir la relación de transición para $\boldsymbol{\alpha}_t$ como

$$\boldsymbol{\alpha}_t = \begin{pmatrix} \phi_1 & 1 & 0 & \ldots & 0 \\ \phi_2 & 0 & \ddots & \ddots & \vdots \\ \vdots & \vdots & \ddots & \ddots & \vdots \\ \vdots & \vdots & & \ddots & 1 \\ \phi_r & 0 & \ldots & \ldots & 0 \end{pmatrix} \boldsymbol{\alpha}_{t-1} + \begin{pmatrix} 1 \\ \theta_1 \\ \vdots \\ \theta_{r-1} \end{pmatrix} \zeta_t,$$

y la ecuación de observación

$$y_t = \mathbf{Z}_t \boldsymbol{\alpha}_t. \tag{9.36}$$

Los procesos ARIMA(p, d, q) pueden ser escritos como un ARMA (p^*, q) no estacionario de acuerdo a lo mostrado en el Capítulo 4 de este libro. Escritos de esa manera podemos ponerlos en la forma de espacio de estado como se lo describió anteriormente, pero con p^* en lugar de p.

La ventaja del enfoque de espacio de estado es que las técnicas que se han desarrollado para estos últimos modelos son aplicables también a los modelos ARMA y ARIMA. En particular, las técnicas para la estimación exacta por máxima verosimilitud y para la iniciación están disponibles para estos casos también.

Por ejemplo, con $r = 2$ tenemos la relación de transición para un modelo ARIMA

$$\begin{pmatrix} y_t \\ \phi_2 y_{t-1} + \theta_1 \zeta_t \end{pmatrix} = \begin{pmatrix} \phi_1 & 1 \\ \phi_2 & 0 \end{pmatrix} \begin{pmatrix} y_{t-1} \\ \phi_2 y_{t-2} + \theta_1 \zeta_{t-1} \end{pmatrix} + \begin{pmatrix} 1 \\ \theta_1 \end{pmatrix} \zeta_t,$$

y la relación de observación sigue siendo como la dada en (9.36).

La forma dada anteriormente no es la única versión de espacio de estado de los modelos ARIMA, pero resulta ser muy conveniente en situaciones prácticas. Existe una forma muy interesante propuesta por Harvey y Pierse (1984) pero que resulta algebraicamente más compleja que la anterior.

9.15. Suavizado curvilíneo

El suavizado curvilíneo es también conocido por su nombre en inglés: *spline smoothing*. Supongamos que tenemos una serie univariada $y_1, \ldots, y_n$ y deseamos aproximarla mediante una función $f(t)$ relativamente suave. Un enfoque estándar es tomar la función $f(t)$ de manera que se minimice

$$\sum_{t=1}^{n} [y_t - f(t)]^2 + \lambda \sum_{t=2}^{n} \left[\triangle^2 f(t) \right]^2 \tag{9.37}$$

con respecto a $f(t)$ para $\lambda > 0$ dado, donde $\triangle^j = (1 - B)^j$ y B es el operador de rezago (lag) tal que $B^j y_t = y_{t-j}$. Si λ es pequeño, los valores de $f(t)$ estarán cercanos a los de y_t pero $f(t)$ puede no ser suficientemente suave. Si λ es grande, la serie $f(t)$ será suave pero los valores de $f(t)$ pueden no estar suficientemente cercanos a los de y_t. La función $f(t)$ se llama *curvilínea* o *spline*. Un repaso de los métodos relacionados con esta idea está dado en Wahba (1990).

Consideremos ahora el problema desde el punto de vista de espacio de estado. Sea $\mu_t = f(t)$ para $t = 1, \ldots, n$. Supongamos que y_t y μ_t obedecen el modelo de espacio de estado

$$y_t = \mu_t + \varepsilon_t, \qquad \triangle^2 \mu_t = \eta_t, \qquad t = 1, \ldots, n, \tag{9.38}$$

donde $V(\varepsilon_t) = \sigma^2$ y $V(\eta_t) = \sigma^2/\lambda$ con $\lambda > 0$. Observamos que (9.37) tiene la forma de la ecuación (9.10) del filtro de Hodrick-Prescott, por otra parte la segunda ecuación de (9.38) es una forma alternativa de escribir la segunda y tercera ecuaciones de (9.5). Por cuestiones de simplicidad supongamos que μ_{-1} y μ_0 son fijos y conocidos. El logaritmo de la densidad conjunta de $\mu_1, \ldots, \mu_n, y_1, \ldots, y_n$ es entonces, aparte de constantes irrelevantes,

$$-\frac{\lambda}{2\sigma^2} \sum_{t=1}^{n} \left(\triangle^2 \mu_t \right)^2 - \frac{1}{2\sigma^2} \sum_{t=1}^{n} (y_t - \mu_t)^2. \tag{9.39}$$

Ahora supongamos que nuestro objetivo es suavizar la serie y_t estimando μ_t mediante $\widehat{\mu}_t = E(\mu_t \mid Y_n)$. Vamos a emplear una técnica que usaremos en forma extensiva más adelante, por lo tanto la presentaremos con suficiente generalidad. Supóngase que $\boldsymbol{\alpha} = (\boldsymbol{\alpha}_1', \ldots, \boldsymbol{\alpha}_n')'$ e $\mathbf{y} = (\mathbf{y}_1', \ldots, \mathbf{y}_n')'$ se distribuyen en forma conjunta como una normal con densidad $p(\boldsymbol{\alpha}, \mathbf{y})$ y deseamos calcular $\widehat{\boldsymbol{\alpha}} = E(\boldsymbol{\alpha} \mid \mathbf{y})$. Entonces $\widehat{\boldsymbol{\alpha}}$ es la solución de las ecuaciones

$$\frac{\partial \log p(\boldsymbol{\alpha}, \mathbf{y})}{\partial \boldsymbol{\alpha}} = \mathbf{0}. \tag{9.40}$$

Esto surge puesto que $\log p(\boldsymbol{\alpha} \mid \mathbf{y}) = \log p(\boldsymbol{\alpha}, \mathbf{y}) - \log p(\mathbf{y})$, entonces $\partial \log p(\boldsymbol{\alpha} \mid \mathbf{y})/\partial \boldsymbol{\alpha} = \partial \log p(\boldsymbol{\alpha}, \mathbf{y})/\partial \boldsymbol{\alpha}$. Ahora bien, la solución de las ecuaciones $\partial \log p(\boldsymbol{\alpha} \mid \mathbf{y})/\partial \boldsymbol{\alpha} = \mathbf{0}$ es el modo de la densidad $p(\boldsymbol{\alpha} \mid \mathbf{y})$, y puesto que la densidad es normal, el modo es igual al vector de medias $\widehat{\boldsymbol{\alpha}}$. La conclusión sigue a continuación. Puesto que $p(\boldsymbol{\alpha} \mid \mathbf{y})$ puede tomarse como la distribución a posteriori de $\boldsymbol{\alpha}$ dado $\mathbf{y}$, llamaremos a esta técnica *estimación de modo posterior*.

Aplicando esta técnica a (9.39), vemos que podemos obtener $\widehat{\mu}_1, \ldots, \widehat{\mu}_n$ minimizando

$$\sum_{t=1}^{n} (y_t - \mu_t)^2 + \lambda \sum_{t=1}^{n} \left(\triangle^2 \mu_t\right)^2. \tag{9.41}$$

Comparando esto con (9.37) e ignorando por el momento la cuestión de la iniciación, vemos que el problema de suavizado cuvilíneo puede resolverse al encontrar $E(\mu_t \mid Y_n)$ para el modelo (9.38), donde Y_n es igual a toda la información hasta el momento n. Esto se logra mediante una extensión estándar de las técnicas de suavizado de la sección §9.12. Se sigue que las técnicas de espacio de estado pueden usarse para resolver al menos algunos de los problemas de suavizado curvilíneo. Un tratamiento siguiendo este enfoque es el de Kohn y Ansley (1993). El enfoque de este libro tiene la ventaja que el modelo puede ser extendido para incluir características adicionales como variables explicativas, variaciones calendarias y efectos de intervención en la forma en que se lo verá más adelante.

Éstas son unas de las innumerables aplicaciones del modelo lineal gaussiano de espacio de estado. En general, cuando un modelo dinámico puede ser puesto en una forma lineal gaussiana de Markov, se lo trata usualmente con los métodos de espacio de estado.

Capítulo 10

Series de Tiempo Irregulares

10.1. Introducción

El objetivo de este Capítulo es examinar los métodos para tratar una gran variedad de datos con irregularidades que suceden en el análisis práctico de series de tiempo. La atención se centra, en muchos casos, en series de tiempo univariadas, pero se discute el uso de modelos multivariados para la estimación de valores faltantes en las series.

Muchas series de tiempo están sujetas a irregularidades en los datos, tales como valores perdidos o faltantes, observaciones atípicas ("outliers"), cambios estructurales y espaciado irregular. Este Capítulo presentan un enfoque unificado para el análisis de estos datos irregulares. El tratamiento técnico está basado en los métodos de espacio de estado. Estos métodos pueden ser aplicados a cualquier modelo lineal, incluyendo aquellos dentro de la clase de los ARIMA. Ahora bien, la facilidad de interpretación de los modelos estructurales de series de tiempo, junto con la información asociada que producen el filtro y el suavizador de Kalman, hacen de ellos el vehículo natural para el tratamiento de los datos desordenados.

Los datos de las series de tiempo pueden estar desorganizados, y por lo tanto ser difícil de manejarlos mediante procedimientos estándares, especialmente cuando ellos son intrínsecamente no Gaussianos o contienen estructuras periódicas complicadas tales como cuando son observados en una base horaria, diaria o semanal.

Modelos estructurales de series de tiempo pueden ser expresados en tiempo continuo, permitiendo con ello un tratamiento general de observaciones irregularmente espaciadas. La estructura periódica asociada con datos horarios, diarios o semanales puede ser efectivamente tratada usando curvilíneas ("splines") variables en el tiempo, mientras que el análisis estadístico de modelos no Gaussianos es ahora posible debido a los desarrollos recientes en las técnicas de simulación.

10.2. Observaciones faltantes y agregado temporal

El mecanismo para observar una serie de tiempo es frecuentemente imperfecto. Fallas en el equipo, errores humanos y la eliminación de medidas inexactas pueden producir valores faltantes. La naturaleza no siempre provee un conjunto completo de datos, por ejemplo, medidas de la concentración de polución en las lluvias es imposible de lograr si no llueve. En esta sección se describen algunas técnicas para el manejo de valores faltantes, tales como la modificación del filtro de Kalman o el uso de variables ficticias. Se muestra también en que forma las técnicas de espacio de estado pueden ser adaptadas para tratar los problemas relacionados de agregado temporal y contemporáneo.

Los valores faltantes suceden cuando no hay observaciones acerca de una variable de *"stock"*, por ejemplo la oferta monetaria en un momento particular del tiempo. Cuando la variable en cuestión es un *flujo*, tal como el ingreso, es posible que la falta de observación en el momento $t = k$ conduzca a que observemos su agregado o acumulación en el momento $t = k + 1$. Esto es conocido como agregado temporal. Debemos recordar que una variables es de stock cuando sus cantidades se miden en un determinado momento de tiempo, y es un fujo cuando sus cantidades se miden por unidad o período determinado de tiempo. De cualquier manera, el tratamiento de las observaciones faltantes es completamente general y aplicable a cualquier tipo de variable.

Un ejemplo de datos con frecuencia mixta es una serie que ahora es medida cada trimestre pero que originalmente estaba disponible únicamente sobre una base anual. Con mayor generalidad, datos con frecuencia mixta suceden cuando el intervalo de tiempo entre las observaciones no es constante. Este problema puede ser encarado usando el enfoque de las observaciones irregularmente espaciadas o bien formulando el modelo en tiempo continuo.

10.2.1. Observaciones faltantes

El filtro de Kalman provee una herramienta general para manejar observaciones faltantes. Cuando una observación falta en el momento $t = \tau$, el filtro simplemente salta la parte de actualización de las ecuaciones del filtro de Kalman dadas en el Capítulo anterior. Esto puede interpretarse como si se tratara a la observación faltante $\mathbf{y}_\tau$ como una variable aleatoria con varianza infinita por lo tanto $\mathbf{H}_\tau \rightarrow \infty$. El filtro de Kalman establece en el tiempo $t = \tau$ la ganancia de Kalman $\mathbf{K}_\tau$ igual a cero y

$$\mathbf{a}_{\tau+1} = \mathbf{T}_{\tau+1}\mathbf{a}_\tau, \quad \mathbf{P}_{\tau+1} = \mathbf{T}_{\tau+1}\mathbf{P}_\tau\mathbf{T}'_{\tau+1} + \mathbf{R}_{\tau+1}\mathbf{Q}_{\tau+1}\mathbf{R}'_{\tau+1}.$$

No hay error de predicción en $t = \tau$. Las ecuaciones de suavizado dadas en el Capítulo anterior, en el momento $t = \tau$ se reducen a

$$\mathbf{r}_{\tau-1} = \mathbf{T}'_{\tau+1}\mathbf{r}_\tau, \quad \mathbf{N}_{\tau-1} = \mathbf{T}'_{\tau+1}\mathbf{N}_\tau\mathbf{T}_{\tau+1},$$

con $\mathbf{u}_\tau = \mathbf{0}$ y $\mathbf{M}_\tau = \mathbf{0}$. El valor que toma el proceso en los puntos en que no hay observaciones puede ser de interés. La estimación de $\mathbf{y}_\tau$ con media cuadrática mínima está dada por

$$\widehat{\mathbf{y}}_\tau = \mathbf{Z}_\tau\widehat{\boldsymbol{\alpha}}_\tau,$$

donde al estimador suavizado del vector de estado $\widehat{\boldsymbol{\alpha}}_\tau$ se lo obtiene de la recursión dada en la sección Suavizado del Capítulo anterior. La verosimilitud puede ser evaluada usando la expresión dada en la sección correspondiente al filtro de Kalman del Capítulo anterior donde las sumas son ahora solamente sobre los errores de predicción correspondientes a los valores observados.

Si un modelo contiene d componentes estacionarios, los primeros (o últimos) d valores de la serie pueden ser usados para construir condiciones iniciales para el filtro. En la práctica suceden situaciones en las cuales los primeros o los últimos d miembros de la serie contienen observaciones faltantes. Esto es particularmente cierto en modelos estacionales en los cuales

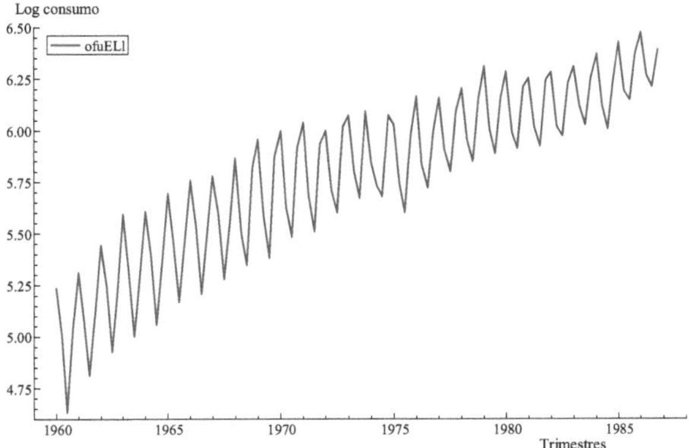

Figura 10.1: Logaritmo del consumo trimestral de electricidad por "otros usuarios finales" en el Reino Unido desde el primer trimestre de 1960 hasta el cuarto trimestre de 1986

el número de componentes no estacionarios es grande. Este problema puede ser superado usando una iniciación difusa para el filtro.

Una observación faltante puede ser manejada introduciendo una variable ficticia en la ecuación de medida. A fin de hacer el álgebra más simple y facilitar la comprensión de los conceptos, consideremos una serie univariada, o sea tomemos $N = 1$ en la ecuación de medida, y hagamos

$$y_t = \mathbf{Z}_t \boldsymbol{\alpha}_t + \lambda x_t + \varepsilon_t, \quad t = 1, \ldots n,$$

donde x_t es una variable indicativa que es igual a cero para todos los períodos excepto en el tiempo $t = \tau$ donde es uno. Debe notarse que el marco de espacio de estado puede extenderse hasta incluir variables explicativas. Dados los hiperparámetros, la introducción de variables ficticias tiene exactamente el mismo efecto que saltar la actualización del filtro como se describió anteriormente; ver Harvey (1989, pág. 145). Si los hiperparámetros son desconocidos, debe aplicarse una corrección al término que contiene el determinante de la función de verosimilitud (Sargan y Drettakis, 1974). De cualquier manera, cuando λ es incluido en el vector de estado y el elemento del vector inicial de estado asociado con λ es tratado como una variables aleatoria difusa, la función de verosimilitud computada por el filtro de Kalman exacto inicial se corrige automáticamente. Este enfoque es fácilmente generalizado a múltiples valores faltantes.

10.2.2. Ejemplo

Consideramos la serie del logaritmo del consumo trimestral de electricidad por "otros usuarios finales" en el Reino Unido desde el primer trimestre de 1960 hasta el cuarto trimestre de 1986. Los datos de esta serie se encuentran en Koopman, Harvey, Doornik y Shephard (2009). El gráfico de esta serie se muestra en la Figura 10.1.

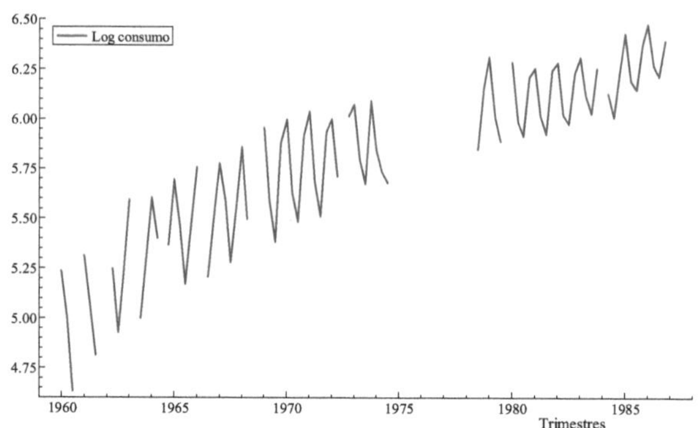

Figura 10.2: Logaritmo del consumo trimestral de electricidad por "otros usuarios finales" en el Reino Unido desde el primer trimestre de 1960 hasta el cuarto trimestre de 1986, con observaciones faltantes

A fin de mostrar cómo se resuelve el problema de observaciones faltantes eliminamos 26 observaciones a la serie anterior. El gráfico de esta serie con observaciones faltantes se muestra en la Figura 10.2.

Para modelar a la serie con observaciones faltantes se considera un modelo estructural básico (BSM), y los resultados de la estimación usando el paquete STAMP se muestran a continuación:

```
UC( 1) Estimation done by Maximum Likelihood (exact score)
      The database used is ENERGYmiss1.in7
      The selection sample is: 1960(1) - 1986(4) (T = 108, N = 1 with 26 missings)
      The dependent variable Y is: ofuELlmiss
      The model is: Y = Trend + Seasonal + Irregular
      Steady state. found
Log-Likelihood is 205.798 (-2 LogL = -411.595).
Prediction error variance is 0.00348615
Summary statistics
ofuELlmiss
T = 82.000
p = 3.0000
std.error = 0.059044
Normality = 47.096
H(25) = 0.62869
DW = 1.7797
r(1) = 0.089819
q = 10.000
```

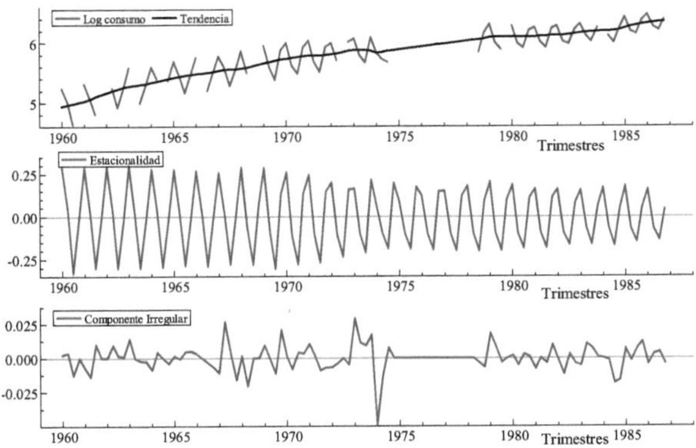

Figura 10.3: Estimación de los componentes del logaritmo del consumo trimestral de electricidad por "otros usuarios finales" en el Reino Unido desde el primer trimestre de 1960 hasta el cuarto trimestre de 1986, con observaciones faltantes

r(q) = 0.012187
Q(q,q-p) = 7.2208
Rs^2 = 0.95314

Variances of disturbances:

	Value	(q-ratio)
Level	0.000361558	(0.7063)
Slope	1.37041e-006	(0.002677)
Seasonal	0.000165255	(0.3228)
Irregular	0.000511905	(1.000)

State vector analysis at period 1986(4)

	Value	Prob
Level	6.35379	[0.00000]
Slope	0.01122	[0.02693]
Seasonal chi2 test	34.93857	[0.00000]

Seasonal effects:

Period	Value	Prob
1	0.16263	[0.00009]
2	-0.06917	[0.06204]
3	-0.13544	[0.00007]
4	0.04198	[0.17190]

La habilidad del programa para tratar a las observaciones faltantes se observa en el hecho que en los resultados se consigna la existencia de 26 observaciones faltantes. Para ver las estimaciones de las observaciones faltantes, observamos los gráficos de la Figura 10.3.

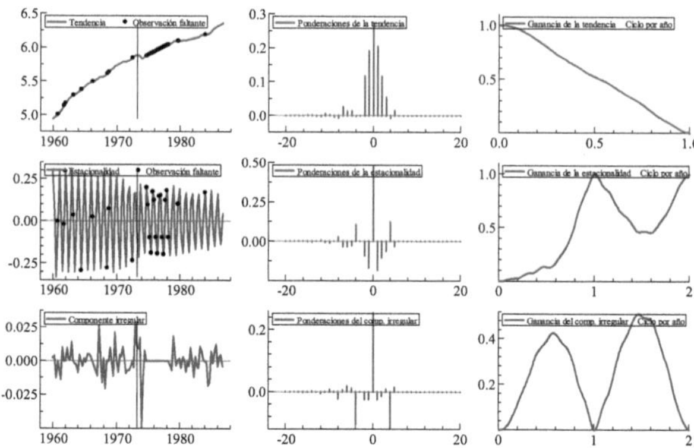

Figura 10.4: Funciones de ponderación y ganancia de la estimación de los componentes del logaritmo del consumo trimestral de electricidad por "otros usuarios finales" en el Reino Unido desde el primer trimestre de 1960 hasta el cuarto trimestre de 1986, con observaciones faltantes

En los gráficos de la Figura 10.4 tenemos la serie bajo estudio y sus componentes estimados. Vemos que las funciones de ponderación toman en cuenta a las observaciones faltantes dando una ponderación de cero a esas observaciones en el proceso de estimación de los componentes. Los momentos de tiempo con observaciones faltantes están marcados con puntos negros. Esto se hace así para que quede claro en que puntos hay observaciones faltantes puesto que los componentes suavizados son estimados en todos los puntos del tiempo y para ello se debe tomar en cuenta cuales observaciones faltan. La excepción es el componente irregular del cual las observaciones faltantes pueden ser detectadas directamente puesto que su correspondiente valor estimado es cero.

A continuación se muestran los valores estimados por el programa STAMP de las observaciones faltantes y sus errores estándares.

Missing observation estimates (using full sample)

Period	Value	stand.err
1960(4)	5.00161	0.0497766
1961(4)	5.11599	0.0394002
1962(1)	5.46276	0.0448149
1963(2)	5.32477	0.0450134
1964(3)	5.08255	0.0445244
1966(2)	5.51657	0.0444975
1968(3)	5.32996	0.0446632
1968(4)	5.70653	0.0446771
1972(3)	5.60592	0.0445121
1974(4)	6.07132	0.0534373

1975(1)	5.97977	0.0539758
1975(2)	5.7995	0.0553385
1975(3)	5.7191	0.0540288
1975(4)	6.09538	0.0638294
1976(1)	6.05764	0.0638785
1976(2)	5.84919	0.0644182
1976(3)	5.76482	0.0600199
1976(4)	6.11917	0.0644557
1977(1)	6.13511	0.0638733
1977(2)	5.89837	0.0638854
1977(3)	5.80989	0.0540288
1977(4)	6.14219	0.0554883
1978(1)	6.21167	0.0539564
1978(2)	5.94651	0.0536146
1979(4)	6.19426	0.0449152
1984(1)	6.35847	0.0444874

Con esto se ve que el paquete STAMP puede manejar perfectamente bases de datos con observaciones faltantes.∎

10.2.3. Observaciones irregularmente espaciadas

Si varias observaciones faltan en un intervalo de tiempo regular, es más apropiado tratar a la serie como irregularmente espaciada. El enfoque estándar es establecer un modelo de espacio de estado para las observaciones disponibles o, con mayor generalidad, un modelo de espacio de estado con intervalos desiguales de tiempo. Esto último resulta ser más general e incluye a los modelos ARIMA en la forma de espacio de estado.

Para facilitar el tratamiento algebraico y la comprensión del problema, consideremos en esta subsección series de tiempo univariadas, o sea tomemos $N = 1$ en la ecuación de medida. Además consideremos un modelo con ecuación de transición cuyas matrices son invariante en el tiempo con datos regularmente espaciados. La escala de tiempo para este modelo subyacente es el mayor divisor común para los intervalos entre observaciones consecutivas. Del modelo básico, derivamos una representación para las observaciones que varía en el tiempo. La variación en las matrices de sistema está determinada por la longitud del intervalo entre las observaciones.

Tratemos a y_τ, $\tau = 1, \ldots, n$, como las observaciones y definamos el intervalo $\kappa_\tau = t_\tau - t_{\tau-1}$ como el tiempo entre $y_{\tau-1}$ e y_τ. Supomgamos que κ^+ es el mayor valor tal que κ^j/κ^+ es un entero para todo j. Para $\tau = 1, \ldots, n$ los intervalos κ_τ son reescalados de tal manera que el valor de κ^+ es uno. Suponiendo un reescalado similar de los puntos t_τ, definimos la serie subyacente y_t^+ para $t = 1, \ldots, n^+$, donde $n^+ = t_n$ e $y_{t_\tau}^+ = y_\tau$. El modelo básico de espacio de estado es

$$y_t^+ = \mathbf{Z}_t \boldsymbol{\alpha}_t^+ + \varepsilon_t, \qquad \varepsilon_t \sim N(0, \sigma_\varepsilon^2), \tag{10.1}$$

$$\boldsymbol{\alpha}_t^+ = \mathbf{T}\boldsymbol{\alpha}_{t-1}^+ + \mathbf{R}\boldsymbol{\eta}_t^+, \quad \boldsymbol{\eta}_t^+ \sim N(\mathbf{0}, \mathbf{Q}_t), \quad t = 1, \ldots, n^+. \tag{10.2}$$

Para tomar en cuenta el intervalo de tiempo entre observaciones consecutivas y_τ, definimos el modelo de espacio de estado que varía en el tiempo como

$$y_\tau = \mathbf{Z}_\tau \boldsymbol{\alpha}_\tau + \varepsilon_\tau, \tag{10.3}$$

$$\boldsymbol{\alpha}_\tau = \mathbf{T}_\tau \boldsymbol{\alpha}_{\tau-1} + \boldsymbol{\eta}_\tau, \quad \tau = 1,\ldots,n, \tag{10.4}$$

donde

$$\mathbf{T}_\tau = \mathbf{T}^{\kappa_\tau}, \quad \boldsymbol{\eta}_\tau = \sum_{j=0}^{\kappa_\tau-1} \mathbf{T}^j \mathbf{R}\boldsymbol{\eta}_{\tau-j}^+, \quad \mathrm{var}(\boldsymbol{\eta}_\tau) = \sum_{j=0}^{\kappa_\tau-1} \mathbf{T}^j \mathbf{R}\mathbf{Q}_{\tau-j}\mathbf{R}'(\mathbf{T}')^j.$$

Este enfoque es eficiente solamente cuando las operaciones en la matriz de estado de transición para el modelo básico son computacionalmente caras. De otra manera, es más directo usar el modelo básico y tratar a las observaciones que no ocurren dentro del intervalo de tiempo κ^+ como faltantes. La última opción claramente se aplica a modelos estructurales de series de tiempo.

10.2.4. Agregado temporal

Aquí seguimos trabajando con series univariadas. Cuando se trabaja con agregados temporales, distinguimos entre la serie subyacente regularmente espaciada y_t^+, $t = 1,\ldots,n^+$, y la serie observada y_τ, $\tau = 1,\ldots,n$, la que consiste en agregados de y_t^+. La serie agregada puede ser escrita como

$$y_\tau = \sum_{i=1}^{\kappa_\tau} y_{t_\tau+1-i}^+.$$

Un enfoque de espacio de estado aumentado se usa para el tratamiento de estos agregados. El vector de estado para esta representación es

$$\boldsymbol{\alpha}_t^* = \begin{pmatrix} \boldsymbol{\alpha}_t \\ \mathbf{y}_{t-1}^* \end{pmatrix},$$

donde $\boldsymbol{\alpha}_t$ es el vector de estado de la representación de espacio de estado de la serie subyacente, $\mathbf{y}_{t-1}^* = \begin{pmatrix} y_{t-1}^+ & \cdots & y_{t-\kappa+1}^+ \end{pmatrix}'$, $\kappa = \max_\tau \kappa_\tau$ y $t = t_\tau$. Las ecuaciones de medida y de transición son

$$y_t = \begin{pmatrix} \mathbf{Z}_t & \mathbf{i}_t' \end{pmatrix} \boldsymbol{\alpha}_t^* + \varepsilon_t,$$

$$\boldsymbol{\alpha}_t^* = \begin{pmatrix} \mathbf{T}_t & \mathbf{0} & \mathbf{0} \\ \mathbf{Z}_{t-1} & \mathbf{0} & \mathbf{0} \\ \mathbf{0} & \mathbf{I}_{\kappa-2} & \mathbf{0} \end{pmatrix} \boldsymbol{\alpha}_{t-1}^* + \begin{pmatrix} \mathbf{R}_t\boldsymbol{\eta}_t \\ \varepsilon_{t-1} \\ \mathbf{0} \end{pmatrix}, \tag{10.5}$$

donde tratamos a y_t como perdida si $t \neq t_\tau$ para cualquier τ e $\mathbf{i}_{t_\tau}$ es un vector de orden $(\kappa - 1) \times 1$ cuyos primeros $\kappa_\tau - 1$ elementos son iguales a uno y el resto cero.

10.2.5. Agregado contemporáneo

En procesos multivariados podemos observar agregados entre series. Por ejemplo, cada serie puede representar ventas de un dado bien y en un momento de tiempo solamente la venta agregada está disponible. Esto puede ser manejado mediante una simple adaptación de la ecuación de medida para el proceso N dimensional subyacente, $\mathbf{y}_t = \begin{pmatrix} y_{t,1} & \cdots & y_{t,N} \end{pmatrix}'$.

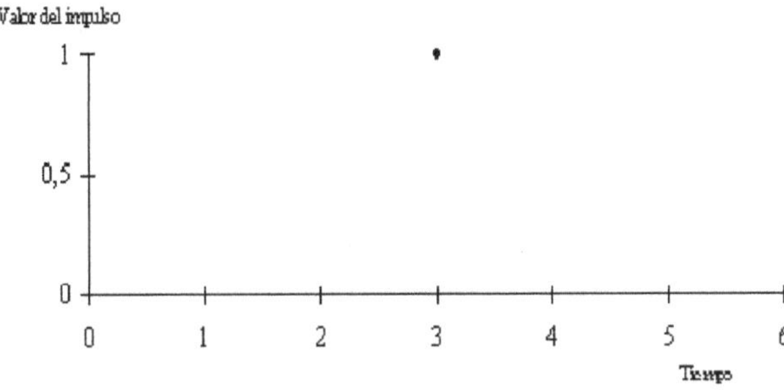

Figura 10.5: Impulso en el componente irregular para capturar una observación atípica

Supóngase que, en el momento t, solamente el agregado $y_t^* = \sum_{j=1}^{N} y_{t,j}$ es observado. La ecuación de medida es

$$y_t^* = \mathbf{Z}_t^* \boldsymbol{\alpha}_t + \varepsilon_t^*,$$

donde $\mathbf{Z}_t^* = \mathbf{i}'\mathbf{Z}_t$, $\varepsilon_t^* = \mathbf{i}'\boldsymbol{\varepsilon}_t$ e $\mathbf{i}$ es un vector de $N \times 1$ unos. Esta idea puede claramente ser extendida a cualquier clase de agregados a través de las series.

10.3. Observaciones atípicas ("outliers") y cambios estructurales

En esta sección discutimos las formas de testar la presencia de observaciones atípicas ("outliers") y cambios estructurales, y también la forma de distinguirlos entre sí. Presentamos los procedimientos generales, basados en la forma de espacio de estado, para calcular los estadísticos requeridos. Esos algoritmos son exactos, y pueden ser usados tanto dentro de un enfoque ARIMA como estructural de las series de tiempo. De cualquier manera, como lo argumentamos en este trabajo, existen considerables ventajas al adoptar el enfoque estructural.

Una *observación atípica* (*"outlier"*) es una observación que no es consistente con el modelo que se piensa que es el apropiado para la gran mayoría de las observaciones. Puede ser capturada por una variable explicativa ficticia ("dummy"), conocida como una variable de intervención del tipo *impulso*, la que toma el valor uno en el momento del tiempo en que sucede la observación atípica y cero de otra manera (Ver Figura 10.5).

Un *cambio estructural* ocurre cuando el nivel de la serie es trasladado hacia arriba o hacia abajo, debido usualmente a algún evento específico. Se lo modela mediante una variable de intervención de tipo *escalón* que toma el valor cero antes del evento y uno a partir de él (Ver Figura 10.6). Un *cambio estructural en la pendiente* puede ser modelado por una intervención

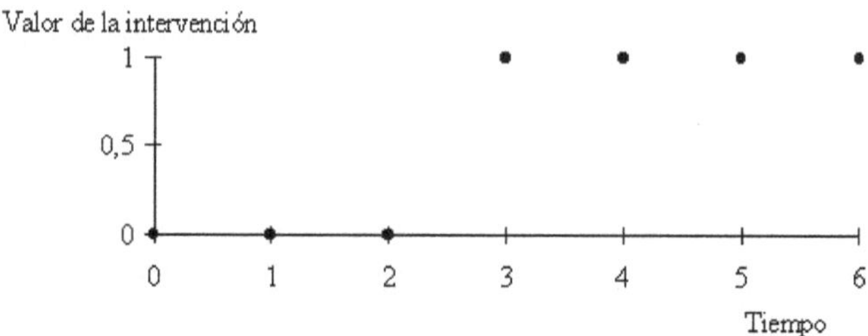

Figura 10.6: Cambio estructural en el nivel de la serie

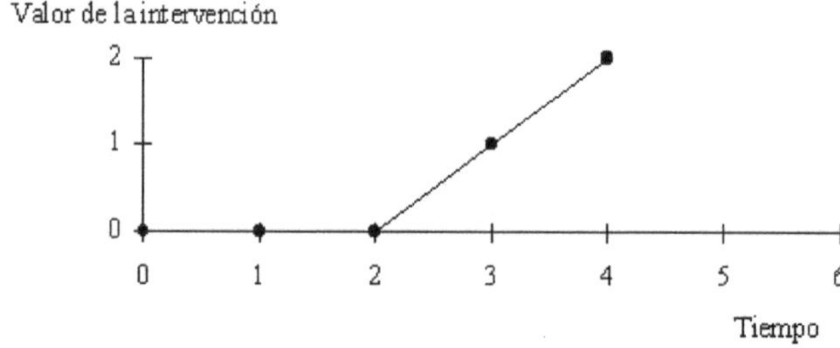

Figura 10.7: Cambio estructural en la pendiente de la serie

lineal de tipo de tendencia ascendente que toma los valores $1, 2, 3, \ldots$, comenzando en el período posterior al cambio (Ver Figura 10.7).

El concepto de observación atípica y cambio estructural se aplica en forma muy general. De cualquier manera, es útil para lo que sigue, notar que cambios en el nivel y en la pendiente pueden ser vistos en términos de impulsos aplicados a las ecuaciones de nivel y de pendiente en el modelo de tendencia lineal local dado en el Capítulo anterior. El marco estructural también sugiere que algunas veces puede ser más natural pensar que una observación atípica se debe a que la misma contiene un valor inusualmente grande del disturbio. Esto conduce al concepto de un cambio en el nivel producido por un valor inusualmente grande del nivel del disturbio, mientras un cambio en la pendiente puede ser pensado como un disturbio grande en el componente de la pendiente. Por lo tanto las intervenciones pueden ser vistas como de efectos fijos o de efectos aleatorios, ahora bien, el enfoque de efectos aleatorios es más flexible. Por ejemplo, introduciendo una intervención atípica en $t = \tau$ es equivalente a

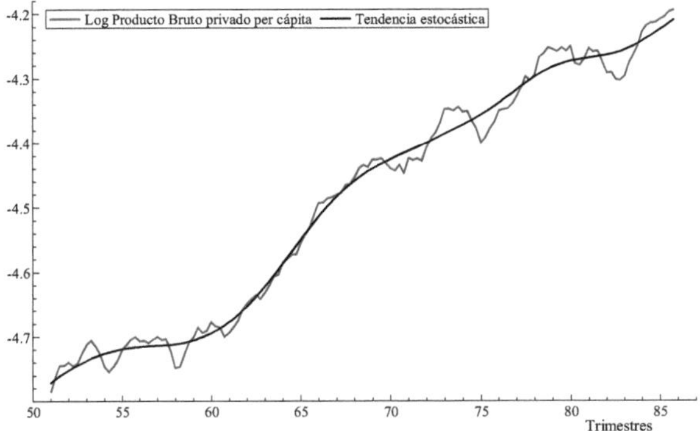

Figura 10.8: Producto Bruto privado per cápita de los Estados Unidos con tendencia estocástica, desde el trimestre 1 de 1951 al trimestre 4 de 1985, en logaritmos

considerar la varianza del componente irregular en ese punto como siendo igual a infinito. Usando una varianza grande pero finita, podemos asegurarnos que la observación y_τ está ponderada hacia abajo pero sin que se la elimine totalmente.

Observar los efectos de las intervenciones como aleatorios es consistente con la representación de la tendencia estocástica dada en el Capítulo anterior. En ese modelo, el nivel y la pendiente están sujetas a shocks aleatorios en cada punto del tiempo. Cuando dichos movimientos son anormalmente grandes, aumentar la varianza del disturbio relevante o incluir una variable de intervención puede ser apropiado.

10.3.1. Ejemplo: Producto Bruto privado de los Estados Unidos

La Figura 10.8 muestra el logaritmo del Producto Bruto Privado per cápita de los Estados Unidos, desestacionalizado, desde el primer trimestre de 1951 hasta el último trimestre de 1985. Los datos de esta serie se encuentran en Koopman, Harvey, Doornik y Shephard (2009). Estimamos un modelo que con nivel fijo, pendiente estocástica, un ciclo corto (de 5 años) y el componente irregular. Luego poniendo de alguna manera arbitraria, intervenciones en la pendiente en el primer trimestre de 1960 y en el primer trimestre de 1970 nos lleva a un modelo con una tendencia determinística como la ilustrada en la Figura 10.9. Actualmente hay una abundante literatura en econometría que tratan esas tendencias lineales a trozos; para ello podemos ver por ejemplo a Stock (1994). De cualquier manera, a menos que exista un conocimiento previo sobre el momento en que el cambio tiene lugar, es inadmisible comenzar cualquier análisis ajustando una tendencia lineal a trozos. Una tendencia estocástica es lo suficientemente flexible como para adaptarse a los cambios estructurales, si es que están presentes, y nos dará una indicación del momento en que esos cambios ocurren. La Figura 10.8 contiene la tendencia estocástica ajustada a los datos del logaritmo del Producto Bruto de los Estados Unidos sin ninguna intervención.

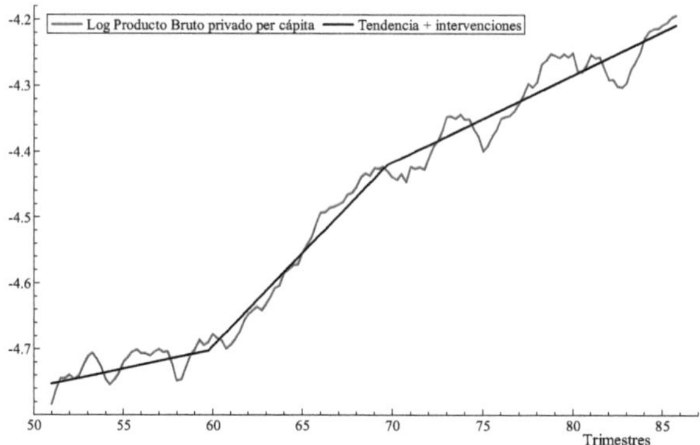

Figura 10.9: Producto Bruto privado per cápita de los Estados Unidos con tendencia determinística e intervenciones, desde el trimestre 1 de 1951 al trimestre 4 de 1985, en logaritmos

10.3.2. Detección de observaciones atípicas ("outliers")

Test para "outliers" usando variables de impulso

Supongamos que queremos testar por la presencia de un outlier en el momento $t = \tau$. Si un outlier estuviera presente, el modelo puede ser escrito como

$$y_t = \lambda x_t + w_t, \qquad t = 1,\dots,n, \tag{10.6}$$

donde x_t es una variable ficticia que toma el valor uno en $t = \tau$, y cero de otra manera, λ es un parámetro y w_t está generada por un modelo de serie de tiempo lineal. Este último puede ser un modelo estructural de serie de tiempo, un modelo ARIMA o inclusive un modelo que no es invariante en el tiempo. Escribiendo a (10.6) en forma matricial tenemos

$$\mathbf{y} = \mathbf{x}\lambda + \mathbf{w}, \quad E(\mathbf{w}) = \mathbf{0}, \quad \mathrm{var}(\mathbf{w}) = \sigma^2 \mathbf{V}, \tag{10.7}$$

donde $\mathbf{x}$ es un vector de orden $n \times 1$ que tiene un uno en la τ-ésima posición y cero en las demás. Nótese que (10.6) ya fue introducido cuando manejábamos observaciones faltantes.

Si el modelo no es estacionario, la formulación anterior presupone condiciones iniciales fijas. Los resultados son aplicables también cuando las condiciones iniciales son difusas, y en efecto, este es el caso que lleva nuestro mayor interés. De cualquier manera, (10.7) es fácil de trabajar para propósitos de exposición.

Los hiperparámetros aparecen en la matriz $\mathbf{V}$ de orden $n \times n$. Suponiendo que sean conocidos, el estimador por mínimos cuadrados generalizados de λ es

$$\widetilde{\lambda} = \mathbf{x}'\mathbf{V}^{-1}\mathbf{y}/\mathbf{x}'\mathbf{V}^{-1}\mathbf{x}, \tag{10.8}$$

mientras que su varianza es

$$\mathrm{var}\left(\widetilde{\lambda}\right) = \sigma^2/\mathbf{x}'\mathbf{V}^{-1}\mathbf{x}.$$

Un test t para determinar la significación del outlier puede ser construido como

$$t = \mathbf{x}'\mathbf{V}^{-1}\mathbf{y}/\hat{\sigma}\sqrt{\mathbf{x}'\mathbf{V}^{-1}\mathbf{x}}, \tag{10.9}$$

donde $\hat{\sigma}^2$ es un estimador insesgado de σ^2. Si los hiperparámetros son estimados, entonces t es asintóticamente normal y puede ser interpretado como un test de multiplicadores de Lagrange, o LM de acuerdo a sus siglas.

La construcción e inversión de la matriz $\mathbf{V}$ puede ser evitada poniendo al modelo en la forma de espacio de estado y aplicándole el algoritmo de suavizado presentado en las ecuaciones respectivas del Capítulo anterior. El numerador y el denominador de (10.9) están dados por los correspondientes elementos de los residuos suavizados, $\mathbf{u}_t$, y sus varianzas incondicionales, $\mathbf{M}_t$, definidas en la sección Suavizado del Capítulo anterior, respectivamente, para el momento $t = \tau$; ver de Jong (1989) y de Jong y Penzer (1998). Así, la estandarización de los $\mathbf{u}_t$, llamados *residuos estandarizados suavizados*, constituyen los estadísticos para los tests de outliers en cualquier punto de la muestra. Afortunadamente, el algoritmo de Kalman provee los valores de estos residuos estandarizados suavizados para todos los períodos de tiempo, siendo necesaria una sola pasada para obtenerlos. Estos tests son válidos tanto en el caso en que los outliers son producidos por efectos fijos como cuando los provocan efectos aleatorios. El programa STAMP (Koopman, Harvey, Doornik y Shephard, 1995, 2000 y 2009) computa en forma rutinaria los valores de estos estadísticos, en donde se los conoce con el nombre de *residuos auxiliares irregulares*. Esta terminología fue introducida por Harvey y Koopman (1992).

Para futuras referencias, vamos a denotar como $\mathbf{u}$ al vector de orden $n \times 1$ donde el t-ésimo elemento es u_t, de tal manera que

$$\mathbf{u} = \mathbf{V}^{-1}\mathbf{y}. \tag{10.10}$$

Nótese que si $\mathbf{L}$ es la matriz triangular inferior correspondiente a la descomposición de Cholesky, $\mathbf{V}^{-1} = \mathbf{L}'\mathbf{F}^{-1}\mathbf{L}$, donde $\mathbf{F}$ es una matriz diagonal con su t-ésimo elemento F_t se encuentra especificado en la sección Filtro de Kalman del Capítulo anterior. Entonces, el vector de errores de predicción un paso adelante de orden $n \times 1$ del filtro de Kalman está dado por, $\mathbf{v} = \mathbf{L}\mathbf{y}$. Por lo tanto

$$\mathbf{u} = \mathbf{L}'\mathbf{F}^{-1}\mathbf{v}. \tag{10.11}$$

Esto implica que u_t depende de los errores de predicción un paso adelante futuras y corrientes. Esta característica también es observable en el suavizador dado en el Capítulo anterior.

Si w_t tiene una representación autorregresiva, puede obtenerse una expresión explícita para un estimador de λ. El enfoque estándar usado en la literatura, basado en los modelos ARIMA, sugiere realizar los cómputos en esta forma (para ello basta observar las obras de Fox, 1972; Tsay, 1986; Tsay, 1988; Chang, Tiao y Chen, 1988). Sea $\pi(B) = 1 - \pi_1 B - \pi_2 B^2 - \cdots$ tal que $\pi(B) w_t = \xi_t$, donde ξ_t es un proceso de tipo ruido blanco con media cero y varianza σ_ξ^2. El supuesto es, entonces, que (10.6) puede ser escrito como

$$\pi(B) y_t = \lambda \pi(B) x_t + \xi_t, \quad t = 1, \ldots, n. \tag{10.12}$$

Esta es una aproximación dado que las observaciones anteriores a la muestra deben ser igualadas a cero. El estimador por mínimos cuadrados generalizado de λ se lo obtiene aplicando mínimos cuadrados simples a (10.12), con lo que logramos

$$\widehat{\lambda} = \sum_{j=0}^{n-\tau} \pi_j \pi\left(B\right) y_{\tau+j} / \Pi_{n-\tau}, \quad \tau = 1, \ldots, n, \tag{10.13}$$

donde

$$\Pi_k = \sum_{j=0}^{k} \pi_j^2.$$

Se puede ver que $\widehat{\lambda}$ depende de los valores presentes y futuros de los errores de predicción de la representación AR, $\pi\left(B\right) y_t$; para ello comparemos lo obtenido con (10.11).

El hecho de que las observaciones no están disponibles más allá de $t = n$, significa que (10.13) puede ser una pobre aproximación a (10.8) si τ se encuentra localizado cerca del final de la muestra. Cuan cercano es (10.13) de (10.8) depende del proceso generador de w_t. Por ejemplo, si ese proceso es un AR(1), entonces (10.13) es es exactamente igual a (10.8) para cualquier $1 < \tau < n$. De cualquier manera, si w_t es un camino aleatorio más un ruido, como el definido en la sección titulada Modelo de nivel local del Capítulo anterior, entonces

$$\pi\left(B\right) = 1 - \left(1 - \theta\right) B + \theta\left(1 - \theta\right) B^2 - \theta^2\left(1 - \theta\right) B^3 + \cdots,$$

y puede verse que esas ponderaciones morirán muy lentamente si el hiperparámetro relativo q es pequeño, por lo que θ es próximo a -1.

Si λ se encuentra en el en el medio de una muestra doblemente infinita, obtenemos

$$\widehat{\lambda} = \pi\left(F\right) \pi\left(B\right) y_\tau / \pi\left(\infty\right), \tag{10.14}$$

donde $F = B^{-1}$ es el operador de avance. Las ponderaciones de esta expresión son las autocorrelaciones inversas de w_t ya que $\pi\left(F\right) \pi\left(B\right)$ nos da la función generatríz de autocorrelaciones de un proceso MA infinito en el cual el polinomio asociado es $\pi\left(B\right)$ (para ello podemos ver Brubacher y Wilson, 1976). En muestras finitas las ponderaciones pueden ser vistas como los elementos de la τ-ésima fila de $\mathbf{V}^{-1}$.

Quizás la expresión (10.14) hace la estructura de (10.12) más clara en el sentido que muestra que los resultados se obtienen primero computando los errores de predicción y luego desarrollando las mismas operaciones hacia atrás produce estimadores de λ para todo t, esto es

$$\widetilde{\lambda} = \pi\left(F\right) \xi_t / \pi\left(\infty\right). \tag{10.15}$$

Los mismos cálculos pueden ser realizados usando una forma ARIMA con la recursión de las sumas de cuadrados condicionales en las cuales los términos de MA anteriores a la muestra son igualados a cero. Esto puede ser tomado como una sugerencia de que (10.11) es una versión exacta de la operación de rezago en la cual el filtro de Kalman usado para obtener los errores de predicción un paso adelante es aplicado a los errores de predicción un paso adelante en orden reverso. En efecto, (10.11) no corresponde precisamente al filtro de Kalman original, porque no es cierto, en general, que los elementos de la t-ésima fila de $\mathbf{L}$ son los mismos que los elementos de la fila $n - t + 1$ de $\mathbf{L}'$ en orden reverso, aún cuando la diferencia se hace despreciable cuando t aumenta.

Si el modelo es extendido de tal manera que incluya una constante, entonces

$$\mathbf{u} = \mathbf{V}^{-1}\mathbf{My},$$

donde $\mathbf{M} = \mathbf{I} - \mathbf{i}\left(\mathbf{i}'\mathbf{V}^{-1}\mathbf{i}\right)^{-1}\mathbf{i}'\mathbf{V}^{-1}$ e $\mathbf{i}$ es un vector de unos. En este caso, $\mathbf{i}'\mathbf{u} = 0$, esto es,

$$\sum_{t=1}^{n} u_t = 0. \tag{10.16}$$

Efectos aleatorios

Como lo notamos en la introducción de esta sección, los outliers pueden ser producidos por un modelo de efectos aleatorios, esto es

$$y_t = w_t + \varepsilon_t^{(\tau)}, \quad t = 1, \ldots, n, \tag{10.17}$$

donde var $\left(\varepsilon_t^{(\tau)}\right) = \sigma_\tau^2$ en $t = \tau$ y 0 en cualquier otro lugar. El mejor test localmente invariante (MLI) de $H_0 : \sigma_\tau^2 = 0$ versus $H_1 : \sigma_\tau^2 > 0$ es de la forma

$$MLI = \frac{\mathbf{y}'\mathbf{V}^{-1}\mathbf{x}\mathbf{x}'\mathbf{V}^{-1}\mathbf{y}}{\mathbf{y}'\mathbf{V}^{-1}\mathbf{y}} > c, \tag{10.18}$$

donde c es el valor crítico. Éste resultado parte de la formulación general dada por King y Hillier (1985) teniendo en cuenta que cuando el modelo está en términos matriciales, var $(\mathbf{y}) = \sigma^2\mathbf{V} + \sigma_\tau^2\mathbf{x}\mathbf{x}'$. Dado que $\mathbf{y}'\mathbf{V}^{-1}\mathbf{y}$ es proporcional al estimador de σ^2, está claro que, luego de estandarizarlo, el test basado en (10.18) será equivalente a un test t para un outlier fijo como en (10.9).

Residuos auxiliares

Consideremos cualquier modelo en el cual las observaciones pueden ser consideradas como provenientes de la suma de dos componentes mutuamente no correlacionados, uno de los cuales, ε_t, es serialmente no correlacionado, esto es

$$y_t = w_t + \varepsilon_t, \quad t = 1, \ldots, n. \tag{10.19}$$

Este es similar al modelo de efectos aleatorios de la sección anterior excepto que el término aditivo de disturbio aparece en todos los puntos de tiempo con var $(\varepsilon_t) = \sigma_\varepsilon^2$ para $t = 1, \ldots, n$. Cuando el modelo es escrito en forma matricial tenemos

$$\mathbf{y} = \mathbf{w} + \boldsymbol{\varepsilon}, \tag{10.20}$$

con var $(\mathbf{y}) = \sigma^2\mathbf{V}$, var $(\boldsymbol{\varepsilon}) = \sigma_\varepsilon^2\mathbf{I}$ y $E(\mathbf{w}\boldsymbol{\varepsilon}') = \mathbf{0}$. Si $\mathbf{y}$ es normal multivariante se deriva casi inmediatamente, escribiendo la matriz de varianzas de $\left(\begin{array}{cc} y' & \varepsilon' \end{array}\right)'$ que

$$\widetilde{\boldsymbol{\varepsilon}} = E\left(\boldsymbol{\varepsilon} \,|\, \mathbf{y}\right) = \left(\sigma_\varepsilon^2/\sigma^2\right)\mathbf{V}^{-1}\mathbf{y} = \left(\sigma_\varepsilon^2/\sigma^2\right)\mathbf{u}, \tag{10.21}$$

y su matriz de varianzas incondicional es

$$\mathrm{var}\left(\widetilde{\boldsymbol{\varepsilon}}\right) = \left(\sigma_\varepsilon^4/\sigma^2\right)\mathbf{V}^{-1} = \left(\sigma_\varepsilon^4/\sigma^4\right)\mathrm{var}\left(\mathbf{u}\right).$$

Entonces, los elementos de $\widetilde{\boldsymbol{\varepsilon}}$ son proporcionales a los errores suavizados y tienen las mismas propiedades dinámicas. Cuando están estandarizados, $\widetilde{\boldsymbol{\varepsilon}}$ es igual que el vector de estadísticos de los tests para detección de outliers dado en (10.9) y es computado en forma rutinaria por el programa informático STAMP (Koopman, Harvey, Doornik y Shephard, 1995, 2000 y 2009), donde se lo conoce con el nombre de *vector de residuos auxiliares irregulares*. Esta terminología fue introducida por Harvey y Koopman (1992) aún cuando usaron el término sin tomar en cuenta si $\widetilde{\varepsilon}$ en (10.21) estaba estandarizado o no. Dado que las cantidades estandarizadas están definidas sin ambigüedad, usaremos el término residuos auxiliares irregulares para referirnos a

$$\widetilde{\varepsilon}_t^* = \widetilde{\varepsilon}_t / \sqrt{\text{var}\left(\widetilde{\varepsilon}_t\right)} = u_t / \sqrt{V(u_t)}. \tag{10.22}$$

Nótese que, aún cuando $\widetilde{\varepsilon}_t$ puede considerarse como un estimador de ε_t, $\widetilde{\varepsilon}_t^*$ puede ser computado ya sea σ_ε^2 igual a cero o no.

A diferencia de las innovaciones, los residuos auxiliares son serialmente correlacionados aún cuando los parámetros en el modelo sean conocidos. De cualquier manera, en un proceso invariante en el tiempo, se puede mostrar que ellos siguen un proceso estocástico particular. Sea el modelo reducido en forma ARIMA para y_t dado por

$$\phi\left(B\right) y_t = \theta\left(B\right) \xi_t. \tag{10.23}$$

Suponiendo que tenemos una muestra doblemente infinita, la fórmula clásica de extracción de señal de Wiener-Kolmogorov nos da

$$\widehat{\varepsilon}_t = \frac{\sigma_\varepsilon^2}{\sigma_\xi^2} \frac{\phi\left(F\right)}{\theta\left(F\right)} \frac{\phi\left(B\right)}{\theta\left(B\right)} y_t = \frac{\sigma_\varepsilon^2}{\sigma_\xi^2} \frac{\phi\left(F\right)}{\theta\left(F\right)} \xi_t. \tag{10.24}$$

Si se adopta una representación autorregresiva, puede verse que la expresión para $\widehat{\varepsilon}_t$ será la misma, aparte de un factor de proporcionalidad, que la dada en (10.15) para λ_t.

Ahora se puede ver en la segunda parte de (10.24) que $\widehat{\varepsilon}_t$ sigue un proceso ARIMA que se desarrolla hacia adelante en el tiempo y es de la misma forma que el de y_t, excepto que los polinomios de las partes AR y MA se encuentran intercambiados. El hecho de que un proceso se desarrolle hacia adelante en el tiempo no produce ninguna diferencia a su estructura de autocorrelación, la cual es la misma que si el proceso se desarrollara hacia atrás.

Harvey y Koopman (1992) muestran cómo la estructura de autocorrelación implicada de $\widehat{\varepsilon}_t$ puede ser usada para definir tests válidos de kurtosis, asimetría y normalidad. De Lomnicki (1961) vemos que la distribución límite de m_k, esto es, el k-ésimo momento muestral con respecto a la media muestral de una serie serialmente correlacionada, está dada por

$$n^{1/2}\left(m_k - \mu_k\right) \xrightarrow{L} N\left\{0, k! \kappa\left(k\right) \mu_k^2\right\},$$

donde μ_k es el k-ésimo momento teórico y la función $\kappa\left(k\right)$ se encuentra definida como

$$\kappa\left(k\right) = \sum_{j=-\infty}^{\infty} \rho_j^k,$$

donde ρ_j es la autocorrelación teórica en el rezago j de la serie z_t. Entonces, el estadístico para testar la kurtosis es

$$K = \frac{m_4/m_2^2 - 3}{\sqrt{24\kappa\left(4\right)/n}},$$

el cual es asintóticamente $N(0,1)$ bajo la hipótesis nula. Combinando K con con la medida de asimetría corregida de forma similar por correlación serial, obtenemos el test estándar de normalidad de Bowman-Shenton, dado por

$$N = \frac{n\, m_3^2/m_2^3}{6\kappa\,(3)} + \frac{n\,(m_4/m_2^2 - 3)^2}{24\kappa\,(4)},$$

el cual se distribuye asintóticamente como una χ_2^2.

10.3.3. Detección de cambios estructurales

Un cambio en el nivel de una serie puede ser modelado haciendo que x_t en (10.6) sea uno para $t \geq \tau$. El estimador de λ y el test t asociado son similares a los dados en (10.8) y (10.9) donde $\mathbf{x}$ es un vector de orden $n \times 1$ en el cual los elementos para $t = 1, \ldots, \tau - 1$ son iguales a cero y el resto son unos. El numerador de $\widetilde{\lambda}$ puede ser construido a partir de los residuos suavizados, dado que

$$\mathbf{x}'\mathbf{V}^{-1}\mathbf{y} = \mathbf{x}'\mathbf{u} = \sum_{t=\tau}^{n} u_t. \tag{10.25}$$

De cualquier manera, esto no nos produce directamente las otras cantidades requeridas. Una solución es tomar primeras diferencias de las observaciones. Eso produce

$$\Delta y_t = \lambda \Delta x_t + \Delta u_t, \quad t = 2, \ldots, n, \tag{10.26}$$

donde Δx_t es una intervención para outlier como en (10.6). Una representación AR, $\pi\,(B)\,w_t = \xi_t$, nos conduce entonces a un estimador similar en su forma a (10.13), esto es

$$\widehat{\lambda} = \sum_{j=0}^{n-\tau} \pi_j^* \pi\,(B)\,y_{\tau+j}/\pi^*\,(n-\tau), \quad \tau = 1, \ldots, n, \tag{10.27}$$

donde $\pi^*\,(B) = \pi\,(B)\,/\,(1-B)$. Nótese que los coeficientes de $\pi^*\,(B)$ no convergerán a menos que $\pi\,(B)$ tenga una raíz unitaria, esto es, que y_t sea integrada de orden uno o mayor.

Si los cálculos son realizados por el filtro y el suavizador de Kalman no hay necesidad de tomar diferencias de la serie, y, en cualquier caso, esto es usualmente algo inconveniente. Como lo mostraron de Jong y Penzer (1998), todo lo que se necesita es poner al modelo en la forma de espacio de estado de tal manera que el cambio de nivel pueda ser inducido por una intervención de tipo pulso en algún lugar de la ecuación de transición. Como se dijo anteriormente, un modelo estructural de series de tiempo con un nivel o tendencia es de esa forma. Si un cambio de nivel no se produce como una consecuencia natural de poner al modelo en la forma de espacio de estado uno simplemente agrega al estado un elemento que se define como siendo idéntico a lo que era en el período de tiempo previo. Dada esa formulación, el filtro y suavizador de Kalman incorpora una identidad de conteo tal que (10.25) se da directamente como el elemento de $\mathbf{r}_t$ en la posición correspondiente a la intervención de tipo pulso. Su varianza está automáticamente disponible de $\mathbf{N}_t$ definido en la sección Suavizado del Capítulo anterior. La estandarización conduce a los *residuos auxiliares del nivel*.

Ahora consideremos cualquier modelo escrito como

$$y_t = w_t + \mu_t, \quad t = 1, \ldots, n, \tag{10.28}$$

donde μ_t es un camino aleatorio, es decir

$$\mu_t = \mu_{t-1} + \eta_t, \quad \mathrm{var}\,(\eta_t) = \sigma_\eta^2.$$

Esta representación es todavía válida para un modelo estructural de serie de tiempo en el cual el componente de camino aleatorio está formando parte de una tendencia algo más general, como es el caso de aquella que tiene una pendiente, ya que la pendiente puede estar en w_t. Koopman (1993) señala que el estimador para muestras finitas de η_t puede ser calculado directamente mediante aproximaciones de escala de $r_{t,i}$ donde i es la posición de μ_t en el vector de estado.

Si y_t sigue un proceso ARIMA, $\phi(B)\,y_t = \theta(B)\,\xi_t$ las estimaciones de los η_t en una muestra doblemente infinita pueden ser expresadas como

$$\widehat{\eta}_t = \frac{\phi(F)}{(1-F)\,\theta(F)} \frac{\sigma_\eta^2}{\sigma_\xi^2} \xi_t. \tag{10.29}$$

Nuevamente surge el hecho de que los residuos auxiliares del nivel no serán estacionarios a menos que y_t sea un proceso $I(d)$ donde $d \geq 1$. Entonces, aún cuando los residuos auxiliares del nivel pueden ser computados cuando $\sigma_\eta^2 = 0$, ellos no serán estacionarios a menos que w_t sea un proceso integrado.

10.3.4. Aplicación a un modelo de nivel local

El modelo de nivel local presentado en la sección de igual título del Capítulo anterior nos da una buena ilustración de la forma en la cual los tests para outliers y cambios estructurales pueden ser construidos. Los residuos auxiliares pueden ser calculados fácilmente y ser usados para testar por un outlier o cambio estructural en cualquier punto particular del tiempo.

Las fórmulas (10.24) y (10.29) pueden ser aplicadas para mostrar que en una muestra doblemente infinita

$$\widehat{\varepsilon}_t = \frac{1-F}{1+\theta F} \frac{\sigma_\varepsilon^2}{\sigma_\xi^2} \xi_t, \tag{10.30}$$

y

$$\widehat{\eta}_t = \frac{1}{1+\theta F} \frac{\sigma_\eta^2}{\sigma_\xi^2} \xi_t, \tag{10.31}$$

donde θ se encuentra definido en la sección titulada Modelos reducidos en la forma ARIMA del Capítulo anterior. Si el tiempo está en orden reverso, puede verse que $\widehat{\eta}_t$ sigue un proceso AR(1) con parámetro $-\theta$, mientras que $\widehat{\varepsilon}_t$ sigue un proceso ARIMA$(1,1)$ estrictamente no invertible. Los factores de correcciones para los tests de asimetría y kurtosis pueden obtenerse de (10.30) y (10.31). Para los residuos irregulares

$$\kappa(k) = 1 + \frac{\{-(1+\theta)\}^k}{2^{k-1}\left\{1 - (-\theta)^k\right\}}, \quad k = 3,4. \tag{10.32}$$

Se muestra en Harvey y Koopman (1992) que

$$\widetilde{\eta}_t = \widetilde{\eta}_{t+1} + q\widetilde{\varepsilon}_t, \quad t = n,\ldots,2,$$

con un valor inicial dado por $\widetilde{\eta}_{n+1} = 0$. Esto es obviamente consistente con (10.30) y (10.31). El mismo resultado debería ser aparente para este modelo desde el filtro y suavizador de Kalman, donde

$$\mathbf{r}_{t-1} = \mathbf{r}_t + \mathbf{u}_t, \quad t = n, \ldots, 2, \tag{10.33}$$

donde $\mathbf{r}_n = \mathbf{0}$. Entonces, $\mathbf{r}_t$ es una suma acumulada, o CUSUM de acuerdo a sus siglas, hacia atrás de los $\mathbf{u}_t$ como en (10.25). Finalmente, nótese que (10.16) implica que $\mathbf{r}_1 = \mathbf{0}$. En el modelo más general dado en (10.28), el vector $\mathbf{r}_t$ todavía contendrá componentes correspondientes al nivel, como en (10.33), y esto puede ser usado para construir estadísticos para testar cambios estructurales como se lo hizo antes.

10.3.5. Outliers en las innovaciones

En la literatura sobre los modelos ARIMA se hace una distinción entre los outliers aditivos y los outliers en las innovaciones. Esto se retrotrae al trabajo de Fox (1972). Los tests para los outliers aditivos están basados en el modelo (10.6) y en el estimador dado en (10.13), mientras que los outliers en las innovaciones parten del modelo

$$y_t = \frac{\theta(B)}{\phi(B)}\{\xi_t + \lambda w_t\} = \frac{\theta(B)}{\phi(B)}\xi_t + \lambda\frac{\theta(B)}{\phi(B)}w_t, \tag{10.34}$$

donde w_t es una intervención de tipo pulso como se la definió en (10.6). El test para un outlier en las innovaciones en el momento $t = \tau$ es simplemente una función de la innovación en el tiempo τ.

Hay una creencia generalizada de que los outliers en las innovaciones constituyen una herramienta adecuada para detectar cambios estructurales. Esto es un error. Si el interés se centra en un posible cambio en el nivel, entonces el estimador es de la forma (10.27). Para un modelo de camino aleatorio más ruido, $\pi_j^* = (-\theta)^j$, por lo tanto el numerador del estimador depende no solamente de las innovaciones corrientes sino también de las innovaciones futuras. Si el cociente señal-ruido, o sea q, se encuentra próximo a cero, de tal manera que θ está próximo a menos uno, las ponderaciones sobre las innovaciones futuras tenderán a morir suavemente. En términos de la expresión (10.6), un outlier en las innovaciones para un modelo de camino aleatorio más ruido implica una intervención de la forma

$$w_t = \left\{ \begin{array}{ll} 0, & t < \tau \\ 1, & t = \tau \\ 1 + \theta, & t > \tau. \end{array} \right.$$

Esta es una intervención aditiva cuando $\theta = -1$, y un cambio de nivel cuando $\theta = 0$, pero para valores intermedios no está claro si corresponde a algún cambio estructural que sea probable de que pueda ocurrir en la práctica.

Tsay (1988) propone una estrategia general para detectar y distinguir entre outliers aditivos, en las innovaciones y en el nivel; ver también Chang, Tiao y Cheng (1988). De cualquier manera, como lo mostró Balke (1993), el método de Tsay falla frecuentemente al intentar determinar correctamente el tipo de outlier, identificando en muchos casos, a claros cambios en el nivel como outliers en las innovaciones. Aún cuando Balke sugiere algunas alternativas, su enfoque es muy complicado, basándose en una combinación arbitraria de la estructura de intervenciones indicada por el ajuste a los datos de dos modelos diferentes. Una mejor estrategia es simplemente olvidarse de los outliers en las innovaciones.

10.3.6. Cambios en la pendiente y en la estacionalidad

Los métodos descriptos anteriormente pueden ser extendidos para testar cambios en otros componentes.

Cambios en la pendiente

Los tests para detectar cambios en la pendiente pueden basarse en el modelo presentado en la sección titulada Modelo de tendencia lineal local del Capítulo anterior. Un cambio en la pendiente corresponde a una intervención de tipo pulso en la ecuación para el componente pendiente en el tiempo $t = \tau$. Como en el caso del nivel, el estadístico del test se lo obtiene del componente apropiado de $\mathbf{r}_t$ computado por el filtro y suavizador de Kalman. Su varianza está en el correspondiente componente de $\mathbf{N}_t$ definido en la sección Suavizado del Capítulo anterior. La estandarización produce los *residuos auxiliares de la pendiente* y constituyen la base de los test de cambios en la pendiente.

En una muestra doblemente infinita

$$\zeta_t = \frac{F}{1 + \theta_1 F + \theta_2 F^2} \frac{\sigma_\zeta^2}{\sigma^2} \xi_t,$$

donde θ_1 y θ_2 son los parámetros MA en la forma reducida ARIMA$(0, 2, 2)$. Los valores de estos parámetros son tales que típicamente los ζ_t, y consecuentemente los estadísticos de los tests, presentan una alta correlación serial. Entonces, si τ no es conocido, su posición puede ser muy difícil de detectar.

Cambios en la estacionalidad

Si el modelo contiene un componente estacional, el vector de estado contendrá $s - 1$ elementos correspondientes a ese componente y $\mathbf{r}_t$ contendrá un conjunto correspondiente de $s - 1$ elementos. Denotemos como $r_{s,t}$ al vector de orden $(s - 1) \times 1$ con esos elementos, con matriz de varianzas $\sigma^2 \mathbf{N}_{s,t}$. Un test para detectar un cambio en la estructura estacional en el momento $t = \tau$ puede ser realizado usando el estadístico

$$F = \widehat{\sigma}^{-2} \mathbf{r}'_{s,t} \mathbf{N}_{s,t}^{-1} \mathbf{r}_{s,t}, \tag{10.35}$$

el cual se toma como que tiene una distribución F. Si los hiperparámetros son estimados, $(s - 1)F$ se toma como que tiene una distribución χ^2_{s-1}. También se pueden realizar tests de cambios en estaciones particulares o grupos de estaciones.

Un gráfico del estadístico dado en (10.35) puede dar una indicación del cambio en la estructura estacional en un momento de tiempo particular. De cualquier manera, es difícil corregir por correlación serial y testar por alejamientos de la distribución nula, esta es la distribución bajo el supuesto que no están presentes cambios en la estacionalidad. Una serie de estadísticos para testar cada estación pueden también ser construidos, aún cuando ello típicamente requiere ciertas transformaciones a realizarse en $\mathbf{r}_{s,t}$. Un gráfico de la evolución de cada componente estacional obtenido mediante suavizado puede ser muy informativo.

10.3.7. Estrategias para la detección

La discusión hasta este momento ha supuesto que los parámetros que determinan la matriz de varianzas de las observaciones son conocidos. Esto crea problemas para un enfoque ARIMA ya que en la presencia de outliers o cambios estructurales las herramientas estándares para la identificación de modelos son poco confiables. Por ejemplo Tsay (1986) y LeFrançois (1991) muestran que sesgos muy serios pueden ser introducidos en la función de autocorrelación muestral.

Bruce y Martin (1989) sugieren al diagnóstico de eliminación como un medio de detectar observaciones influenciales en una serie de tiempo. Ellos señalan que la correlación serial puede conducir a la distorsión de algún estadístico de test. Como una forma de detectar conjuntos de observaciones atípicas, sugieren ir incrementando el número k de observaciones consecutivas que se eliminan. Desafortunadamente, Bruce y Martin desarrollaron su método en un esquema ARIMA. Los problemas asociados con estos modelos son caracterizados por su imposibilidad en identificar las estructuras estacionales. El esquema propuesto requiere considerar diferentes valores de k y reestimación repetida de los parámetros del modelo. Como lo notaron otros investigadores como Kohn en sus comentarios, el costo computacional de implementar el método puede significar que su valor es limitado para modelos de ordenes alto.

Los modelos estructurales de series de tiempo proveen un marco más viable puesto que las especificaciones del modelo adecuado no dependen mayormente de estadísticos tales como las autocorrelaciones muestrales. Aún más, usualmente los modelos estructurales de series de tiempo son formulados en términos de componentes que producen los residuos auxiliares requeridos para testar por outliers y cambios. Harvey y Koopman (1992) ilustraron, mediante la observación de tres casos, cómo los residuos auxiliares pueden ser usados exitosamente. Aquí nos concentramos en otro ejemplo, los datos del caudal del Nilo.

10.3.8. Ejemplo: El caudal del río del Nilo

Cobb (1978) analizó una serie de observaciones anuales, desde 1871 hasta 1970, del volumen de la corriente del río Nilo en metros cúbicos $\times 10^8$ en Aswan; ver Figura 10.10. Esta serie ha sido analizada también por Carlstein (1988) y Balke (1993). Un modelo de camino aleatorio más ruido, con $\hat{\sigma}_\varepsilon^2 = 15099$ y $\hat{\sigma}_\eta^2 = 1469,2$ ajusta bien a los datos. Los residuos auxiliares para los componentes irregulares y de nivel son graficados en las Figuras 10.11 y 10.12. Los residuos auxiliares irregulares grandes en 1877 y 1913 indican valores atípicos. Los residuos auxiliares del nivel sugieren un cambio del mismo entre 1897 y 1900, siendo el valor más extremo en 1899. Esto corresponde con la construcción de la primera presa de Aswan, la que se comenzó en 1899 y se completó en 1902. Ajustando nuevamente el modelo con intervenciones para los outliers en 1877 y en 1913 y para un cambio de nivel en 1899, resulta que la varianza del componente estocástico del nivel se hace cero. Entonces, una vez que hemos tomado en cuenta el cambio estructural de 1899 y de los valores atípicos en 1877 y 1913, resulta innecesario un componente estocástico de nivel (ver Figura 10.13). Este análisis es considerablemente más directo que el presentado por Balke (1993).

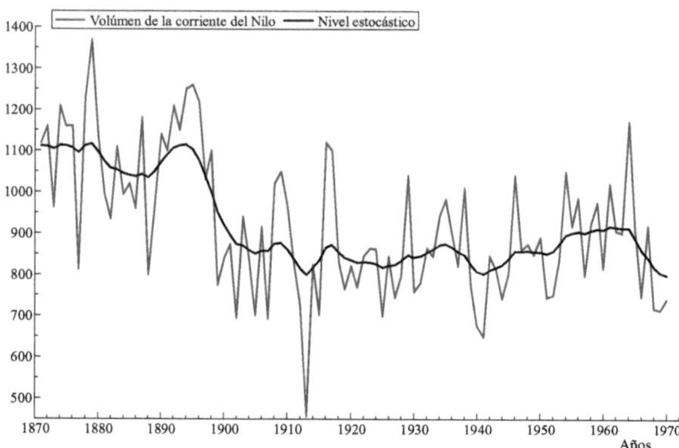

Figura 10.10: Volumen de la corriente del río Nilo en metros cúbicos $\times 10^8$ en Aswan, con nivel estocástico. Datos anuales desde 1871 hasta 1970

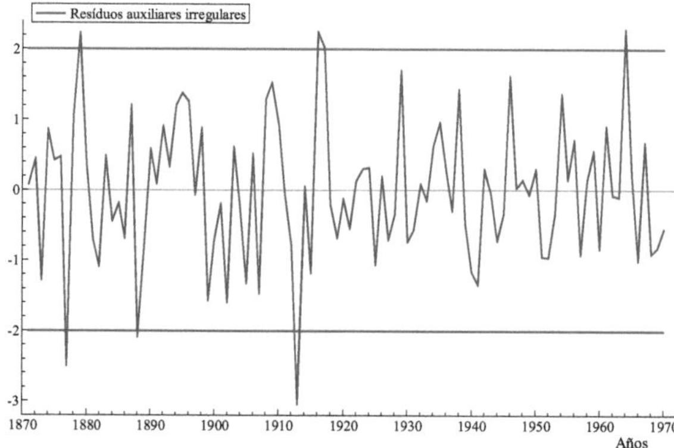

Figura 10.11: Residuos auxiliares irregulares del volumen de la corriente del río Nilo en metros cúbicos $\times 10^8$ en Aswan con banda de confianza, desde 1871 hasta 1970

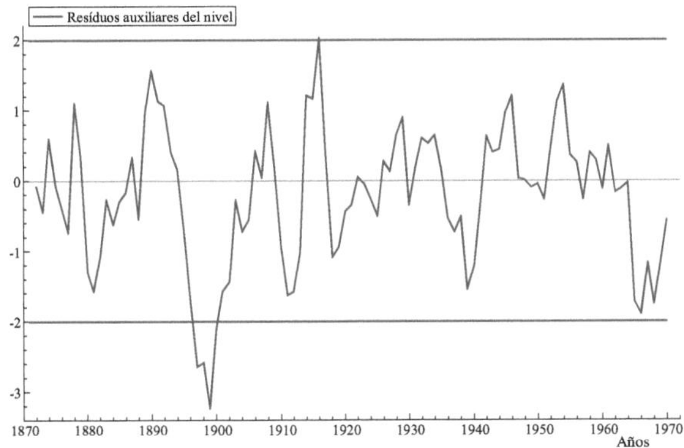

Figura 10.12: Residuos auxiliares del nivel del volumen de la corriente del río Nilo en metros cúbicos $\times 10^8$ en Aswan con banda de confianza, desde 1871 hasta 1970

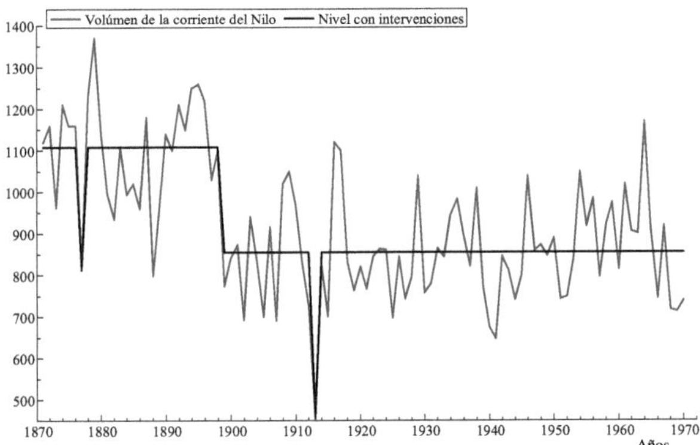

Figura 10.13: Volumen de la corriente del río Nilo en metros cúbicos $\times 10^8$ en Aswan con nivel determinístico e intervenciones, desde 1871 hasta 1970

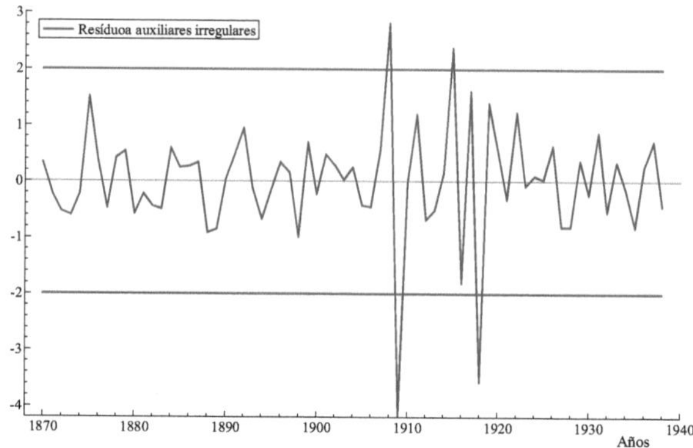

Figura 10.14: Residuos auxiliares irregulares del logaritmo del consumo anual de bebidas alcohólicas en Gran Bretaña con tendencia estocástica y variables explicativas, desde 1870 hasta 1938, con banda de confianza

10.3.9. Ejemplo: Consumo de bebidas alcohólicas en Gran Bretaña

Regresando al ejemplo del consumo de bebidas alcohólicas en Gran Bretaña presentado en §9.8.1 del Capítulo 9, generamos los residuos auxiliares. Las Figuras 10.14 y 10.15 indican un cambio de nivel en 1909 y se observan varios candidatos a outliers durante la Primera Guerra Mundial. Ajustando la intervención en el nivel y recalculando los residuos auxiliares irregulares, el mayor valor ocurre en 1918. Repitiendo este procedimiento se observa un segundo outlier en 1915. Estas conclusiones parecen razonables puesto que los datos para el período que va desde 1915 a 1919 fueron estimados basados en el consumo en el Ejercito Británico siendo de esperar que sea menos confiable que las otras observaciones (Harvey y Koopman, 1992). El cambio de nivel en 1909 puede ser debido a un período de reformas sociales iniciado en ese año por el primer ministro Lloyd George.

10.3.10. Control de diagnóstico continuo

Hasta ahora hemos considerado datos consistentes en una muestra de tamaño fijo n. En muchas aplicaciones, particularmente en los campos de finanzas y procesos de control, la serie representa un proceso continuo.

Si disponemos continuamente de nuevas observaciones, necesitaremos de un mecanismo para actualizar sobre la marcha los estadísticos de diagnóstico. Frecuentemente se supone que estamos solamente interesados en períodos comprendidos en una ventana que representa el pasado reciente. Esta ventana se mueva hacia adelante cuando nuevas observaciones están disponibles. Convencionalmente es usado para actualizar los estadísticos un banco de filtros (ver Willsky y Jones, 1976), donde cada uno de esos filtros está asociado con un único punto

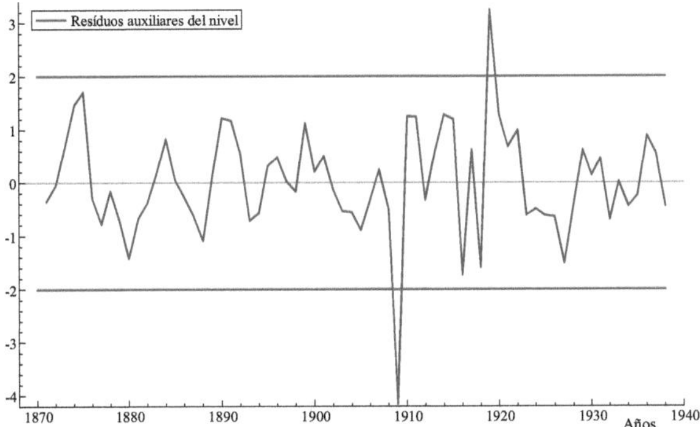

Figura 10.15: Residuos auxiliares del nivel del logaritmo del consumo anual de bebidas alcohólicas en Gran Bretaña con tendencia estocástica y variables explicativas, desde 1870 hasta 1938, con banda de confianza

en la ventana, . En un trabajo no publicado, de Jong y Penzer (1997) proponen un proceso de actualización que es independiente del tipo de intervención que está siendo considerada. Esto permite calcular, para cada punto en la ventana móvil, estadísticos de máximo diagnóstico.

10.4. Observaciones Semanales, Diarias y Horarias

Usualmente, las series de tiempo económicas son observadas cada año, trimestre o mes. En esta sección mostramos cómo los modelos estructurales de series de tiempo pueden ser adoptados para el manejo de observaciones realizadas cada hora, día o semana. La característica fundamental de tales modelos es el uso de curvilíneas invariantes en el tiempo para crear modelos parsimoniosos de efectos periódicos. Esta idea fue originalmente propuesta por Harvey y Koopman (1993) como una forma de modelar cambios de estructura dentro del día y dentro de la semana.

Un efecto periódico de longitud s es modelado como una función lineal de un conjunto de parámetros contenidos en un vector $\boldsymbol{\gamma}^*$ de dimensión $g \times 1$. Si esos parámetros son fijos, la estructura periódica es fija, y podemos escribir el i-ésimo efecto periódico como

$$\gamma_i = \mathbf{w}_i'\boldsymbol{\gamma}^*, \quad i = 1, \ldots, s,$$

donde $\mathbf{w}_i$ es un vector de ponderaciones desconocidas de orden $g \times 1$. La idea es especificar el efecto periódico de tal manera que g sea razonablemente pequeño, en particular mucho más chico que s. Existen esencialmente dos opciones; la primera es dejar que γ_i sea una mezcla de funciones trigonométricas. La segunda es modelarlo mediante una curvilínea periódica. En nuestro contexto, la segunda opción parece ofrecer una mejor alternativa para una parametrización parsimoniosa, principalmente debido a la necesidad de capturar picos agudos.

Para trazar una curvilínea necesitamos elegir h "nudos" en el intervalo $[0, s]$. Entonces $\mathbf{w}_i$ depende de la posición de los nudos y está definido de tal manera de asegurar continuidad de las curvilíneas de un período a otro, esto es hacerla periódica en el tiempo; para un mejor desarrollo ver Poirier (1976, p. 43-7). Con el objeto de tener al componente periódico estacional sumando cero sobre todo el año, necesitamos modificar el vector de ponderaciones apropiadamente. Las curvilíneas pueden evolucionar en el tiempo permitiendo que los parámetros sigan un camino aleatorio. Así, podemos escribir

$$\boldsymbol{\gamma}_t^* = \boldsymbol{\gamma}_{t-1}^* + \boldsymbol{\chi}_t, \quad t = 1, 2, \ldots, n,$$

donde $\boldsymbol{\chi}_t$ es un vector de disturbios serialmente no correlacionados de orden $g \times 1$, con media cero y matriz de varianzas

$$\mathrm{var}\,(\boldsymbol{\chi}_t) = \sigma_\chi^2 \left\{ \mathbf{I} - (1/\mathbf{w}_*'\mathbf{w}_*)\,\mathbf{w}_*\mathbf{w}_*' \right\}, \quad \mathrm{con} \quad \mathbf{w}_* = \sum_{i=1}^{s} \mathbf{w}_s. \tag{10.36}$$

La varianza σ_χ^2 gobierna la velocidad con la cual la curvilínea puede cambiar. La matriz de varianzas (10.36) establece la restricción que $\mathbf{w}_*'\boldsymbol{\chi}_t = 0$. Nótese que si hay un nudo para cada período, obtenemos el modelo estacional con variables dummies establecido por Harrison y Stevens (1976).

10.4.1. Observaciones semanales

Desarrollaremos este apartado por medio de un ejemplo obtenido de un trabajo de Harvey, Koopman y Riani (1997). Una de las series más importantes de oferta monetaria en Gran Bretaña es la cantidad de billetes y monedas en circulación, más los depósitos en efectivo de los bancos comerciales en el Banco de Inglaterra. Esto básicamente corresponde a lo que usualmente se conoce como $M0$, y en lo que sigue nos referiremos a ella de esta forma. Estas cantidades muestran fluctuaciones estacionales considerables, siendo particularmente alta justo antes de Navidad. Como resultado de ello, el Banco de Inglaterra necesita producir series ajustadas por estacionalidad para facilitar la interpretación.

Harvey, Koopman y Riani (1997) analizaron la serie $M0$ para el período comprendido entre el 28 de Mayo de 1969 y el 28 de Diciembre de 1994. Tomando logaritmos se obtiene una serie con una estructura estacional más estable. Los datos son tomados cada miércoles, excepto cuando el miércoles es feriado en cuyo caso se lo toma el martes anterior (o el lunes si el martes también es feriado). Ellos notaron con toda claridad los picos correspondientes a Navidad y Pascua, y como en la mayoría de las series de tiempo económicas, es aparente que la estructura estacional ha evolucionado en el tiempo debido a cambios en los factores institucionales y sociales.

El modelado de una estructura estacional cambiante con datos semanales no es una tarea fácil. El primer problema es que la observaciones son tomadas en un día particular de la semana, en lugar de hacerlo en fechas predeterminadas, por lo tanto y debido al hecho de que no hay un número entero de semanas en el año significa que el número de observaciones por año varía entre cincuenta y dos o cincuenta y tres. Entonces, y aún cuando la estructura estacional sea determinística, no puede ser modelada mediante un conjunto de variables dummies. Además, las fechas de los días de observación cambian cada año, por ello, aún en el caso que hubiera un número entero de semanas en el año, la estructura estacional cambia de año a año. Por ejemplo, existe una gran diferencia si la oferta de dinero es observada el día antes de Navidad o seis días antes de Navidad. El primer caso se presenta cuando Navidad es un día jueves, y el segundo cuando Navidad es un martes. Para hacer las cosas peores, esta estructura estacional no es recurrente cada siete años debido a los años bisiestos.

El otro problema importante es que la posición de la Pascua cambia de año a año. Además, sus efectos pueden ser diferentes dependiendo de cuando ocurra. Si es tarde en el año, sus efectos pueden superponerse y posiblemente interactuar con aquellos asociados con el feriado del 1 de Mayo. Por supuesto, la posición de la Pascua también afecta a los modelos para observaciones mensuales, pero estos casos son más fáciles de manejar y existe una considerable literatura sobre el tema; se aconseja en este caso ver Bell y Hillmer (1983).

Los procedimientos de tipo ARIMA no son fácilmente generalizables para datos semanales. Uno de los pocos trabajos publicados sobre ajuste estacional basado en modelos para datos semanales, por Pierce, Grupe y Cleveland (1984), redondea algunos de los problemas usando regresión para modelar parte del efecto estacional de una manera determinística y luego encara los efectos estocásticos por medio de modelos ARIMA.

Harvey, Koopman y Riani (1997) modelaron satisfactoriamente la oferta monetaria $M0$ usando el modelo estructural de series de tiempo

$$y_t = \mu_t + \gamma_t + \theta_t + \varepsilon_t \quad t = 1, 2, \ldots, n,$$

con las definiciones usuales para la tendencia μ_t y los irregulares ε_t, y donde γ_t y θ_t denotan los efectos periódicos y de festividades móviles, respectivamente. El componente periódico es modelado mediante una curvilínea que varía en el tiempo. Para capturar los picos en momentos como Navidad, un número relativamente grande de nudos son necesarios en un corto período. En otros momentos, la estructura estacional cambia muy lentamente necesitándose solamente unos pocos nudos. Podemos aplicar consideraciones similares en el modelado de la demanda por electricidad dentro de cada día. Aquí la situación es complicada por la interacción entre la posición de las variables dummies necesarias para capturar las festividades móviles y los nudos usados para capturar el resto de la estructura estacional. La especificación final tiene diecinueve nudos decididos por factores tales como los cocientes t de las coordenadas de los nudos y las dummies, los diagramas de diagnóstico y de los residuos, los estadísticos de bondad de ajuste y el desempeño de las predicciones.

El efecto de cada feriado es modelado por un conjunto de variables dummies asignadas a las semanas adyacentes. El día del año en el cual el feriado ocurre, y por ende los días en los cuales las observaciones adyacentes ocurren, depende del calendario. Todos los feriados públicos en Gran Bretaña ocurren en lunes, excepto Viernes Santo, entonces once variables dummies estocásticas son especificadas para el tratamiento de ellos. No se pone ninguna restricción en los efectos de los feriados, aún cuando podría habérselo hecho. Por ejemplo, la misma variable de estado puede ser usada para el Feriado de Primavera y el de Agosto. Se incluye una dummy adicional en Junio de 1977 para el tratamiento del Jubileo de Plata de la Reina.

Otro problema en los datos semanales es el manejo de los años bisiestos. Harvey, Koopman y Riani (1997) consideran dos soluciones diferentes. La primera es establecer el efecto del 29 de Febrero como idéntico al del 28 de Febrero, esto es, considerar al día 59 como que ocurre dos veces. Procediendo de esta manera se asegura que Navidad ocurre exactamente en el mismo punto de cada año, esto es en el día 359. Un enfoque algo diferente es permitir que el efecto del año bisiesto se reparta en todo el año. En este caso, la curvilínea es modificada multiplicando la posición de los nudos por 366/365.

En el trabajo de Harvey, Koopman y Riani (1997) se observa que los residuos del modelo filtrado muestran considerable variabilidad alrededor de Navidad. El impacto de la Navidad y la velocidad con la cual la estructura puede cambiar significa que se puede encontrar un mejor modelo si se duplica la varianza de los nudos de Navidad. Haciéndolo así se obtienen residuos que son más parecidos a los de otras partes del año, reduciéndose, en consecuencia, los errores de predicción. En efecto, los autores muestran que trabajando de esta manera, los errores de predicción son menores que el $0,5\,\%$ del nivel la mayor parte del tiempo.

10.4.2. Observaciones diarias

Los modelos estructurales de series de tiempo pueden ser extendidos para permitir el manejo de observaciones diarias introduciendo un componente diario. Este es modelado en la misma forma que un componente estacional y puede permitírsele que evolucione en el tiempo. Otros componentes como la tendencia y la estacionalidad anual pueden ser introducidos como se lo hizo antes.

La colección de trabajos en Bunn y Farmer (1985) nos permiten un sobrevuelo sobre los diferentes tipos de modelos que, hasta hace poco tiempo, se empleaba en la predicción a corto plazo de la energía. El enfoque principal está basado en los modelos ARIMA, de regresión, suavizado exponencial o alguna mezcla de ellos. Para observaciones diarias, el llamado *modelo ARIMA de aerolíneas*, basado en la operación de diferenciación $\Delta\Delta_7$, es algunas veces usado. De cualquier manera, es poco probable que uno pueda identificar tal modelo a partir del correlograma en la forma propuesta por Box y Jenkins (1976).

Koopman y Gordon (1997) consideran el consumo promedio diario de electricidad entre Enero de 1991 y Diciembre de 1994 para tres áreas de Brasil (Minas Gerais, Río de Janeiro y Curitiba). El modelo incluye una tendencia a largo plazo, un efecto estacional diario ($s = 7$) una curvilínea periódica para la estacionalidad anual con diez nudos distribuidos sobre el año calendario y un conjunto de variables dummies para los feriados nacionales y locales. Se incluyeron variables dummies para los efectos posteriores a los feriados. La curvilínea para la estacionalidad anual no es variable en el tiempo ya que solamente están disponibles cuatro años de datos. Por lo tanto, las curvilíneas se reducen a en efecto de regresión permitiendo el uso sin modificaciones del paquete STAMP (Koopman, Harvey, Doornik y Shephard, 2009).

El modelo ajustado resultó ser razonablemente bueno, pero los datos están sujetos a un número de outliers dentro de cada año, algunos muy grandes en magnitud. Se concluye que el supuesto de normalidad para los componentes irregulares no es apropiado. Adoptando las técnicas que veremos en secciones posteriores, es posible modelar a los irregulares mediante una distribución de colas pesadas como la t o una mezcla de normales.

10.4.3. Observaciones horarias

Los efectos dentro del día ocurren en una gran variedad de aplicaciones. Por ejemplo, la demanda y la oferta regional de energía como el gas y la electricidad, el uso regional de agua, el número de llamadas telefónicas recibidas, la cantidad de dinero sacada de los cajeros automáticos, el flujo de tráfico en una avenida de circunvalación, el nivel de polución del aire en una ciudad, son observadas a intervalos casi permanentes. Tales datos pueden ser acumulados de forma, por ejemplo, horaria o minuto a minuto para hacer la serie más manejable. En el contexto de la demanda de electricidad, la estructura dentro del día es conocida como la curva de carga. Es deseable modelar la curva de carga de una forma parsimoniosa para datos horarios, y resulta aún más importante cuando las observaciones se las obtiene con mayor frecuencia.

Por ejemplo, si se tienen datos horarios de la demanda de electricidad para el verano y para el invierno en una cierta región, necesitaremos considerar un efecto periódico que varía en el tiempo dado que las dos estaciones son claramente diferentes. También suele ser diferente la demanda promedio diaria en el invierno que la correspondiente al verano.

El principal propósito de un modelo horario es predecir la demanda de electricidad futura con dos o tres días de anticipación. El modelo horario está dado por

$$y_t = \mu_t + \gamma_t + \delta_t + \varepsilon_t, \quad t = 1, 2, \ldots, n,$$

con tendencia μ_t e irregulares ε_t y donde γ_t y δ_t denotan los efectos dentro del día y los explicativos, respectivamente. Los irregulares pueden ser modelados como un proceso ARMA de bajo orden para describir la dinámica restante de corto plazo en la serie.

Los efectos estándares dentro del día son descriptos por una curvilínea periódica. Un cierto trabajo experimental es necesario para determinar la posición de los nudos. Para capturar los picos durante las mañanas y al final de las tardes, se usan más nudos en esos momentos. Desafortunadamente, la misma estructura dentro del día no será aplicable a todos los días de la semana; en sábados y domingos el nivel de la demanda por electricidad y la estructura dentro del día difiere de los otros días de la semana. Una forma de manejar este problema es establecer una curvilínea que sea cero al principio y al final del día y que se agregue e la curvilínea del día normal. Una solución alternativa, preferida por Harvey y Koopman (1993), es establecer una curvilínea para toda la semana, en donde los nudos son restringidos de tal manera que tienen los mismos valores para los días estándares.

La introducción de variables explicativas en series de tiempo estructurales es directa. En el contexto de series de tiempo periódicas, las variables explicativas pueden comportarse en forma diferente a la variable dependiente y_t en varios momentos del ciclo estacional (invierno/verano o bien mañana/noche). Cuando disponemos de suficientes observaciones estos diferentes efectos a lo largo de la estructura periódica pueden ser identificados estableciendo curvilíneas periódicas para los coeficientes de regresión. El efecto explicativo puede ser diferente para diferente valores de la variable explicativa. Por ejemplo, valores extremos de temperatura tienen un efecto pronunciado en la demanda de electricidad (es decir, cuando está frío, el efecto de la calefacción afecta la demanda y cuando está caliente, el aire acondicionado afecta la demanda), mientras que valores moderados de temperatura puede no afectar la demanda de electricidad de forma significativa. Este efecto de la temperatura suele poder modelarse por una curvilínea cúbica donde la posición de los nudos está emplazada dentro del rango de valores de la temperatura.

10.5.   Tiempo continuo y espaciado irregular

Los componentes típicos de una serie de tiempo pueden ser formulados en tiempo continuo; basta ver las obras de Kitagawa (1984), Jones (1993) y Harvey y Stock (1994) para tener una mejor idea de ello. Esto tiene el atractivo de que el modelo es independiente del intervalo entre observaciones. En efecto, las observaciones pueden estar irregularmente espaciadas.

10.5.1. Modelos de espacio de estado en tiempo continuo

A partir de ahora supondremos que se tienen n datos irregularmente espaciados en el tiempo y observados en los momentos t_τ donde $\tau = 1, \ldots, n$. Estos momentos de observación están separados cada uno por κ_τ unidades del tiempo calendario, de tal manera que $t_\tau = t_{\tau-1} + \kappa_\tau$. El vector de estado en tiempo continuo se lo denota como $\boldsymbol{\alpha}(t)$ y en el momento de observación se lo escribe como $\boldsymbol{\alpha}_\tau = \boldsymbol{\alpha}(t_\tau)$. Entonces, la convención es que cantidades tales como $\boldsymbol{\alpha}(t)$ e $\mathbf{y}(t)$ son procesos continuos en el tiempo mientras que $\boldsymbol{\alpha}_\tau$ e $\mathbf{y}_\tau$ denotan los datos muestrales de esos procesos en los momentos discretos. El proceso observable de tiempo discreto es $\mathbf{y}_\tau$ y los datos son las n observaciones de la serie de tiempo $(\mathbf{y}_1, \ldots, \mathbf{y}_n)'$.

El análogo en tiempo continuo de la ecuación de transición en tiempo discreto mostrada en la sección titulada La forma de espacio de estado del Capítulo anterior, pero en este caso invariante en el tiempo, está dado por

$$d\boldsymbol{\alpha}(t) = \mathbf{A}\boldsymbol{\alpha}(t)\,dt + \mathbf{H}d\boldsymbol{\eta}(t), \tag{10.37}$$

donde las matrices $\mathbf{A}$ y $\mathbf{H}$ pueden ser funciones de los hiperparámetros y $\boldsymbol{\eta}(t)$ es un proceso de Wiener multivariado y de tiempo continuo. Para una interpretación formal de las ecuaciones diferenciales lineales y estocásticas, ver Bergstrom (1983). Los procesos de Wiener tienen incrementos independientes que son Gaussianos con media cero y matriz de varianzas $E\left[\int_r^s d\boldsymbol{\eta}(t)\int_r^s d\boldsymbol{\eta}(t)'\right] = (s - r)\mathbf{Q}$, siendo $\mathbf{Q}$ una matriz matriz positiva semidefinida.

Supongamos que tenemos una serie univariada de observaciones en los momentos t_τ para $\tau = 1, \ldots, n$. Para una variable de stock las observaciones están definidas por

$$y_\tau = \mathbf{Z}\boldsymbol{\alpha}_\tau + \varepsilon_\tau, \quad \tau = 1, \ldots, n, \tag{10.38}$$

donde ε_τ es un disturbio de tipo ruido blanco, con media cero y varianza σ_ε^2 el cual es no correlacionado con los incrementos de $\boldsymbol{\eta}(t)$ en todos los momentos de tiempo. Para un flujo

$$y_\tau = \int_{t_{\tau-1}}^{t_\tau} \mathbf{Z}\boldsymbol{\alpha}(r)\,dr + \int_{t_{\tau-1}}^{t_\tau} d\varepsilon(r), \tag{10.39}$$

donde $\varepsilon(t)$ es un proceso estocástico de tiempo continuo con incrementos no correlacionados, el que tiene media cero y varianza σ_ε^2 sobre un intervalo unitario de tiempo. El proceso $\varepsilon(t)$ es no correlacionado con $\boldsymbol{\eta}(t)$ en todos los momentos de tiempo en el que $E\left[\int_r^s d\boldsymbol{\eta}(t)\int_p^q d\varepsilon(t)\right] = \mathbf{0}$ para todo $r < s$ y $p < q$.

La formulación de espacio de estado de los modelos de tiempo continuo es derivada de la ecuación integral estocástica que define la ecuación diferencial estocástica (10.37). La relación entre el vector de estado en el momento t_τ y el correspondiente momento $t_{\tau-1}$ está dada por

$$\boldsymbol{\alpha}(t_\tau) = e^{\mathbf{A}\kappa_\tau}\boldsymbol{\alpha}(t_{\tau-1}) + \int_{t_{\tau-1}}^{t_\tau} e^{\mathbf{A}(t_\tau - s)}\mathbf{H}d\boldsymbol{\eta}(s). \tag{10.40}$$

Esto produce la ecuación de transición en tiempo discreto

$$\boldsymbol{\alpha}_\tau = \mathbf{T}_\tau\boldsymbol{\alpha}_{\tau-1} + \boldsymbol{\eta}_\tau, \tag{10.41}$$

donde $\mathbf{T}_\tau = e^{\mathbf{A}\kappa_\tau}$ y $\boldsymbol{\eta}_\tau$ es un disturbio multivariado de tipo ruido blanco con media cero y matriz de varianza

$$\mathbf{Q}_\tau = \int_0^{\kappa_\tau} e^{\mathbf{A}(\kappa_\tau - s)} \mathbf{HQH}' e^{\mathbf{A}'(\kappa_\tau - s)} ds.$$

En esta sección usaremos el modelo de tendencia lineal local para ilustrar los métodos descriptos. El componente de tendencia lineal en tiempo continuo es

$$\begin{pmatrix} d\eta(t) \\ d\beta(t) \end{pmatrix} = \begin{pmatrix} 0 & 1 \\ 0 & 0 \end{pmatrix} \begin{pmatrix} \eta(t) \\ \beta(t) \end{pmatrix} + \begin{pmatrix} d\eta(t) \\ d\zeta(t) \end{pmatrix}, \tag{10.42}$$

donde los procesos en tiempo continuo $\eta(t)$ y $\zeta(t)$ tienen incrementos mutuamente y serialmente no correlacionados, y varianzas σ_η^2 y σ_ζ^2 respectivamente.

10.5.2. Variables de stock

La forma discreta de espacio de estado para variables de stock generadas por un proceso en tiempo continuo consiste en la ecuación de transición (10.41) junto con la ecuación de medida (10.38). El filtro y suavizador de Kalman puede ser aplicado en la forma estándar. Cuando las observaciones están equiespaciadas el modelo implicado en tiempo discreto es invariante en el tiempo y κ_τ es tomado como igual a uno. De cualquier manera, una de las grandes ventajas del enfoque en tiempo continuo es la facilidad de manejo de las series irregularmente espaciadas, por lo tanto consideramos un κ_τ general. Una vez que el modelo ha sido estimado puede ser usado para interpolar en cualquier punto del tiempo. Esto se hace mediante suavizado usando el mismo enfoque que fue usado para estimar los valores faltantes.

Los componentes en tiempo continuo pueden ser combinados para producir modelos estructurales. Como en el caso discreto, usualmente se supone que los componentes son mutuamente no correlacionados por lo que pueden ser evaluados en forma separada. Consideremos el componente de tendencia lineal dado en (10.42). Para un modelo de tendencia lineal local en tiempo continuo, $\mathbf{T}_\tau = e^{\mathbf{A}\kappa_\tau}$ está dado por

$$\mathbf{T}_\tau = \exp\left\{ \begin{pmatrix} 0 & 1 \\ 0 & 0 \end{pmatrix} \kappa_\tau \right\} = \mathbf{I} + \begin{pmatrix} 0 & \kappa_\tau \\ 0 & 0 \end{pmatrix} = \begin{pmatrix} 1 & \kappa_\tau \\ 0 & 1 \end{pmatrix}.$$

Entonces, la representación exacta en tiempo discreto de (10.42) es

$$\begin{pmatrix} \mu_\tau \\ \beta_\tau \end{pmatrix} = \begin{pmatrix} 1 & \kappa_\tau \\ 0 & 1 \end{pmatrix} \begin{pmatrix} \mu_{\tau-1} \\ \beta_{\tau-1} \end{pmatrix} + \begin{pmatrix} \eta_\tau \\ \zeta_\tau \end{pmatrix}. \tag{10.43}$$

La estructura simple de la matriz exponencial nos permite evaluar explícitamente la matriz de varianzas de los disturbios en tiempo discreto, produciendo

$$\mathrm{var}\begin{pmatrix} \eta_\tau \\ \zeta_\tau \end{pmatrix} = \kappa_\tau \begin{pmatrix} \sigma_\eta^2 + \kappa_\tau^2 \sigma_\zeta^2/3 & \kappa_\tau \sigma_\zeta^2/2 \\ \kappa_\tau \sigma_\zeta^2/2 & \sigma_\zeta^2 \end{pmatrix}. \tag{10.44}$$

Cuando $\kappa_\tau = 1$, el modelo dado en (10.43) se reduce al de tendencia local lineal en tiempo discreto dado en la sección respectiva del Capítulo anterior. De cualquier manera, la expresión (10.44) muestra que la falta de correlación de los disturbios en tiempo continuo implica que los correspondientes disturbios en tiempo discreto son correlacionados.

10.5.3. Variables de flujo

Este tipo de variables se encuentran definidas en la fórmula (10.39). Para desarrollar un modelos de espacio de estado en tiempo continuo para variables de flujo, es útil introducir una variable acumuladora (o integradora) en tiempo continuo

$$y^f \left(t_\tau + \ell \right) = \int_{t_\tau}^{t_\tau + \ell} y \left(r \right) dr, \quad 0 < \ell \leq \kappa_\tau.$$

Entonces $y_\tau = y^f \left(t_\tau \right)$, para $\tau = 1, \ldots, n$. Esta definición, junto con las expresiones (10.39) y (10.40) agregado a cierta manipulación (ver Harvey y Stock (1994)), implica que el acumulador en el momento t, puede ser escrito como

$$y^f \left(t_\tau \right) = \mathbf{ZW} \left(\kappa_\tau \right) \boldsymbol{\alpha} \left(t_{\tau-1} \right) + \mathbf{Z} \boldsymbol{\eta}^f \left(t_\tau \right) + \varepsilon^f \left(t_\tau \right), \tag{10.45}$$

donde, $\boldsymbol{\eta}^f \left(t_\tau \right) = \int_{t_{\tau-1}}^{t_\tau} \mathbf{W} \left(t_\tau - s \right) \mathbf{H} d\boldsymbol{\eta} \left(s \right)$, $\varepsilon^f \left(t_\tau \right) = \int_{t_{\tau-1}}^{t_\tau} d\varepsilon \left(s \right)$ y $\mathbf{W} \left(r \right) = \int_0^r e^{\mathbf{A}s} ds$. Tomemos ahora $\boldsymbol{\eta}_\tau^f = \boldsymbol{\eta}^f \left(t_\tau \right)$, $\varepsilon_\tau^f = \varepsilon^f \left(t_\tau \right)$ e $y_\tau^f = y^f \left(t_\tau \right)$. Teniendo en cuenta que $y_\tau = y^f \left(t_\tau \right)$ y combinando las expresiones (10.41) con (10.45), tendremos la siguiente forma de espacio aumentada

$$\left(\begin{array}{c} \boldsymbol{\alpha}_r \\ y_\tau^f \end{array} \right) = \left(\begin{array}{cc} e^{\mathbf{A}\kappa_\tau} & 0 \\ \mathbf{ZW} \left(\kappa_\tau \right) & 0 \end{array} \right) \left(\begin{array}{c} \boldsymbol{\alpha}_{\tau-1} \\ y_{\tau-1}^f \end{array} \right) + \left(\begin{array}{cc} \mathbf{I} & \mathbf{0} \\ \mathbf{0} & \mathbf{Z} \end{array} \right) \left(\begin{array}{c} \boldsymbol{\eta}_\tau \\ \boldsymbol{\eta}_\tau^f \end{array} \right) + \left(\begin{array}{c} 0 \\ \varepsilon_\tau^f \end{array} \right),$$

$$y_\tau = \left(\begin{array}{cc} \mathbf{0} & 1 \end{array} \right) \left(\begin{array}{c} \boldsymbol{\alpha}_\tau \\ y_\tau^f \end{array} \right), \tag{10.46}$$

con var $\left(\varepsilon_\tau^f \right) = \kappa_\tau \sigma_\varepsilon^2$ y

$$\text{var} \left(\begin{array}{c} \boldsymbol{\eta}_\tau \\ \boldsymbol{\eta}_\tau^f \end{array} \right) = \int_0^{\kappa_\tau} \left(\begin{array}{cc} e^{\mathbf{A}r} \mathbf{HQH}' e^{\mathbf{A}'r} & e^{\mathbf{A}r} \mathbf{HQH}' \mathbf{W} \left(r \right)' \\ \mathbf{W} \left(r \right) \mathbf{HQH}' e^{\mathbf{A}'r} & \mathbf{W} \left(r \right) \mathbf{HQH}' \mathbf{W} \left(r \right)' \end{array} \right) dr = \mathbf{Q}_\tau^+. \tag{10.47}$$

Los estimadores por máxima verosimilitud de los hiperparámetros pueden ser computados usando la descomposición del error de predicción y aplicando el filtro de Kalman a (10.46).

Regresando a nuestro ejemplo del modelo de tendencia lineal local, vemos que

$$\mathbf{W} \left(r \right) = \int_0^r \left(\begin{array}{cc} 1 & s \\ 0 & 1 \end{array} \right) ds = \left(\begin{array}{cc} r & r^2/2 \\ 0 & r \end{array} \right).$$

Entonces, el elemento inferior derecho de la matriz (10.47), el cual es a su vez una matriz, está dado por

$$\text{var} \left(\boldsymbol{\eta}_\tau^f \right) = \int_0^{\kappa_\tau} \mathbf{W} \left(r \right) \mathbf{HQH}' \mathbf{W} \left(r \right)' dr = \left(\begin{array}{cc} \kappa_\tau^3 \sigma_\eta^2 / 3 + \kappa_\tau^5 \sigma_\zeta^2 / 20 & \kappa_\tau^4 \sigma_\zeta^2 / 8 \\ \kappa_\tau^4 \sigma_\zeta^2 / 8 & \kappa_\tau^3 \sigma_\zeta^2 / 3 \end{array} \right). \tag{10.48}$$

donde en este caso $\boldsymbol{\eta}_\tau^f$ es el vector $\left(\begin{array}{cc} \eta_\tau^f & \zeta_\tau^f \end{array} \right)'$ de orden 2×1. Los bloques fuera de la diagonal de (10.47) son derivados en forma similar, dando

$$\text{cov} \left(\begin{array}{cc} \eta_\tau^f & \boldsymbol{\eta}_\tau' \end{array} \right) = \int_0^{\kappa_\tau} \mathbf{W} \left(r \right) \mathbf{HQH}' e^{\mathbf{A}'r} dr = \left(\begin{array}{cc} \kappa_\tau^2 \sigma_\eta^2 / 2 + \kappa_\tau^4 \sigma_\zeta^2 / 8 & \kappa_\tau^2 \sigma_\zeta^2 / 6 \\ \kappa_\tau^3 \sigma_\zeta^2 / 3 & \kappa_\tau^2 \sigma_\zeta^2 / 2 \end{array} \right). \tag{10.49}$$

El modelo de nivel local es un caso especial de esto, en donde var $\left(\boldsymbol{\eta}_\tau^f \right)$ y cov $\left(\begin{array}{cc} \eta_\tau^f & \boldsymbol{\eta}_\tau' \end{array} \right)$ son escalares consistentes en los elementos superiores izquierdos de (10.48) y (10.49) respectivamente.

10.6.   Observaciones no Gaussianas y robustez

En secciones anteriores hemos propuesto que una vez que un outlier ha sido detectado, se lo puede manejar mediante la introducción de una variable dummy o mediante un incremento en la varianza del error de medición. En estos casos el modelo permanece Gaussiano. Una estrategia alternativa es acomodar cualquier outlier mediante el supuesto que el error de medición es generado por una distribución de colas pesadas como la t de Student o una mezcla de distribuciones Gaussianas. El modelo es, en estos casos, robusto en el sentido que las estimaciones de los componentes tendencia y estacionalidad, y las predicciones de observaciones futuras, estarán relativamente poco afectadas por observaciones que, en un modelo Gaussiano, serían clasificadas como outliers. Si permitimos que los disturbios en la ecuación de estado sean generados por una distribución de colas pesadas, se puede hacer que el modelo sea robusto a cambios estructurales. La desventaja de este enfoque es que el modelo no puede ser trabajado solamente mediante el uso de las técnicas de filtrado y suavizado lineal de Kalman.

La falta de Gaussianidad puede suceder como una consecuencia directa de la naturaleza de las observaciones. Así, para datos de conteo consistentes en enteros no negativos, una aproximación Gaussiana es irrazonable cuando los números son pequeños, y una distribución de Poisson o binomial negativa es más apropiada. Cuando tenemos observaciones cualitativas, las cuales en el caso binario son codificadas como ceros o unos, podemos utilizar una distribución Bernoulli. Los modelos de regresión pueden fácilmente ser extendidos de tal manera que permitan tener observaciones no Gaussianas. Para datos provenientes de una familia exponencial esto nos conduce a la clase de *modelos lineales generalizados*, o $GLIM$ de acuerdo a sus siglas en Inglés (para una mejor comprensión del tema podemos ver ver McCullagh y Nelder (1989)). Dentro del esquema $GLIM$ la media se supone que depende de una combinación lineal de variables explicativas la que determina la media de la distribución vía una función conectora. Un modelo determinístico de series de tiempo puede ser construido como un caso específico permitiendo que las variables explicativas sean funciones del tiempo. De cualquier manera, por las razones dadas anteriormente, esto puede no ser satisfactorio. Las funciones del tiempo pueden, en consecuencia, ser coeficientes estocásticos dados como en el modelo estructural básico de series de tiempo definido en el Capítulo anterior.

Más allá de las razones para la no Gaussianidad, podemos considerar un esquema general en el cual las observaciones satisfacen

$$p\left(\mathbf{y}_t \,|\, \boldsymbol{\alpha}_1, \ldots, \boldsymbol{\alpha}_t; \mathbf{y}_1, \ldots, \mathbf{y}_{t-1}\right) = p\left(\mathbf{y}_t \,|\, \boldsymbol{\theta}_t\right). \tag{10.50}$$

donde $\boldsymbol{\theta}_t = \mathbf{Z}_t \boldsymbol{\alpha}_t$ es llamada la señal. Los vectores de estado están determinados independientemente por

$$\boldsymbol{\alpha}_{t+1} = \mathbf{T}_t \boldsymbol{\alpha}_t + \mathbf{H}_t \boldsymbol{\eta}_t, \quad \boldsymbol{\eta}_t \sim p\left(\boldsymbol{\eta}_t\right), \quad t = 1, \ldots, n, \tag{10.51}$$

donde los k elementos del vector de disturbios $\boldsymbol{\eta}_t$ son serialmente y mutuamente independientes. Una o ambas densidades, es decir, $p\left(\mathbf{y}_t \,|\, \boldsymbol{\theta}_t\right)$ o bien $p\left(\boldsymbol{\eta}_t\right)$ pueden ser no Gaussianas. La matriz de selección $\mathbf{H}_t$ usualmente contiene k columnas de alguna matriz diagonal de orden $m \times m$ donde m es la dimensión del vector de estado.

Un filtro para un modelo de la forma (10.50) y (10.51) puede ser construido mediante integración numérica; podemos ver Kitagawa (1987), Harvey (1989, sección 3.7) y Frühwirth-Schnatter (1994) para mayor información. De cualquier manera, este enfoque típicamente implica aproximaciones para las cuales la precisión no puede ser medida o es solamente posible su uso para modelos de baja dimensión. Recientemente, la literatura se ha enfocado en el análisis Bayesiano de los modelos de series de tiempo usando los métodos de simulaciones conocidos como *Markov Chain Monte Carlo* (o *MCMC* según sus siglas), tales como el muestreo de Gibbs y el algoritmo Metropolis-Hastings. Estos métodos han sido usados por los estadísticos para una gran variedad de propósitos; ver Gilks, Richardson y Spiegelhalter (1996) para una extensiva revisión de ellos. Importantes contribuciones a la literatura de series de tiempo incluyen a Carlin, Polson y Stoffer (1992), Shephard (1994), Carter y Kohn (1994, 1996) y Shephard y Pitt (1997).

Los métodos basados en modelos de inferencia clásica, calculando estimadores puntuales y los errores cuadráticos medios asociados, han sido desarrollados para modelos de espacio de estado por Shephard y Pitt (1997) y Durbin y Koopman (1997a, 1997b) usando técnicas de simulaciones de Monte Carlos tales como *muestro de importancia* (o *importance sampling* en Inglés), variables antitéticas y variables de control. Durbin y Koopman (1997b) presentan un método exacto para calcular el estimador de modo posterior del vector de estado usando iterativamente el filtrado y suavizado de Kalman en lugar de simular. Ellos desarrollan en su investigación una técnica de simulación para estimar la media posterior y su error medio cuadrático. Las muestras de Monte Carlo están basadas en la solución de modo posterior y son generadas por el suavizador de simulación de de Jong y Shephard (1995). Los métodos cuentan con fórmulas elegantes, la computación es eficiente y un número relativamente pequeño de muestras deben simularse. Shephard y Pitt (1997) y Durbin y Koopman (1997a) discuten la estimación de parámetros por máxima verosimilitud basada en técnicas similares de simulación.

10.6.1. Observaciones no Gaussianas

En esta sección se describe como se aplica la metodología de Durbin y Koopman (1997b) cuando los datos son intrínsecamente no Gaussianos, y se supone que provienen de una familia exponencial. Entonces consideramos el modelo de la forma (10.50) y (10.51) con $p(\boldsymbol{\eta}_t)$ Gaussiano. West, Harrison y Migon (1985) propusieron métodos aproximados para manejar tales modelos con un enfoque Bayesiano, mientras que Fahrmeir (1992) sugirió un método basado en el filtro de Kalman extendido. Smith (1979, 1981) y Harvey y Fernandez (1989) dieron una solución exacta para modelos específicos de conteo usando propiedades especiales de distribuciones conjugadas cuando solamente el nivel de una serie de tiempo es permitido que cambie en el tiempo; ver también Grunwald, Gottorp y Raftery (1993). Ahora bien, éste enfoque no está basado en el modelo (10.50), (10.51) y no generaliza fácilmente.

Estimación de modo posterior

Las observaciones de una serie de tiempo provenientes de una familia exponencial de distribuciones tienen el logaritmo de la función de densidad

$$\log p(\mathbf{y}_t \,|\, \boldsymbol{\theta}_t) = \boldsymbol{\theta}_t' \mathbf{y}_t - b(\boldsymbol{\theta}_t) + c(\mathbf{y}_t), \quad t = 1, \ldots, n, \tag{10.52}$$

donde $\boldsymbol{\theta}_t = \mathbf{Z}_t \boldsymbol{\alpha}_t$, $t = 1, \ldots, n$. Retenemos la misma ecuación de estado de transición que en el caso Gaussiano definida en el Capítulo anterior, esto es

$$\boldsymbol{\alpha}_t = \mathbf{T}_t \boldsymbol{\alpha}_{t-1} + \mathbf{R}_t \boldsymbol{\eta}_t, \qquad \boldsymbol{\eta}_t \sim N(\mathbf{0}, \mathbf{Q}_t), \qquad t = 1, \ldots n. \tag{10.53}$$

Este modelo cubre importantes aplicaciones de series de tiempo que ocurren en la práctica, incluyendo datos de series de tiempo distribuidos como binomial, Poisson, multinomial y exponencial. En (10.52), b_t y c_t se suponen que son funciones conocidas, e $\mathbf{y}_t$ es un vector de observaciones de orden $N \times 1$, el que puede ser continuo o discreto. Los supuestos con respecto a (10.53) son los mismos que en el caso Gaussiano.

Si las observaciones $\mathbf{y}_t$ en (10.52) hubieran sido independientes con $\boldsymbol{\alpha}_t$, b_t y c_t constantes, entonces (10.52) hubiera sido un *modelo lineal generalizado*, el tratamiento del cual puede verse en McCullagh y Nelder (1989). El modelo (10.52) y (10.53) fue propuesto para tipos apropiados de datos de series de tiempo no Gaussianas por West, Harrison y Migon (1985), quienes lo llamaron el *modelo lineal generalizado dinámico*. Ellos dieron un tratamiento aproximado basado en distribuciones a priori conjugadas. El tratamiento presentado aquí difiere completamente del de ellos y está basado en Abril (2014).

La razón principal para incluir $\mathbf{R}_t$ en (10.53) es que algunas ecuaciones de (10.53) tienen término de error igual a cero. Esto ocurre, por ejemplo, cuando algunos elementos del vector de estado son coeficientes de regresión constantes en el tiempo. La función de $\mathbf{R}_t$ es entonces seleccionar aquellos términos de error que no son cero. Esto se hace tomando las columnas de $\mathbf{R}_t$ como un subconjunto de las columnas de la matriz identidad $\mathbf{I}_m$. Por simplicidad supongamos que esto es así. Entonces $\mathbf{R}_t'\mathbf{R}_t = \mathbf{I}_g$, donde g es el número de términos de error distintos de cero. También, $\mathbf{R}_t\mathbf{Q}_t\mathbf{R}_t'$ y $\mathbf{R}_t\mathbf{Q}_t^{-1}\mathbf{R}_t'$ son inversas generalizadas de Moore-Penrose una de la otra (ver, por ejemplo, §16.5 de Rao, 1973). Puesto que ningún elemento de $\boldsymbol{\eta}_t$ necesita ser degenerado, suponemos que $\mathbf{Q}_t$ es positiva definida.

Por simplicidad, supongamos que $\boldsymbol{\alpha}_0$ es fija y conocida, dejando de lado las consideraciones de la cuestión de la iniciación, las que pueden verse en Abril (1999 y 2001a). El logaritmo de la densidad conjunta de $\boldsymbol{\alpha}, \mathbf{Y}_n$, donde $\boldsymbol{\alpha} = (\boldsymbol{\alpha}_1, \ldots, \boldsymbol{\alpha}_n)'$ e $\mathbf{Y}_n = (\mathbf{y}_1, \ldots, \mathbf{y}_n)'$, es entonces

$$\log p(\boldsymbol{\alpha}, \mathbf{Y}_n) = -\frac{1}{2}\sum_{t=1}^{n}(\boldsymbol{\alpha}_t - \mathbf{T}_t\boldsymbol{\alpha}_{t-1})'\mathbf{R}_t\mathbf{Q}_t^{-1}\mathbf{R}_t'(\boldsymbol{\alpha}_t - \mathbf{T}_t\boldsymbol{\alpha}_{t-1})$$
$$+ \sum_{t=1}^{n}[\boldsymbol{\alpha}_t'\mathbf{Z}_t'\mathbf{y}_t - b_t(\mathbf{Z}_t\boldsymbol{\alpha}_t) + c_t(\mathbf{y}_t)].$$

Diferenciando con respecto a $\boldsymbol{\alpha}_t$ e igualando a cero, obtenemos los estimadores de modo posterior (EMP) $\widehat{\boldsymbol{\alpha}}_1, \ldots, \widehat{\boldsymbol{\alpha}}_n$ como solución de las ecuaciones

$$-\mathbf{R}_t\mathbf{Q}_t^{-1}\mathbf{R}_t'(\boldsymbol{\alpha}_t - \mathbf{T}_t\boldsymbol{\alpha}_{t-1}) + \mathbf{T}_{t+1}\mathbf{R}_{t+1}\mathbf{Q}_{t+1}^{-1}\mathbf{R}_{t+1}'(\boldsymbol{\alpha}_{t+1} - \mathbf{T}_{t+1}\boldsymbol{\alpha}_t)$$
$$+ \mathbf{Z}_t'[\mathbf{y}_t - \mathbf{b}_t^*(\mathbf{Z}_t\boldsymbol{\alpha}_t)] = \mathbf{0}, \tag{10.54}$$

para $t = 1, \ldots, n-1$, donde para $t = n$ el segundo término del primer miembro está ausente. Aquí, $\mathbf{b}_t^*(\mathbf{x})$ denota el vector de orden $N \times 1$ de $db_t(\mathbf{x})/d\mathbf{x}$ para cualquier vector $\mathbf{x}$ de orden $N \times 1$.

Supongamos que $\widetilde{\boldsymbol{\alpha}}_t$ sea un valor experimental de $\boldsymbol{\alpha}_t$. Expandiendo $\mathbf{b}_t^*(\mathbf{Z}_t\boldsymbol{\alpha}_t)$ alrededor de $\widetilde{\boldsymbol{\alpha}}_t$ da

$$\mathbf{b}_t^*(\mathbf{Z}_t\boldsymbol{\alpha}_t) - \mathbf{b}_t^*(\mathbf{Z}_t\widetilde{\boldsymbol{\alpha}}_t) + \mathbf{b}_t^{**}(\mathbf{Z}_t\widetilde{\boldsymbol{\alpha}}_t)\mathbf{Z}_t(\boldsymbol{\alpha}_t - \widetilde{\boldsymbol{\alpha}}_t) \tag{10.55}$$

hasta el primer orden, donde la matriz de orden $N \times N$ de segundas derivadas $\mathbf{b}_t^{**}(\mathbf{x}) = d\mathbf{b}_t^*(\mathbf{x})/d\mathbf{x} = d^2b_t(\mathbf{x})/d\mathbf{x}\,d\mathbf{x}'$. Poniendo

$$\widetilde{\mathbf{y}}_t = [\mathbf{b}_t^{**}(\mathbf{Z}_t\widetilde{\boldsymbol{\alpha}}_t)]^{-1}[\mathbf{y}_t - \mathbf{b}_t^*(\mathbf{Z}_t\widetilde{\boldsymbol{\alpha}}_t)] + \mathbf{Z}_t\widetilde{\boldsymbol{\alpha}}_t$$

en el último término de (10.54) resulta

$$\mathbf{Z}_t' \mathbf{b}_t^{**}(\mathbf{Z}_t \widetilde{\boldsymbol{\alpha}}_t)[\widetilde{\mathbf{y}}_t - \mathbf{Z}_t \boldsymbol{\alpha}_t]. \tag{10.56}$$

Ahora las ecuaciones correspondientes a (10.54) para el modelo lineal Gaussiano definido en la sección titulada La forma de espacio de estado del Capítulo anterior son

$$-\mathbf{R}_t \mathbf{Q}_t^{-1} \mathbf{R}_t'(\boldsymbol{\alpha}_t - \mathbf{T}_t \boldsymbol{\alpha}_{t-1}) \;+\; \mathbf{T}_{t+1} \mathbf{R}_{t+1} \mathbf{Q}_{t+1}^{-1} \mathbf{R}_{t+1}'(\boldsymbol{\alpha}_{t+1} - \mathbf{T}_{t+1} \boldsymbol{\alpha}_t)$$
$$+\; \mathbf{Z}_t' \mathbf{H}_t^{-1}(\mathbf{y}_t - \mathbf{Z}_t \boldsymbol{\alpha}_t) = \mathbf{0}. \tag{10.57}$$

Comparando (10.56) con el último término de (10.57) vemos que la forma linealizada de (10.54) tiene la misma forma que (10.57) si se reemplaza $\mathbf{y}_t$ y $\mathbf{H}_t$ por $\widetilde{\mathbf{y}}_t$ y $[\mathbf{b}_t^{**}(\mathbf{Z}_t \widetilde{\boldsymbol{\alpha}}_t)]^{-1}$. Puesto que la solución de (10.57) está dada por el suavizador y filtro de Kalman se sigue que con estas sustituciones la solución de la forma linealizada de (10.54) puede también ser obtenida mediante el suavizador y filtro de Kalman. Por este medio obtenemos un valor mejorado de $\boldsymbol{\alpha}$ el cual es usado como nuevo valor experimental para obtener un nuevo valor mejorado, y así hasta que se alcanza una adecuada convergencia. El valor al que converge $\widetilde{\boldsymbol{\theta}}_t = \mathbf{Z}_t \widetilde{\boldsymbol{\alpha}}_t$ es el modo posterior de $\boldsymbol{\theta}_t$ y se lo denota como $\widehat{\boldsymbol{\theta}}_t$.

La iniciación del filtro de Kalman puede realizarse mediante alguna de la técnicas consideradas en Abril (1999 y 2001a).

Estimación de los hiperparámetros

La función de verosimilitud para modelos Gaussianos de espacio de estado puede ser obtenida mediante la descomposición del error de predicción; para ello podemos ver Abril (1999, §19.6) y la subsección 3.2. de Shephard y Pitt (1997). Durbin y Koopman (1997a) proponen métodos que permiten calcular la función de verosimilitud para el modelo no Gaussiano (10.50) y (10.51) con cualquier grado de precisión usando simulaciones de Monte Carlo. Las muestras son generadas con el suavizador de simulaciones de de Jong y Shephard (1995) basadas en el modelo Gaussiano aproximado que produce las estimaciones de modo posterior.

Durbin y Koopman (1997a) muestran que la función de verosimilitud de las observaciones generadas por el modelo no Gaussiano (10.50) y (10.51) puede ser expresada mediante la relación

$$L(\boldsymbol{\psi}) = L_G(\boldsymbol{\psi}) w(\boldsymbol{\theta}), \qquad w(\boldsymbol{\theta}) = \frac{p(\mathbf{y} \,|\, \boldsymbol{\theta})}{p_G(\mathbf{y} \,|\, \boldsymbol{\theta})}, \tag{10.58}$$

donde $\boldsymbol{\theta} = (\theta_1, \ldots, \theta_n)'$, $\boldsymbol{\psi}$ es el vector de hiperparámetros, $L_G(\boldsymbol{\psi})$ es la función de verosimilitud del modelo Gaussiano aproximado, $p(\mathbf{y} \,|\, \boldsymbol{\theta})$ es la densidad no Gaussiana de la ecuación de medida (10.50) y $p_G(\mathbf{y} \,|\, \boldsymbol{\theta})$ es la llamada *densidad de importancia*. Shephard y Pitt (1997) y Abril (2001a) proponen usar la densidad del siguiente modelo Gaussiano aproximado

$$\widetilde{\mathbf{y}}_t = \boldsymbol{\theta}_t + \widetilde{\boldsymbol{\varepsilon}}_t, \quad \widetilde{\boldsymbol{\varepsilon}}_t \sim N(\mathbf{0}, \widetilde{\mathbf{H}}_t), \quad t = 1, \ldots, n,$$

para el cual cual $\widetilde{\mathbf{y}}_t$ y $\widetilde{\mathbf{H}}_t$ son calculados usando (10.55) y $\widetilde{\boldsymbol{\theta}}_t = \widehat{\boldsymbol{\theta}}_t$ como la densidad de importancia. El suavizador de simulaciones de de Jong y Shephard (1995) es usado para generar muestras de $\boldsymbol{\theta}_t$ a partir de la distribución de importancia. La i-ésima muestra generada por el suavizador de simulaciones se la denota como $\boldsymbol{\theta}^{(i)} = (\boldsymbol{\theta}_1^{(i)}, \ldots, \boldsymbol{\theta}_n^{(i)})'$ con $i = 1, \ldots, M$ donde M es el tamaño de las simulaciones.

La evaluación de la función de verosimilitud es basada en estas muestras simuladas y

$$\widehat{L}(\psi) = L_G \overline{w},$$

donde $\overline{w} = M^{-1} \sum_{i=1}^{M} w_i$, y $w_i = w\left(\theta^{(i)}\right)$. Los cálculos computacionales pueden ser implementados de forma muy eficiente. Se pueden usar en este procedimiento una gran variedad de técnicas de reducción de la varianza. Durbin y Koopman (1997a) proponen una nueva y efectiva variable antitética que trabaja en conjunto con la variable antitética estándar en simulación. También desarrollan una variable de control.

Resulta conveniente trabajar con $\log L(\psi)$ en lugar de $L(\psi)$ ya que los valores del primero resultan ser más manejables. Tomando logaritmo y corrigiendo por sesgo tenemos

$$\log \widehat{L}(\psi) = \log L_G + \log \overline{w} + \frac{s^2}{2M\overline{w}^2}, \tag{10.59}$$

y la varianza asintótica de $\log \widehat{L}(\psi)$ es $s^2/2M\overline{w}^2$ donde $s^2 = M^{-1} \sum_{i=1}^{M} (w_i - \overline{w})^2$. La estimación por máxima verosimilitud de ψ está basada en la maximización de (10.59) usando procedimientos de optimización numérica. Durbin y Koopman (1997a) argumentan que solamente pequeños valores de M son necesarios para la estimación de los parámetros; por ejemplo, ellos proponen usar $M = 200$ para resolver la gran mayoría de los casos prácticos. Cuando el investigador no desea usar métodos de simulación, Durbin y Koopman (1997a) dan una fórmula de aproximación para la función de verosimilitud basada en una expansión de Taylor de quinto orden. La aproximación trabaja bien para familias exponenciales de distribuciones. Una aproximación basada en la expansión de Taylor de primer orden nos conduce a la fórmula

$$\log \widehat{L}(\psi) \approx \log L_G + \log \widehat{w},$$

donde $\widehat{w} = w(\widehat{\theta})$ y $\widehat{\theta} = (\widehat{\theta}_1, \ldots, \widehat{\theta}_n)'$. Maximizando una función de verosimilitud aproximada se producen buenos valores iniciales sin simulación para ψ.

Durbin y Koopman (2000) también desarrollan métodos para la evaluación de media posterior del vector de estado y del error medio cuadrático asociado. Estos métodos están basados en técnicas similares de simulación siendo computacionalmente eficientes y requiriendo muestras simuladas de pocos cientos. De cualquier manera, la cantidad de computación es substancialmente mayor que para el cálculo de modo posterior. Después de investigar las diferencias entre el modo y la media para una gran cantidad de casos, ellos concluyen que las diferencias son muy pequeñas; en algunos casos el modo y la media son indistinguibles.

Durbin y Koopman (2000) ilustran la aplicación de lo presentado anteriormente usando datos mensuales de conductores de vehículos utilitarios livianos muertos en accidentes de tráfico desde 1969 hasta 1984 en Gran Bretaña. Los datos consisten en valores enteros pequeños por lo tanto el uso de la distribución de Poisson es justificado. La media de la distribución de Poisson es modelada mediante el modelo de nivel local como el definido en el Capítulo anterior, con dummies estacionales como las presentadas en el Capítulo anterior y una intervención de tipo escalón en Febrero de 1982 para medir el efecto de la legislación sobre cinturones de seguridad introducida en el mes anterior. La desviación estándar σ_η es estimada en $0,025$ mientras que la desviación estándar σ_ω es estimada como igual a cero. La estimación de la intervención es $-0,276$ con error estándar de $0,13$, lo que implica una reducción del $24,1\%$ en las fatalidades. Para un estudio más detallado de esta situación podemos ver por ejemplo Harvey (1989, p. 421).

10.6.2. Robustez

Los modelos pueden ser hecho robustos permitiéndoles distribuciones con colas pesadas. Para ello basta ver con detenimiento Kitagawa (1990) y Bruce y Jurke (1996). Aquí mostramos cómo las metodologías de Durbin y Koopman (2000) y Abril (2004) consideran disturbios generados por la distribución t. La metodología en sí misma es general; se aplica a cualquier distribución no Gaussiana incluyendo la Gamma y las mezclas de distribuciones, y también a modelos no lineales de series de tiempo.

Outliers

Consideremos el modelo lineal

$$y_t = \theta_t + \varepsilon_t, \quad \varepsilon_t \sim p\left(\varepsilon_t\right), \quad t = 1, \ldots, n, \tag{10.60}$$

donde $p\left(\varepsilon_t\right)$ es una densidad no Gaussiana y $\theta_t = \mathbf{Z}_t \boldsymbol{\alpha}_t$ y $\boldsymbol{\alpha}_t$ es generado por (10.51) con $p\left(\boldsymbol{\eta}_t\right)$ Gaussiano. Aquí consideramos el caso en que la densidad $p\left(\varepsilon_t\right)$ está basada en la distribución t de Student, por lo tanto

$$\log p\left(\varepsilon_t\right) = \text{constante} + \log a\left(v\right) + \frac{1}{2}\log k_t - \frac{v+1}{2}\log\left(1 + k_t\varepsilon_t^2\right), \tag{10.61}$$

donde

$$a\left(v\right) = \frac{\Gamma\left[\left(v+1\right)/2\right]}{\Gamma\left(v/2\right)}, \quad k_t^{-1} = \left(v-2\right)g_t, \quad v > 2, \quad t = 1, \ldots, n.$$

La media de ε_t es cero y la varianza es g_t para cualquier valor v de los grados de libertad, los cuales no necesitan ser enteros. Entonces el modo posterior de ε_t se lo obtiene mediante aplicación repetido del filtro y suavizador de Kalman a

$$\widetilde{y}_t = \theta_t + \widetilde{\varepsilon}_t, \quad \widetilde{\varepsilon}_t \sim N(0, \widetilde{\sigma}_t^2), \quad t = 1, \ldots, n, \tag{10.62}$$

con $\widetilde{y}_t = y_t$ y

$$\widetilde{\sigma}_t^2 = \frac{1}{v+1}\widetilde{\varepsilon}_t^2 + \frac{v-2}{v+1}g_t, \tag{10.63}$$

donde $\widetilde{\varepsilon}_t$ es un valor de prueba inicial del modo posterior de ε_t. El procedimiento opera en la misma forma que para los modelos de familias exponenciales. Los valores iniciales para $\widetilde{\varepsilon}_t$ pueden obtenerse del análisis Gaussiano del modelo en (10.62) con $\widetilde{\sigma}_t^2 = g_t$. La convergencia al modo posterior $\widehat{\varepsilon}_t$ usualmente sucede después de diez iteraciones. El modo posterior de θ_t se lo obtiene simplemente como $\widehat{\theta}_t = y_t - \widehat{\varepsilon}_t$.

La estimación por máxima verosimilitud de los hiperparámetros, incluyendo los grados de libertad v se la realiza exactamente igual que para el caso de las familias exponenciales. Las muestras simuladas son generadas del modelo Gaussiano (10.62) donde $\widetilde{y}_t = y_t$ y $\widetilde{\sigma}_t^2$ está dada por (10.63); además, $\widetilde{\varepsilon}_t$ es reemplazado por la estimación de modo posterior $\widehat{\varepsilon}_t$.

Durbin y Koopman (2000) consideran el logaritmo de la demanda trimestral de gas en Gran Bretaña para el período 1961-1986 para ilustrar cómo la metodología puede conducir a un efectivo método robusto de ajuste estacional. El desempeño del modelo estructural básico con una distribución t para los irregulares es comparado con el desempeño del mismo modelo pero con irregulares Gaussianos. Ellos concluyen que el modelo t atrapa los outliers mejor que el modelo Gaussiano. La conclusión a la que arriban es que el modelo t es robusto para la estimación del componente estacional mientras que el Gaussiano no lo es.

Cambios estructurales

La metodología de Durbin y Koopman (1997b) también es aplicable a modelos con cambios estructurales en la tendencia. Consideremos un modelo estructural básico como el definido en el Capítulo anterior para el cual los disturbios η_t del nivel local o de la tendencia lineal local son generados por una distribución t con v grados de libertad y varianza h_t siendo $t = 1, \ldots, n$. La teoría general necesita ser modificada puesto que el error de estado es el que es no Gaussiano en lugar de serlo el error de observación. De cualquier manera, el método de cálculo de modo posterior de η_t es sorpresivamente similar al desarrollado en subsecciones anteriores, pero siendo ε_t reemplazado por η_t. El modelo Gaussiano aproximado es el modelo estructural básico con $\eta_t \sim N\left(0, \widetilde{\sigma}_t^2\right)$, donde

$$\widetilde{\sigma}_t^2 = \frac{1}{v+1}\widetilde{\eta}_t^2 + \frac{v-2}{v+1}h_t,$$

y $\widetilde{\eta}_t^2$ es un valor de prueba inicial de modo posterior de η_t. Repitiendo el filtro y suavizador de Kalman para el modelo Gaussiano, el que produce nuevos valores de prueba para $\widetilde{\eta}_t$, obtendremos la convergencia hacia el modo posterior $\widehat{\eta}_t$. El modo posterior para la tendencia μ_t se lo obtiene mediante $\widehat{\mu}_t = \widehat{\mu}_{t-1} + \widehat{\eta}_t$. La iniciación, $\widehat{\mu}_0$, junto con los detalles de la estimación por máxima verosimilitud están dados en Durbin y Koopman (2000).

Capítulo 11

Modelos para la Volatilidad

11.1. Introducción

El estudio de la volatilidad se ha desarrollado principalmente a partir del análisis de las series de tiempo financieras. Es por ello que para introducir adecuadamente ese concepto, en este Capítulo analizamos con cierto detalle a las series financieras. Pero debe enfatizarse que cualquier serie de tiempo puede estar sujeta a la presencia de volatilidad, no solamente las financieras.

Precisando un poco más, frecuentemente se encuentra que la varianza condicional del error observacional está sujeta a una sustancial variabilidad a través del tiempo. Ese fenómeno es conocido como volatilidad, lo que en definitiva será uno de los objetivos de nuestro estudio.

Numerosas series de tiempo económicas no tienen una media constante y en la mayoría de los casos se observan fases en donde reina una relativa tranquilidad seguido de períodos de importantes cambios. Gran parte de la investigación actual en econometría se concentra en extender la metodología de Box y Jenkins para analizar este tipo de comportamiento en las series de tiempo. Ahora bien, una característica presente en las series de tiempo que se refieren a activos financieros (o directamente series de tiempo financieras) es lo que se conoce como volatilidad, que puede ser definida de varias maneras, pero que no es directamente observable. Para tomar en cuenta la presencia de grupos de volatilidad en una serie financiera es necesario recurrir a modelos conocidos como heterocedásticos condicionales. En estos modelos, la varianza (volatilidad) de un retorno en un dado instante de tiempo, depende de retornos pasados y de otras informaciones disponibles hasta aquel instante de tiempo, de modo que se debe definir una *varianza condicional*, que no es constante y no coincide con la varianza global (incondicional o no condicional) de la serie observada. De ese modo, es posible que la medida varíe con el tiempo, o también que otros momentos de la distribución de los retornos varíen con el tiempo.

Una característica importante de las series de tiempo financieras es que ellas no son en general serialmente correlacionadas, pero sí dependientes. De este modo modelos lineales como aquellos pertenecientes a la familia de los modelos ARMA pueden no ser apropiados para describir estas series. Existe una variedad muy grande de modelos no lineales en la literatura, útiles para el análisis de series de tiempo financieras, pero nos concentraremos en los modelos de tipo ARCH introducidos por Engle (1982) y sus extensiones. Estos modelos son no lineales en lo que se refiere a la varianza. Consideraremos en el próximo Capítulo los llamados *modelos de volatilidad estocástica*, que también admiten que la volatilidad varíe con el tiempo, pero tienen fundamentos diferentes a los modelos de tipo ARCH o GARCH.

Examinar los llamados *"hechos estilizados"* concernientes a las propiedades de las series de tiempo económicas y financieras suele ser importante en un estudio empírico. Estos "hechos" serán definidos más adelante. La inspección superficial de series como el Producto Bruto Nacional (o PBN), agregados financieros, tasas de interés, inflación y tasas de cambio, sugieren que las mismas no tienen una media y una varianza constante. Una variable estocástica en donde la varianza es constante se dice que es *homocedástica* en contraposición a lo que sería una *variable heterocedástica*. Para aquellas series en donde haya volatilidad, la varianza no condicional puede ser constante aún cuando la varianza en algunos períodos sea inusualmente grande.

11.2. Tipos de datos

En esta sección describiremos los tipos de datos más comunes que pueden presentarse en las series de tiempo económicas y financieras. En primera instancia, se puede tener observaciones igualmente espaciadas; el intervalo Δt entre observaciones consecutivas es constante, por ejemplo, un día, una semana o un mes. Cuando analizamos datos diarios, por lo general utilizamos el último valor observado en el día, como podría ser el precio de cierre de una acción en el mercado de valores. Algunas veces puede ser un valor agregado durante un período, como un volumen (en moneda) negociado para una determinada acción en la bolsa durante un día.

Los datos también pueden ser observados en instantes de tiempo que no sean regularmente espaciados, tal es el caso de datos de activos negociados durante el día en la bolsa de valores o de sus tasas de cambio. En esta situación, los intervalos entre las observaciones pueden ser vistos como variables aleatorias; muchas veces los mismos reciben el nombre de *duraciones* y puede suceder que tengamos varias observaciones que coincidan en un mismo período o instante de tiempo. Este tipo de datos muchas veces recibe el nombre de *dato de alta frecuencia*.

Los datos de alta frecuencia puede registrarse de numerosas maneras dependiendo del tipo de activo con el que estemos tratando. Puede llegar a producirse un gran número de observaciones del mismo en un solo instante de tiempo. Para tener una cantidad razonable de datos de alta frecuencia, el activo que estemos analizando debe tener una gran liquidez.

11.3. Retornos

Uno de los objetivos de las finanzas se encuentra en la evaluación del riesgo de una cartera de activos o instrumentos financieros. Este riesgo es medido frecuentemente en términos de variaciones en los precios de activos.

Denotemos como P_t al precio de un activo en el instante t. Supongamos en primer lugar que no existe pago de dividendos en el periodo. La variación de los precios entre dos instantes $t-1$ y t está dada por $\Delta P_t = P_t - P_{t-1}$ y la variación relativa de precios o *retorno líquido simple* de este activo entre los mismos instantes está definida como

$$R_t = \frac{P_t - P_{t-1}}{P_{t-1}} = \frac{\Delta P_t}{P_{t-1}}. \tag{11.1}$$

Nótese que $R_t = \frac{P_t}{P_{t-1}} - 1$. Llamaremos a $1 + R_t = \frac{P_t}{P_{t-1}}$ *retorno bruto simple*. Usualmente expresamos R_t en porcentaje en relación a un período (un día, un mes, un año, etc.). Esto también es llamado *tasa de retorno*.

Denotando $p_t = \log P_t$, podemos definir el *retorno compuesto continuo* o simplemente logaritmo del retorno como

$$r_t = \log \frac{P_t}{P_{t-1}} = \log\left(1 + R_t\right) = p_t - p_{t-1}. \tag{11.2}$$

Esta definición va a ser la que utilicemos habitualmente y muchas veces llamaremos a r_t simplemente *retorno*. Nótese que de la fórmula (11.2) podemos obtener $R_t = e^{r_t} - 1$.

En la práctica es preferible trabajar con los retornos ya que los mismos no tienen una unidad de medida, a diferencia de lo que sucede con los precios. Además, estos retornos tienen propiedades estadísticas más interesantes que los últimos. Uno de los objetivos en esta parte de nuestro trabajo va a ser modelar estos retornos. Podemos utilizar diversas clases de modelos para este fin tales como los modelos ARMA, ARCH y GARCH.

Nótese también que para un u pequeño $\log\left(1 + u\right) \approx u$. De acá se deriva que los retornos simples R_t y el logaritmo de los retornos serán valores similares.

Podemos definir también a los retornos entre períodos. Los retornos simples del período k entre los instantes $t - k$ y t está dado por

$$R_t\left[k\right] = \frac{P_t - P_{t-k}}{P_{t-k}}. \tag{11.3}$$

En términos de los retornos de un período podemos escribir la ecuación (11.3) de la siguiente manera,

$$\begin{aligned}
1 + R_t\left[k\right] &= \left(1 + R_t\right)\left(1 + R_{t-1}\right)\cdots\left(1 + R_{t-k+1}\right) \\
&= \frac{P_t}{P_{t-1}}\frac{P_{t-1}}{P_{t-2}}\cdots\frac{P_{t-k+1}}{P_{t-k}} \\
&= \frac{P_t}{P_{t-k}},
\end{aligned}$$

de modo que

$$R_t\left[k\right] = \frac{P_t}{P_{t-k}} - 1. \tag{11.4}$$

Para hacer más fáciles las comparaciones cuando trabajamos con horizontes temporales diferentes, es común "anualizar" los retornos simples, considerando

$$R_t\left[k\right] \text{ anualizado} = \left[\prod_{j=0}^{k-1}\left(1 + R_{t-j}\right)\right]^{\frac{1}{k}} - 1,$$

que puede ser aproximado por medio de la expresión $\left(\frac{1}{k}\right)\sum_{j=0}^{k-1} R_{t-j}$ utilizando una expansión de Taylor de hasta el primer orden de la siguiente forma

$$R_t\left[k\right] \text{ anualizado} + 1 = \left[\prod_{j=0}^{k-1}\left(1 + R_{t-j}\right)\right]^{\frac{1}{k}},$$

entonces

$$\log\left\{1 + R_t\left[k\right] \text{ anualizado}\right\} = \frac{1}{k}\sum_{j=0}^{k-1}\log\left(1 + R_{t-j}\right),$$

pero el primer miembro de la expresión anterior es aproximadamente igual a $(R_t\left[k\right]$ anualizado$)$ y en el segundo miembro $\log\left(1 + R_{t-j}\right) \approx R_{t-j}$, de donde se logra la aproximación requerida.

A su vez, el logaritmo de los retornos del período k entre los instantes $t - k$ y t es,

$$\begin{aligned} r_t\left[k\right] &= \log\frac{P_t}{P_{t-k}} = \log\left(1 + R_t\left[k\right]\right) \\ &= \sum_{j=0}^{k-1}\log\left(1 + R_{t-j}\right) = \sum_{j=0}^{k-1}r_{t-j}. \end{aligned} \tag{11.5}$$

Por ejemplo, en un mes existen normalmente 21 días de transacciones, de modo que el logaritmo del retorno para ese mes estará dado por la siguiente expresión

$$r_t\left[21\right] = r_t + r_{t-1} + \cdots + r_{t-20},$$

para todo t.

La expresión (11.5) resulta bastante interesante desde el punto de vista estadístico, ya que para k relativamente grande la suma puede ser aproximada por medio de una variable aleatoria normal haciendo uso del Teorema Central del Límite.

Si hubiera un pago de dividendos D_t en el período, entonces, los retornos serán iguales a

$$R_t = \frac{P_t + D_t}{P_{t-1}} - 1, \tag{11.6}$$

y, respectivamente,

$$r_t = \log\left(1 + R_t\right) = \log\left(P_t + D_t\right) - \log P_{t-1}. \tag{11.7}$$

Por lo tanto, se puede ver que r_t es una función no lineal del logaritmo de los precios y del logaritmo de los dividendos.

11.4. Distribución de los retornos

Consideremos, inicialmente, una serie de retornos $\{r_t, t = 1, \ldots, n\}$ observados en instantes de tiempo igualmente espaciados. Esta serie puede ser considerada como parte de la realización de un proceso estocástico $\{r_t, t \in Z\}$ donde $\{Z = 0, \pm 1, \pm 2, \ldots\}$. El proceso estará completamente especificado si conocemos las distribuciones finito dimensionales

$$F\left(x_1, \ldots, x_k; t_1, \ldots t_k\right) = \Pr\left[r\left(t_1\right) \leq x_1, \ldots, r\left(t_k\right) \leq x_k\right], \tag{11.8}$$

para cualquier instante de tiempo, $t_1, \ldots, t_k$ y cualquier $k \geq 1$. Las distribuciones establecidas en la expresión (11.8) deben satisfacer una serie de condiciones. A pesar de esto, en la práctica resulta muy difícil conocer (11.8). Lo que hacemos en este caso es caracterizar el proceso hasta los momentos de un determinado orden, como la media

$$E\left(r_t\right) = \int_{-\infty}^{\infty} r\, dF\left(r; t\right), \tag{11.9}$$

y la función de autocovarianza

$$\gamma\left(t_1, t_2\right) = E\left(r_{t_1}, r_{t_2}\right) - E\left(r_{t_1}\right) E\left(r_{t_2}\right), \qquad t_1, t_2 \in Z. \tag{11.10}$$

Podemos introducir otro tipo de supuestos simplificadores como ser condiciones de estacionariedad, o normalidad del proceso. Es necesario establecer en este punto que los precios, dados por P_t, en general no son estacionarios, mientras que el logaritmo de los retornos si lo es.

Por otro lado, si tenemos N activos con retornos r_{it} en n instantes de tiempo, tendríamos que considerar las distribuciones

$$F\left(r_{11}, \ldots, r_{N1}; \ldots; r_{1n}, \ldots, r_{Nn}\right),$$

que usualmente puede depender de otras variables y parámetros desconocidos. Así como en el caso anterior, el estudio de estas distribuciones es muy general y necesariamente tendremos que introducir una serie de restricciones. Por ejemplo, podemos suponer que la distribución es la misma en todo instante de tiempo, lo cual se conoce con el nombre de *invarianza temporal*.

La expresión (11.8) puede ser escrita tomando $t_i = i, i = 1, \ldots, k$ como

$$F\left(r_1, \ldots, r_k\right) = F_1\left(r_1\right) F_2\left(r_2 \mid r_1\right) \cdots F_k\left(r_k \mid r_1, \ldots r_{k-1}\right). \tag{11.11}$$

En el segundo miembro de (11.11) tenemos las distribuciones condicionales y podemos estar interesados en determinar cómo estas evolucionan con el tiempo. Una hipótesis que por lo general se formula en este caso es que los retornos son temporalmente independientes o sea, que no podemos anticiparlos usando los retornos pasados. En esta situación tenemos que

$$F_t\left(r_t \mid r_1, \ldots r_{t-1}\right) = F_t\left(r_t\right).$$

La ergodicidad es otra propiedad muy difícil de establecer. Básicamente un proceso es ergódico si podemos estimar ciertas características de interés; como ser la media, la autocovarianza, etc., a partir de una única trayectoria del proceso. Por ejemplo, un proceso es ergódico en la media si la media muestral converge en probabilidad a la verdadera media del proceso. Un buen tratamiento general de la ergodicidad puede verse en Abril (2004, pág. 30).

Otro supuesto que por lo general hacemos sobre la distribución de los retornos es que estos siguen una distribución estable. Blattberg y Gonedes (1974) realizan una comparación entre una distribución t de Student y las distribuciones estables como modelos para los precios de las acciones. Podemos ver estudios similares en Aparicio y Estrada (2001) y Mittnik *et al.* (1998).

La función de distribución expresada en (11.11) depende de una serie de covariables expresadas en un vector $\mathbf{Y}$ y de un vector de parámetros dado en $\boldsymbol{\theta}$. Suponiendo que los retornos tienen una distribución continua, podemos obtener de (11.11) una función de verosimilitud y a partir de ella estimar $\boldsymbol{\theta}$. Por ejemplo suponiendo que las distribuciones condicionales $f_t\left(r_t \mid r_1, \ldots, r_{t-1}\right)$ sean normales con una media μ_t^* y varianza σ_t^2, entonces tendremos que $\boldsymbol{\theta} = \left(\mu_t^*, \sigma_t^2\right)$ y la función de verosimilitud será igual a

$$f\left(r_1, \ldots, r_n; \boldsymbol{\theta}\right) = f\left(r_1; \boldsymbol{\theta}\right) \prod_{t=2}^{n} \frac{1}{\sigma_t \sqrt{2\pi}} \exp\left\{-\frac{\left(r_t - \mu_t^*\right)^2}{2\sigma_t^2}\right\}.$$

El estimador de máxima verosimilitud de θ es obtenido maximizando esta función o bien el logaritmo de la misma.

Como vimos, podemos considerar N activos a lo largo del tiempo, $r_{1t}, r_{2t}, \ldots, r_{Nt}$, que podemos agrupar en un vector $\mathbf{r}_t = (r_{1t}, r_{2t}, \ldots, r_{Nt})'$. Nuestro interés se centrará en analizar la distribución conjunta de estos retornos y obtener una descomposición similar a la planteada en la expresión (11.11). El objeto de nuestro estudio se encuentra en el estudio de las distribuciones condicionales $F(r_t | r_1, \ldots, r_{t-1}, \mathbf{Y}, \theta)$.

11.5. Los hechos estilizados

Las series de tiempo económicas y financieras presentan algunas características que son comunes a otras series de tiempo, como:

a. tendencias;

b. estacionalidad;

c. valores atípico ("outliers");

d. heterocedasticidad condicional;

e. falta de linealidad.

De estas características, la última tal vez sea la más complicada de definir. De un modo bastante general, podemos decir que una serie económica o financiera es no lineal cuando responde de manera diferente a impulsos grandes o pequeños, o todavía, a impulsos negativos o positivos. Por ejemplo, una caída del índice de la bolsa puede causar mayor volatilidad en el mercado que una suba.

Los retornos financieros presentan, por otro lado, otras características peculiares que muchas series no presentan. Los retornos raramente tienen tendencia o estacionalidad, con excepción quizás de los retornos intradiarios. Las series de tasas de cambio y las series de tasa de interés pueden presentar tendencias que varían en el tiempo.

Entonces, las cualidades de estas series de tiempo de retornos financieros se resumen por medio de los siguientes *"hechos estilizados"*,

1. los retornos no son en general autocorrelacionados;

2. los cuadrados de los retornos son autocorrelacionados, presentando una correlación de primer orden pequeña y después una caída lenta en las demás;

3. las series de retornos presentan agrupamientos de volatilidades a lo largo del tiempo;

4. la distribución (incondicional o no condicional) de los retornos presenta colas más pesadas que las de una distribución normal; además, la distribución, aunque simétrica, suele tener kurtosis superior a 3 (leptokúrtica);

5. algunas series de retornos son no lineales en el sentido dado anteriormente.

11.6. La volatilidad

Uno de los objetivos de nuestra investigación es estudiar lo que se conoce con el nombre de *"volatilidad"* que se define más específicamente como la varianza de una variable aleatoria, comúnmente un retorno en el área financiera, condicional a toda la información pasada. Como la volatilidad no puede ser medida directamente, la misma puede manifestarse de varias maneras en una serie financiera, como se lo verá más adelante.

Existen tres enfoques para el cálculo de la volatilidad.

1. Relacionar el precio de mercado observado con aquel que surge de la aplicación de algún tipo de modelo. En este caso obtenemos lo que se llama *volatilidad implícita* que usualmente se basa en la fórmula introducida por primera vez por los economistas Black y Scholes para opciones europeas. Esta fórmula supone normalidad en los precios y volatilidad constante.

2. Otra manera consiste en modelar directamente la volatilidad de la serie de retornos utilizando alguna familia de modelos ya conocidos, como ser los modelos ARCH o GARCH, o los llamados modelos de *volatilidad estadística*.

3. Una alternativa consiste en modelar la volatilidad por medio de una media de una función de los últimos k retornos del activo en estudio. Obtenemos en este caso la llamada *volatilidad histórica*. Podemos considerar los cuadrados de los retornos o los valores absolutos de los retornos obtenidos por medio de esta media móvil. Una definición general calcula la volatilidad para cada instante t como una media de los k retornos pasados.

$$r_t^* = \left[\frac{1}{k} \sum_{j=0}^{k-1} |r_{t-j}|^p \right]^{\frac{1}{p}},$$

donde $p > 0$. Los casos más usuales se dan cuando $p = 2$ y $p = 1$.

En lugar de utilizar una media, podemos calcular la volatilidad por medio del *modelo de promedios móviles exponencialmente ponderados*, EWMA o *exponentially weighted moving average model* según su denominación en inglés.

Para datos intradiarios es posible estimar la volatilidad diaria por medio de la *volatilidad realizada* que es la suma de los cuadrados de los retornos obtenidos en intervalos regulares durante ese día, por ejemplo, cada quince o treinta minutos.

Los valores que obtenemos a través de los diversos enfoques que hemos definido pueden llegar a ser muy diferentes. De cualquier forma, la volatilidad es una medida de la variabilidad de los precios de los activos y resulta difícil prever variaciones en esos precios. Sin embargo, en toda actividad financiera resulta necesario poder prever esa volatilidad y es ese el aspecto que trataremos en este Capítulo.

A continuación se introduce una notación que será utilizada en lo que sigue de este trabajo. Sea y_t la serie bajo estudio, la que podría provenir de las primeras diferencias del logaritmo de los precios de un activo, o sea lo que denotábamos anteriormente como r_t. Definimos

$$\mu_t^* = E(y_t \mid Y_{t-1}) = E_{t-1}(y_t), \tag{11.12}$$

$$h_t = \text{var}(y_t \,|\, Y_{t-1}) = E\left\{(y_t - \mu_t^*)^2 \,|\, Y_{t-1}\right\}$$
$$= E_{t-1}(y_t - \mu_t^*)^2 = \text{var}_{t-1}(y_t) = \sigma_t^2, \tag{11.13}$$

como la media y la varianza condicionales de y_t dada la información hasta el instante $t-1$, la que se encuentra contenida en Y_{t-1}.

Un modelo típico para la volatilidad, como se verá más adelante, es de la forma

$$y_t = \mu_t^* + \sqrt{h_t}\,\varepsilon_t, \tag{11.14}$$

donde $E_{t-1}(\varepsilon_t) = 0$, $\text{var}_{t-1}(\varepsilon_t) = 1$ y típicamente los ε_t son independientes e idénticamente distribuidos (iid) con distribución F. La media y la varianza incondicional de y_t se denotarán como $\mu = E(y_t)$ y $\sigma^2 = \text{var}(y_t)$, respectivamente, y denotemos como G a la distribución de y_t. Es claro que (11.12), (11.13) y F determinan μ, σ^2 y G, pero no lo contrario.

11.7. Modelos para la volatilidad

Los modelos lineales de tipo ARMA, por ejemplo, admiten que los disturbios tengan media cero y varianza constante, usualmente uno (esto es equivalente a decir que estos disturbios son un ruido blanco). Bajo esas condiciones y en estos casos, la varianza condicional dada toda la historia pasada, o sea dada Y_{t-1}, es constante en el tiempo.

A continuación presentaremos algunos modelos adecuados para aquellas series financieras que presentan una varianza condicional que evoluciona con el tiempo.

Existe una variedad muy grande de modelos no lineales disponibles en la literatura, pero nos concentraremos en los modelos de tipo *ARCH* o *modelos autorregresivos con hetero-cedasticidad condicional* (o *autoregressive conditional heteroscedasticity models* en inglés), introducidos por R. Engle (1982) y sus extensiones. Estos modelos son no lineales en lo que se refiere a la varianza, como se verá más adelante. También veremos en el siguiente Capítulo los llamados modelos de volatilidad estocástica, que también admiten que la volatilidad varíe con el tiempo, pero tienen premisas diferentes a los modelos ARCH o GARCH.

En el análisis de modelos no lineales los errores (también llamados innovaciones, porque representan la nueva parte de la serie que no puede ser predicha a partir del pasado) ε_t, se suponen en general iid y el modelo tiene la forma

$$y_t = g(\varepsilon_{t-1}, \varepsilon_{t-2}, \ldots) + \varepsilon_t \sqrt{h(\varepsilon_{t-1}, \varepsilon_{t-2}, \ldots)}, \tag{11.15}$$

donde $g(\cdot) = \mu_t^*$ representa la media condicional definida en (11.12) y $h(\cdot) = h_t = \sigma_t^2$ es la varianza condicional definida en (11.13). Si $g(\cdot)$ es no lineal, el modelo dícese *no lineal en la media*, por otra parte si $h(\cdot)$ es no lineal, el modelo dícese *no lineal en la varianza*. Por ejemplo, el modelo

$$y_t = \varepsilon_t + \alpha \varepsilon_{t-1}^2,$$

es no lineal en la media puesto que $g(\cdot) = \alpha \varepsilon_{t-1}^2$ y $h(\cdot) = 1$, mientras que el modelo

$$y_t = \varepsilon_t \sqrt{\alpha y_{t-1}^2},$$

es no lineal en la varianza puesto que $g(\cdot) = 0$ y $h(\cdot) = \alpha y_{t-1}^2$ e y_{t-1} depende ε_{t-1}.

11.8.   Modelos ARCH

Los modelos ARCH o *modelos autorregresivos con heterocedasticidad condicional* fueron presentados por primera vez por Engle en el año 1982 con el objetivo de estimar la varianza de la inflación en Gran Bretaña. La idea básica de este modelo es que el retorno y_t no se encuentra correlacionado serialmente pero la volatilidad (o varianza condicional) depende de los retornos pasadas por medio de una función cuadrática.

La *Teoría de la Eficiencia de los Mercados* nos dice que los precios incorporan toda la información disponible a todos los participantes del mercado, lo cual implica que nunca podremos preveer alguna variación que se produzca en los precios (retornos) (para más información podemos ver las obras de Fama, 1970 y Campbell *et al.*, 1997). Existen tres formas de eficiencia, dependiendo de la información que dispongan los participantes del mercado;

1. *Eficiencia débil*, donde los retornos no pueden ser previstos a partir de la historia previa de los precios.

2. *Eficiencia semi - fuerte*, donde el conjunto de información incluye la historia pasada de los precios más toda la información pública disponible.

3. *Eficiencia fuerte*, donde el conjunto de información incluye toda la información pública y privada disponible.

Cuando decimos que los retornos no pueden ser previstos, queremos decir que no podemos preveer retornos "anormales", o sea, los retornos que no son previstos por un modelo que se supone verdadero por el mercado.

En los modelos econométricos convencionales, la varianza del disturbio se supone que es constante. Sin embargo, puede verse que muchas series económicas presentan períodos en donde la volatilidad es inusualmente grande seguido de períodos de relativa tranquilidad. En estas circunstancias, el supuesto de varianza constante, también llamado *homocedasticidad* resulta un tanto inapropiado. Existen instancias en las que uno desea predecir la varianza condicional de una serie. Los tenedores de activos pueden estar interesados en las predicciones de las tasas de retorno y de su varianza para un determinado período. La varianza incondicional (o sea la de largo plazo) no sería importante si se planea comprar el activo en el momento t y venderlo en el $t + 1$.

Un enfoque para predecir la varianza condicional es introducir explícitamente una variable independiente que ayude a pronosticar la volatilidad. Considérese el caso simple en el cual

$$y_t = x_{t-1}\varepsilon_t,$$

donde y_t es la variable de interés, ε_t es un disturbio con media cero y varianza 1 y x_{t-1} una variable independiente que puede observarse en el período $t - 1$.

Si $x_{t-1} = x_{t-2} = \cdots = $ constante, la sucesión $\{y_t\}$ es el familiar proceso con varianza constante. En cambio, cuando las realizaciones de la sucesión $\{x_t\}$ no son todas iguales, la varianza de y_t condicional en los valores observados de x_{t-1} es

$$\text{var}(y_t \,|x_{t-1}) = x_{t-1}^2 \,\text{var}(\varepsilon_t) = x_{t-1}^2.$$

Si la magnitud x_{t-1}^2 es grande (pequeña), la varianza condicional de y_t será grande (pequeña) también. Además, si los valores sucesivos de $\{x_t\}$ presentan correlación serial positiva (de tal manera que un valor grande de x_{t-1} tiende a estar seguido por un valor grande de x_t), la sucesión de varianzas condicionales de $\{y_t\}$ exhibirá correlación serial positiva también. De esta manera, la introducción de la sucesión $\{x_t\}$ puede explicar períodos de volatilidad en la sucesión $\{y_t\}$. En la práctica uno podría estar interesado en modificar el modelo básico introduciendo los coeficientes a_0 y a_1 y estimar la ecuación de regresión en la forma logarítmica como

$$\log(y_t) = a_0 + a_1 \log(x_{t-1}) + e_t,$$

donde $e_t = \log(\varepsilon_t)$ es el nuevo disturbio. El procedimiento es simple de implementar puesto que la transformación logarítmica resulta en una ecuación de regresión lineal; mínimos cuadrados puede ser usado para estimar directamente a_0 y a_1. La mayor dificultad con esta estrategia es que supone una causa específica para la varianza que cambia en el tiempo. Frecuentemente, uno no tiene una razón teórica firme para seleccionar un candidato para la sucesión $\{x_t\}$ sobre otras elecciones razonables (por ejemplo, fuertes cambios en los precios del petróleo, cambios importantes en la política monetaria, etc., etc.). Además, se podría necesitar una transformación adicional de los datos para que el término de error resultante tenga varianza constante.

En este tipo de modelos, en vez de utilizar elecciones ad hoc de variables para x_t y/o transformaciones de datos, Engle (1982) muestra que es posible modelar simultáneamente la media y la varianza condicionales de una serie. Como paso preliminar para entender la metodología empleada por Engle, nótese que las predicciones condicionales dado Y_{t-1} son superiores a las no condicionales. Para ello supongamos que estimamos el modelo AR(1) estacionario dado por $y_t = \varphi_0 + \varphi_1 y_{t-1} + \varepsilon_t$ y queremos predecir y_{t+1}. La predicción condicional dado Y_{t-1} de y_{t+1} es

$$E_t\left(y_{t+1}\right) = \widehat{y}_t(1) = \varphi_0 + \varphi_1 y_t.$$

Si utilizamos esta media condicional para predecir y_{t+1} la varianza del error de predicción es $E_t\left[(y_{t+1} - \varphi_0 - \varphi_1 y_t)^2\right] = E_t\left(\varepsilon_{t+1}^2\right) = \text{var}_t(\varepsilon_{t+1}) = 1$. En vez, si usamos la predicción no condicional, tendremos que la misma será igual a la media en el largo plazo de la sucesión $\{y_t\}$ que es igual a

$$E(y_t) = \frac{\varphi_0}{1 - \varphi_1}.$$

La varianza no condicional del error de predicción es igual a

$$
\begin{aligned}
E\left[y_{t+1} - \frac{\varphi_0}{1 - \varphi_1}\right]^2 &= E\left[\left(\varepsilon_{t+1} + \varphi_1\,\varepsilon_t + \varphi_1^2\,\varepsilon_{t-1} + \varphi_1^3\,\varepsilon_{t-2} + \cdots\right)^2\right] \\
&= \frac{\text{var}(\varepsilon_{t+1})}{1 - \varphi_1^2} = \frac{1}{1 - \varphi_1^2}.
\end{aligned}
$$

Como $\frac{1}{1-\varphi_1^2} > 1$ puesto que $|\varphi_1| < 1$, la predicción no condicional tiene una mayor varianza que su homónimo condicional. De este modo, las predicciones condicionales, resultan ser preferibles ya que tienen en cuenta las realizaciones pasadas y presentes conocidas de la serie. Inclusive, se puede mostrar que $E_t\left(y_{t+1}\right) = \widehat{y}_t(1)$ tiene mínimo error medio cuadrático de predicción, además $\varepsilon_{t+1} = y_{t+1} - \widehat{y}_t(1)$ es justamente el error de predicción un paso adelante como se lo mostró en el Capítulo 4 (ver también, por ejemplo, Abril, 2004, páginas 96 y 97).

De forma similar, si la varianza del disturbio no es constante, se puede estimar cualquier tendencia de movimientos sostenidos en esa varianza usando un modelo ARMA. Por ejemplo, tomemos el modelo $y_t = \varphi_0 + \varphi_1\, y_{t-1} + v_t$, de tal manera que la varianza condicional de y_{t+1} es

$$\operatorname{var}(y_{t+1}\,|Y_t) = E_t\left[(y_{t+1} - \varphi_0 - \varphi_1\, y_t)^2\right] = E_t\left\{y_{t+1} - \widehat{y}_t(1)\right\}^2 = E_t\left(v_{t+1}^2\right).$$

Hasta ahora teníamos que la varianza condicional de los disturbios era igual a una constante. Ahora supongamos que esa varianza condicional no es constante. Una estrategia simple sería la de modelar la varianza condicional como un proceso $\mathrm{AR}(m)$ utilizando el cuadrado de los disturbios, o sea

$$v_t^2 = \alpha_0 + \alpha_1 v_{t-1}^2 + \alpha_2 v_{t-2}^2 + \cdots + \alpha_m v_{t-m}^2 + \varepsilon_t, \tag{11.16}$$

donde ε_t es un proceso de ruido blanco.

Si los valores de $\alpha_1, \alpha_2, \ldots, \alpha_m$ son todos iguales a cero, la varianza estimada será simplemente igual a la constante α_0. De otra manera, la varianza condicional de y_t evoluciona de acuerdo al proceso autorregresivo planteado en (11.16). Entonces, podremos utilizar (11.16) para predecir la varianza condicional en el momento $t+1$. Esto nos dará una expresión como

$$E_t\left(v_{t+1}^2\right) = \alpha_0 + \alpha_1 v_t^2 + \alpha_2 v_{t-1}^2 + \cdots + \alpha_m v_{t+1-m}^2.$$

Es por esta razón que una expresión como (11.16) fue la base para el desarrollo de lo que luego se dio en llamar *modelo autorregresivo con heterocedasticidad condicional* o modelo ARCH. Existen numerosas aplicaciones para los modelos ARCH, ya que los disturbios $\{v_t\}$ expresados en (11.16) pueden provenir de un modelo autorregresivo, de un modelo ARMA, de un modelo de regresión estándar o simplemente ser iguales a los mismos datos (que es cuando no se realizó ningún ajuste previo).

Sin embargo, la especificación lineal propuesta en (11.16) no siempre resulta ser la más conveniente. La razón de ello es que el modelo para la serie $\{y_t\}$ y para la varianza condicional se pueden estimar de mejor modo y simultáneamente utilizando técnicas de máxima verosimilitud. Por consiguiente, a efectos de lograr un mejor tratamiento, es preferible especificar a ε_t como un disturbio multiplicativo.

El ejemplo más simple de la clase de modelos heterocedásticos condicionales multiplicativos propuestos por Engle (1982), aquel que no requiere un ajuste previo de la series $\{y_t\}$, es

$$y_t = \varepsilon_t\sqrt{\alpha_0 + \alpha_1 y_{t-1}^2} = \sqrt{h_t}\,\varepsilon_t, \tag{11.17}$$

donde

$$h_t = \sigma_t^2 = \alpha_0 + \alpha_1 y_{t-1}^2, \tag{11.18}$$

ε_t es un proceso independiente e idénticamente distribuido con media cero y varianza 1, ε_t e y_{t-1} son independientes entre sí y α_0 y α_1 son constantes tales que $\alpha_0 > 0$ y $\alpha_1 > 0$ (usualmente $0 < \alpha_1 < 1$ para asegurar estacionariedad). La expresión (11.17) junto con la (11.18) es lo que realmente se conoce en la literatura como *modelo autorregresivo con heterocedasticidad condicional* de orden 1 o modelo ARCH(1) puesto que h_t está asociado a un modelo autorregresivo de orden 1.

Consideremos las propiedades de la sucesión $\{y_t\}$ que satisface (11.17) y (11.18). Como ε_t es un proceso de ruido blanco e independiente de y_{t-1} resulta fácil mostrar que la sucesión

$\{y_t\}$ tiene media igual a cero y que la misma no está correlacionada. La prueba es bastante directa. Tomemos la esperanza no condicional de y_t, y ya que la $E\left(\varepsilon_t\right) = 0$, se sigue que

$$
\begin{aligned}
E\left(y_t\right) &= E\left\{E(y_t \,|\, Y_{t-1})\right\} = E\left[\left(\sqrt{\alpha_0 + \alpha_1 y_{t-1}^2}\right) E_{t-1}\left(\varepsilon_t\right)\right] \\
&= E\left(\sqrt{\alpha_0 + \alpha_1 y_{t-1}^2}\right) \cdot 0 = 0.
\end{aligned}
\tag{11.19}
$$

La derivación de la varianza no condicional constituye también una prueba bastante directa. Elevemos al cuadrado y_t de (11.17) y tomemos la esperanza no condicional para formar

$$
\begin{aligned}
\operatorname{var}(y_t) &= E\left(y_t^2\right) = E\left\{E(y_t^2 \,|\, Y_{t-1})\right\} = E\left(\varepsilon_t^2\right) E\left(\alpha_0 + \alpha_1 y_{t-1}^2\right) \\
&= \left\{\alpha_0 + \alpha_1 E\left(y_{t-1}^2\right)\right\} = \alpha_0 + \alpha_1 \operatorname{var}(y_{t-1}),
\end{aligned}
$$

como $E\left(\varepsilon_t^2\right) = 1$, y si el proceso es estacionario (esto es, con $0 < \alpha_1 < 1$), la varianza no condicional de y_t es idéntica a la de y_{t-1}, entonces la varianza no condicional será igual a

$$
\operatorname{var}(y_t) = E\left(y_t^2\right) = \frac{\alpha_0}{1 - \alpha_1}.
\tag{11.20}
$$

Dado que $E\left(\varepsilon_t \varepsilon_{t+k}\right) = 0$ para $k > 0$, se puede ver que

$$
\begin{aligned}
\gamma_y(k) &= \operatorname{cov}(y_t, y_{t+k}) = E\left(y_t y_{t+k}\right) = E\left\{E(y_t y_{t+k} \,|\, Y_{t+k-1})\right\} \\
&= E\left\{y_t E(y_{t+k} \,|\, Y_{t+k-1})\right\} = E\left\{y_t E\left(\sqrt{h_{t+k}}\varepsilon_{t+k} \,|\, Y_{t+k-1}\right)\right\} \\
&= 0, \qquad k > 0,
\end{aligned}
\tag{11.21}
$$

puesto que y_t está en Y_{t+k-1} y $E\left(\varepsilon_{t+k} \,|\, Y_{t+k-1}\right) = 0$. Como toda función de autocovarianzas es par, vemos que en nuestro caso $\gamma_y(k) = \gamma_y(-k) = 0$, entonces $\{y_t\}$ es una sucesión de variables aleatorias no correlacionadas con media cero y varianza dada por (11.20).

De forma similar, resulta fácil demostrar que la media condicional de y_t es igual a cero. Como ε_t e y_{t-1} son independientes y $E(\varepsilon_t) = 0$, la media condicional de y_t será igual a

$$
E\left[(y_t \,|\, Y_{t-1})\right] = \sqrt{\alpha_0 + \alpha_1 y_{t-1}^2}\, E\left(\varepsilon_t\right) = 0.
$$

En este punto uno podría pensar que las propiedades de la sucesión $\{y_t\}$ no se ven afectadas por (11.17) dado que la media es igual a cero, la varianza es constante y todas las autocovarianzas son iguales a cero. Sin embargo, toda la influencia de la expresión (11.17) se encuentra enteramente en la expresión de la varianza condicional. Como $E\left(\varepsilon_t^2\right) = 1$, la varianza de y_t condicionada en la historia pasada $y_{t-1}, y_{t-2}, \ldots$, es

$$
E\left[\left(y_t^2 \,|\, y_{t-1}, y_{t-2}, \ldots\right)\right] = E\left[(y_t \,|\, Y_{t-1})\right] = \alpha_0 + \alpha_1 y_{t-1}^2 = h_t.
\tag{11.22}
$$

En (11.22), la varianza condicional de y_t es dependiente del valor obtenido de y_{t-1}^2. Si el valor obtenido de y_{t-1}^2 es grande, la varianza condicional en el momento t será también grande. En (11.22), la varianza condicional sigue un proceso autorregresivo de primer orden denotado como ARCH(1). A diferencia de lo que ocurre en un proceso autorregresivo ordinario, debemos restringir los coeficientes α_0 y α_1 de forma de asegurarnos que la varianza nunca sea negativa, por lo que es necesario suponer que tanto α_0 como α_1 son positivos. Después de todo, si α_0 es negativo, un valor suficientemente pequeño de y_{t-1} significará que (11.22) es también negativa. De igual manera, si α_1 es negativa, un valor suficientemente grande de y_{t-1} puede dar como resultado un valor negativo para la varianza condicional. Más aun, para asegurarnos la estabilidad del proceso autorregresivo, será fundamental que restrinjamos α_1 tal que $0 < \alpha_1 < 1$.

Las ecuaciones (11.19), (11.20), (11.21) y (11.22) ilustran las principales características de cualquier modelo ARCH. En un modelo ARCH, la estructura de los disturbios es tal que las medias condicionales y no condicionales son todas iguales a cero. Es más, la sucesión $\{y_t\}$ es serialmente no correlacionada puesto que para todo $s \neq 0$, $E\left(y_t y_{t-s}\right) = 0$. El punto central es que los disturbios no son independientes ya que se encuentran relacionados por medio de sus segundos momentos (recordemos para ello que la correlación es una medida de la relación lineal). La varianza condicional es en sí misma un proceso autorregresivo que da como resultado disturbios condicionales heterocedásticos. Cuando un valor de y_{t-1} se aleja de cero, de modo tal que $\alpha_1 \left(y_{t-1}\right)^2$ sea relativamente grande, entonces, la varianza de y_t tenderá también a ser grande. De esta manera, el modelo ARCH puede capturar periodos de tranquilidad y volatilidad en la serie $\{y_t\}$.

Sabemos que los retornos presentan en general una distribución con colas grandes (o colas pesadas), de modo que la kurtosis es mayor que 3.

Para calcular la kurtosis de y_t que satisface el modelo dado en (11.17) y (11.18) es necesario calcular el momento de orden cuarto de y_t. Para facilitar el cálculo, supongamos que los ε_t son normales. Entonces tenemos

$$E\left(y_t^4 \,|Y_{t-1}\right) = E\left(h_t^2 \varepsilon_t^4 \,|Y_{t-1}\right) = 3\left(\alpha_0 + \alpha_1 y_{t-1}^2\right)^2,$$

puesto que $E(\varepsilon_t^4) = 3$ por la normalidad de ε_t. De esto surge que

$$\mu_4 = E(y_t^4) = E\left\{E\left(y_t^4 \,|Y_{t-1}\right)\right\} = 3E\left(\alpha_0 + \alpha_1 y_{t-1}^2\right)^2.$$

Suponiendo que el proceso $\{y_t\}$ es estacionario de cuarto orden, el momento de orden cuarto, μ_4, puede ser escrito como

$$\begin{aligned}
\mu_4 &= 3\left\{\alpha_0^2 + 2\alpha_0\alpha_1\,\mathrm{var}(y_t) + \alpha_1^2\mu_4\right\} \\
&= 3\left\{\alpha_0^2 + 2\alpha_0\alpha_1\frac{\alpha_0}{1-\alpha_1} + \alpha_1^2\mu_4\right\} = 3\alpha_0^2\left\{1 + 2\frac{\alpha_1}{1-\alpha_1}\right\} + 3\alpha_1^2\mu_4.
\end{aligned}$$

De aquí obtenemos

$$\mu_4 = \frac{3\alpha_0^2(1+\alpha_1)}{(1-\alpha_1)(1-3\alpha_1^2)}. \tag{11.23}$$

Suponiendo que los momentos de cuarto orden son finitos y positivos, de (11.23) debemos tener que $1 - 3\alpha_1^2 > 0$, o sea que $0 \leq \alpha_1^2 < 1/3$. Por lo tanto, cuanto más restricciones impusiéramos al proceso $\{y_t\}$, más restricciones tendremos para los coeficientes del modelo.

La kurtosis de y_t será, entonces,

$$\begin{aligned}
K(y_t) &= \frac{\mu_4}{\{\mathrm{var}(y_t)\}^2} = \frac{3\alpha_0^2(1+\alpha_1)}{(1-\alpha_1)(1-3\alpha_1^2)}\frac{(1-\alpha_1)^2}{\alpha_0^2} \\
&= 3\frac{1-\alpha_1^2}{1-3\alpha_1^2} > 3. \tag{11.24}
\end{aligned}$$

Vemos pues, que si admitimos que y_t sigue un proceso ARCH(1) las colas serán más pesadas que las de una distribución normal, lo que es una propiedad ventajosa del modelo. Por otro lado, una desventaja del modelo es que trata retornos positivos y negativos de forma similar, ya que cuadrados de los retornos entran en la fórmula de la volatilidad. En la práctica se sabe que la volatilidad reacciona de forma diferente a retornos positivos y negativos. También, debido al hecho de que tenemos retornos al cuadrado, algunos retornos grandes y aislados pueden conducir a "super predicciones".

Utilizando las expresiones (11.17) y (11.18) y calculando $y_t^2 - h_t$ tenemos que,

$$y_t^2 - \left(\alpha_0 + \alpha_1 y_{t-1}^2\right) = h_t \left(\varepsilon_t^2 - 1\right),$$

o sea

$$y_t^2 = \alpha_0 + \alpha_1 y_{t-1}^2 + \zeta_t, \tag{11.25}$$

donde, en este caso,

$$\zeta_t = h_t \left(\varepsilon_t^2 - 1\right) = h_t \left(X - 1\right), \tag{11.26}$$

y X es una variable aleatoria con distribución χ_1^2, lo que muestra que tenemos un modelo AR(1) para y_t^2 y además los errores no son Gaussianos. También se puede ver que $\{\zeta_t\}$ es una sucesión de variables aleatorias con media cero, no correlacionadas y con con varianza no constante.

De la expresión (11.25) tendremos que la función de autocorrelación de y_t^2 es

$$\rho_{y^2}\left(k\right) = \alpha_1^k, \qquad k > 0.$$

11.8.1. Modelo ARCH(m)

Un modelo más amplio que el definido en (11.14) y (11.18) lo constituye el denominado *modelo autorregresivo con heterocedasticidad condicional* de orden m o modelo ARCH(m), que está definido por

$$
\begin{aligned}
y_t &= \sqrt{h_t}\varepsilon_t, \tag{11.27}\\
h_t &= \alpha_0 + \alpha_1 y_{t-1}^2 + \cdots + \alpha_m y_{t-m}^2, \tag{11.28}
\end{aligned}
$$

donde los ε_t son independientes e idénticamente distribuido, con media igual a cero y varianza 1, $\alpha_0 > 0$, $\alpha_i \geq 0$, $i = 1, \ldots, m-1$ y $\alpha_m > 0$.

Las propiedades generales mostradas para los modelos ARCH(1) se extienden para el caso de los modelos ARCH(m). Particularmente, en el caso de un modelo ARCH(m) puede verse lo siguiente

$$y_t^2 = \alpha_0 + \sum_{i=1}^{m} \alpha_i y_{t-i}^2 + \zeta_t, \tag{11.29}$$

donde los ζ_t son como (11.26) del caso $m = 1$. Habiendo dicho esto, se puede demostrar que $\{y_t\}$ que satisface (11.27) y (11.28) es una sucesión de variables aleatorias no correlacionadas con media cero y varianza dada por

$$\operatorname{var}\left(y_t\right) = \frac{\alpha_0}{1 - \sum_{i=1}^{m} \alpha_i}.$$

11.8.2. Especificación de la media condicional

Suele ser posible que el proceso $\{y_t\}$ contenga correlación serial, de tal manera que un modelo ARMA(p,q) represente razonablemente bien su estructura, pero con errores que satisfacen un modelo ARCH(m). Si este fuera el caso tendríamos

$$\varphi(B)y_t = \theta_0 + \theta(B)\nu_t, \tag{11.30}$$

donde el operador de rezago se define como $B^j y_t = y_{t-j}$,

$$\begin{aligned}
\varphi(B) &= 1 - \varphi_1 B - \varphi_2 B^2 - \cdots - \varphi_p B^p, \tag{11.31}\\
\theta(B) &= 1 + \theta_1 B + \theta_2 B^2 + \cdots + \theta_q B^q, \tag{11.32}
\end{aligned}$$

y los errores ν_t satisfacen un modelo ARCH(m) de la forma

$$\begin{aligned}
\nu_t &= \sqrt{h_t}\varepsilon_t, \tag{11.33}\\
h_t &= \sigma_t^2 = \alpha_0 + \alpha_1 \nu_{t-1}^2 + \cdots + \alpha_m \nu_{t-m}^2. \tag{11.34}
\end{aligned}$$

Como lo vimos anteriormente y en particular en el Capítulo 4, la media condicional

$$\mu_t^* = E\left(y_t \,|\, Y_{t-1}\right) = g(\varepsilon_{t-1}, \varepsilon_{t-2}, \ldots), \tag{11.35}$$

definida en (11.12) y (11.15) es la predicción un paso adelante dada por $\widehat{y}_t(1)$, y además como se lo vió en el Capítulo 4

$$\nu_t = y_t - \widehat{y}_t(1) = y_t - \mu_t^*. \tag{11.36}$$

Para estudiar las propiedades de la sucesión $\{y_t\}$ que satisface (11.30) con (11.31) y (11.32) tomamos el caso simple con $p = 1$, $q = 0$ y $m = 1$. La extensión al caso general es inmediata. Entonces, bajo esta situación, el modelo nos queda

$$y_t - \varphi y_{t-1} = \theta + \nu_t, \tag{11.37}$$

con

$$\begin{aligned}
\nu_t &= \sqrt{h_t}\varepsilon_t, \tag{11.38}\\
h_t &= \alpha_0 + \alpha_1 \nu_{t-1}^2, \tag{11.39}
\end{aligned}$$

y ε_t es un proceso independiente e idénticamente distribuido con media cero y varianza 1. La media condicional de y_t es

$$E\left[(y_t \,|\, Y_{t-1})\right] = \theta + \varphi y_{t-1},$$

y la varianza condicional es

$$\begin{aligned}
\text{var}(y_t \,|\, Y_{t-1}) &= E\left\{(y_t - \theta - \varphi y_{t-1})^2 \,|\, Y_{t-1}\right\}\\
&= E\left\{\nu_t^2 \,|\, Y_{t-1}\right\} = \alpha_0 + \alpha_1 \nu_{t-1}^2.
\end{aligned}$$

Para obtener la media no condicional tenemos que

$$E(y_t) = E\left\{E\left[(y_t \,|\, Y_{t-1})\right]\right\} = \frac{\theta}{1 - \varphi},$$

siempre que $|\varphi| < 1$, lo que asegura la estacionariedad del proceso $\{y_t\}$ que satisface (11.37), (11.38) y (11.39). Bajo esa condición, el proceso $\{y_t\}$ puede escribirse como

$$y_t = \frac{\theta}{1-\varphi} + \sum_{j=0}^{\infty} \varphi^j \nu_{t-j}, \tag{11.40}$$

en consecuencia, la varianza no condicional se obtiene directamente como

$$\text{var}(y_t) = \sum_{j=0}^{\infty} \varphi^{2j} \, \text{var}(\nu_{t-j}) = \frac{\alpha_0}{1-\alpha_1} \frac{1}{1-\phi^2}. \tag{11.41}$$

En (11.41) se usan los resultados

$$\text{var}(\nu_t) \;=\; E\left(\nu_t^2\right) = \frac{\alpha_0}{1-\alpha_1}, \tag{11.42}$$

$$\gamma_\nu(k) \;=\; \text{cov}(\nu_t, \nu_{t+k}) = 0, \qquad k > 0, \tag{11.43}$$

que surgen del hecho que $\{\nu_t\}$ sigue un modelo ARCH. Claramente, la varianza del proceso $\{y_t\}$ se incrementa cuando α_1 y el valor absoluto de φ aumentan. El punto esencial es que el proceso ARCH de los errores puede ser usado para modelar períodos de volatilidad dentro de la estructura básica de los modelos ARMA.

Las autocovarianzas del proceso $\{y_t\}$ que satisface (11.37), (11.38) y (11.39) son, usando (11.42) y (11.43),

$$\gamma_y(k) \;=\; \text{cov}(y_t, y_{t+k}) = E\left\{ \left(\sum_{j=0}^{\infty} \varphi^j \nu_{t-j}\right) \left(\sum_{r=0}^{\infty} \varphi^r \nu_{t+k-r}\right) \right\}$$

$$=\; \varphi^k \sum_{j=0}^{\infty} \varphi^{2j} \, \text{var}(\nu_{t-j}) = \varphi^k \frac{\alpha_0}{1-\alpha_1} \frac{1}{1-\phi^2}, \qquad k > 0. \tag{11.44}$$

Consecuentemente, la función de autocorrelación $\rho_y(k)$ de $\{y_t\}$ es, en este caso,

$$\rho_y(k) = \varphi^k, \qquad k > 0, \tag{11.45}$$

la cual, como es de esperar, corresponde al proceso AR de (11.37).

El análisis presentado anteriormente puede extenderse con mucha facilidad a procesos que satisfacen modelos ARMA(p,q) con n_1 variables explicativas y con errores que siguen un modelo ARCH(m) de la siguiente manera

$$\varphi(B)(y_t - \lambda_t^*) = \theta_0 + \theta(B)\nu_t, \tag{11.46}$$

$$\lambda_t^* = \lambda^* + \sum_{i=1}^{n_1} \delta_i \, x_{i,t}, \tag{11.47}$$

donde $\varphi(B)$ y $\theta(B)$ están definidos en (11.31) y (11.32) respectivamente y los errores ν_t satisfacen un modelo ARCH(m) de la forma dada en (11.33) y (11.34). El modelo (11.46) junto con (11.47) definen lo que se conoce como un modelo ARMAX(p,q), que significa que el modelo ARMA tiene variables explicativas denotadas por la X.

Por otro lado, pueden incluirse n_2 variables explicativas en la varianza condicional dada en (11.34) de la siguiente manera

$$\omega_t = \alpha_0 + \sum_{i=1}^{n_2} \omega_i \, x_{i,t}, \tag{11.48}$$

donde los $x_{i,t}$ de (11.47) no necesariamente son los mismos que los que aparecen en (11.48).

11.8.3. Identificación de un modelo ARCH

El primer paso para la construcción de un modelo ARCH es identificar un modelo ARMA para poder capturar la la correlación serial de la serie si es que esta existe, como se lo discutió en capítulos anteriores. Si este fuera el caso, tendríamos como en (11.46)

$$\varphi(B)(y_t - \lambda_t^*) = \theta_0 + \theta(B)\nu_t,$$

donde $\nu_t \sim \text{ARCH}(m)$.

Para verificar si la serie presenta heterocedasticidad condicional, se pueden aplicar dos tests a la serie y_t^2.

i. El test de Box-Pierce o el de Ljung-Box para y_t^2.

ii. Test de multiplicadores de Lagrange (ML). Para mayor detalle podemos ver la obra de Engle (1982). Queremos testar, $H_0 : \alpha_i = 0$ para todo $i = 1, \ldots, m$ en la regresión,

$$y_t^2 = \alpha_0 + \alpha_1 y_{t-1}^2 + \cdots + \alpha_m y_{t-m}^2 + u_t,$$

para $t = m + 1, \ldots, n$. El estadístico del test es $S = nR^2$ que tiene una distribución asintótica χ_m^2 bajo H_0. Aquí R^2 es el cuadrado del coeficiente de correlación de la regresión anteriormente planteada. Un test asintóticamente equivalente, que puede tener mejores propiedades para muestras pequeñas consiste en utilizar el estadístico

$$F = \frac{\frac{(SQR_0 - SQR_1)}{m}}{\frac{SQR_1}{(n-2m-1)}} \sim F\left(m, n - 2m - 1\right), \tag{11.49}$$

donde $SQR_0 = \sum_{t=m+1}^{n} \left(y_t^2 - \overline{y}\right)^2$ y $SQR_1 = \sum_{t=m+1}^{n} \widehat{u}_t^2$ con $\overline{y}$ como la media muestral de y_t^2 y donde $\widehat{u}_t$ son los residuos de la regresión anteriormente planteada. Si el valor de F fuese significativo, diremos que existe heterocedasticidad condicional en la serie.

Dada la formula (11.28) que resulta útil para modelar la volatilidad y dado que y_t^2 es un estimador insesgado de h_t, el valor actual del cuadrado del retorno y_t^2 depende del cuadrado de los retornos pasados lo que implica que sigue un comportamiento similar que el que tiene en un modelo autorregresivo. Por consiguiente, la función de autocorrelación parcial de y_t^2 puede ser utilizada para encontrar el orden de un modelo ARCH(m).

11.8.4. Estimación de un modelo ARCH

La estimación de los modelos del tipo ARCH es realizada por máxima verosimilitud, por lo tanto es necesario determinar la distribución del proceso $\{\varepsilon_t\}$ dado en (11.33) el que sabemos que tiene media 0 y varianza 1.

Weiss (1986) y Bollerslev y Woolridge (1992) mostraron que bajo el supuesto de normalidad, el estimador por cuasi máxima verosimilitud (o QML según sus siglas en inglés) es consistente si la media condicional y la varianza condicional se encuentran correctamente especificadas. Este estimador es sin embargo ineficiente con un grado creciente de ineficiencia a medida que se aparta de esa normalidad (Engle y González-Rivera 1991).

Como lo afirman Palm (1996), Pagan (1996) y Bollerslev, Chou y Kroner (1992), el uso de distribuciones de colas pesadas se encuentra muy difundido en la literatura. Bollerslev (1987), Hsieh (1989), Baillie y Bollerslev (1989) y Palm y Vlaar (1997) entre otros, mostraron que estas distribuciones se comportan de mejor manera a la hora de capturar la kurtosis claramente observada.

Cuatro distribuciones son frecuentemente usadas: la distribución Gaussiana (normal) usual, la distribución t de Student, la distribución generalizada de errores (en inglés se conoce como Generalized Error Distribution con sigla GED) y la distribución asimétrica de Student (en inglés se conoce como skewed-Student distribution).

Si expresamos a la media condicional como en las ecuaciones (11.35) y (11.36) y a ν_t como en las ecuaciones (11.33) y (11.34), el logaritmo de la función de verosimilitud de la distribución normal o Gaussiana estándar es

$$l_{norm} = -\frac{1}{2}\sum_{t=1}^{n}\left[\log\left(2\pi\right) + \log\left(\sigma_t^2\right) + \varepsilon_t^2\right], \tag{11.50}$$

donde n es el número de observaciones.

Para una distribución t de Student, el logaritmo de la verosimilitud es

$$\begin{aligned} l_{Stud} &= n\left\{\log\Gamma\left(\frac{\eta+1}{2}\right) - \log\Gamma\left(\frac{\eta}{2}\right) - \frac{1}{2}\log\left[\pi\left(\eta-2\right)\right]\right\} \\ &\quad -\frac{1}{2}\sum_{t=1}^{n}\left[\log\left(\sigma_t^2\right) + (1+\eta)\log\left(1 + \frac{\varepsilon_t^2}{\eta-2}\right)\right], \end{aligned} \tag{11.51}$$

donde η son los grados de libertad, siendo $2 < \eta \leq \infty$ y $\Gamma\left(\cdot\right)$ es la función gamma.

El logaritmo de la función de verosimilitud GED normalizada está dada por

$$\begin{aligned} l_{GED} &= \sum_{t=1}^{n}\left[\log\left(\frac{\eta}{\lambda_\eta}\right) - \frac{1}{2}\left|\frac{\varepsilon_t}{\lambda_\eta}\right|^\eta - (1+\eta^{-1})\log(2)\right. \\ &\quad \left. -\log\Gamma\left(\frac{1}{\eta}\right) - \frac{1}{2}\log\left(\sigma_t^2\right)\right], \end{aligned} \tag{11.52}$$

donde $0 < \eta < \infty$ y

$$\lambda_\eta = \sqrt{\frac{\Gamma(1/\eta)2^{(-2/\eta)}}{\Gamma(3/\eta)}}.$$

El principal inconveniente de las distribuciones (11.51) y (11.52) es que a pesar que toman en cuanta las colas pesadas, ellas son simétricas. Asimetría y kurtosis son importantes en aplicaciones financieras, por ejemplo en modelos de precios de activos, selección de portfolios, teoría de precios de opciones o valores en riesgo entre otros. Lambert y Laurent (2000, 2001) aplicaron y extendieron al esquema ARCH y GARCH la densidad asimétrica de Student propuesta por Fernández y Steel (1998).

El logaritmo de la función de verosimilitud estandarizada (con media cero y varianza uno) asimétrica de Studen es

$$
\begin{aligned}
l_{SkSt} \;=\; & n\left\{\log\Gamma\left(\frac{\eta+1}{2}\right) - \log\Gamma\left(\frac{\eta}{2}\right) - \frac{1}{2}\log\left[\pi\left(\eta-2\right)\right]\right. \\
& \left. + \log\left(\frac{2}{\xi+\frac{1}{\xi}}\right) + \log(s)\right\} \\
& - \frac{1}{2}\sum_{t=1}^{n}\left\{\log(\sigma_t^2) + (1+\eta)\left[1 + \frac{(s\varepsilon_t+m)^2}{\eta-2}\xi^{-2I_t}\right]\right\},
\end{aligned}
\tag{11.53}
$$

donde

$$
I_t = \left\{\begin{array}{l} 1 \text{ si } \varepsilon_t \geq -\frac{m}{s} \\ -1 \text{ si } \varepsilon_t < -\frac{m}{s}\end{array}\right.,
$$

ξ es el parámetro de asimetría, η son los grados de libertad de la distribución,

$$
m = \frac{\Gamma\left(\frac{\eta-1}{2}\right)\sqrt{\eta-2}}{\sqrt{\pi}\Gamma\left(\frac{\eta}{2}\right)}\left(\xi-\frac{1}{\xi}\right),
$$

y

$$
s = \sqrt{\left(\xi^2 + \frac{1}{\xi^2} - 1\right) - m^2}.
$$

El programa G@RCH 7 desarrollado por Laurent (2013) no estima ξ pero sí $\log(\xi)$ para facilitar la inferencia sobre la hipótesis nula de simetría puesto que la distribución asimétrica de Student es igual a la distribución simétrica de Student cuando $\xi=1$ o $\log(\xi)=0$. El valor estimado de $\log(\xi)$ se muestra en este programa bajo el nombre "Asymmetry". Ver Lambert y Laurent (2001) y Bauwens y Lambert (2005) para mayores detalles.

Este programa G@RCH 7 realiza las estimaciones simultáneas, por máxima verosimilitud, de los modelos ARCH o GARCH y del correspondiente modelo ARMA cuando la serie bajo estudio presenta correlación serial.

11.8.5. Control de diagnóstico de un modelo ARCH

Esto es equivalente a realizar tests del ajuste del modelo a las observaciones.

Para un modelo ARCH(m) como el definido en (11.27) y (11.28), donde ε_t es normal o sigue una distribución t de Student, los residuos estandarizados

$$
\widetilde{y}_t = \frac{y_t}{\sqrt{\widetilde{h}_t}},
$$

son variables aleatorias independientes e idénticamente distribuidas con distribución normal estándar o t de Student (esto será cierto por lo menos asintóticamente), donde $\widetilde{h}_t$ es el análogo muestral de (11.28), esto es, donde los coeficientes $\alpha_0, \alpha_1, \ldots, \alpha_m$ han sido reemplazados por sus respectivas estimaciones por máxima verosimilitud. Entonces, una manera de verificar si el modelo es el adecuado es calcular el estadístico Q^* de Ljung-Box para la sucesión $\widetilde{y}_t$. En este caso, el estadístico Q^* de Ljung-Box es igual a

$$Q^* = n(n+2) \sum_{k=1}^{K} \frac{r_k^2(\widetilde{y}_t)}{n-k},$$

se distribuye como una variable χ^2 con $(K - m - 1)$ grados de libertad, y donde $r_k(\widetilde{y}_t)$ son las autocorrelaciones muestrales de los residuos $\widetilde{y}_t$. De acuerdo a las condiciones de validez del estadístico Q^*, K es del orden de $\sqrt{n}$ pero frecuentemente en la práctica se lo toma $15 \leq K \leq 30$.

Dicho esto, podemos calcular también los coeficientes de asimetría y kurtosis estimados y realizar un gráfico $Q \times Q$, todo de los residuos $\widetilde{y}_t$, para comprobar la suposición de normalidad (o la presencia de una distribución t_η en su caso).

Si queremos verificar la existencia de heterocedasticidad condicional en los residuos podemos aplicar un test de multiplicadores de Lagrange (ML), como el presentado en §11.8.3, para la sucesión $\widetilde{y}_t^2$.

En el caso general de un modelo como el definido en (11.46) con (11.47), (11.48), (11.33) y (11.34), los residuos estandarizados $\widetilde{y}_t$ serán los correspondientes que resulten luego de eliminar de la serie $\{y_t\}$ las partes estimadas de acuerdo a la formulación efectuada y posteriormente estandarizar lo que resulte. Con ello se procede de forma similar a lo discutido anteriormente.

11.8.6. Predicción de un modelo ARCH

Las predicciones para la volatilidad utilizando un modelo ARCH como el que hemos definido en las expresiones (11.27) y (11.28) se pueden obtener recursivamente. De este modo tendremos que

$$\widehat{h}_t(1) = \alpha_0 + \alpha_1 y_t^2 + \cdots + \alpha_m y_{t-m+1}^2, \tag{11.54}$$

es la predicción de h_{t+1} donde el origen se encuentra fijo en el momento t. Las predicciones ℓ pasos hacia adelante donde el origen se encuentra fijo en el momento t, estarán dadas por la expresión

$$\widehat{h}_t(\ell) = \alpha_0 + \sum_{i=1}^{m} \alpha_i \widehat{h}_t(\ell - i), \tag{11.55}$$

donde $\widehat{h}_t(\ell - i) = y_{t+l-i}^2$ si $\ell - i \leq 0$, de otra manera es la predicción respectiva.

Debe notarse que desde un punto de vista práctico, para lograr los valores de las predicciones debemos conocer los valores de los parámetros α_i para todo i. En caso de no conocerlos, como es lo habitual, debemos usar las respectivas estimaciones.

11.9. Modelos GARCH

Bollerslev (1986, 1987 y 1988) extendió el trabajo original de Engle desarrollando una técnica que permite que la varianza condicional sea un proceso ARMA en si mismo. Esa extensión dio como resultado lo que se denomina *modelo autorregresivo generalizados con heterocedasticidad condicional* o modelo GARCH (o *generalized* ARCH de acuerdo a sus siglas en ingles). La idea se basa en el hecho que un modelo ARMA puede ser más parsimonioso, en el sentido de tener menos parámetros, que un modelo AR o un MA puro. Del mismo modo un modelo GARCH puede ser usado para describir la volatilidad con menos parámetros que un modelo ARCH.

Un modelo GARCH(m, s) de orden m, s para la serie $\{y_t\}$ se define como

$$y_t = \sqrt{h_t}\varepsilon_t, \tag{11.56}$$

$$h_t = \sigma_t^2 = \alpha_0 + \sum_{i=1}^{s} \alpha_i y_{t-i}^2 + \sum_{j=1}^{m} \beta_j h_{t-j}, \tag{11.57}$$

donde ε_t es una variable aleatoria independiente e idénticamente distribuida con media cero y varianza uno, $\alpha_0 > 0$, $\alpha_i \geq 0$, $i = 1, \dots, s-1$, $\beta_j \geq 0$, $j = 1, \dots, m-1$, $\alpha_s > 0$, $\beta_m > 0$, $\sum_{i=1}^{q} (\alpha_i + \beta_i) < 1$, $q = \text{máx}\,(m, s)$.

Los coeficientes positivos en (11.57) son una condición suficiente pero no necesaria para que $h_t > 0$. Para un mejor desarrollo de las condiciones generales dentro de este tema podemos ver el trabajo de Nelson y Cao (1992).

Dado que $\{\varepsilon_t\}$ es un proceso de ruido blanco que es independiente de valores pasados de y_{t-i}, para $i > 0$, las medias condicionales y no condicionales de y_t son todas iguales a cero. Si tomamos el valor esperado de y_t es fácil verificar que

$$E\left(y_t\right) = E\left(\sqrt{h_t}\varepsilon_t\right) = 0.$$

El punto importante es que la varianza condicional de y_t está dada por $E_{t-1}\left(y_t^2\right) = h_t = \sigma_t^2$. Por consiguiente, la varianza condicional de y_t es h_t de la fórmula (11.57).

El modelo ARCH(m, s) generalizado, también llamado GARCH(m, s) permite que haya tanto componentes autorregresivos como de promedios móviles en la varianza heterocedástica. Si tomamos $m = 0$ y $s = 1$ resulta claro que el modelo ARCH expresado en (11.17) también se podrá llamar GARCH$(0, 1)$ de forma alternativa. Si todas las β_j son iguales a cero, el modelo GARCH(m, s) es equivalente a un modelo ARCH(s). Los beneficios de utilizar un modelo GARCH resultan evidentes; un modelo ARCH de orden superior puede tener una representación GARCH más parsimoniosa que resulta más fácil de identificar y estimar. Esto resulta ser particularmente cierto ya que todos los coeficientes en la expresión (11.57) deben ser no negativos. Más aun, para asegurarnos que la varianza condicional sea finita, todas las raíces características de la ecuación polinomial asociada a (11.57) deben encontrarse dentro del círculo unitario. Claramente podemos observar que cuanto más parsimonioso sea el modelo, menores serán las restricciones que tengamos que imponer a los coeficientes.

Llamemos

$$\zeta_t = y_t^2 - h_t, \tag{11.58}$$

de modo que usando (11.57) en (11.58) tendremos que

$$y_t^2 = \alpha_0 + \sum_{i=1}^{q} (\alpha_i + \beta_i)\, y_{t-i}^2 + \zeta_t - \sum_{j=1}^{s} \beta_j \zeta_{t-j}, \tag{11.59}$$

con $q = \text{máx}(m, s)$. O sea, tenemos un modelo ARMA(q, s) para y_t^2, aunque ζ_t no sea un proceso independiente e idénticamente distribuido. En realidad, para todo t se cumplirá que

$$\begin{aligned} E(\zeta_t) &= E\left(y_t^2 - h_t\right) = E\left(h_t \varepsilon_t^2 - h_t\right) \\ &= E(h_t)\left[E\left(\varepsilon_t^2\right) - 1\right] = 0, \end{aligned}$$

porque h_t depende de los ε_{t-i}, $i \geq 1$. Además

$$\begin{aligned} E\left(\zeta_t | Y_{t-1}\right) &= E\left(y_t^2 | Y_{t-1}\right) - E\left(h_t | Y_{t-1}\right) \\ &= h_t - h_t = 0. \end{aligned}$$

En particular, se tiene que

$$E\left(y_t^2\right) = \frac{\alpha_0}{1 - \sum_{i=1}^{q}\left(\alpha_i + \beta_i\right)}. \tag{11.60}$$

En el largo plazo, se podrá ver que la volatilidad convergerá a esta media.

De la misma manera que con los modelos ARCH, suele ser posible que el proceso $\{y_t\}$ contenga correlación serial, de tal manera que un modelo ARMA represente razonablemente bien su estructura, pero con errores que satisfacen un modelo GARCH. Si este fuera el caso tendíamos

$$\varphi(B)y_t = \theta_0 + \theta(B)\nu_t, \tag{11.61}$$

donde el operador de rezago se definió como $B^j y_t = y_{t-j}$,

$$\begin{aligned} \varphi(B) &= 1 - \varphi_1 B - \varphi_2 B^2 - \cdots - \varphi_p B^p, \tag{11.62} \\ \theta(B) &= 1 + \theta_1 B + \theta_2 B^2 + \cdots + \theta_q B^q, \tag{11.63} \end{aligned}$$

y los errores ν_t satisfacen un modelo GARCH(m, s) de la forma

$$\begin{aligned} \nu_t &= \sqrt{h_t}\varepsilon_t, \tag{11.64} \\ h_t &= \sigma_t^2 = \alpha_0 + \sum_{i=1}^{s} \alpha_i \nu_{t-i}^2 + \sum_{j=1}^{m} \beta_j h_{t-j}. \tag{11.65} \end{aligned}$$

Como lo vimos anteriormente y en particular en el Capítulo 4, la media condicional

$$\mu_t^* = E\left(y_t | Y_{t-1}\right) = g(\varepsilon_{t-1}, \varepsilon_{t-2}, \ldots),$$

definida en (11.12) y (11.15) es la predicción un paso adelante dada por $\widehat{y}_t(1)$, y además como se lo vió en el Capítulo 4

$$\nu_t = y_t - \widehat{y}_t(1) = y_t - \mu_t^*.$$

Como en el caso de los modelos ARCH(s), el análisis presentado anteriormente puede extenderse con mucha facilidad a procesos que satisfacen modelos ARMA(p, q) con n_1 variables explicativas y con errores que siguen un modelo GARCH(m, s) de la siguiente manera

$$\varphi(B)(y_t - \lambda_t^*) = \theta_0 + \theta(B)\nu_t, \tag{11.66}$$

$$\lambda_t^* = \lambda^* + \sum_{i=1}^{n_1} \delta_i\, x_{i,t}, \tag{11.67}$$

donde $\varphi(B)$ y $\theta(B)$ están definidos en (11.62) y (11.63) respectivamente y los errores ν_t satisfacen un modelo GARCH(m,s) de la forma dada en (11.64) y (11.65).

Por otro lado, al igual que en el caso de los modelos ARCH(s), pueden incluirse n_2 variables explicativas en la varianza condicional dada en (11.65) de la siguiente manera

$$\omega_t = \alpha_0 + \sum_{i=1}^{n_2} \omega_i\, x_{i,t}, \tag{11.68}$$

donde los $x_{i,t}$ de (11.68) no necesariamente son los mismos que los que aparecen en (11.67).

Si el modelo (11.66), (11.62), (11.63) y (11.67) es el adecuado para $\{y_t\}$, la función de autocorrelación y la función de autocorrelación parcial para los residuos deben tener una indicación de un proceso de ruido blanco. Sin embargo, la función de autocorrelación para los residuos cuadráticos puede ser de utilidad para identificar el orden del proceso GARCH de forma similar a lo presentado en el Capítulo 4 para los procesos ARMA. Como $E_{t-1}\left(\nu_t^2\right) = h_t$, es posible escribir (11.57) como

$$E_{t-1}\left(\nu_t^2\right) = \alpha_0 + \sum_{i=1}^{s} \alpha_i \nu_{t-1}^2 + \sum_{i=1}^{m} \beta_i h_{t-i}. \tag{11.69}$$

La ecuación (11.69) es bastante similar a un proceso ARMA(s,m) para la sucesión $\{\nu_t^2\}$. Si existe heterocedasticidad condicional, el correlograma y el correlograma parcial deben sugerir este tipo de proceso. La técnica para construir el correlograma del cuadrado de los residuos es la siguiente:

1. Estimar el modelo ARMA dado en (11.66), (11.62), (11.63) y (11.67) que presente el mejor ajuste (o bien, un modelo de regresión) para la sucesión $\{y_t\}$ y obtener los cuadrados de los errores ajustados $\widehat{\nu}_t^2$. También es necesario calcular la varianza muestral $(\widehat{\sigma}^2)$ de los errores ajustados que se define como

$$\widehat{\sigma}^2 = \sum_{t=1}^{n^*} \frac{\widehat{\nu}_t^2}{n^*},$$

   y donde n^* nos indica el número de errores que en general será menor que el número total de observaciones n.

2. Calcular las autocorrelaciones muestrales de los residuos cuadráticos de la siguiente forma

$$r_i(\widehat{\nu}_t^2) = \frac{\sum_{t=i+1}^{n^*} \left(\widehat{\nu}_t^2 - \widehat{\sigma}^2\right)\left(\widehat{\nu}_{t-i}^2 - \widehat{\sigma}^2\right)}{\sum_{t=1}^{n^*}\left(\widehat{\nu}_t^2 - \widehat{\sigma}^2\right)}.$$

3. En muestras grandes, la desviación estándar de $r_i(\widehat{\nu}_t^2)$ puede ser aproximada por $\sqrt{n^*}$. Los valores individuales de $r_i(\widehat{\nu}_t^2)$ con un valor que es significativamente diferente de cero indican la presencia de errores de tipo GARCH en (11.66). El estadístico Q^*

de Ljung-Box se puede utilizar para probar la presencia de grupos de coeficientes significativamente distintos de cero. Concretamente, el estadístico

$$Q^* = n^*(n^* + 2) \sum_{i=1}^{K} \frac{r_i^2(\widehat{\nu}_t^2)}{n^* - i}$$

tiene una distribución asintótica χ^2 con $(K - p - q - 1)$ grados de libertad si los $\widehat{\nu}_t^2$ no se encuentran correlacionados. Rechazar la hipótesis nula de que los $\widehat{\nu}_t^2$ no están correlacionados es equivalente a rechazar la hipótesis nula de que no existen errores de tipo ARCH o GARCH. En la práctica uno considerará valores de K del orden de $\sqrt{n^*}$ pero frecuentemente se lo toma $15 \leq K \leq 30$.

Un enfoque más formal que involucra un test de multiplicadores de Lagrange para los errores de tipo ARCH fue propuesto por Engle (1982), pero se puede extender para los errores de tipo GARCH. La metodología involucra las dos etapas expuestas a continuación:

1. Utilizar mínimos cuadrados ordinarios para estimar el modelo AR(p) (o modelo de regresión) más apropiado para $\{y_t\}$, de la forma

$$y_t = \varphi_0 + \varphi_1 y_{t-1} + \varphi_2 y_{t-2} + \cdots + \varphi_p y_{t-p} + \nu_t.$$

2. Obtener el cuadrado de los errores ajustados $\widehat{\nu}_t^2$. Regresar estos residuos cuadráticos en una constante y en los q valores rezagados $\widehat{\nu}_{t-1}^2$, $\widehat{\nu}_{t-2}^2$, $\widehat{\nu}_{t-3}^2$, ..., $\widehat{\nu}_{t-q}^2$, esto es, estimar

$$\widehat{\nu}_t^2 = \alpha_0 + \alpha_1 \widehat{\nu}_{t-1}^2 + \alpha_2 \widehat{\nu}_{t-2}^2 + \cdots + \alpha_q \widehat{\nu}_{t-q}^2.$$

Si no existen efectos de tipo ARCH o GARCH, los valores estimados de α_1 hasta α_q deben ser todos significativamente iguales a cero. De esta forma, esta regresión tendrá poco poder explicativo de modo que el coeficiente de determinación, es decir, el estadístico R^2, será bastante bajo. Con una muestra de n^* residuos, bajo la hipótesis nula de ausencia de residuos de tipo ARCH o GARCH, el estadístico del test $n^* R^2$ convergerá a una distribución χ_q^2. Si $n^* R^2$ es lo suficientemente grande, el rechazo de la hipótesis nula de que α_1 hasta α_q son conjuntamente iguales a cero será equivalente a rechazar la hipótesis nula de que no existen errores de tipo ARCH o GARCH. En otro orden, si el valor de $n^* R^2$ es lo suficientemente bajo, podemos concluir diciendo que no existen evidencias de efectos de tipo ARCH o GARCH.

Un modelo bastante utilizado en la práctica es el modelo GARCH$(1, 1)$, en el cual la volatilidad se expresa como

$$h_t = \alpha_0 + \alpha_1 y_{t-1}^2 + \beta_1 h_{t-1}, \tag{11.70}$$

con $0 < \alpha_1, \beta_1 < 1$ y $\alpha_1 + \beta_1 < 1$. La expresión (11.70) corresponde al caso en que no hay correlación serial en la serie.

Los modelos GARCH tienen las mismas ventajas y desventajas que los modelos ARCH que ya fueron presentados. Un alto valor de la volatilidad es precedido de un alto valor para los retornos.

Para el modelo representado en (11.70) junto con (11.56), obtenemos fácilmente la kurtosis de y_t, que será

$$
\begin{aligned}
K(y_t) &= \frac{\mu_4}{\{\text{var}(y_t)\}^2} = \frac{E\left(y_t^4\right)}{\left[E\left(y_t^2\right)\right]^2} \\
&= \frac{3\left[1 - (\alpha_1 + \beta_1)^2\right]}{1 - (\alpha_1 + \beta_1)^2 - 2\alpha_1^2} > 3,
\end{aligned}
\tag{11.71}
$$

dado que el denominador es positivo, lo que nuevamente muestra que si y_t sigue un modelo GARCH, las colas de la distribución de y_t serán más pesadas que las colas de la distribución normal.

La identificación del orden de un modelo GARCH(m, s) que será ajustado a una serie real es, por lo general, algo bastante difícil. La literatura recomienda utilizar modelos de bajo orden, tales como $(1, 1)$; $(2, 1)$ o $(2, 2)$, y después se puede controlar y diagnosticar al modelo escogido en base a varios criterios, como ser valores de asimetría y kurtosis y de alguna otra función, como ser

$$
\sum_{t=1}^{n} \left(y_t^2 - h_t\right)^2.
$$

Para una mayor desarrollo de este tema podemos ver los trabajos de Mills (1999), Pagan y Schwert (1990) y Bollerslev *et al.* (1994).

Como en el caso de los modelos ARCH, la estimación de los modelos del tipo GARCH es realizada por máxima verosimilitud, por lo tanto es necesario determinar la distribución del proceso $\{\varepsilon_t\}$ dado en (11.66) el que sabemos que tiene media 0 y varianza 1. Como lo vimos anteriormente, cuatro distribuciones son frecuentemente usadas: la distribución Gaussiana (normal) usual cuyo logaritmo de la verosimilitud está definido en (11.50), la distribución t de Student cuyo logaritmo de la verosimilitud está definido en (11.51), la distribución generalizada de errores (en inglés se conoce como Generalized Error Distribution con sigla GED) cuyo logaritmo de la verosimilitud está definido en (11.52) y la distribución asimétrica de Student (en inglés se conoce como skewed-Student distribution) cuyo logaritmo de la verosimilitud está definido en (11.53). Una vez realizada la estimación se debe pasar al proceso de control de diagnóstico, de igual manera que se lo presento para los modelos ARCH.

Las predicciones de la volatilidad, utilizando un modelo GARCH se pueden calcular de un modo similar a las de un modelo ARMA y de forma similar a lo discutido para los modelos ARCH. Las predicciones, que tienen su origen en el momento t, considerando un modelo GARCH$(1, 1)$ de la forma expresada en (11.70) junto con (11.56), están dadas por

$$
\widehat{h}_t(1) = \alpha_0 + \alpha_1 y_t^2 + \beta_1 h_t,
$$

y, para $\ell > 1$,

$$
\begin{aligned}
\widehat{h}_t(\ell) &= \alpha_0 + \alpha_1 \widehat{y}_t^2(\ell - 1) + \beta_1 \widehat{h}_t(\ell - 1) \\
&= \alpha_0 + \alpha_1 \widehat{h}_t(\ell - 1)\widehat{\varepsilon}_t^2(\ell - 1) + \beta_1 \widehat{h}_t(\ell - 1),
\end{aligned}
$$

ya que $y_t = \sqrt{h_t}\varepsilon_t$. Sustituyendo $\widehat{\varepsilon}_t^2(\ell - 1)$ por $E\left(\widehat{\varepsilon}_{t+\ell-1}^2\right) = 1$ tenemos que

$$
\widehat{h}_t(\ell) = \alpha_0 + (\alpha_1 + \beta_1)\,\widehat{h}_t(\ell - 1), \text{ con } \ell > 1.
\tag{11.72}
$$

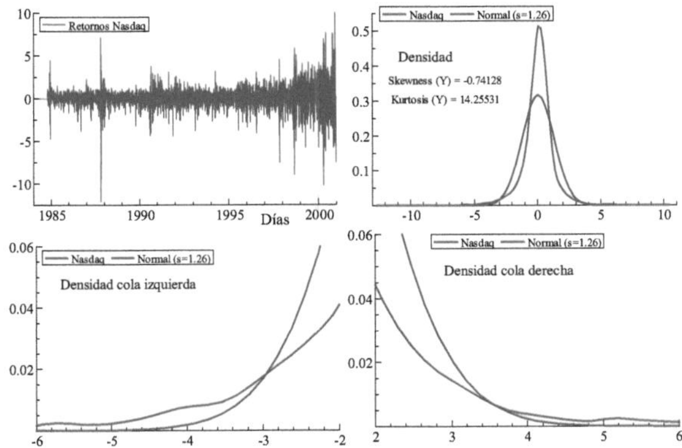

Figura 11.1: Retornos diarios del Nasdaq para el período comprendido entre el 11 de Octubre de 1984 y el 21 de Diciembre de 2000, con la densidad estimada comparada con una densidad normal con desvio estándar igual a $1,26$

En muchas situaciones prácticas, por ejemplo para un modelo GARCH$(1,1)$, podemos obtener el valor de $\alpha_1 + \beta_1$ próximo a uno. Si la suma de estos parámetros fuese exactamente igual a uno tendremos un modelo IGARCH (o *Integrated* GARCH de acuerdo a su siglas en inglés). En este caso tendremos

$$\begin{aligned} y_t &= \sqrt{h_t}\varepsilon_t \\ h_t &= \alpha_0 + \beta_1 h_{t-1} + (1 - \beta_1)\, y_{t-1}^2, \end{aligned}$$

con $0 < \beta_1 < 1$. Sin embargo, en este caso, la varianza no condicional de y_t no estará definida, lo que surge de (11.60).

11.9.1. Ejemplo

Una serie de tiempo muy usada en la literatura como ejemplo academico es la de los retornos diarios del índice bursátil Nasdaq, expresado en porcentajes desde el 11 de Octubre de 1984 hasta el 21 de Diciembre de 2000, lo que representa 4.093 observaciones diarias. Una característica importante de esta serie es que consiste en el retorno expresado en porcentajes, la que no está asociada a valores monetarios, o sea que no está sujeta a las variaciones del valor de ese activo financiero. Analizaremos esta serie usando el paquete *Estimating and Forecasting ARCH Models Using G@RCH 7* desarrollado por Laurent (2013).

En el gráfico superior izquierdo de la Figura 11.1 se encuentra el gráfico de la serie de los retornos diarios del Nasdaq para el período estudiado. Se observa allí períodos de baja volatilidad y períodos de alta volatilidad, lo que es un signo claro de la presencia de efectos de tipo ARCH o GARCH en la serie. El gráfico superior derecho muestra que la distribución incondicional de los retornos del Nasdaq (línea roja) no es normal. En efecto, tiene un pico

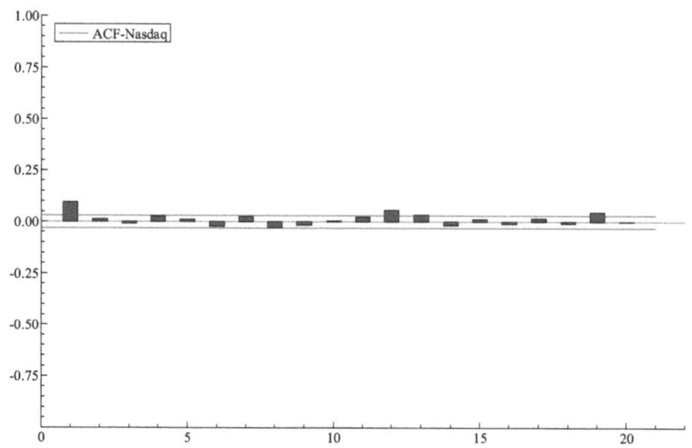

Figura 11.2: Autocorrelaciones (estimadas) de los retornos diarios del Nasdaq para el período comprendido entre el 11 de Octubre de 1984 y el 21 de Diciembre de 2000

más pronunciado que la distribución normal (línea verde) y tiene colas más pesadas como se lo ve en los gráficos inferiores. Todo esto es validado por la estimación de la kurtosis, la que es igual a $14, 25531$. Aunque no es obvio en base a la observación visual, la distribución tiene una asimetría negativa la que se refleja en la estimación de la misma que es igual a $-0, 74128$. Recordemos que el coeficiente de asimetría es igual a 0 para distribuciones simétricas y que el coeficiente de kurtosis es igual a 3 para la distribución normal.

Las Figuras 11.2 y 11.3 sugieren que la serie de los retornos diarios del Nasdaq es un proceso con memoria corta y que un modelo AR(1) puede ser necesario para la estimación de la media condicional.

Anteriormente vimos que la serie de los retornos diarios del Nasdaq presenta períodos de baja volatidad seguidos de períodos de alta volatilidad. Una forma adicional de ver esto es graficando las autocorrelaciones y autocorrelaciones parciales estimadas de los cuadrados (o del valor absoluto) de los retornos diarios del Nasdaq a fin de detectar la presencia de efectos ARCH o GARCH en la serie. Las Figuras 11.4 y 11.5 muestran las autocorrelaciones y autocorrelaciones parciales estimadas (con 100 rezagos) para la serie de los cuadrados de los retornos diarios del Nasdaq. Estos gráficos sugieren que los cuadrados de los retornos están fuertemente autocorrelacionados exhibiendo volatilidad con un posible modelo ARCH de orden bajo.

En el Cuadro 11.1 se muestran los estadísticos descriptivos obtenidos al aplicar el paquete antes mencionado a la serie de los retornos diarios del Nasdaq. Luego se presenta un conjunto de tests para esa serie.

—- Database information —-
Sample: 1984-10-12 - 2000-12-21 (4093 observations)
Frequency: 1
Variables: 4

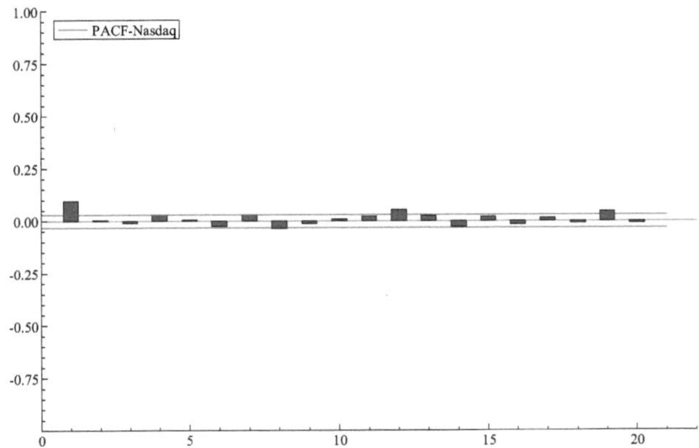

Figura 11.3: Autocorrelaciones parciales (estimadas) de los retornos diarios del Nasdaq para el período comprendido entre el 11 de Octubre de 1984 y el 21 de Diciembre de 2000

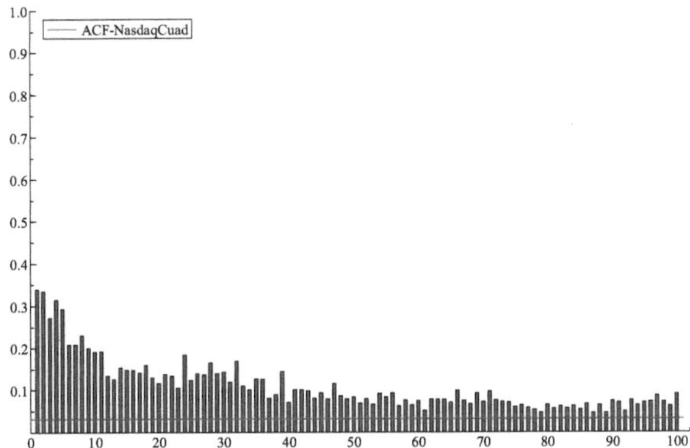

Figura 11.4: Autocorrelaciones (estimadas) de los cuadrados de los retornos diarios del Nasdaq para el período comprendido entre el 11 de Octubre de 1984 y el 21 de Diciembre de 2000

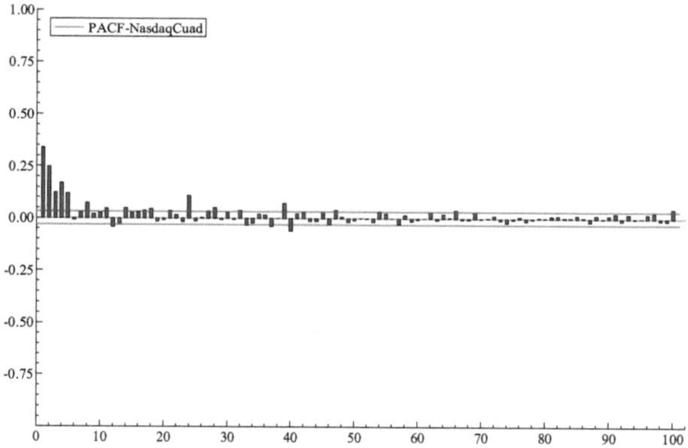

Figura 11.5: Autocorrelaciones parciales (estimadas) de los cuadrados de los retornos diarios del Nasdaq para el período comprendido entre el 11 de Octubre de 1984 y el 21 de Diciembre de 2000

Variable	#obs	#miss	type	min	mean	max	std. dev.
Date	4093	0	date	1984-10-12		2000-12-21	
Nasdaq	4093	0	double	$-12,043$	$0,055166$	$9,9636$	$1,2617$
Constant	4093	0	double	1	1	1	0
Trend	4093	0	double	1	2047	4093	$1181,5$

Cuadro 11.1: Estadísticos descriptivos para los retornos diarios del Nasdaq

	Statistic	t-Test	P-Value
Skewness	$-0,74128$	$19,368$	$1,4336e-083$
Excess Kurtosis	$11,255$	$147,07$	$0,00000$
Jarque-Bera	21979	NaN	$0,00000$

Cuadro 11.2: Tests de normalidad para los retornos diarios del Nasdaq

Series #1/1: Nasdaq

ARCH 1-2 test: $F(2,4088) = 420.80$ [0.0000]**
ARCH 1-5 test: $F(5,4082) = 228.90$ [0.0000]**
ARCH 1-10 test: $F(10,4072) = 118.16$ [0.0000]**

Box-Pierce Q-Statistics on Raw data
Q(5) = 41,8697 [0,0000001]**
Q(10) = 50,9695 [0,0000002]**
Q(20) = 83,6251 [0,0000000]**
Q(50) = 167,368 [0,0000000]**
H0 : No serial correlation ==> Accept H0 when prob. is High [Q < Chisq(lag)]

Box-Pierce Q-Statistics on Squared data
Q(5) = 1988,77 [0,0000000]**
Q(10) = 2874,40 [0,0000000]**
Q(20) = 3748,75 [0,0000000]**
Q(50) − 5491,27 [0,0000000]**
H0 : No serial correlation ==> Accept H0 when prob. is High [Q < Chisq(lag)]

KPSS Test without trend and 2 lags
H0: Nasdaq is I(0)
KPSS Statistics: 0.0743478
Asymptotic critical values of Kwiatkowski et al. (1992), JoE, 54,1, p. 159-178
 1 %   5 %   10 %
0.739   0.463   0.347

—- Log Periodogram Regression —-
d parameter   0.0691465 (0.015793) [0.0000]
No of observations: 4093; no of periodogram points: 2046

Los estadísticos estimados anteriormente muestran que los retornos diarios del Nasdaq presentas efectos de tipo ARCH o GARCH (ver los estadísticos Q de Box-Pierce para la serie de los cuadrados de los datos). Mirando a los estadísticos Q de Box-Pierce para la serie original o "raw data" concluimos que un modelo de tipo ARMA está justificado. Por último, los tests de normalidad mostrados en el Cuadro 11.2, en particular el estadístico de Jarque-Bera, claramente nos llevan a rechazar la hipótesis de normalidad; mientras que el estadístico KPSS indica que la serie posiblemente es I(0) (no hay raiz unitaria).

En este ejemplo usaremos dos variables ficticias o dummies, una para los días lunes que llamaremos Monday y otra para los viernes que llamaremos Friday. La razón de su uso es que estos días son el ´primero y último día laborable de la semana por lo tanto es posible que tengan influencias en la media condicional y en la varianza condicional. Estas dummies son fácilmente creadas usando la calculadora del programa G@RCH 7. Primero usamos la función *dayofweek()* para crear la variable Day con Day = 2 para lunes, 3 para martes, etc. Luego se crean las dummies Monday y Friday de la siguiente forma: Monday = Day == 2 y Friday = Day ==6.

A continuación se especifica el modelo a ser estimado. Claramente la variable bajo estudio es la correspondiente a los retornos diarios del Nasdaq la cual es identificada simplemente como Nasdaq en el programa, y se agregan como regresores a la dummy Monday para la media condicional y a la dummy Friday para la varianza condicional. Luego en base a las ecuaciones (11.66), (11.67), (11.64), (11.65) y (11.68) y al proceso de identificación anteriormente realizado se selecciona un modelo ARMA$(1,0)$ para la media condicional y un modelo GARCH$(0,1)$ para la varianza condicional, o equivalentemente se selecciona un modelo ARMA$(1,0)$-GARCH$(0,1)$ (también se puede decir que es un modelo AR(1)-ARCH(1)). En cuanto a la distribución, se usará la normal estándar. Luego se realiza la estimación por máxima verosimilitud, obteniéndose los siguientes resultados:

```
********************************
** G@RCH(1) SPECIFICATIONS **
********************************
The estimation sample is: 1984-10-12 - 2000-12-21
The dependent variable is: Nasdaq
Mean Equation: ARMA (1, 0) model.
1 regressor(s) in the conditional mean.
Variance Equation: GARCH (0, 1) model.
1 regressor(s) in the conditional variance.
Normal distribution.

Strong convergence using numerical derivatives
Log-likelihood = -6106.36
Please wait : Computing the Std Errors ...

Maximum Likelihood Estimation (Std.Errors based on Second derivatives)

No. Observations : 4093      No. Parameters : 6
Mean (Y) : 0.05517         Variance (Y) : 1.59189
Skewness (Y) : -0.74128    Kurtosis (Y) : 14.25531
Log Likelihood : -6106.357  Alpha[1]+Beta[1]: 0.74614

The sample mean of squared residuals was used to start recursion.
Positivity & stationarity constraints are not computed because there are
```

Name	Coefficient	Std.Error	t-value	t-prob
Cst(M)	$0,188314$	$0,016176$	$11,64$	$0,0000$
Monday (M)	$-0,143636$	$0,033629$	$-4,271$	$0,0000$
$AR(1)$	$-0,021047$	$0,017378$	$-1,211$	$0,2259$
Cst(V)	$0,737026$	$0,028148$	$26,18$	$0,0000$
Friday (V)	$-0,289467$	$0,040311$	$-7,181$	$0,0000$
$ARCH$(Alpha1)	$0,746336$	$0,046922$	$15,91$	$0,0000$

Cuadro 11.3: Retornos diarios del Nasdaq. Valores estimados de los coeficientes del modelo AR(1)-ARCH(1) con distribución normal estándar, con sus errores estándares calculados usando las segundas derivadas, valores de t y la probabilidad en las colas de la distribución t para esos valores

explanatory variables in the conditional variance equation.

Estimated Parameters Vector :
0,188314;   −0,143636;   −0,021047;   0,737026;   −0,289467;   0,746341
Elapsed Time : 0.407 seconds (or 0.00678333 minutes).

La matriz de covarianza de los estimadores anteriores se calculó usando las segundas derivadas del logaritmo de la función de verosimilitud. A continuación se presentan los mismos resultados anteriores pero con el cálculo de la matriz de covarianza de los estimadores realizado de forma robusta, también conocido como método de cuasi máxima verosimilitud o "fórmula sandwich". Como se observa, las conclusiones a las que se arriban en ambos casos no difieren entre sí.

```
*******************************
** G@RCH(2) SPECIFICATIONS **
*******************************
The estimation sample is: 1984-10-12 - 2000-12-21
The dependent variable is: Nasdaq
Mean Equation: ARMA (1, 0) model.
1 regressor(s) in the conditional mean.
Variance Equation: GARCH (0, 1) model.
1 regressor(s) in the conditional variance.
Normal distribution.

Strong convergence using numerical derivatives
Log-likelihood = -6106.36
Please wait : Computing the Std Errors ...

Robust Standard Errors (Sandwich formula)

No. Observations : 4093      No. Parameters : 6
Mean (Y) : 0.05517          Variance (Y) : 1.59189
Skewness (Y) : -0.74128     Kurtosis (Y) : 14.25531
Log Likelihood : -6106.357  Alpha[1]+Beta[1]: 0.74634
```

Name	Coefficient	Std.Error	t-value	t-prob
Cst(M)	$0,188314$	$0,028747$	$7,314$	$0,0000$
Monday (M)	$-0,143636$	$0,049195$	$-2,920$	$0,0035$
$AR(1)$	$-0,021047$	$0,055644$	$-0,3782$	$0,7053$
Cst(V)	$0,737026$	$0,062300$	$11,83$	$0,0000$
Friday (V)	$-0,289467$	$0,081034$	$-3,572$	$0,0004$
$ARCH$(Alpha1)	$0,746336$	$0,10484$	$7,119$	$0,0000$

Cuadro 11.4: Retornos diarios del Nasdaq. Valores estimados de los coeficientes del modelo AR(1)-ARCH(1) con distribución normal estándar, con sus errores estándares calculados de forma robusta (fórmula sandwich), valores de t y la probabilidad en las colas de la distribución t para esos valores

The sample mean of squared residuals was used to start recursion.
Positivity & stationarity constraints are not computed because there are explanatory variables in the conditional variance equation.

Estimated Parameters Vector :
0,188314;   −0,143636;   −0,021047;   0,737026;   −0,289467;   0,746341
Elapsed Time : 0.52 seconds (or 0.00866667 minutes).

En los Cuadros 11.3 y 11.4 "Cst" significa constante, "(M)" que está relacionado con la media condicional y "(V)" con la varianza condicional. AR(1) y ARCH(Alpha1) corresponden a φ_1 y α_1 respectivamente.

De manera sorprendente, el coeficiente AR(1) no es significativamente distinto de cero a pesar que se esperaba que fuera significativamente negativo. De forma interesante, los retornos y la volatilidad son, en promedio, menores los lunes y los viernes respectivamente. Además, el coeficiente α_1 del modelo ARCH es altamente significativo (rechazando la hipótesis nula de falta de efectos ARCH) El valor del logaritmo de la verosimilitud es $-6106,357$.

En la Figura 11.6 se grafica la varianza condicional o volatilidad $\left(\widehat{h}_t = \widehat{\sigma}_t^2\right)$ y también el histograma de los residuos estandarizados $\left(\widehat{\varepsilon}_t = \frac{\widehat{\nu}_t}{\widehat{\sigma}_t}\right)$ obtenidos con el modelo AR(1)-ARCH(1) con distribución normal estándar junto con una estimación incondicional de su distribución y la densidad $N(0,1)$.

Luego se realiza el proceso de control de diagnóstico del modelo propuesto y estimado. Para ello se realizan diversos tests sobre los residuos, los cuales se presentan a continuación:

```
*************
*** TESTS ***
*************
```

TESTS :

———

Information Criteria (to be minimized)
Akaike   2.986737 Shibata   2.986733
Schwarz   2.995997 Hannan-Quinn 2.990016

———

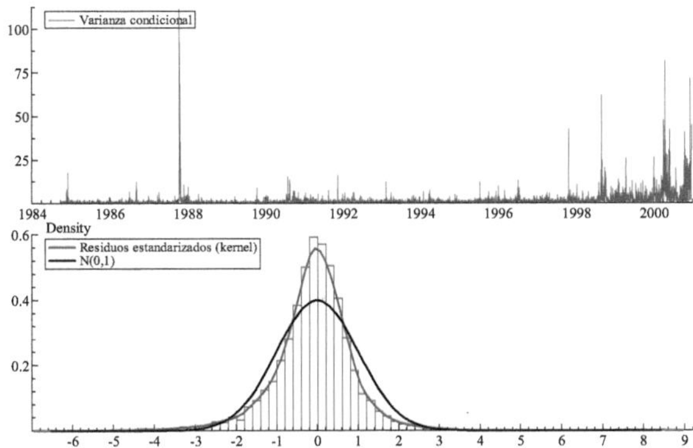

Figura 11.6: Varianza condicional de los retornos diarios del Nasdaq y la densidad estimada incondicional de los resíduos estándarizados para el modelo AR(1)-ARCH(1) con distribución normal estándar comparada con una $N(0,1)$

	Statistic	t-Test	P-Value
Skewness	$-0,28941$	$7,5616$	$3,9807e-014$
Excess Kurtosis	$5,9872$	$78,235$	$0,00000$
Jarque-Bera	$6170,5$	NaN	$0,00000$

Cuadro 11.5: Tests de normalidad para los residuos del modelo AR(1)-ARCH(1) con distribución normal estándar estimado para los retornos diarios del Nasdaq

Q-Statistics on Standardized Residuals
-> P-values adjusted by 1 degree(s) of freedom
Q(5) = 62.3925 [0.0000000]**
Q(10) = 68.3636 [0.0000000]**
Q(20) = 84.2257 [0.0000000]**
Q(50) = 125.350 [0.0000000]**
H0 : No serial correlation ==> Accept H0 when prob. is High [Q < Chisq(lag)]

Q-Statistics on Squared Standardized Residuals
-> P-values adjusted by 1 degree(s) of freedom
Q(5) = 323.697 [0.0000000]**
Q(10) = 628.454 [0.0000000]**
Q(20) = 1035.75 [0.0000000]**
Q(50) = 1695.16 [0.0000000]**
H0 : No serial correlation ==> Accept H0 when prob. is High [Q < Chisq(lag)]

# Cells(g)	Statistic	P-Value(g-1)	P-Value(g-k-1)
40	$526,9756$	$0,000000$	$0,000000$
50	$540,9238$	$0,000000$	$0,000000$
60	$565,9641$	$0,000000$	$0,000000$
Rem.: k = 6 = # estimated parameters			

Cuadro 11.6: Test Chi-cuadrado ajustado de Pearson de bondad de ajuste (Adjusted Pearson Chi-square Goodness-of-fit test) para los residuos del modelo AR(1)-ARCH(1) con distribución normal estándar estimado para los retornos diarios del Nasdaq

Residual-Based Diagnostic for Conditional Heteroskedasticity of Tse (2002)
RBD(2) = 140.573 [0.0000000]
RBD(5) = 432.809 [0.0000000]
RBD(10) = 661.238 [0.0000000]

P-values in brackets

Sin profundizar en el análisis de estos resultados, podemos argumentar brevemente que el modelo estimado no captura la dinámica de la serie de los retornos diarios del Nasdaq.

Los estadísticos Q para los residuos estandarizados y los residuos cuadráticos estandarizados, y la prueba RBD con varios valores de rezagos (lags) así como los tests Chi-cuadrado ajustados de Pearson de bondad de ajuste (con diferentes números de celdas) rechazan la hipótesis nula de una especificación correcta. Este resultado no es muy sorprendente. La evidencia empírica ha demostrado que se debe seleccionar un modelo ARCH de orden alto para captar la dinámica de la varianza condicional (lo que implica la estimación de numerosos parámetros). A pesar de estos resultados se realizarán las predicciones pertinentes.

Dejando de lado las últimas 10 observaciones para el experimento de predicción y realizando los pronósticos de 10 pasos adelante de los retornos diarios del Nasdaq basados en el modelo AR(1)-ARCH(1) con distribución normal estándar, se obtiene la Figura 11.7. O sea que en este caso tenemos, para los últimos 10 puntos muestrales, las observaciones y los correspondientes valores predichos.

La banda de confianza de las predicciones (líneas verticales del gráfico superior de la Figura 11.7) es igual a $\pm 2\widehat{\sigma}_{t+h|t}$ dando un intervalo de confianza del 95 %, donde $\widehat{\sigma}_{t+h|t}$ es el desvio estándar condicional predicho h pasos adelante dada la información hasta el momento t. Los valores predichos hasta 10 pasos adelante de la media condicional y la varianza condicional están dados en el Cuadro 11.7.

En el Cuadro 11.8 se presentan medidas estándares de evaluación de los pronósticos derivadas de los errores de predicción para los últimos 10 puntos muestrales. Debe notarse que ciertos criterios no son calculados para ambas media y varianza condicional. En ese caso el programa lo reporta NaN.■

11.9.2. Ejemplo

Como se dijo en el desarrollo del Ejemplo anterior, el modelo AR(1)-ARCH(1) no captura la dinámica de la serie de los retornos diarios del Nasdaq. Por ello se propone y estima para esta misma serie otro modelo un poco más elaborado. En efecto, se estima un modelo

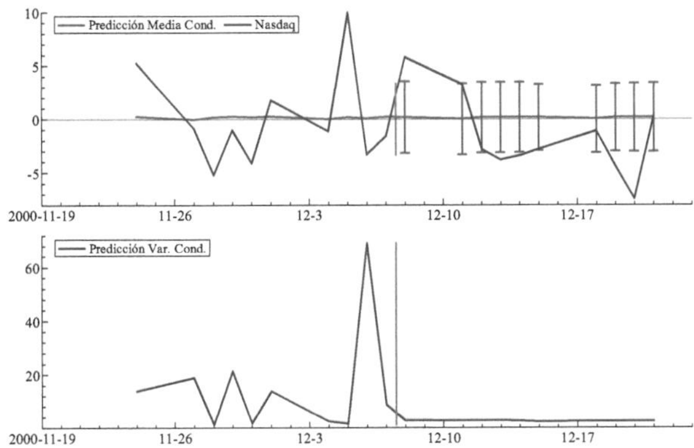

Figura 11.7: Predicción 10 pasos adelante (dejando de lado las últimas 10 observaciones) de la media condicional y la varianza condicional de los retornos diarios del Nasdaq basados en el modelo AR(1)-ARCH(1) con distribución normal estándar

Pasos adelante (horizonte)	Media condicional	Varianza condicional
1	$0,2045$	$2,790$
2	$0,03708$	$2,751$
3	$0,1847$	$2,723$
4	$0,1847$	$2,703$
5	$0,1847$	$2,688$
6	$0,1847$	$2,384$
7	$0,0373$	$2,459$
8	$0,1847$	$2,513$
9	$0,1847$	$2,552$
10	$0,1847$	$2,580$

Cuadro 11.7: Predicción hasta 10 pasos adelante de la media condicional y la varianza condicional para los retornos diarios del Nasdaq basadas en el modelo AR(1)-ARCH(1) con distribución normal estándar estimado

Medida de evaluación	Media condicional	Varianza condicional
Mean Squared Error(MSE)	$16,81$	$438,5$
Median Squared Error(MedSE)	$11,71$	$72,5$
Mean Error(ME)	$-1,781$	$13,72$
Mean Absolute Error(MAE)	$3,58$	$14,45$
Root Mean Squared Error(RMSE)	$4,1$	$20,94$
Mean Absolute Percentage Error(MAPE)	NaN	$4,602$
Adjusted Mean Absolute Percentage Error(AMAPE)	NaN	$0,674$
Percentage Correct Sign(PCS)	$0,3$	NaN
Theil Inequality Coefficient(TIC)	$0,9795$	$0,8254$
Logarithmic Loss Function(LL)	NaN	$4,344$

Cuadro 11.8: Medidas de evaluación de las predicciones de la media condicional y la varianza condicional para los retornos diarios del Nasdaq basadas en el modelo AR(1)-ARCH(1) con distribución normal estándar estimado

ARMA$(1,0)$-GARCH$(1,1)$ con distribución normal y se usa el método de cuasi máxima verosimilitud (QML en inglés) o "fórmula sandwich" para el cálculo de la matriz de covarianza de los estimadores. Los resultados se presentan a continuación.

```
****************************
** G@RCH(1) SPECIFICATIONS **
****************************
```

The dataset is: C:\ProyectoVolatilidad\OxMetrics7\data\nasdaq_nuevo.in7
The estimation sample is: 1984-10-12 - 2000-12-21
The dependent variable is: Nasdaq
Mean Equation: ARMA (1, 0) model.
1 regressor(s) in the conditional mean.
Variance Equation: GARCH (1, 1) model.
1 regressor(s) in the conditional variance.
Normal distribution.

Strong convergence using numerical derivatives
Log-likelihood = -5370.86
Please wait : Computing the Std Errors ...

Robust Standard Errors (Sandwich formula)

No. Observations : 4093   No. Parameters : 7
Mean (Y) : 0.05517   Variance (Y) : 1.59189
Skewness (Y) : -0.74128   Kurtosis (Y) : 14.25531
Log Likelihood : -5370.858   Alpha[1]+Beta[1]: 0.99105

The sample mean of squared residuals was used to start recursion.
Positivity & stationarity constraints are not computed because there are explanatory variables in the conditional variance equation.

Name	Coefficient	Std.Error	t-value	t-prob
Cst(M)	$0,116210$	$0,015919$	$7,300$	$0,0000$
Monday (M)	$-0,174801$	$0,028920$	$-6,044$	$0,0000$
$AR(1)$	$0,193905$	$0,017177$	$11,29$	$0,0000$
Cst(V)	$0,009292$	$0,012566$	$0,7394$	$0,4597$
Friday (V)	$0,067380$	$0,059745$	$1,128$	$0,2595$
$ARCH$(Alpha1)	$0,164808$	$0,028030$	$5,880$	$0,0000$
$GARCH$(Beta1)	$0,826238$	$0,026107$	$31,65$	$0,0000$

Cuadro 11.9: Retornos diarios del Nasdaq. Valores estimados de los coeficientes del modelo ARMA(1,0)-GARCH(1,1) con distribución normal estándar, con sus errores estándares calculados de forma robusta (fórmula sandwich), valores de t y la probabilidad en las colas de la distribución t para esos valores

	Statistic	t-Test	P-Value
Skewness	$-0,65157$	$17,024$	$5,4349e-065$
Excess Kurtosis	$2,6513$	$34,645$	$5,2745e-263$
Jarque-Bera	$1488,4$	NaN	$0,00000$

Cuadro 11.10: Tests de normalidad para los residuos del modelo ARMA(1,0)-GARCH(1,1) con distribución normal estándar estimado para los retornos diarios del Nasdaq

Estimated Parameters Vector :
0,116210; −0,174801; 0,193905; 0,009292; 0,067380; 0,164808; 0,826243
Elapsed Time : 0.515 seconds (or 0.00858333 minutes).

Es interesante observar que ahora el logaritmo de la verosimilitud es $-5370,858$ mientras que el correspondiente valor para el modelo ARCH(1) del Ejemplo anterior era $-6106,357$. Cualquier test de cociente de verosimilitudes (como el usado en el Capítulo 4 en el proceso de Control de diagnóstico) tendría una distribución $\chi^2(1)$ y nos llevaría a rechazar la hipótesis del modelo ARCH(1) en favor del modelo GARCH(1,1).

Además, para este modelo ARMA(1,0)-GARCH(1,1) con distribución normal estándar, mostramos a continuación las mismas seis pruebas de especificación errónea dadas en el Ejemplo anterior para el modelo ARCH(1) con distribución normal estándar.

```
*************
*** TESTS ***
*************
TESTS :


___________

Information Criteria (to be minimized)
Akaike   2.627832   Shibata        2.627826
Schwarz 2.638636    Hannan-Quinn 2.631657
```

# Cells(g)	Statistic	P-Value(g-1)	P-Value(g-k-1)
40	$201,6787$	$0,000000$	$0,000000$
50	$221,5492$	$0,000000$	$0,000000$
60	$230,5035$	$0,000000$	$0,000000$
Rem.: k = 7 = # estimated parameters			

Cuadro 11.11: Test Chi-cuadrado ajustado de Pearson de bondad de ajuste (Adjusted Pearson Chi-square Goodness-of-fit test) para los residuos del modelo ARMA(1,0)-GARCH(1,1) con distribución normal estándar estimado para los retornos diarios del Nasdaq

Q-Statistics on Standardized Residuals
-> P-values adjusted by 1 degree(s) of freedom
Q(5) =   4.57820 [0.3333749]
Q(10) = 5.22369 [0.8143890]
Q(20) = 18.7431 [0.4734248]
Q(50) = 58.5113 [0.1657199]
H0 : No serial correlation ==> Accept H0 when prob. is High [Q < Chisq(lag)]

———————————

Q-Statistics on Squared Standardized Residuals
-> P-values adjusted by 2 degree(s) of freedom
Q(5) =   3.79989 [0.2838986]
Q(10) = 7.15170 [0.5203576]
Q(20) = 16.8830 [0.5311631]
Q(50) = 46.2948 [0.5429338]
H0 : No serial correlation ==> Accept H0 when prob. is High [Q < Chisq(lag)]

———————————

Residual-Based Diagnostic for Conditional Heteroskedasticity of Tse (2002)
RBD(2) = 2.02370 [0.3635463]
RBD(5) = 3.62445 [0.6046453]
RBD(10) = 6.84825 [0.7396890]

———————————

P-values in brackets

A diferencia del modelo ARCH(1) analizado en el Ejemplo anterior, los estadísticos Q para los residuos estandarizados y los residuos cuadráticos estandarizados, así como la prueba RBD con varios valores de rezagos (lags) sugieren que el modelo GARCH(1, 1) con distribución normal estándar hace un buen trabajo modelando la dinámica de los dos primeros momentos condicionales de los retornos diarios del Nasdaq.

Sin embargo, el test Chi-cuadrado ajustado de Pearson de bondad de ajuste (con diferentes números de celdas) todavía señala alguna especificación incorrecta de la distribución condicional general.

Varios autores han propuesto usar una distribución t de Student o una GED en combinación con un modelo GARCH para modelar las colas pesadas de las series temporales financieras de alta frecuencia.

Name	Coefficient	Std.Error	t-value	t-prob
Cst(M)	$0,105041$	$0,014271$	$7,360$	$0,0000$
Monday (M)	$-0,163389$	$0,025458$	$-6,418$	$0,0000$
$AR(1)$	$0,176106$	$0,015898$	$11,08$	$0,0000$
Cst(V)	$0,012150$	$0,0037650$	$3,227$	$0,0013$
$ARCH$(Alpha1)	$0,134164$	$0,021462$	$6,251$	$0,0000$
$GARCH$(Beta1)	$0,865132$	$0,020753$	$41,69$	$0,0000$
Asymmetry	$-0,171049$	$0,022497$	$-7,603$	$0,0000$
Tail	$6,237842$	$0,60282$	$10,35$	$0,0000$

Cuadro 11.12: Retornos diarios del Nasdaq. Valores estimados de los coeficientes del modelo ARMA(1,0)-GARCH(1,1) con distribución asimétrica de Student, con sus errores estándares calculados de forma robusta (fórmula sandwich), valores de t y la probabilidad en las colas de la distribución t para esos valores

Además, dado que los retornos diarios del Nasdaq parecen tener asimetría, el uso de la distribución asimétrica de Student podría estar justificado en este caso. En consecuencia se estima un modelo ARMA$(1, 0)$-GARCH$(1, 1)$ con distribución asimétrica de Student y se usa el método de cuasi máxima verosimilitud (QML en inglés) o "fórmula sandwich" para el cálculo de la matriz de covarianza de los estimadores. Se realiza una primera estimación en la cual se observa que la variable Friday que captura la influencia del día viernes en la varianza condicional es altamente no significativa, por lo tanto se decide eliminarla y se realiza una nueva estimación sin esa variable. Los resultados se presentan a continuación.

```
**********************************
** G@RCH(2) SPECIFICATIONS **
**********************************
```

The dataset is: C:\ProyectoVolatilidad\OxMetrics7\data\nasdaq_nuevo.in7
The estimation sample is: 1984-10-12 - 2000-12-21
The dependent variable is: Nasdaq
Mean Equation: ARMA (1, 0) model.
1 regressor(s) in the conditional mean.
Variance Equation: GARCH (1, 1) model.
No regressor in the conditional variance
Skewed Student distribution, with 6.23784 degrees of freedom
and asymmetry coefficient (log xi) -0.171049.

Strong convergence using numerical derivatives
Log-likelihood = -5208.28
Please wait : Computing the Std Errors ...

Robust Standard Errors (Sandwich formula)

No. Observations : 4093   No. Parameters : 8
Mean (Y) : 0.05517   Variance (Y) : 1.59189
Skewness (Y) : -0.74128   Kurtosis (Y) : 14.25531

	Statistic	t-Test	P-Value
Skewness	$-0,72547$	$18,955$	$4,0058e-080$
Excess Kurtosis	$3,1651$	$41,358$	$0,00000$
Jarque-Bera	$2067,5$	NaN	$0,00000$

Cuadro 11.13: Tests de normalidad para los residuos del modelo ARMA(1,0)-GARCH(1,1) con distribución asimétrica de Student estimado para los retornos diarios del Nasdaq

Log Likelihood : -5208.278   Alpha[1]+Beta[1]: 0.99930

The sample mean of squared residuals was used to start recursion.
The positivity constraint for the GARCH (1,1) is observed.
This constraint is alpha[L]/[1 - beta(L)] >= 0.
The unconditional variance is 17.2622
The conditions are alpha[0] > 0, alpha[L] + beta[L] < 1 and alpha[i] + beta[i] >= 0.
=> See Doornik & Ooms (2006) for more details.

The condition for existence of the fourth moment of the GARCH is not observed.
The constraint equals 1.09014 and should be < 1.
=> See Ling & McAleer (2002) for details.

Estimated Parameters Vector :
0,105041; −0,163389; 0,176106; 0,012150; 0,134164; 0,865132; −0,171049; 6,237847
Elapsed Time : 1.164 seconds (or 0.0194 minutes).

En el Cuadro 11.12 se observa que todos los coeficientes son significativamente distintos de cero. En particular, "Asymmetry" que mide la asimetría de la distribución asimétrica de Student es sisgnificativamente distinto de cero. Si fuera cero significa que se estaría frente a una distribución simétrica t de Student. Aimismo, "Tail" que son los grados de libertad son significativamente distintos de cero lo que indica que para estos datos una distribución con colas pesadas es adecuada.

Además, para este modelo ARMA(1, 0)-GARCH(1, 1) con distribución asimétrica de Student, mostramos a continuación algunas pruebas de especificación errónea.

```
***********
** TESTS **
***********
```

TESTS :

———

Information Criteria (to be minimized)
Akaike 2.548878 Shibata 2.548870
Schwarz 2.561225 Hannan-Quinn 2.553249

———

Q-Statistics on Standardized Residuals

# Cells(g)	Statistic	P-Value(g-1)	P-Value(g-k-1)
40	$48,1288$	$0,149943$	$0,025578$
50	$51,9670$	$0,359070$	$0,117111$
60	$62,3921$	$0,356581$	$0,131695$
Rem.: k = 8 = # estimated parameters			

Cuadro 11.14: Test Chi-cuadrado ajustado de Pearson de bondad de ajuste (Adjusted Pearson Chi-square Goodness-of-fit test) para los residuos del modelo ARMA(1,0)-GARCH(1,1) con distribución asimétrica de Student estimado para los retornos diarios del Nasdaq

-> P-values adjusted by 1 degree(s) of freedom
Q(5) = 9.26131 [0.0548897]
Q(10) = 9.79238 [0.3675535]
Q(20) = 22.8970 [0.2419110]
Q(50) = 62.3488 [0.0953708]
H0 : No serial correlation ==> Accept H0 when prob. is High [Q < Chisq(lag)]

Q-Statistics on Squared Standardized Residuals
-> P-values adjusted by 2 degree(s) of freedom
Q(5) =   8.03410 [0.0453123]*
Q(10) = 11.4794 [0.1759859]
Q(20) = 24.7748 [0.1312468]
Q(50) = 52.5541 [0.3020710]
H0 : No serial correlation ==> Accept H0 when prob. is High [Q < Chisq(lag)]

Del análisis de estos resultados podemos argumentar brevemente que el modelo estimado captura razonablemente la dinámica de la serie de los retornos diarios del Nasdaq.

Los estadísticos Q para los residuos estandarizados y los residuos cuadráticos estandarizados así como los tests Chi-cuadrado ajustados de Pearson de bondad de ajuste (con diferentes números de celdas) en general aceptan la hipótesis nula de una especificación correcta (salvo para un número de 40 celdas en el test de Pearson y para $Q(5)$ en el test de los residuos cuadráticos estandarizados). Esto nos podría llevar a decidir quedarnos con la especificación del modelo $ARMA(1,0)$-$GARCH(1,1)$ con distribución asimétrica de Student, o bien probar otro más sofisticado. En nuestro caso decidimos quedarnos con este modelo.

Dejando de lado las últimas 10 observaciones para el experimento de predicción y realizando los pronósticos de 10 pasos adelante de los retornos diarios del Nasdaq basados en el modelo $ARMA(1,0)$-$GARCH(1,1)$ con distribución asimétrica de Student, se obtiene la Figura 11.8. O sea que en este caso tenemos, para los últimos 10 puntos muestrales, las observaciones y los correspondientes valores predichos.

La banda de confianza de las predicciones (líneas verticales del gráfico superior de la Figura 11.8) es igual a $\pm 2\hat{\sigma}_{t+h|t}$ dando un intervalo de confianza del 95 %, donde $\hat{\sigma}_{t+h|t}$ es el desvío estándar condicional predicho h pasos adelante dada la información hasta el momento t. Los valores predichos hasta 10 pasos adelante de la media condicional y la varianza condicional están dados en el Cuadro 11.15.

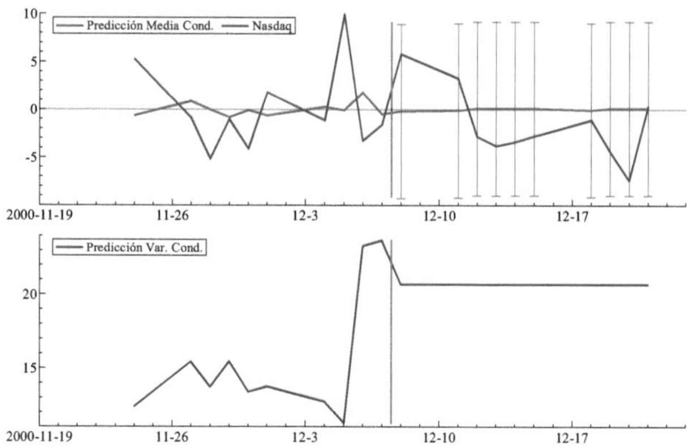

Figura 11.8: Predicción 10 pasos adelante (dejando de lado las últimas 10 observaciones) de
la media condicional y la varianza condicional de los retornos diarios del Nasdaq basados en
el modelo ARMA$(1,0)$-GARCH$(1,1)$ con distribución asimétrica de Student

Pasos adelante (horizonte)	Media condicional	Varianza condicional
1	$-0,1899$	$20,67$
2	$-0,1101$	$20,67$
3	$0,09602$	$20,67$
4	$0,1035$	$20,67$
5	$0,1048$	$20,67$
6	$0,105$	$20,67$
7	$-0,05852$	$20,67$
8	$0,1051$	$20,67$
9	$0,1051$	$20,67$
10	$0,1051$	$20,67$

Cuadro 11.15: Predicción hasta 10 pasos adelante de la media condicional y la varianza condicional para los retornos diarios del Nasdaq basadas en el modelo ARMA(1,0)-GARCH(1,1)
con distribución asimétrica de Student estimado

Medida de evaluación	Media condicional	Varianza condicional
Mean Squared Error(MSE)	$16,94$	$269,5$
Median Squared Error(MedSE)	$11,92$	$155,3$
Mean Error(ME)	$-1,66$	$-4,332$
Mean Absolute Error(MAE)	$3,583$	$13,79$
Root Mean Squared Error(RMSE)	$4,115$	$16,41$
Mean Absolute Percentage Error(MAPE)	NaN	$33,81$
Adjusted Mean Absolute Percentage Error(AMAPE)	NaN	$0,4211$
Percentage Correct Sign(PCS)	$0,2$	NaN
Theil Inequality Coefficient(TIC)	$0,9965$	$0,3781$
Logarithmic Loss Function(LL)	NaN	$4,457$

Cuadro 11.16: Medidas de evaluación de las predicciones de la media condicional y la varianza condicional para los retornos diarios del Nasdaq basadas en el modelo ARMA(1,0)-GARCH(1,1) con distribución asimétrica de Student estimado

En el Cuadro 11.16 se presentan medidas estándares de evaluación de los pronósticos derivadas de los errores de predicción para los últimos 10 puntos muestrales. Debe notarse que ciertos criterios no son calculados para ambas media y varianza condicional. En ese caso el programa lo reporta NaN.■

11.10. Extensiones de los modelos de volatilidad

Existe una basta literatura acerca de las extensiones de los modelos ARCH y GARCH. En esta sección nos concentraremos en apenas algunos ejemplos de las mismas. En lo que sigue realizaremos la exposición para extensiones del modelo GARCH(1, 1). A fin de hacer la exposición un poco más sencilla, evitaremos incluir la parte del modelado de la madia condicional la cual, en todos los caos es similar a lo discutido anteriormente cuando se presentó el modelo ARCH. En otras palabras, se supone que la serie $\{y_t\}$ solamente contine componentes de varianza condicional heterocedástica y no tiene correlación serial, o sea que responde a la fórmula

$$y_t = \sqrt{h_t}\varepsilon_t, \tag{11.73}$$

donde $h_t = \sigma_t^2$ es la varianza condicional (volatilidad), la que tomará diferentes formulaciones de acuerdo a los distintos modelos presentados.

11.10.1. Modelos EGARCH

Hemos visto que los modelos ARCH y GARCH tratan simétricamente a los retornos ya que la volatilidad es una función cuadrática de los mismos. Pero también es sabido que en la práctica, por lo general, la volatilidad recae de forma asimétrica en los retornos, tendiendo a ser mayor para los retornos negativos.

Teniendo en cuenta lo expuesto, Nelson (1991) en su obra introdujo los modelos EGARCH (o *exponential* GARCH de acuerdo con sus siglas en inglés). Estos modelos fueron estudiados también por Bollerslev and Mikkelsen (1996).

Un modelo EGARCH(m, s) está dado por

$$y_t = \sqrt{h_t}\varepsilon_t \tag{11.74}$$

$$\log(h_t) = \omega + [1 - \beta(B)]^{-1}[1 + \alpha(B)]\, g(\varepsilon_{t-1}) \tag{11.75}$$

donde

$$\alpha(B) = \alpha_1 B + \alpha_2 B^2 + \cdots + \alpha_s B^s, \tag{11.76}$$

$$\beta(B) = \beta_1 B + \beta_2 B^2 + \cdots + \beta_m B^m, \tag{11.77}$$

B es el operador de rezago tal que $B^j \varepsilon_t = \varepsilon_{t-j}$ para todo j, los ε_t son variables aleatorias independientes e idénticamente distribuidas y $g(.)$ es la curva de impacto de la información que depende de diferentes elementos. Nelson (1991) notó que *"para acomodar la relación asimétrica entre el rendimiento de las acciones y los cambios de volatilidaddada (...) el valor de $g(\varepsilon_t)$ debe ser una función tanto de la magnitud como del signo de ε_t"*. Es por eso que sugiere expresar la función $g(\varepsilon_t)$ como

$$g(\varepsilon_t) = \gamma_1 \varepsilon_t + \gamma_2 \left[|\varepsilon_t| - E\left(|\varepsilon_t|\right)\right], \tag{11.78}$$

donde $\gamma_1 \varepsilon_t$ es el efecto del signo y $\gamma_2\left[|\varepsilon_t| - E\left(|\varepsilon_t|\right)\right]$ es el efecto de la magnitud. En este caso, tanto γ_1 como γ_2 son parámetros reales y $\{|\varepsilon_t| - E\left(|\varepsilon_t|\right)\}$ es una sucesión de variables aleatorias independientes e idénticamente distribuidas con media igual a cero.

La $E\left(|\varepsilon_t|\right)$ depende del supuesto hecho sobre la densidad incondicional de ε_t. En efecto, para la distribución normal

$$E\left(|\varepsilon_t|\right) = \sqrt{2/\pi}. \tag{11.79}$$

Para la distribución asimétrica de Student,

$$E\left(|\varepsilon_t|\right) = \frac{4\xi^2}{\xi + 1/\xi}\frac{\Gamma\left(\frac{1+\eta}{2}\right)\sqrt{\eta - 2}}{\sqrt{\pi}\Gamma\left(\frac{\eta}{2}\right)}, \tag{11.80}$$

donde $\xi = 1$ para la distribución simétrica t de student con η grados de libertad.

Para la GED tenemos

$$E\left(|\varepsilon_t|\right) = 2^{(1/\eta)}\lambda_\eta \frac{\Gamma\left(\frac{2}{\eta}\right)}{\Gamma\left(\frac{1}{\eta}\right)}. \tag{11.81}$$

Los parámetros ξ, η y λ_η se refieren a la forma de las distribuciones no normales, como se lo vio anteriormente.

Nótese que la transformación logarítmica de la varianza condicional asegura que $\sigma_t^2 = h_t$ es siempre positiva.

En algunas aplicaciones se reemplaza ω de (11.75) por $\log(\sigma^2)$, donde σ^2 es la varianza incondicional de y_t, la cual puede ser consistentemente estimada por su contraparte muestral.

11.10.2. Modelos APARCH

El modelo APARCH a sido introducido por Ding, Granger, and Engle (1993). El modelo APARCH(p, q) puede expresarse de la siguiente manera

$$\sigma_t^\delta = \omega + \sum_{i=1}^{q}\alpha_i\left(|y_{t-i}| - \gamma_i y_{t-i}\right)^\delta + \sum_{j=1}^{p}\beta_j \sigma_{t-j}^\delta, \tag{11.82}$$

donde $\sigma_t^2 = h_t$, $\delta > 0$ y $-1 < \gamma_i < 1$ para $i = 1, \ldots, q$.

El parámetro δ juega, para σ_t, el papel de la transformación de Box-Cox, mientras que γ_i refleja el llamado efecto apalancamiento. Las propiedades de los modelos APARCH han sido estudiadas por He y Teräsvirta (1999).

El modelo APARCH incluye siete otras extensiones del modelo ARCH como casos especiales:

- El modelo ARCH de Engle (1982) cuando $\delta = 2$, $\gamma_i = 0$ para $i = 1, \ldots, q$ y $\beta_j = 0$ para $j = 1, \ldots, p$.

- El modelo GARCH de Bollerslev (1986) cuando $\delta = 2$ y $\gamma_i = 0$ para $i = 1, \ldots, q$.

- El modelo GARCH de Taylor (1986) y Schwert (1990) cuando $\delta = 1$ y $\gamma_i = 0$ para $i = 1, \ldots, q$.

- El modelo GJR of Glosten, Jagannathan, and Runkle (1993) cuando $\delta = 2$.

- El modelo TARCH o (*threshold* ARCH de acuerdo a sus siglas en inglés) de Zakoian (1994) cuando $\delta = 1$.

- El modelo NARCH de Higgins and Bera (1992) cuando $\gamma_i = 0$ para $i = 1, \ldots, q$ y $\beta_j = 0$ para $j = 1, \ldots, p$.

- El modelo Log-ARCH de Geweke (1986) and Pentula (1986) cuando $\delta \to 0$.

Siguiendo a Ding, Granger, and Engle (1993), si $\omega > 0$ y $\sum_{i=1}^{q} \alpha_i E \left(|y_{t-i}| - \gamma_i y_{t-i} \right)^{\delta} + \sum_{j=1}^{p} \beta_j < 1$, existe una solución estacionaria a la ecuación (11.82) y está dada por

$$E(\sigma_t^\delta) = \frac{\omega}{1 - \sum_{i=1}^{q} \alpha_i E \left(|y_{t-i}| - \gamma_i y_{t-i} \right)^{\delta} - \sum_{j=1}^{p} \beta_j}. \tag{11.83}$$

Para $p = q = 1$, haciendo $\gamma = 0$, $\delta = 2$ y si ε_t tiene media cero y varianza uno, se logra la condición usual de estacionariedad para el modelo GARCH$(1,1)$ $(\alpha + \beta < 1)$. Sin embargo, si $\gamma \neq 0$ y $\delta \neq 2$, estas condiciones dependen de los supuestos hechos para el proceso $\{\varepsilon_t\}$.

Ding, Granger, and Engle (1993) derivaron una solución para $\kappa_i = E \left(|y_{t-i}| - \gamma_i y_{t-i} \right)^{\delta}$ en el caso Gaussiano. Lambert and Laurent (2001) mostraron que para la distribución asimétrica estandarizada de Student

$$\kappa_i = \left\{ \xi^{-(1+\delta)}(1 + \gamma_i)^{\delta} + \xi^{1+\delta}(1 - \gamma_i)^{\delta} \right\} \frac{\Gamma\left(\frac{\delta+1}{2}\right) \Gamma\left(\frac{\eta-\delta}{2}\right) (\eta - 2)^{\frac{1+\delta}{2}}}{\left(\xi + \frac{1}{\xi}\right) \sqrt{(\eta-2)\pi} \Gamma\left(\frac{\eta}{2}\right)}. \tag{11.84}$$

Para la GED, Laurent (2013) mostró que

$$\kappa_i = \frac{\left[(1 + \gamma_i)^{\delta} + (1 - \gamma_i)^{\delta}\right] 2^{\frac{\delta-\eta}{\eta}} \Gamma\left(\frac{\delta+1}{\eta}\right) \lambda_\eta^{\delta}}{\Gamma\left(\frac{1}{\eta}\right)}. \tag{11.85}$$

Recordemos que ξ, η y λ_η se refieren a la forma de las distribuciones diferentes a la normal, como se lo vio anteriormente.

En algunas aplicaciones se reemplaza ω de (11.82) del modelo APARCH por

$$\sigma^\delta \left(1 - \sum_{i=1}^{q} \alpha_i \kappa_i - \sum_{j=1}^{p} \beta_j \right),$$

donde σ^2 es la varianza incondicional de ε_t, la cual puede ser consistentemente estimada por su contraparte muestral.

11.10.3. Modelos IGARCH

En muchas aplicaciones de series de tiempo de alta frecuencia, la varianza condicional estimada usando un proceso GARCH(p,q) muestra una persistencia muy fuerte, o sea que se puede aceptar la hipótesis que

$$\sum_{j=1}^{p} \beta_j + \sum_{i=1}^{q} \alpha_i \approx 1. \tag{11.86}$$

Como vimos anteriormente, un modelo GARCH(p,q) de orden p,q se define como

$$y_t = \sqrt{h_t}\varepsilon_t, \tag{11.87}$$

$$h_t = \sigma_t^2 = \alpha_0 + \sum_{i=1}^{q} \alpha_i y_{t-i}^2 + \sum_{j=1}^{p} \beta_j h_{t-j}. \tag{11.88}$$

Usando las fórmulas (11.76) y (11.77) con $s = q$ y $m = p$, tenemos para la ecuación (11.88)

$$h_t = \sigma_t^2 = \omega + \alpha(B)y_t^2 + \beta(B)h_t, \tag{11.89}$$

con $\omega = \alpha_0$. Si todas las raíces del polinomio $|1 - \beta(B)| = 0$ están fuera del círculo unitario, tenemos que (11.89) puede escribirse como

$$h_t = \sigma_t^2 = \omega \left[1 - \beta(B)\right]^{-1} + \alpha(B) \left[1 - \beta(B)\right]^{-1} y_t^2. \tag{11.90}$$

Si $\sum_{j=1}^{p} \beta_j + \sum_{i=1}^{q} \alpha_i < 1$, el proceso $\{y_t\}$ es estacionario (de segundo orden) y un shock a la varianza condicional σ_t^2 tiene un impacto decreciente en σ_{t+h}^2 a medida que h aumenta, y es asintóticamente insignificante. En efecto, a partir de (11.90) escribamos la representación $ARCH(\infty)$ de un modelo GARCH(p,q) como sigue

$$h_t = \sigma_t^2 = \omega^* + \lambda(B)y_t^2, \tag{11.91}$$

donde $\omega^* = \omega \left[1 - \beta(B)\right]^{-1}$, $\lambda(B) = \alpha(B)\left[1 - \beta(B)\right]^{-1} = \sum_{i=1}^{\infty} \lambda_i B^i$ y los λ_i son coeficientes de los rezagos (lag) que dependen de forma no lineal de los α_i y β_i. Para un modelo $GARCH(1,1)$, $\lambda_i = \alpha_1 \beta^{i-1}$. Recordemos que este modelo se dice que es estacionario (de segundo orden) siempre que $\alpha_1 + \beta_1 < 1$ ya que esto implica que la varianza incondicional existe y es igual a $\omega/(1 - \alpha_1 - \beta_1)$. Como lo mostró Davidson (2004), la amplitud de un modelo GARCH$(1,1)$ es medida por $S = \sum_{i=1}^{\infty} \lambda_i = \alpha_1/(1 - \beta_1)$, la cual determina cuan grande puede ser la variación en la varianza condicional (y por lo tanto el orden de los momentos existentes). Este concepto a menudo se confunde con la memoria del modelo que determina "cuánto tiempo tardan en disiparse los shocks a la volatilidad". En este sentido, el modelo GARCH$(1,1)$ tiene una memoria geométrica igual a $\rho = 1/\beta_1$, donde $\lambda_i = O(\rho^i)$. En la práctica frecuentemente encontramos que $\alpha_1 + \beta_1 = 1$. En este caso nos enfrentamos a un modelo GARCH Integrado (IGARCH).

El modelo GARCH(p,q) puede ser escrito como un proceso ARMA. Usando el operador de rezago B, podemos rearreglar la ecuación (11.89) como

$$[1 - \alpha(B) - \beta(B)]\, y_t^2 = \omega + [1 - \beta(B)](y_t^2 - h_t). \tag{11.92}$$

Cuando el polinomio $[1 - \alpha(B) - \beta(B)]$ contiene una raíz unitaria, o sea cuando la suma de todos los α_i y los β_j es uno, tenemos el modelo IGARCH(p,q) de Engle y Bollerslev (1986). Este modelo puede ser escrito como

$$\phi(B)[1 - B]y_t^2 = \omega + [1 - \beta(B)](y_t^2 - h_t), \tag{11.93}$$

donde $\phi(B) = [1 - \alpha(B) - \beta(B)]\,[1 - B]^{-1}$ es de orden igual a máx$\{p, q\} - 1$.

Después de algún trabajo algebraico de la ecuación (11.93) se puede escribir la representación ARCH(∞) de un modelo IGARCH(p,q) como sigue

$$h_t = \sigma_t^2 = \frac{\omega}{[1 - \beta(B)]} + \left\{ 1 - \phi(B)[1 - B][1 - \beta(B)]^{-1} \right\} y_t^2.$$

11.10.4. Modelos RiskMetrics^{TM}

En Octubre de 1994, el grupo de gestión de riesgos en J. P. Morgan lanzó un documento técnico describiendo su metodología de gestión del riesgo del mercado interno (J. P. Morgan, 1996). Esta metodología, llamada RiskMetrics^{TM}, pronto se convirtió en un estándar en la medición del riesgo de mercado debido a su simplicidad.

Básicamente, el modelo RiskMetrics^{TM} es un modelo IGARCH$(1,1)$ donde los coeficientes ARCH y GARCH son fijos.

El modelo está dado por

$$h_t = \sigma_t^2 = \omega + (1 - \lambda)y_t^2 + \lambda h_t, \tag{11.94}$$

con $\omega = 0$ y λ es generalmente puesto igual a $0,94$ para datos diarios y $0,97$ para datos semanales. Debe notarse que la ecuación (11.94) es el modelo más básico de la varianza condicional de la metodología RiskMetrics^{TM}, pero existen muchas extensiones al modelo original que pueden consultarse en la página web del Grupo RiskMetrics^{TM}.

Obsérvese que cuando $\omega = 0$ en la ecuación (11.94), la misma queda igual a la ecuación de un promedio móvil exponencialmente ponderado (PMEP), o EWMA según sus siglas en inglés, que fue presentada y discutida en el Capítulo 1.

11.10.5. Modelos GARCH curvilíneos

A diferencia de la mayoría de los modelos GARCH existentes, el modelo GARCH curvilíneo (o spline-GARCH en inglés) de Engle y Rangel (2008) no supone que la varianza incondicional (cuando existe) sea constante en el tiempo, sino que cambia sin problemas en función del tiempo.

En el modelo GARCH curvilíneo, la ecuación (11.73) es reemplazada por

$$y_t = \tau_t s_t \varepsilon_t, \tag{11.95}$$

o sea que se reemplaza a $\sqrt{h_t} = \sigma_t$ por el producto $\tau_t s_t$. El factor τ_t es una función curvilínea exponencial cuadrática con k nudos y es multiplicado por un componente GARCH(p,q) definidos como

$$s_t^2 \;=\; 1 - \sum_{j=1}^{\text{máx}(p,q)} (\alpha_j + \beta_j) + \sum_{i=1}^{q} \alpha_i \left(\frac{\varepsilon_{t-i}}{\tau_{t-i}} \right)^2 + \sum_{j=1}^{p} \beta_j s_{t-j}^2, \tag{11.96}$$

$$\tau_t^2 \;=\; \omega \exp\left(\delta_0 t + \sum_{i=1}^{k} \delta_i \left[(t - t_{i-1})_+ \right]^2 \right), \tag{11.97}$$

donde ω, α_i, $i = 1, \ldots, q$, β_j, $j = 1, \ldots, p$ y δ_i, $i = 0, 1, \ldots, k$, son parámetros, $x_+ = x$ si $x > 0$ y 0 de otra manera, y $\{t_0 = 0, t_1, \ldots, t_{k-1}\}$ son índices de tiempo que dividen el intervalo de tiempo en k intervalos igualmente espaciados. La especificación de s_t^2 puede ser elegida de entre otras disponibles para los distintos modelos GARCH siempre que $E(s_t^2) = 1$ (lo que implica una restricción de identificación para la ordenada al origen). Una versión GRJ del modelo GARCH curvilíneo, llamado modelo GRJ curvilíneo (o spline-GRJ en inglés), está disponible también el el paquete G@RCH 7, donde la ecuación (11.96) es reemplazada por

$$s_t^2 \;=\; 1 - \sum_{j=1}^{\text{máx}(p,q)} (\alpha_j + \beta_j + \gamma_j E(S_t^-)) + \sum_{i=1}^{q} \alpha_i \left(\frac{\varepsilon_{t-i}}{\tau_{t-i}} \right)^2 \left[1 + \gamma_j S_{t-i}^- \right]$$
$$+ \sum_{j=1}^{p} \beta_j s_{t-j}^2, \tag{11.98}$$

donde S_t^- es una variable dummy que toma el valor 1 cuando ε_t/τ_t es negativo y 0 de otra manera. $E(S_t^-)$ es igual a $0,5$ para distribuciones simétricas (tales como la normal o Gaussiana, la t de Student y la GED) y es igual a $1/(1 + \xi^2)$ para la distribución asimétrica de Student. Se debe tener en cuenta que no hay variables explicativas en las ecuaciones GARCH, pero ellas pueden incluirse en la función curvilínea (spline).

Una especificación ligeramente diferente a la ecuación (11.97) se implementa en el paquete G@RCH 7.0. De hecho, la función curvilínea (spline) se especifica de la siguiente manera

$$\tau_t^2 = \omega \exp\left(\frac{\delta_0 t}{n} + \sum_{i=1}^{k} \delta_i \left[\left(\frac{t - t_{i-1}}{n} \right)_+ \right]^2 \right), \tag{11.99}$$

donde las variables de tendencia han sido reescaladas para que tomen valores entre 0 y 1 a fin de evitar problemas numéricos durante la optimización. Además, las variables explicativas pueden ingresar linealmente en la función exponencial (11.99).

Dado el tipo de formulación de la ecuación (11.95) del modelo GARCH, es obvio que $\text{var}(y_t) = \tau_t^2$, de modo que el componente τ_t^2 es interpretable como el cambio suave en la varianza incondicional, mientras s_t^2 es el componente de la varianza condicional que captura el efecto de agrupamiento.

Capítulo 12

Modelos de Volatilidad Estocástica

12.1. El modelo

Los modelos de la familia ARCH o GARCH suponen que la varianza condicional (volatilidad) depende de los retornos pasados. En otras palabras y usando la notación del Capítulo anterior, si σ_t^2 es la volatilidad, la familia ARCH-GARCH supone que la misma depende de los retornos (serie) y_j para $j < t$. Por otra parte, el *modelo de volatilidad estocástica* o MVE (o SVM según sus siglas en Inglés), propuesto por primera vez por Taylor (1980, 1986) no parte de este supuesto. Este modelo tiene como premisa el hecho de que la volatilidad σ_t^2 depende de sus valores pasados (σ_j^2 para $j < t$) pero es independiente de los retornos (serie) pasados del activo bajo análisis (y_j para $j < t$).

Ahora cambiaremos un poco la notación. Denotemos a la varianza condicional (volatilidad) σ_t^2, o sea $\sigma_t^2 = E\left(y_t^2 \,|\, Y_{t-1}\right)$, donde Y_{t-1} es toda la información del proceso hasta el instante $t - 1$. A partir de ahora la varianza condicional σ_t^2 no será igual a h_t.

Definición. Diremos que la serie y_t sigue un MVE, si

$$y_t = \sigma_t \varepsilon_t, \tag{12.1}$$

$$\sigma_t = e^{\frac{h_t}{2}}, \tag{12.2}$$

donde ε_t es una serie estacionaria con media igual a cero y varianza uno, y h_t es otra serie estacionaria con densidad de probabilidad dada por una función $f(h)$. ∎

Como se puede ver en (12.2), h_t no es igual a la volatilidad σ_t^2 como sucedía en el Capítulo anterior.

La formulación más simple del modelo supone que el logaritmo de la volatilidad, h_t, está dado por

$$h_t = \alpha_0 + \alpha_1 h_{t-1} + \eta_t, \tag{12.3}$$

donde η_t es una serie estacionaria, Gaussiana, con media cero, varianza σ_η^2 e independiente de ε_t. De esto se sigue que debemos tener $|\alpha_1| < 1$.

12.2. Otras formulaciones de MVE

Otras formulaciones de MVE pueden encontrarse en la literatura, dentro de las cuales destacamos las siguientes:

1. Forma canónica de Kim, Shephard y Chib (1998). En este caso el MVE se escribe como

$$
\begin{aligned}
y_t &= \beta e^{\frac{h_t}{2}} \varepsilon_t, & (12.4) \\
h_t &= \mu + \alpha_1(h_{t-1} - \mu) + \sigma_\eta \eta_t, & (12.5)
\end{aligned}
$$

con

$$
h_t \sim N\left(\mu, \frac{\sigma_\eta^2}{1 - \alpha_1^2}\right), \qquad (12.6)
$$

donde ε_t y η_t son ambas $N(0,1)$ e independientes entre sí. Si $\beta = 1$, entonces $\mu = 0$.

2. La forma de Jaquier, Polson y Rossi (1994) del MVE es igual a

$$
\begin{aligned}
y_t &= \sqrt{h_t}\varepsilon_t, & (12.7) \\
\log(h_t) &= \alpha_0 + \alpha_1 \log(h_{t-1}) + \sigma_\eta \eta_t, & (12.8)
\end{aligned}
$$

donde ε_t y η_t son ambas $N(0,1)$ e independientes entre sí.

12.3. Propiedades de los MVE

Regresemos al modelo definido en las ecuaciones (12.1), (12.2) y (12.3). Supongamos que $\{\varepsilon_t\}$ constituya una sucesión de variables aleatorias independientes tal que $\varepsilon_t \sim N(0,1)$, entonces $\log(\varepsilon_t^2)$ tiene una distribución llamada "log chi cuadrada", de tal manera que

$$
\begin{aligned}
E\{\log(\varepsilon_t^2)\} &\approx -1,27, & (12.9) \\
\text{var}\{\log(\varepsilon_t^2)\} &= \pi^2/2. & (12.10)
\end{aligned}
$$

De (12.1), (12.2) y (12.3) obtenemos

$$
\begin{aligned}
\log(y_t^2) &= \log(\sigma_t^2) + \log(\varepsilon_t^2), & (12.11) \\
h_t &= \log(\sigma_t^2) = \alpha_0 + \alpha_1 h_{t-1} + \eta_t. & (12.12)
\end{aligned}
$$

Llamando $\xi_t = \log(\varepsilon_t^2) - E\{\log(\varepsilon_t^2)\} \approx \log(\varepsilon_t^2) + 1,27$, tenemos que $E(\xi_t) = 0$, $\text{var}(\xi_t) = \pi^2/2$ y

$$
\begin{aligned}
\log(y_t^2) &= -1,27 + h_t + \xi_t, & \xi_t &\sim \text{iid}(0, \pi^2/2), & (12.13) \\
h_t &= \alpha_0 + \alpha_1 h_{t-1} + \eta_t, & \eta_t &\sim NID(0, \sigma_\eta^2). & (12.14)
\end{aligned}
$$

Se supone también que ξ_t y η_t son independientes.

A partir de las ecuaciones (12.1), (12.2) y (12.3) vamos a calcular algunos momentos del MVE. Tomando esperanza de (12.1) tenemos

$$
E(y_t) = E(\sigma_t \varepsilon_t) = E(\sigma_t)E(\varepsilon_t) = 0, \qquad (12.15)
$$

dado que σ_t y ε_t son independientes.

La varianza de y_t es

$$
\text{var}(y_t) = E(y_t^2) = E(\sigma_t^2 \varepsilon_t^2) = E(\sigma_t^2)E(\varepsilon_t^2) = E(\sigma_t^2). \qquad (12.16)
$$

Puesto que suponemos que $\eta_t \sim N(0, \sigma_\eta^2)$ y que h_t es estacionario con

$$E(h_t) = \frac{\alpha_0}{1 - \alpha_1} = \mu_h, \tag{12.17}$$

y con

$$\operatorname{var}(h_t) = \frac{\sigma_\eta^2}{1 - \alpha_1^2} = \sigma_h^2, \tag{12.18}$$

tenemos que

$$h_t \sim N\left(\frac{\alpha_0}{1 - \alpha_1}, \frac{\sigma_\eta^2}{1 - \alpha_1^2}\right). \tag{12.19}$$

Como h_t es normal o Gaussiana, $\sigma_t^2 = e^{h_t}$ es log-normal, luego tenemos

$$\operatorname{var}(y_t) = E(y_t^2) = E(\sigma_t^2) = e^{\mu_h + \sigma_h^2/2}. \tag{12.20}$$

No es difícil mostrar que

$$E(y_t^4) = 3e^{2\mu_h + 2\sigma_h^2}, \tag{12.21}$$

de lo cual obtenemos que la kurtosis de y_t es

$$K(y_t) = \frac{3e^{2\mu_h + 2\sigma_h^2}}{e^{2\mu_h + \sigma_h^2}} = 3e^{\sigma_h^2} > 3, \tag{12.22}$$

como es de esperar, es decir, hay colas pesadas para los MVE.

La función de autocovarianzas de la serie y_t está dada por

$$\gamma_y(s) = E(y_t y_{t+s}) = E(\sigma_t \sigma_{t+s} \varepsilon_t \varepsilon_{t+s}) = 0, \tag{12.23}$$

puesto que ε_t y η_t son independientes. Entonces y_t es serialmente no correlacionada pero no independiente ya que existe correlación en $\log(y_t^2)$. Denotemos como $z_t = \log(y_t^2)$, entonces la función de autocovarianzas de la serie z_t está dada por

$$\gamma_z(s) = E[(z_t - E(z_t))(z_{t+s} - E(z_{t+s}))]. \tag{12.24}$$

Como el primer término entre paréntesis de (12.24) es igual a $h_t - E(h_t) + \xi_t$ y h_t es independiente de ξ_t, obtenemos

$$\begin{aligned}
\gamma_z(s) &= E[(h_t - E(h_t) + \xi_t)(h_{t+s} - E(h_{t+s}) + \xi_{t+s})] \\
&= E[(h_t - E(h_t))(h_{t+s} - E(h_{t+s}))] + E(\xi_t \xi_{t+s}),
\end{aligned} \tag{12.25}$$

y llamando $\gamma_h(s)$ y $\gamma_\xi(s)$ respectivamente a las autocovarianzas del segundo miembro de (12.25), tenemos que

$$\gamma_z(s) = \gamma_h(s) + \gamma_\xi(s), \tag{12.26}$$

para todo s.

Como estamos suponiendo que (12.3) se cumple, o sea que tenemos un modelo AR(1), obtenemos

$$\gamma_h(s) = \alpha_1^s \frac{\sigma_\eta^2}{1 - \alpha_1^2}, \quad s > 0. \tag{12.27}$$

Por otra parte $\gamma_\xi(s) = 0$ para $s > 0$. Luego, $\gamma_z(s) = \gamma_h(s)$ para todo $s \neq 0$. Con esto podemos escribir la función de autocorrelación de $z_t = \log(y_t^2)$ como

$$\rho_z(s) = \frac{\gamma_z(s)}{\gamma_z(0)} = \frac{\alpha_1^s \sigma_\eta^2/(1-\alpha_1^2)}{\gamma_h(0) + \gamma_\xi(0)}, \quad s > 0, \tag{12.28}$$

de donde obtenemos

$$\rho_z(s) = \frac{\alpha_1^s}{1 + \frac{\pi^2}{2\sigma_\eta^2}}, \quad s > 0,$$

lo que tiende a cero exponencialmente a partir del rezago (lag) $s = 2$, lo que indica que $z_t = \log(y_t^2)$ puede ser modelada mediante un modelo AR(1).

En la práctica obtenemos valores de α_1 próximos de uno, lo que implica la aparición de altas correlaciones para la volatilidad y consecuentes grupos de volatilidades en la serie.

Un MVE general puede ser obtenido si se admite un modelo AR(p) para h_t, esto es

$$y_t = \sigma_t \varepsilon_t, \tag{12.29}$$

$$\sigma_t = e^{\frac{h_t}{2}}, \tag{12.30}$$

$$(1 - \alpha_1 B - \alpha_2 B^2 - \cdots - \alpha_p B^p)h_t = \alpha_0 + \eta_t, \tag{12.31}$$

donde el operador de rezago se define como $B^j h_t = h_{t-j}$, los supuestos sobre las innovaciones ε_t y η_t son los mismos que se hicieron anteriormente, pero ahora suponemos que las raíces del polinomio $(1 - \alpha_1 B - \alpha_2 B^2 - \cdots - \alpha_p B^p)$ están fuera del círculo unitario.

Los MVE se han ampliado para incluir el hecho de que la volatilidad tiene memoria larga, en el sentido de que la función de autocorrección de $z_t = \log(y_t^2)$ decae lentamente, aunque, como vimos, los y_t no tienen correlación serial.

12.4. Estimación de los MVE

Los modelos MVE son difíciles de estimar. Podemos usar el enfoque propuesto por Durbin y Koopman (1997a, 1997b, 2000) que consiste en utilizar un procedimiento de cuasi máxima verosimilitud por medio del filtro y suavizador de Kalman estudiado en los Capítulos 9 y 10. En este caso, el modelo definido en las ecuaciones (12.1), (12.2) y (12.3) puede ser reexpresado de la forma

$$y_t = \sigma \varepsilon_t e^{\frac{h_t}{2}}, \tag{12.32}$$

$$\sigma_t = \sigma e^{\frac{h_t}{2}}, \tag{12.33}$$

$$h_t = \alpha_1 h_{t-1} + \eta_t, \tag{12.34}$$

en donde $\sigma = \exp(\alpha_0/2)$ es un factor de escala, α_1 es un parámetro, y η_t es un término de disturbio el que en el modelo más simple es no correlacionado con ε_t. Revisiones bibliográficas de este modelo fueron realizadas por Shephard (1996, 2005) y Ghysels, Harvey y Renault (1996). Este MVE tiene dos atractivos principales. El primero es que el mismo es un análogo natural (Euler) en tiempo discreto del modelo en tiempo continuo usado en trabajos sobre precios de opciones, tal como el de Hull y White (1987). El segundo es que sus propiedades estadísticas son fáciles de determinar. La desventaja con respecto a los modelos de varianza condicional del tipo GARCH es que la estimación basada en la verosimilitud puede solamente ser realizada mediante técnicas intensivas de computación tales como las descriptas en Kim, Shephard y Chib (1998) y Sandmann y Koopman (1998). Sin embargo un método de cuasi máxima verosimilitud es relativamente fácil de aplicar y es usualmente razonablemente eficiente. El método se basa en escribir (12.32), (12.33) y (12.34) en la siguiente forma equivalente

$$\log\left(y_t^2\right) = \kappa + h_t + \xi_t, \tag{12.35}$$
$$h_t = \alpha_1 h_{t-1} + \eta_t, \tag{12.36}$$

donde $\xi_t = \log\left(\varepsilon_t^2\right) - E\{\log\left(\varepsilon_t^2\right)\}$ y $\kappa = \log\left(\sigma^2\right) + E\{\log\left(\varepsilon_t^2\right)\}$.

Las ecuaciones (12.35) y (12.36) se encuentran expresadas en la forma de espacio de estado que ya hemos mencionado en la sección respectiva del Capítulo 9. La fórmula (12.35) recibe el nombre de *ecuación de observación* o *ecuación de medición* y la fórmula (12.36) recibe el nombre de *ecuación de estado* o *ecuación de transición*. El proceso de estimación se realiza, en consecuencia, utilizando el filtro y suavizador de Kalman de la misma manera que los desarrollamos en las secciones respectivas del Capítulo 9.

Aquí es importante hacer algunas observaciones:

1. Cuando α_1 en (12.36) es próximo a 1, el ajuste de un MVE es similar al de un modelo GARCH$(1,1)$ con la suma de sus coeficientes próxima a 1.

2. Cuando $\alpha_1 = 1$ en (12.36), h_t es un camino aleatorio y el ajuste de un MVE es similar al de un modelo IGARCH$(1,1)$.

3. Cuando algunas observaciones son iguales a cero, lo que puede ocurrir en la práctica, no se puede hacer la transformación logarítmica especificada en (12.35). Una forma de evitar este problema es restando la media general de la serie y_t de cada una de las observaciones y tomando a este resultado como la serie a trabajar; o sea tomando como serie de trabajo a

$$y_t - \overline{y}, \quad t = 1, \ldots, n, \tag{12.37}$$

donde $\overline{y} = n^{-1} \sum_{t=1}^{n} y_t$. Otra solución, sugerida por Wayne Fuller y analizada por Breidt y Carriquiry (1996), es hacer la siguiente transformación basada en una expansión de Taylor

$$\log\left(y_t^2\right) = \log\left(y_t^2 + cS_y^2\right) - \frac{cS_y^2}{y_t^2 + cS_y^2}, \quad t = 1, \ldots, n, \tag{12.38}$$

donde S_y^2 es la varianza muestral de la serie y_t y c es un número pequeño. Versiones anteriores a la 8.3 del programa STAMP desarrollado por Koopman, Harvey, Doornik, y Shephard incorporaban la transformación definida en (12.38) con $c = 0,02$ como una operación previamente especificada que podía ser utilizada si se la necesitaba. A partir de la versión 8.3 de ese programa (ver Koopman, Harvey, Doornik, y Shephard, 2010) se dejó de lado esa transformación como un elemento previamente especificado, pudiéndose realizar esa u otras transformaciones, como la definida en (12.37), mediante el uso de la calculadora o de la disponibilidad de Algebra dentro de ese programa de acuerdo a los requerimientos y necesidades del usuario.

Como se mostró en Harvey, Ruiz y Shephard (1994), la forma de estacio de estado dada por las ecuaciones (12.35) y (12.36) brinda las bases para la estimación por cuasi máxima verosimilitud via el filtro y suavizador de Kalman y también permite construir estimaciones suavizadas del componente h_t de la varianza y realizar predicciones. Uno de los atractivos del enfoque de cuasi máxima verosimilitud es que puede ser aplicado sin un supuesto sobre una distribución particular para ε_t. Otro de los atractivos en utilizar un procedimiento de cuasi máxima verosimilitud por medio del filtro y suavizador de Kalman para estiman los MVE es que puede llevarse a cabo directamente usando paquetes estándares de computación tal como el STAMP de Koopman, Harvey, Doornik, y Shephard (2010). Esto es una gran ventaja comparado con los métodos basados en simulaciones que requieren mayor trabajo.

Shephard y Pitt (1997) propusieron el uso de muestreo ponderado ("importance sampling") para estimar la función de verosimilitud en el caso no Gaussiano.

Como el MVE es un modelo jerárquico, Jaquier, Polson y Rossi (1994) propusieron un análisis bayesiano del mismo. Véase también Shephard y Pitt (1997) y Kim, Shephard, y Chib (1998). Una reseña del problema de estimación del MVE está hecha por Motta (2001).

12.4.1. Ejemplo

La serie de tiempo de la tasa de cambio diaria entre la libra esterlina y el dólar norteamericano desde el 1 de Octubre de 1981 hasta el 28 de Junio de 1985 (946 observaciones) ha sido usada por Harvey, Ruiz y Shephard (1994). Aquí la usaremos como una ilustración empírica del MVE y las estimaciones las haremos usando el paquete STAMP de Koopman, Harvey, Doornik, y Shephard (2010). Denotamos como x_t a la tasa de cambio diaria entre la libra esterlina y el dólar norteamericano, entonces los retornos diarios son iguales a $y_t^* = \log(x_t) - \log(x_{t-1})$, para todo el período analizado. Para evitar tomar posteriormente logaritmos de valores iguales a cero, tomamos como nuestra serie de trabajo a los desvíos con respecto a su media de los retornos diarios, o sea que nuestra serie de trabajo es $y_t = y_t^* - \overline{y^*}$, donde $\overline{y^*}$ es la media aritmética de y_t^*.

En el panel a) de la Figura 12.1 se muestra la tasa de cambio diaria entre la libra esterlina y el dólar norteamericano para el período bajo estudio, en el panel b) se muestra el retorno diario (y_t) para ese período, en el panel c) el retorno cuadrático (y_t^2) y en el panel c) el logaritmo de ese retorno cuadrático $(\log y_t^2)$.

Luego se usa el paquete STAMP de Koopman, Harvey, Doornik, y Shephard (2010) para hacer las estimaciones por cuasi máxima verosimilitud via el filtro y suavizador de Kalman. Aquí el modelo usado para la serie $\log y_t^2$ está dado en las ecuaciones (12.35) y (12.36), en consecuencia se ajusta un modelo con nivel fijo, más irregulares y más un AR(1). Los resultados se muestran a continuación.

```
Summary statistics
std.error = 2.1867
Normality = 181.73
H(314) = 1.0790
DW = 2.0646
r(1) = -0.033868
r(32) = -0.023020
Q(32, 29) = 16.595
```

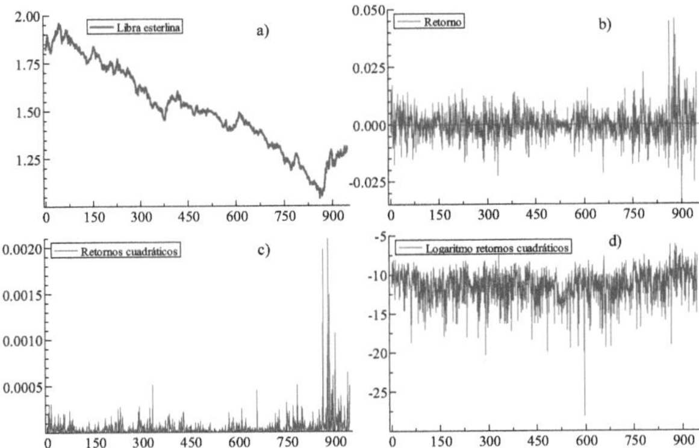

Figura 12.1: En el panel a) se muestra la serie de la tasa de cambio diaria de la libra esterlina con respecto al dólar, en el panel b) los desvíos con respecto a su media de los retornos diarios (y_t), en el panel c) los cuadrados de la serie del panel b) (y_t^2), y en el panel d) el logaritmo de la serie del panel c) $\{\log(y_t^2)\}$

R^2 = 0.040640

Variances of disturbances:

	Value	(q-ratio)
Level	0.000000	(0.0000)
AR(1)	0.738028	(0.1592)
Irregular	4.63507	(1.000)

AR(1) other parameters:
AR coefficient 0.99598

State vector analysis at period 946

	Value	Prob
Level	-11.10514	[0.00000]

Hay algunas cosas que deben notarse. Primero, el estadístico de normalidad (Normality) es alto, lo cual es inevitable debido a que el modelo transformado no es Gaussiano. Esto no debe preocuparnos. Segundo, la estimación de α_1 es aproximadamente $\widetilde{\alpha}_1 = 0,996$.

La Figura 12.2 muestra la estimación de e^{h_t} para la serie y_t de retornos (corregidos por media) de la tasa de cambio diaria entre la libra esterlina y el dólar norteamericano.

Para estimar σ^2 se computa la serie corregida por heterocedasticidad condicional de la siguiente forma

$$\widetilde{y}_t = y_t e^{-\frac{\widetilde{h}_t}{2}}, \tag{12.39}$$

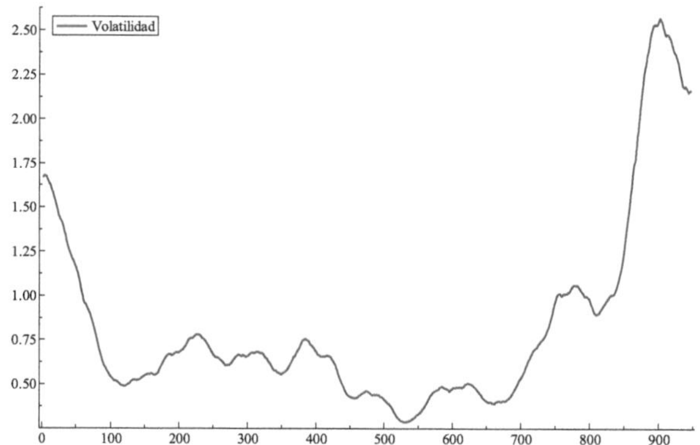

Figura 12.2: Estimación de e^{h_t} para la serie y_t de retornos de la tasa de cambio diaria entre la libra esterlina y el dólar norteamericano

donde

$$\widetilde{h}_t = \widetilde{\alpha}_1 \widetilde{h}_{t-1}, \tag{12.40}$$

y luego se calcula la varianza estimada $\widetilde{\sigma}^2$ de la serie $\widetilde{y}_t$ definida en (12.39), la que es $\widetilde{\sigma}^2 = 0,0000557972$. El gráfico de $\widetilde{\sigma}\exp(\widetilde{h}_t/2)$ junto con y_t de la Figura 12.3 muestra cómo los desvíos estándarares condicionales cambian con las observaciones. Puede valer la pena centrarse en un período más corto para tener una mejor percepción de estos cambios.■

12.5. Serie con errores que siguen un MVE

El MVE básico dado en (12.32), (12.33) y (12.34) captura solamente las características salientes de la heterocedasticidad cambiante en una serie de tiempo. En algunos casos el modelo es más preciso cuando la media de y_t es modelada incorporando los componentes estructurales de la serie, variables explicativas y otras características que expliquen su comportamiento, todo esto hecho mediante un esquema de espacio de estado con errores que siguen un MVE. Basándonos en lo expuesto en los Capítulos 9 y 10, para una serie y_t univariada, lo dicho anteriormente puede ser formulado como

$$\begin{aligned} y_t &= \mathbf{Z}_t\boldsymbol{\beta}_t + \nu_t, & &\tag{12.41}\\ \boldsymbol{\beta}_t &= \mathbf{T}_t\boldsymbol{\beta}_{t-1} + \mathbf{R}_t\boldsymbol{\omega}_t, & \boldsymbol{\omega}_t \sim N(\mathbf{0}, \mathbf{Q}_t), \quad t=1,\dots,n, &\tag{12.42} \end{aligned}$$

con

$$\begin{aligned} \nu_t &= \sigma\varepsilon_t e^{\frac{h_t}{2}}, & &\tag{12.43}\\ \sigma_t &= \sigma e^{\frac{h_t}{2}}, & &\tag{12.44}\\ h_t &= \alpha_1 h_{t-1} + \eta_t. & &\tag{12.45} \end{aligned}$$

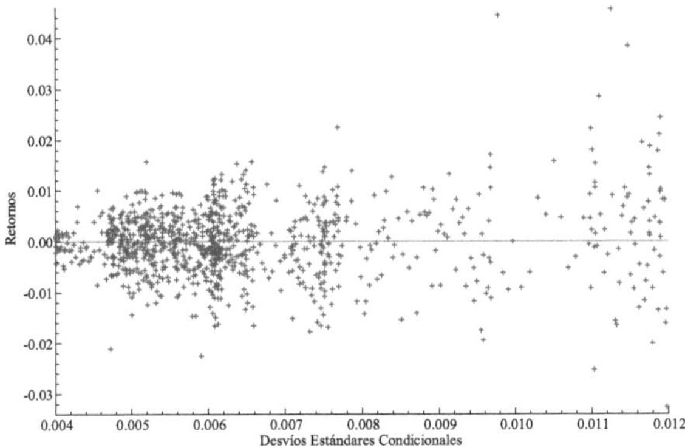

Figura 12.3: Gráfico de los desvíos estándares condicionales $\widetilde{\sigma}\exp(\widetilde{h}_t/2)$ junto con la serie y_t de retornos de la tasa de cambio diaria entre la libra esterlina y el dólar norteamericano

donde $\boldsymbol{\beta}_t$ es el vector de estado de orden $m \times 1$, $\boldsymbol{\omega}_t$ son disturbios serialmente independientes, independientes entre sí e independientes de ν_t en todo momento de tiempo. Las matrices de sistema $\mathbf{Z}_t$, $\mathbf{T}_t$, $\mathbf{R}_t$ y $\mathbf{Q}_t$ tienen dimensiones $1 \times m$, $m \times m$, $m \times m$ y $m \times m$ respectivamente, y si existen en ellas elementos desconocidos, son incorporados al vector $\boldsymbol{\psi}$ de hiperparámetros el cual es estimado por máxima verosimilitud. A (12.41) se la denomina ecuación de medición o ecuación de observación y a (12.42) ecuación de transición o ecuación de estado. Las ecuaciones (12.41) y (12.42) definen un modelo de espacio de estado con todas las características y propiedades de los mismos presentadas en los Capítulos 9 y 10 anteriores. En efecto, allí se puede tener tendencia, estacionalidad, ciclos, variables explicativas y otras características importantes que expliquen el comportamiento del proceso $\{y_t\}$. Las ecuaciones (12.43), (12.44) y (12.45) definen un MVE para los errores del modelo de espacio de estado dado antes, donde ε_t es una serie estacionaria con media igual a cero y varianza uno, y η_t es una serie estacionaria, Gaussiana, con media cero, varianza σ_η^2 e independiente de ε_t.

El tratamiento práctico en estos casos es como sigue: dada una serie $\{y_t\}$ se identifican los componentes lineales que pueden expicar el comportamiento de su media, incluyendo las variables explicativas que pudieran corresponder, de tal manera de definir explícitamente el modelo de las ecuaciones (12.41) y (12.42). Con ello se realiza primero el filtrado y luego el suavizado de Kalman de acuerdo a lo mostrado en los Capítulos 9 y 10 anteriores, obteniéndose el estimador suavizado $\widehat{\boldsymbol{\beta}}_t$ del vector de estado. Este estimador permite calcular los residuos suavizados como

$$\widehat{\nu}_t = y_t - \mathbf{Z}_t\widehat{\boldsymbol{\beta}}_t, \quad t = 1, \ldots, n. \tag{12.46}$$

Estos residuos suavizados estiman a los disturbios ν_t. Los valores de $\widehat{\nu}_t$ sirven de base para testar la hipótesis nula de falta de correlación serial de ν_t. Si se acepta esta hipótesis se podría decir que el modelo dado en las ecuaciones (12.41) y (12.42) fue adecuadamente identificado, definido y estimado. Por otra parte, si $\log(\widehat{\nu}_t^2)$ muestra correlación serial, se puede decir que los errores ν_t siguen un MVE de la forma dada en (12.43), (12.44) y (12.45). En consecuencia, se toma a $\widehat{\nu}_t$ como la serie observada y se estima el siguiente modelo de espacio de estado

$$\log\left(\widehat{\nu}_t^2\right) = \kappa + h_t + \xi_t, \tag{12.47}$$

$$h_t = \alpha_1 h_{t-1} + \eta_t, \tag{12.48}$$

donde $\xi_t = \log\left(\varepsilon_t^2\right) - E\{\log\left(\varepsilon_t^2\right)\}$, $\kappa = \log\left(\sigma^2\right) + E\{\log\left(\varepsilon_t^2\right)\}$, ε_t es una serie estacionaria con media igual a cero y varianza uno, y η_t es una serie estacionaria, Gaussiana, con media cero, varianza σ_η^2 e independiente de ε_t. El proceso de estimación de (12.47) y (12.48) se realiza, por ello, utilizando el filtro y suavizador de Kalman de la misma manera que los desarrollamos en las secciones respectivas del Capítulo 9.

12.5.1. Ejemplo

En el Capítulo anterior se usó la serie de tiempo de los retornos diarios del índice bursátil Nasdaq, expresado en porcentajes, desde el 11 de Octubre de 1984 hasta el 21 de Diciembre de 2000, lo que representa 4.093 observaciones diarias. Una característica importante de esta serie es que consiste en el retorno expresado en porcentajes, la que no está asociada a valores monetarios, o sea que no está sujeta a las variaciones del valor de ese activo financiero. Aquí la usaremos nuevamente como una ilustración empírica, la denotaremos y_t, y las estimaciones las haremos con el paquete STAMP de Koopman, Harvey, Doornik, y Shephard (2010).

En la Figura 12.4 vemos los retornos diarios del Nasdaq para el período estudiado, sus autocorrelaciones estimadas, sus autocorrelaciones parciales estimadas y la densidad estimada comparada con una densidad normal con desvio estándar igual a 1, 26. Con lo que observamos en esta figura junto a los resulyados de los Ejemplos del Capítulo anterior podemos decir que la media condicional de esta serie puede tener un nivel y una pendiente estocásticas más la variable explicativa Monday que captura el efecto de los lunes en el mercado bursátil y una autorregresión de primer orden [AR(1)]. Cuando se realizan las estimaciones vemos que la pendiente no difiere significativamente de cero y que el nivel es fijo. Por lo tanto se plantea otro modelo con nivel fijo más la variable explicativa Monday y una AR(1). Los resultados se muestran más abajo.

> The selection sample is: 1984-10-12 - 2000-12-21 (T = 4093, N = 1 with 1 missings)
> The dependent variable Y is: Nasdaq
> The model is: Y = Level + Irregular + Explanatory vars
> Steady state...... found

Log-Likelihood is -938.94 (-2 LogL = 1877.88).
Prediction error variance is 1.57286

Summary statistics
Nasdaq
std.error = 1.2541
Normality = 4049.7
H(1363) = 4.3253
DW = 2.0038
r(1) = -0.0020267
r(63) = 0.011216

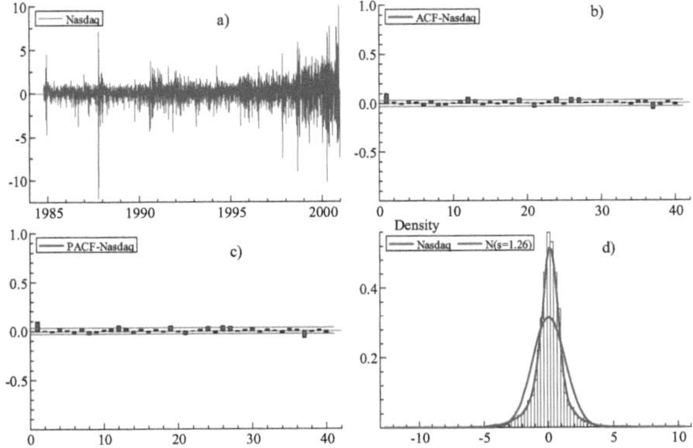

Figura 12.4: Retornos diarios del Nasdaq para el período comprendido entre el 11 de Octubre de 1984 y el 21 de Diciembre de 2000, sus autocorrelaciones estimadas, sus autocorrelaciones parciales estimadas y la densidad estimada comparada con una densidad normal con desvio estándar igual a $1,26$

Q(63,62) = 156.52
R^2 = 0.012873

Variances of disturbances:

	Value	(q-ratio)
Level	0.000000	(0.0000)
Irregular	1.57380	(1.000)

State vector analysis at period 2000-12-21

	Value	Prob
Level	0.08406	[0.00012]

Regression effects in final state at time 2000-12-21

	Coefficient	RMSE	t-value	Prob
Monday	-0.17987	0.04990	-3.60486	[0.00032]
LagNasdaq	0.09701	0.01555	6.23995	[0.00000]

Cuando nos referimos a la serie del Nasdaq, queremos decir que se trata de los retornos diarios del Nasdaq. Se observa que la varianza estimada de la serie es $1,57286$. El valor del test de normalidad $(4049,7)$, que se debe comparar con los valores críticos de una distribución χ^2_2, es muy alto, por lo tanto se rechaza la hipótesis de normalidad. Esto último también se lo ve en el gráfico d) de la Figura 12.4. El estadístico $H(h)$ para testar heterocedasticidad se distribuye como una $F(h,h)$. En este caso el valor de $H(1363)$ es $4,3253$, el cual es alto y se rechaza la hipótesis de falta de heterocedasticidad. El estadístico $Q(P,d)$ para testar falta

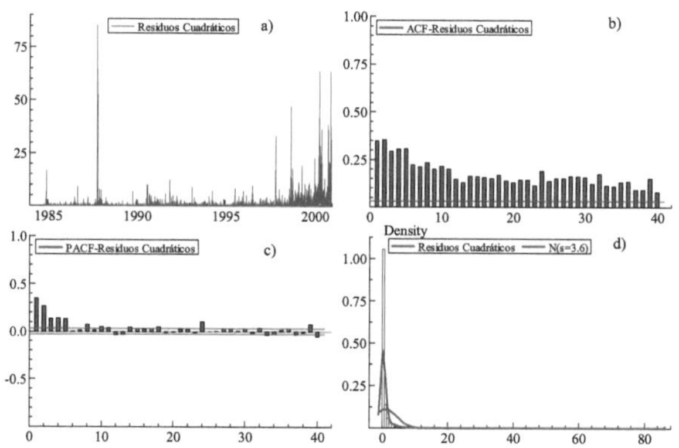

Figura 12.5: Residuos suavizados al cuadrado del Nasdaq luego de estimar el modelo respectivo, sus autocorrelaciones estimadas, sus autocorrelaciones parciales estimadas y la densidad estimada comparada con una densidad normal con desvio estándar igual a $3,6$

de correlación serial se distribuye como una χ^2_d. Aquí vemos que $Q(63,62) = 156,52$, el cual es alto y lleva a rechazar la hipótesis nula, indicando la presencia de correlación serial.

La estimación del nivel es $0,08406$ y es significativamente distinta de cero. El coeficiente de la variable "Monday" es $-0,17987$, es significativamente distinto de cero y su signo coincide con lo analizado en el ejemplo de §11.9.2 del Capítulo anterior. El coeficiente de la AR(1), o sea el coeficiente de la variable y_{t-1} (cuyo nombre es "LagNasdaq"), es igual a $0,09701$ y es significativamente distinto de cero. Con esto se calculan lor residuos suavizados usando la fórmula (12.46). En la Figura 12.5 vemos los residuos suavizados al cuadrado, sus autocorrelaciones estimadas, sus autocorrelaciones parciales estimadas y la densidad estimada comparada con una densidad normal con desvio estándar igual a $3,6$. En la Figura 12.6 vemos al logaritmo de los residuos suavizados al cuadrado, sus autocorrelaciones estimadas, sus autocorrelaciones parciales estimadas y la densidad estimada comparada con una densidad normal con desvio estándar igual a $3,6$.

Luego se estima el modelo definido en (12.47) y (12.48) usando el logaritmo del cuadrado de los residuos suavizados Primero se propuso un modelo con nivel y pendisnte estocásticoas, más irregulares y más un AR(1). Como se observó que la pendiente no difiere significativamente de cero se la eliminó y se estimó el modelo definitivo consistente en nivel estocástico más irregulares y más un AR(1). Los resultados se muestran a continuación.

> The selection sample is: 1984-10-18 - 2000-12-21 (T = 4089, N = 1)
> The dependent variable Y is: LogResidualsCuadr
> The model is: Y = Level + Irregular + AR(1)
> Steady state. found

Log-Likelihood is -3614.73 (-2 LogL = 7229.45).
Prediction error variance is 5.8566

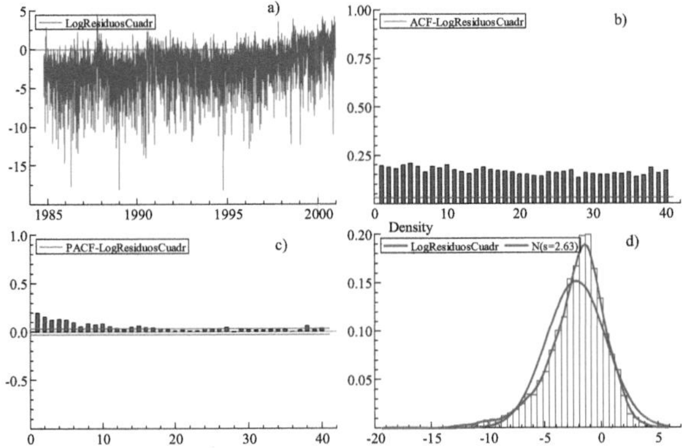

Figura 12.6: Logaritmo de los residuos suavizados al cuadrado del Nasdaq luego de estimar el modelo respectivo, sus autocorrelaciones estimadas, sus autocorrelaciones parciales estimadas y la densidad estimada comparada con una densidad normal con desvio estándar igual a $2,63$

```
Summary statistics
LogResidualsCuadr
std.error = 2.4200
Normality = 1203.9
H(1362) = 0.80392
DW = 1.9724
r(1) = 0.013373
r(65) = -0.020449
Q(65,62) = 67.586
R^2 = 0.15371
```

Variances of disturbances:

	Value	(q-ratio)
Level	0.00729309	(0.001293)
AR(1)	0.0786789	(0.01395)
Irregular	5.64200	(1.000)

AR(1) other parameters:
AR coefficient 0.99517

State vector analysis at period 2000-12-21

	Value	Prob
Level	0.76591	[0.13851]

Se observa que la varianza estimada de la serie del logaritmo de los residuos cuadráticos es $5,8566$. El valor del test de normalidad $(1203,9)$, que se debe comparar con los valores críticos

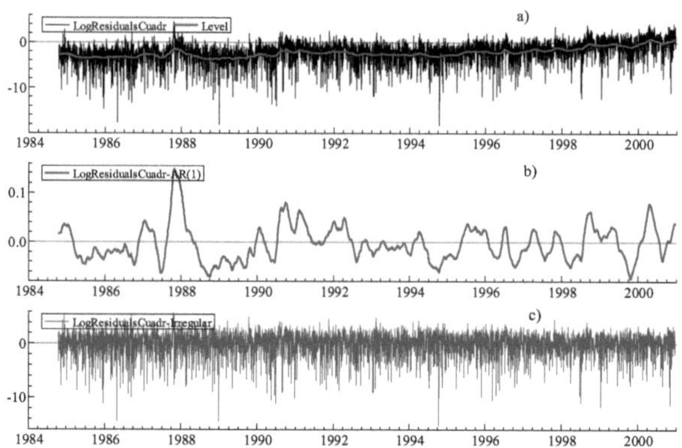

Figura 12.7: Logaritmo de los residuos suavizados al cuadrado del Nasdaq. Estimación de componentes: a) serie con estimación del nivel estocástico, b) estimación del AR(1) y c) estimación del componente irregular

de una distribución χ^2_2, es muy alto, por lo tanto se rechaza la hipótesis de normalidad. Esto último también se lo ve en el gráfico d) de la Figura 12.6. El estadístico $H(h)$ para testar heterocedasticidad se distribuye como una $F(h,h)$. En este caso el valor de $H(1362)$ es $0,80392$, el cual es bajo y se acepta la hipótesis de homocedasticidad. El estadístico $Q(P,d)$ para testar falta de correlación serial se distribuye como una χ^2_d. Aquí vemos que $Q(65,62) = 65,586$, el cual es bajo y lleva a aceptar la hipótesis nula, indicando la ausencia de correlación serial. La estimación de α_1 en la ecuación (12.48) es aproximadamente $\widetilde{\alpha}_1 = 0,9952$. En el panel a) de la Figura 12.7 se muestra a la serie y la estimación del nivel estocástico, en el panel b) se muestra la estimación de la ecuación (12.48), y en el panel c) se muestra la estimación del componente irregular de la ecuación (12.47).

Por otra parte, en el panel a) de la Figura 12.8 vemos a los resíduos estandarizados del modelo (12.47) y (12.48), en el panel b) sus autocorrelaciones estimadas, en el panel c) su densidad espectral estimada y en el panel d) su densidad estimada comparada con una densidad normal con desvio estándar igual a 1. Es interesante observar que las autocorrelaciones estimadas no muestran la presencia correlación serial.

La Figura 12.9 muestra la estimación de e^{h_t} para la serie ν_t de los errores del modelo para los retornos del Nasdaq.

Para estimar σ^2 se computa la serie corregida por heterocedasticidad condicional de la siguiente forma

$$\widetilde{\nu}_t = \widehat{\nu}_t e^{-\frac{\widetilde{h}_t}{2}}, \tag{12.49}$$

donde

$$\widetilde{h}_t = \widetilde{\alpha}_1 \widetilde{h}_{t-1}, \tag{12.50}$$

y luego se calcula la varianza estimada $\widetilde{\sigma}^2$ de la serie $\widetilde{\nu}_t$ definida en (12.49), la que es $\widetilde{\sigma}^2 = 0,971131$. El gráfico de $\widetilde{\sigma} \exp(\widetilde{h}_t/2)$ junto con $\widehat{\nu}_t$ de la Figura 12.10 muestra cómo los desvíos

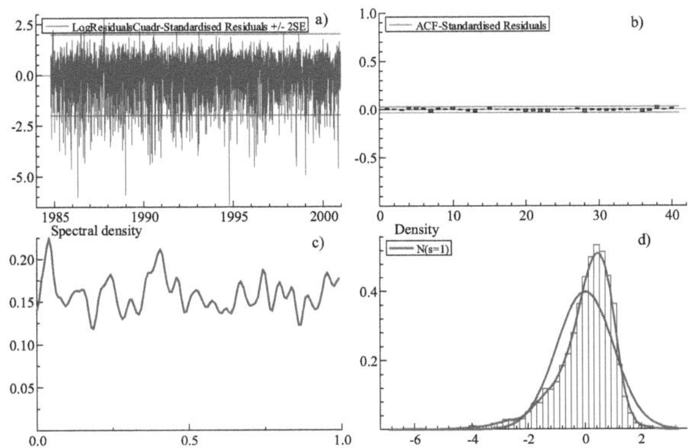

Figura 12.8: Logaritmo de los residuos suavizados al cuadrado del Nasdaq. a) Residuos estandarizados del modelo (12.47) y (12.48), b) sus autocorrelaciones estimadas, c) su densidad espectral estimada y d) sus densidad estimada comparada con una densidad normal con desvio estándar igual a 1

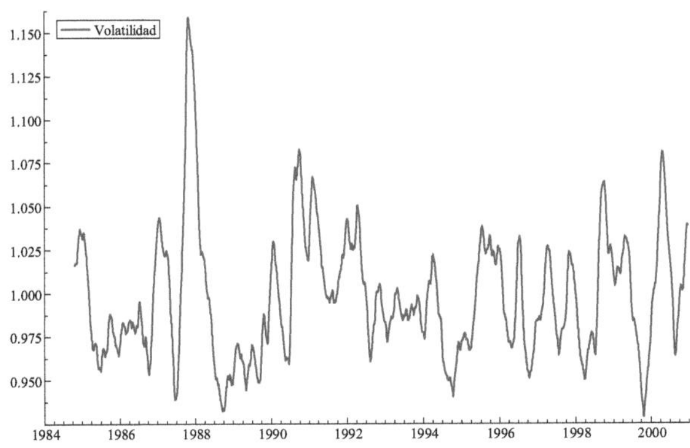

Figura 12.9: Estimación de e^{h_t} para la serie ν_t de los errores del modelo para los retornos del Nasdaq

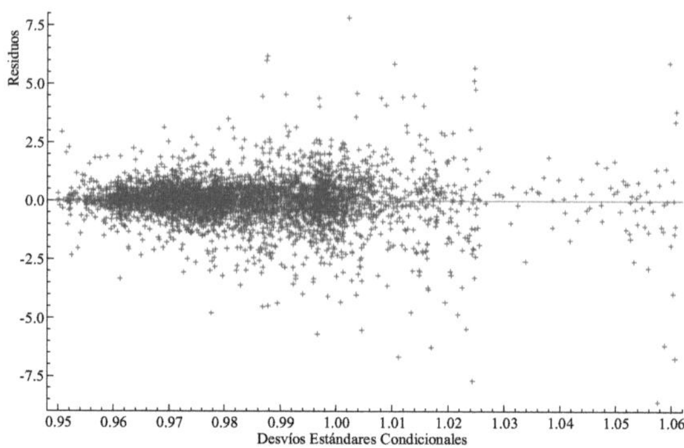

Figura 12.10: Gráfico de los desvíos estándares condicionales $\widetilde{\sigma}\exp(\widetilde{h}_t/2)$ junto con la serie $\widehat{\nu}_t$ de los residuos del modelado de los retornos del Nasdaq

estándarares condicionales cambian con las observaciones. Puede valer la pena centrarse en un período más corto para tener una mejor percepción de estos cambios.∎

Bibliografía

[1] ABRIL, JUAN CARLOS (1987). The approximate densities of some quadratic forms of stationary random variables, *J. Time Series Anal.*, **8**, 249-59.

[2] ABRIL, JUAN CARLOS (1997). *Series de tiempo irregulares: un enfoque unificado*. Conferencia invitada pronunciada durante el XXV Coloquio Argentino de Estadística. Sociedad Argentina de Estadística. Noviembre de 1997.

[3] ABRIL, JUAN CARLOS (1999). *Análisis de Series de Tiempo Basado en Modelos de Espacio de Estado*. EUDEBA: Buenos Aires.

[4] ABRIL, JUAN CARLOS (2001a). On time series of observations from exponential family distributions, *Pakistan Journal of Statistical*, **17(3)**, 235-48.

[5] ABRIL, JUAN CARLOS (2001b). El enfoque de espacio de estado para el análisis de las series de tiempo - Comparaciones, *Revista de la Sociedad Argentina de Estadística*, **5**, 1-16.

[6] ABRIL, JUAN CARLOS (2002). Outliers, structural shifts and heavy-tailed distributions in state space time series models, *Pakistan Journal of Statistical*, **18(1)**, 25-43.

[7] ABRIL, JUAN CARLOS (2004). *Modelos para el Análisis de las Series de Tiempo*. Ediciones Cooperativas: Buenos Aires.

[8] ABRIL, JUAN CARLOS (2011). Análisis de la Evolución de las Técnicas de Series de Tiempo. Un Enfoque Unificado. *Estadistica*, **63**, 5-56.

[9] ABRIL, JUAN CARLOS (2012). *James Durbin. In Memoriam*. Open Conference System de la Universidad Nacional de Córdoba en la dirección: http://conferencias.unc.edu.ar/index.php/xclatse/clatse2012/paper/view/507/24.

[10] ABRIL, MARÍA DE LAS MERCEDES (2014). *El Enfoque de Espacio de Estado de las Series de Tiempo para el Estudio de los Problemas de Volatilidad*. Tesis Doctoral en Estadística. Universidad Nacional de Tucumán. Argentina.

[11] ABRIL, MARÍA DE LAS MERCEDES (2017). *El Enfoque de Espacio de Estado para el Estudio de la Volatilidad*. Editorial Académica Española: Saarbrücken (Alemania).

[12] ABRIL, J. C. Y BLANCO, M. B. (2002). Stylized Facts of the Gross National Product of Argentina: 1875 - 1999, *Anales de la XXXVII Reunión Anual de la Asociación Argentina de Economía Política*.

[13] ABRIL, J. C., FERULLO, H. D. Y GAINZA CÓRDOBA, A. (1998). Estimación de la relación de Okun: Argentina 1980-1996, *Anales de la XXXIII Reunión Anual de la Asociación Argentina de Economía Política*.

[14] ABRIL, J. C., FERULLO, H. D. Y GAINZA CÓRDOBA, A. (1999). Tendencias estocásticas en modelos de regresión dinámica: una aplicación a la relación desempleo-crecimiento en la Argentina, *Revista de la Sociedad Argentina de Estadística*, **3**, 9-35.

[15] AKAIKE, H. (1969). Power spectrum estimation through autoregressive model fitting. *Ann. Inst. Statist. Math.*, **21**, 407-19.

[16] AKAIKE, H. (1974a). Markovian representation of stochastic processes and its applications to the analisis of autoregressive moving average processes. *Ann. Inst. Statist. Math.*, **26**, 363-87.

[17] AKAIKE, H. (1974b). A new look at the statistical model identification. *IEEE Trans. Automatic Control*, **AC-19**, 716-22.

[18] AKAIKE, H. (1978). Time series analysis and control through parametric models, en *Applied Time Series Analysis* (D. F. Hendry, Ed.), Academic Press: New York.

[19] ANDERSEN, T.G., BOLLERSLEV, T., DIEBOLD, F. X. Y LABYS, P. (2003). Modeling and forecasting realized volatility. *Econometrica*, **71**. 579-625.

[20] ANDERSEN, T.G., DAVIS, R. A., KREISS, J. P. Y MIKOSCH, T. (2009). *Handbook of Financial Time Series*. Springer: Berlin.

[21] ANDERSON, T. W. (1971), *The Statistical Analysis of Time Series*, Wiley: New York.

[22] ANDERSON, B. D. O. Y MOORE, J. B. (1979). *Optimal Filtering*, Prentice-Hall: Englewood Cliffs, New Jersey.

[23] ANSLEY, C. F. Y KOHN, R. (1985). Estimation, filtering and smoothing in state space models with incompletely specified initial conditions. *Ann. Statist.*, **13**, 1286-316.

[24] ANSLEY, C. F. Y KOHN, R. (1990). Filtering and smoothing in state space models with partially diffuse initial conditions. *J. Time Series Analysis*, **11**, 175-94.

[25] APARICIO, F. M. Y ESTRADA J. (2001). Empirical distributions of stock returns: European security markets, 1990 - 1995. *European Journal of Finance*, **7**, 1-21.

[26] BAILLIE, R. T. Y BOLLERSLEV, T. (1989). The Message in Daily Exchange Rates: A Conditional-Variance Tale. *Journal of Business and Economic Statistics*, **7**, 297–305.

[27] BALKE, N. S. (1993). Detecting level shifts in time series. *J. Business and Economics Statist.*, **11**, 81-92.

[28] BANDI, F.M. Y RUSSELL, J. R. (2006). *Volatility*. Working paper, GSB, University of Chicago.

[29] BARNDORFF-NIELSEN, O. E. Y SHEPHARD, N. (2001). Non - Gaussian OU based models and some of their uses in financial economics. (with discussion). *Journal of the Royal Statistical Society* B, **63**, 167-241.

[30] BARTLETT, M. S. (1950). Periodogram analysis and continuous spectra. *Biometrika*, **37**, 1-16.

[31] BASAWA, I. V., GODAMBE, V. P. Y TAYLOR, R. L. (1997). *Selected proceedings of Athens, Georgia Symposium on Estimating Functions*. Hayward, California: Institute of Mathematical Statistics.

[32] BASRAK, J., DAVIS, R. A. Y MIKOSCH, T. (2002). Regular variation of GARCH processes. *Stochastic Process. Appl.*, **99**, 95–115.

[33] BAUWENS, L., Y LAURENT, S. (2005). A New Class of Multivariate Skew Densities, with Application to GARCH Models. *Journal of Business and Economic Statistics*, **23**, 346–54.

[34] BELL, W. Y HILLMER, S. (1983). Modelling time series with calendar variation. *J. Amer. Statist. Ass.*, **78**, 526-34.

[35] BERA, A. K. AND JARQUE, C. M. (1981). An efficient large sample test for normality of observations and regression residuals. *Working paper in Econometrics*, **No. 40**,

[36] Australian National University, Canberra.

[37] BERAN, J. (1995). Maximum likelihood estimation of the differencing parameter for invertible short and long memory ARIMA models. *Journal of the Royal Statistical Society*, **B**, **57**, 659–672.

[38] BERGSTROM, A. R. (1983). Gaussian estimation of structural parameters in higher-order continuous time dynamic models. *Econometrica*, **51**, 117-52.

[39] BERNARD, J., KHALAF, I., KICHIAN, M. Y MCMAHON, S. (2008). Forecasting commodity prices: GARCH, jumps and mean reversion. *J. Forecasting*, **27**, 279–291.

[40] BERNARDO, J. M. Y SMITH, A. F. M. (1994). *Bayesian theory*. John Wiley. Chichester.

[41] BICKEL, P. J. Y DOKSUM, K. A. (1977). *Mathematical Statistics*. San Francisco: Holden – Day.

[42] BLACK, F. (1976). Studies of stock market volatility changes. *Proc. 1976. Meeting of the American Statistical Association, Business and Economic Statistics Section*, 177–181.

[43] BLACK, F. Y SCHOLES, M. (1973). The pricing of options and corporate liabilities. *Journal of Political Economy*, **81**, 635-654.

[44] BLATTBERG, R. C Y GONEDES, N. J. (1974). A comparison of stable and Student distributions as statitstical models for stock prices. *The Journal of Business* **47**, 248-280.

[45] BOLLERSLEV, T. (1986). Generalized autoregressive conditional heteroskedasticity. *Journal of Econometrics*, **31**, 307-27.

[46] BOLLERSLEV, T. (1987). A conditionally heterokedastic time series model for speculative process and rates of return. *Review of Economics and Statistics*, **69**, 542–547.

[47] BOLLERSLEV, T. (1988). On the correlation structure for the generalized autoregressive conditional heteroskedasticity. *Journal of Time Series Analysis*, **9**, 121–132.

[48] BOLLERSLEV, T., CHOU, R. Y. Y KRONER, K. F. (1992). ARCH modeling in finance: A review of the theory and empirical evidence. *Journal of Econometrics*, **52**, 5–59.

[49] BOLLERSLEV, T., ENGLE, R. F. Y NELSON, D. B. (1994). Arch Models. In *Handbook of Econometrics*, **Vol. IV** (eds. R. F. Engle and D. L. McFadden), 2959–3038. North Holland: New York.

[50] BOLLERSLEV, T. Y MIKKELSEN, H. O. (1996). Modeling and Pricing Long-Memory in Stock Market Volatility. *Journal of Econometrics*, **73**, 151–84.

[51] BOLLERSLEV, T. Y WOOLDRIDGE, J. M. (1992). Quasi-maximum Likelihood Estimation and Inference in Dynamic Models with Time-varying Covariances. *Econometric Reviews*, **11**, 143–172.

[52] BOX, G. E. P. Y JENKINS, G. M. (1970). *Time Series Analysis: Forecasting and Control*. Holden-Day, Inc: San Francisco.

[53] BOX, G. E. P. Y JENKINS, G. M. (1976). *Time Series Analysis: Forecasting and Control* (Revised ed.). Holden-Day, Inc: San Francisco.

[54] BOX, G. E. P., JENKINS, G. M. Y REINSEL, G. (1994). *Time Series Analysis: Forecasting and Control*. Third Edition. Prentice Hall: Englewood Cliffs.

[55] BOX, G. E. P. Y PIERCE, D. A. (1970). Distribution of residual autocorrelations in autoregressive-integrated moving average time series models, *J. Amer. Statist. Assoc.*, **65**, 1509-26.

[56] BREIDT, F. J. Y CARRIQUIRY, A. L. (1996). Improved quasi-maximum likelihood estimation for stochastic volatility models. En *Modelling and Prediction: Honoring Seymour Geisser* (J. C. Lee y A. Zellner eds.). 228-47. New York: Springer.

[57] BRITTEN-JONES, M. Y NEUBERGER, A. (2000). Option Prices, Implied Price Processes, and Stochastic Volatility. *Journal of Finance*, **55**. 839-866.

[58] BROCKWELL, P. J. Y DAVIS, R. A. (1991). *Time Series: Theory and Methods*, second edition, Springer-Verlag: New York.

[59] BROCKWELL, P. J. Y DAVIS, R. A. (2000). *ITSM 2000: Interactive Time Series Modelling Package for the PC*, version 6.0, Springer-Verlag: New York.

[60] BROTO, C. Y RUIZ, E. (2008). Testing for conditional heteroscedasticity in the components of inflation. *Studies in Nonlinear Dynamics and Econometrics*, **13**, Article 4.

[61] BRUBACHER, S. R. Y TUNNICLIFFE WILSON, G. (1976). Interpolating time series with application to the estimation of holiday effects on electricity demand. *Applied Statist.*, **25**, 107-16.

[62] BRUCE, A. G. Y JURKE, S. R. (1996). Non-Gaussian seasonal adjustment: X-12 ARIMA versus robust structural models. *J. Forecasting*, **15**, 305-28.

[63] BRUCE, A. G. Y MARTIN, R. D. (1989). Leave-k-out diagnostics for time series. *J. R. Statist. Soc.*, **B**, **51**, 363-424.

[64] BUNN, D. Y FARMER, E. D. (1985). *Comparative Methods for Electrical Load Forecasting.* John Wiley and Sons: New York.

[65] BURG, J. P. (1967). Maximum entropy spectral analysis. Paper presented al the 37th Annual International SEG Meeting, Oklahoma City, OK.

[66] BURG, J. P. (1972). The relationship between maximum entropy spectra and maximum likelihood spectra. *Geophysics*, **37**, 375-6.

[67] CAMPBELL, J. Y., LO, A. W. Y MACKINLAY, A. C.. (1997). *The Econometrics of Financial Markets.* Princeton University Press: Princeton.

[68] CAPON, J. (1969). High resolution frequency-wave number spectral analysis. *Proc. IEEE.*, **57**, 1408-18.

[69] CARGNONI, C., MULLER, P., Y WEST, M. (1997). Bayesian forecasting of multinomial time series through conditionally Gaussian dynamic models. *Journal of the American Statistical Association*, **92**, 640-7.

[70] CARLIN, B. P., POLSON, N. G. Y STOFFER, D. S. (1992). A Monte Carlo approach to nonnormal and nonlinear state - space modelling. *Journal of the American Statistical Association*, **87**, 493-500.

[71] CARLSTEIN, E. (1988). Non-parametric change point estimation. *Biometrika*, **75**, 188-97.

[72] CARLIN, B. P., N. G. POLSON, N. G. Y STOFFER, D. S. (1992). A Monte Carlo approach to non-normal and non-linear state-space modelling. *J. Amer. Statist. Ass.*, **87**, 493-500.

[73] CARMONA, R. A. (2004). *Statistical Analysis of Financial Data in S-Plus.* Springer: New York.

[74] CARTER, C. K. Y KOHN, R. (1994). On gibbs sampling for state space models. *Biometrika*, **81**, 541-53.

[75] CARTER, C. K. Y KOHN, R. (1996). Markov Chain Monte Carlo in conditionally Gaussian state space models. *Biometrika*, **83**, 589-601.

[76] CARTER, C. K. Y KOHN, R. (1997). Semiparametric Bayesian inference for time series with spectra. *Journal of the Royal Statistical Society*, B, **59**, 255-68.

[77] CHANG, I., TIAO, G. C. Y CHEN, C. (1988). Estimation of time series parameters. in presence of outliers. *Technometrics*, **30**, 193-204.

[78] CHRISTIE, A. (1982). The stochastic behavior of common stock variances. *Journal of Financial Economics*, **10**, 407-32.

[79] CHRISTENSEN, B. Y PRABHALA, N. (1998). The relation between implied and realized volatility. *Journal of Financial Economics*, **50**, 125-50.

[80] COMMANDEUR, J., KOOPMAN, S. J. Y OOMS, M. (2011). Statistical software for state space methods. *Journal of Statistical Software*, **41**, Issue 1.

[81] COBB, G. W. (1978). The problem of the Nile: conditional solution to a change point problem. *Biometrika*, **65**, 243-51.

[82] COX, D. R. Y HINKLEY, D. W. (1974). *Theoretical Statistics*. Chapman & Hall: London.

[83] COX, J., ROSS, S. Y RUBINSTEIN, M. (1979). Option pricing: a simplified approach. *Journal of Financial Economics*, **7**, 229-64.

[84] DAGUM, E. B. (1980). *The X-11 ARIMA Seasonal Adjustment Method*. Statistics Canada, Catalogue 12-564E: Montreal.

[85] DANIELL, P. J. (1946). Discussion on "Symposium on autocorrelation in time series". *J. Roy. Statist. Soc., Suppl.*, **8**, 88-90.

[86] DANIELSSON, J. (1994). Stochastic volatility in assets prices: estimation with simulated maximum likelihood. *Journal of Econometrics*, **61**, 375-400.

[87] DAVIDSON, J. (2004). Moment and memory properties of linear conditional heteroscedasticity models, and a new model. *Journal of Business and Economics Statistics*, **22**, 16–29.

[88] DAVIS, M. H. A. Y VINTER, R. B. (1985). *Stochastic Modelling and Control*. Chapman & Hall: London.

[89] DE ALBA, ENRIQUE Y GÓMEZ, SERGIO. (2012). A Bayesian Approach to the Hodrick-Prescott Filter. *Realidad, Datos y Espacio. Revista Internacional de Estadística y Geografía*, **3**, 32-47.

[90] DE JONG, P. (1988). A cross-validation filter for time series models. *Biometrika*, **75**, 594-600.

[91] DE JONG, P. (1989). Smoothing and interpolation with the state-space model, *J. Amer. Statist. Assoc.*, **84**, 1085-88.

[92] DE JONG, P. (1991). The diffuse Kalman filter. *Ann. Statist.*, **19**, 1073-83.

[93] DE JONG, P. Y PENZER, J. R. (1997). Diagnosing shocks online. London School of Economics discussion paper.

[94] DE JONG, P. Y PENZER, J. R. (1998). Diagnosing shocks in time series, *J. Amer. Statist. Ass.*, **93**, 796-806.

[95] DE JONG, P. Y SHEPHARD, N. (1995). The simulation smoother for time series models. *Biometrika*, **82**, 339-50.

[96] DING, Z., C. GRANGER, W. J. Y ENGLE, R. F. (1993). A LongMemory Property of Stock Market Returns and a New Model. *Journal of Empirical Finance*, **1**, 83–106.

[97] DOORNIK, J. A. (2001). *Ox. Object Oriented Matrix Programming, 3.0.* London: Timberlake.

[98] DOORNIK, J. A. Y OOMS, M. (2006). *Introduction to Ox 4*, London: Timberlake Consultants Press. (2nd edition: 2000; 1st edition: 1998)

[99] DUAN, J. C. (1995). The GARCH option pricing model. *Math. Finance*, **5**, 13-32.

[100] DUAN, J. C. (1997). Augmented GARCH (p, q) process and its difussion limit. *Journal of Econometrics*, **79**, 97-127.

[101] DUNCAN, D. B. Y HORN, S. D. (1972). Linear dynamic recursive estimation from the viewpoint of regression analysis, *J. Amer. Statist. Ass.*, **67**, 815-21.

[102] DURBIN, J. (1960). Estimation of parameters in time series regresion models. *Journal of the Royal Statistical Society* B, **22**, 139-52.

[103] DURBIN, J. (1982). More than twenty-five years of testing serial correlation in least squares regression. Proceedings of the Conference to celebrate Twenty-fifth anniversary of the Econometric Institute, Rotterdam. 1982. Edited by M. Hazewinkel and A. H. G. Rinnooy Kan, *Current Developments in the Interface: Economics, Econometrics, Mathematics*, 59-71.

[104] DURBIN, J. (1983). The price of ignorance of the autocorrelation structure of errors of a regression model. *Studies in Econometrics, Time Series and Multivariate Statistics.* Edited by S. Karlin. T.Amemiya and L. A. Goodman. Academic Press: New York

[105] DURBIN, J. (1992). *Personal correspondence to Andrew Harvey and Neil Shephard.*

[106] DURBIN, J. (1997). Optimal estimating equations for state vectors in non - Gaussian and nonlinear estimating equations. En Basawa, I. V., Godambe, V. P. y Taylor, R. L. *Selected proceedings of Athens, Georgia Symposium on Estimating Functions.* Hayward, California: Institute of Mathematical Statistics.

[107] DURBIN, J. Y HARVEY, A. C. (1985). *The effects of seat belt legislation on road causalties in Great Britain: Report on assessment of the statistical evidence.* Annex to complusory seat belt wearing report. Department of Transport. London. HMSO.

[108] DURBIN, J. Y KOOPMAN, S. J. (1997a). Monte Carlo maximum likelihood estimation for non-Gaussian state space models. *Biometrika*, **84**, 669-84.

[109] DURBIN, J. Y KOOPMAN, S. J. (1997b). Time series analysis of Non-Gaussian observations based on state space models. Preprint, London School of Economics.

[110] DURBIN, J. Y KOOPMAN, S. J. (2000). Time series analysis of non-Gaussian observations based on state space models from both classical and Bayesian perspectives (with discussion). *J. Roy. Statist. Soc.*, **B**, **62**, 3-56.

[111] DURBIN, J. Y KOOPMAN, S. J. (2001). *Time Series Analysis by State Space Methods.* Oxford University Press: Oxford.

[112] DURBIN, J. Y KOOPMAN, S. J. (2012). *Time Series Analysis by State Space Methods* (2nd Edition). Oxford University Press: Oxford.

[113] DURBIN, J. Y QUENNEVILLE, B. (1997). Benchmarking by state space models. *Int. Statist. Rev.*, **65**, 23-98.

[114] DURBIN, J. Y WATSON, G. S. (1950). Testing for serial correlation in least squares regression. I, *Biometrika*, **37**, 409-28.

[115] DURBIN, J. Y WATSON, G. S. (1951). Testing for serial correlation in least squares regression. II, *Biometrika*, **38**, 159-78.

[116] DURBIN, J. Y WATSON, G. S. (1971). Testing for serial correlation in least squares regression. III, *Biometrika*, **58**, 1-19.

[117] DURHAM, G. Y GALLANT, A. R. (2002). Numerical techniques for maximum likelihood estimation for continuous time diffusion processes (with disussion). *Journal of Business and Economic Statistics*, **20**, 297-338.

[118] EMBRETCHS, P., KLUPPELBERG, C. Y MIKOSCH, T. (1997). *Modelling extremal events for insurance and finance.* Srpinger: Berlin.

[119] ENDERS, W. (1995). *Applied Econometric Time Series.* Wiley: New York.

[120] ENGLE, R. F. (1982). Autoregressive conditional heteroskedasticity with estimates of the variance of the United Kingdom inflation. *Econometrica*, **50**, 987-1007.

[121] ENGLE, R. F. Y BOLLERSLEV, T. (1986). Modelling persistence of conditional variances. *Econometric Reviews*, **1**, 1-50.

[122] ENGLE, R. F. Y GONZALEZ-RIVERA, G. (1991). Semiparametric ARCH models. *Journal of Business and Economic Statistics*, **9**, 345-60.

[123] ENGLE, R. F. Y NG. V. K. (1993). Measuring and testing the impact of news on volatility. *Journal of Finance*, **48**, 1749-78.

[124] ENGLE, R.F. Y PATTON, A. J.. (2001). What good is a volatility model. *Quantitative Finance*, **1**, 237-45.

[125] ENGLE, R., Y RANGEL, J. (2008). The spline-GARCH model for low-frequency volatility and its global macroeconomic causes. *Review of Financial Studies*, **21**, 1187-1222.

[126] ENGLE, R. F. Y RUSSELL, J. R. (1998). Autoregressive conditional duration: A new model for irregularly spaced transaction data. *Econometrica*, **66**, 1127–62.

[127] FAMA, E. (1970). Efficient capital markets: A review of theory and empirical work. *Journal of Finance,* **25**, 383-417.

[128] FINDLEY, D. F., MONSELL, B., OTTO, M., BELL, W. Y PUGH, M. (1992). *Towards X-12 ARIMA*, mimeo, Bureau of the Census: Washington, D. C.

[129] FAHRMEIR, L. (1992). Posterior mode estimation by extended Kalman filtering for multivariate dynamic generalised linear models. *J. Amer. Statist. Ass.*, **87**, 501-9.

[130] FAHRMEIR, L. Y KAUFMANN, H. (1991). On Kalman filtering, posterior mode estimation and Fisher scoring in dynamic exponential family regression. *Metrika*, **38**, 37-60.

[131] FERNÁNDEZ, C. Y STEEL, M. F. J. (1998). On Bayesian Modelling of Fat Tails and Skewness. *Journal of the American Statistical Association*, **93**, 359–71.

[132] FOX, A. J. (1972). Outlier in time series. *J. R. Statist. Soc.*, **B**, **34**, 350-63.

[133] FRANCQ, C. Y ZAKOIAN J. M. (2004). Maximum likelihood and estimation of pure GARCH and ARMA – GARCH processes. *Bernoulli*, **10**, 605–37.

[134] FRANCQ, C. Y ZAKOIAN, J. M. (2006). Mixing properties of a general class of GARCH (1,1) models without moment assumptions on the observed process. *Econometric Theory*, **22**, 815–34.

[135] FRÜHWIRTH-SCHNATTER, S. (1994). Applied state space modelling of non-Gaussian time series using integration-based Kalman filtering. *Statist. and Computation*, **4**, 259-69.

[136] GALLANT, A. R. (1997). *An introduction to Econometric Theory*. Princeton University Press: Princeton.

[137] GALLANT, A. R., HSIEH, D. Y TAUCHEN, G. (1997). Estimation of stochastic volatility models with diagnostics. *Journal of Econometrics*, **81**, 159-92.

[138] GAMERMAN, D. (1997). *Markov chain Monte Carlo: stochastic simulations for Bayesian inference*. Chapman & Hall: London.

[139] GAMERMAN, D. (1998). Markov chain Monte Carlo for dynamic generalized linear models. *Biometrika*, **85**, 215-27.

[140] GELFAND, A. E. Y SMITH, A. F. M. (1999). *Bayesian computation*. John Wiley & Sons: Chichester.

[141] GELMAN, A , CARLIN, J. B., STERN, H. S. Y RUBIN, D. B. (1005). *Baycsian data analisis*. Chapman & Hall: London.

[142] GEWEKE, J. (1986). Modeling the Persistence of Conditional Variances: A Comment. *Econometric Reviews*, **5**, 57–61.

[143] GEWEKE, J. (1989). Bayesian inference in econometric models using Monte Carlo integration. *Econometrica*, **57**, 1317-39.

[144] GHYSELS, E., HARVEY, A. C. Y RENAULT, E. (1996). Stochastic volatility. En C. R. Rao y G. S. Maddala (eds.), *Statistical Methods in Finance*, pp. 119-91. North-Holland: Amsterdam.

[145] GILKS, W. K., RICHARDSON, S. Y SPIEGELHALTER, D. J. (1996). *Marcov Chain Monte Carlo in Practice*. Chapman and Hall: London.

[146] GLOSTEN, L. R., JAGANNATHAN, R. Y RUNKLE, D. E. (1993). On the Relation Between Expected Value and the Volatility of the Nominal Excess Return on Stocks. *Journal of Finance*, **48**, 1779–801.

[147] GODAMBE, V. P. (1960). An optimum property of regular maximum likelihood estimation. *Annals of Mathematical Analysis*, **31**, 1208-12.

[148] GOMEZ, V. Y MARAVALL, A. (1993). Initializing the Kalman filter with incompletely specified initial conditions. En *Approximate Kalman Filtering (Series on Approximation and Decomposition)* (Chen, G. R. Ed.). World Scientific Publ. Co.: London.

[149] GOURIEROUX, C. Y MONFORT, A. (1996). *Simulation based econometric methods*. Oxford University Press: Oxford.

[150] GLOSTEN, L. R., JAGANNATHAN, R. Y RUNKLE, D. (1993). Relationship between the expected value and the volatility of the nominal excess return on stocks. *Journal of Finance*, **48**, 1779-1801.

[151] GRANGER, C. W. J. Y ANDERSON, A. P. (1978). *An Introduction to Bilinear Time Series Models*. Vandenhoeck and Ruprecht: Göttingen.

[152] GRANGER, C. W. J. Y NEWBOLD P. E. (1974). Spurious regression in econometrics. *Journal of Econometrics*, **2**, 111-20.

[153] GRENANDER, U. Y ROSEMBLATT, M. (1957). *Statistical Analysis of Stationary Time Series*. Wiley: New York.

[154] GREENE, W. H. (2012). *Econometric Analysis* (7th edition). Pearson Prentice Hall: London.

[155] GRUNWALD, G. K., GUTTORP, P. Y RAFTERY, A. E. (1993). Prediction rules for exponential family state space models. *J. R. Statist. Soc.*, **B**, **45**, 187-227.

[156] GUERRERO, VÍCTOR M. (2008). Estimating trends with percentage of smoothness chosen by the user. *International Statistical Review*, **76**, 187-202.

[157] HALL, P. Y YAO, Q. W. (2003). Inference in ARCH and GARCH models. *Econometrica*, **71**, 285–317.

[158] HAGGAN, V. Y OZAKI, T. (1979). Amplitude-dependent AR model fitting for non-linear random vibrations. Paper presented at the International Time Series Meeting, University of Nottingham, UK, March 1979.

[159] HAMILTON, J. D. (1989). Analysis of time series subject to changes in regime. *Journal of Econometrics*, **64**, 307-33.

[160] HAMMERSLEY, J. M. Y HANDSCOMB, D. C. (1964). *Monte Carlo methods*. Methuen & Co: London.

[161] HANNAN, E. Y DEISTLER, M. (1988). *The statistical theory of linear systems*. Wiley: New York.

[162] HANSEN, L. P. (1982). Large sample properties of generalized methods of moment estimators. *Econometrica*, **50**, 1029-54.

[163] HARRISON, P. J. Y STEVENS, C. F. (1976). Bayesian forecasting. *J. R. Statist. Soc.*, **B**, **38**, 205-47.

[164] HARVEY, A. C. (1989). *Forecasting, Structural Time Series Models and the Kalman Filter*. Cambridge University Press: Cambridge.

[165] HARVEY, A. C. Y DURBIN, J. (1986). The effects of seat belt legislation on British road casualties: a case study in structural time series modelling (with Discussion). *J. Roy. Statist. Soc.*, **A**, **149**, 187-227.

[166] HARVEY, A. C. Y FERNANDES, C. (1989). Time series models for count data or qualitative observations. *J. Business Econ. Statist.*, **7**, 407-22.

[167] HARVEY, A. C. Y JAEGER, A. (1993). Detrending stylised facts and the business cycle. *J. App. Econometrics.*, **8**, 231-47.

[168] HARVEY, A. C. Y KOOPMAN, S. J. (1992). Diagnostic checking of unobserved component time series models. *J. Business Econ. Statist.*, **10**, 377-89.

[169] HARVEY, A. C. Y KOOPMAN, S. J. (1993). Forecasting hourly electricity demand using time-varying splines. *J. Amer. Statist. Ass.*, **88**, 1228-36.

[170] HARVEY, A. C., KOOPMAN, S. J Y RIANI, M. (1997). The modelling and seasonal adjustment of weekly observations. *J. Business Econ. Statist.*, **11**.

[171] HARVEY, A. C. Y PIERSE, R. G. (1984). Estimating missing observations in economic time series. *J. Amer. Statist. Ass.*, **79**, 125-31.

[172] HARVEY, A. C., RUIZ, E. Y SHEPHARD, N. (1994). Multivariate stochastic variance models. *Rev. Econom. Stud.*, **61**, 247-64.

[173] HARVEY, A. C. Y SCOTT, A. (1994). Seasonality in dynamic regression models. *Economic Journal*, **104**, 1324-45

[174] HARVEY, A. C. Y SHEPHARD, N. (1993). Structural time series models, en *Handbook of Statistics, Vol. 11: Econometrics* (G. S. Maddala, C. R. Rao y H. D. Vinod, Eds.), 261-302.

[175] HARVEY, A. C. Y STOCK, J, H. (1994). Estimation, smoothing, interpolation and distribution for structural time-series models in continuous time. In P. C. PHILLIPS (Ed.), *Models, Methods and Applications of Econometrics*, pp. 55-70. Basil Blackwell: Oxford.

[176] HARVEY, A. C. Y STREIBEL, M. (1996). Test for deterministic versus indeterministic cycles. LSE Statistics Research Report, LSERR29.

[177] HE, C., Y TERÄSVIRTA (1999). Higher-order Dependence in the General Power ARCH Process and a Special Case. *Stockholm School of Economics, Working Paper Series in Economics and Finance*, No. 315.

[178] HESTON, S. I. (1993). A closed form solution for options with stochastic volatility with applications to bond and currency options. *Review of Financial Studies*, **6**, 327-44.

[179] HILLMER, C. H. Y TRABELSI, A. (1987). Benchmarking of economic time series. *J. Amer. Statist. Assoc.*, **82**, 1064-71.

[180] HIGGINS, M. L., Y BERA, A. K. (1992). A Class of Nonlinear ARCH Models. *International Economic Review*, **33**, 137–58.

[181] HODRICK, R. J. Y PRESCOTT, E. C. (1997). Postwar U. S. business cycles: An empirical investigation. *Journal of Money, Credit and Banking*, **29**, 1-16.

[182] HOLT, C. C. (1957). Forecasting seasonals and trends by exponentially weighted moving average. ONR Research Memorandum 52. Carnegie Institute of Technology.

[183] HSIEH, D. A. (1989). Modeling Heteroskedasticity in Daily Foreign Exchange Rates. *Journal of Business and Economic Statistics*, **7**, 307–317.

[184] HSIEH, D. A. (1991).Chaos and non linear dynamics: applications to financial markets. *Journal of Finance*, **46**, 1836-77.

[185] HULL, J. Y WHITE, A. (1987). The pricing of options on assets with stochastic volatilities. *Journal of Finance*, **42 (2)**, 281-300.

[186] HULL, J. (2000). *Options, futures and other derivatives*. Prentice Hall: Englewood Cliffs. New Jersey.

[187] HURVICH, C. M. Y TSAI, C. L. (1989). Regression and time series model selection in small samples, *Biometrika*, **76**, 297-307.

[188] JAQUIER, E., POLSON, N. G. Y ROSSI, P. E. (1994). Bayesian analysis of stochastic volatility models (with discussion). *Journal of Business and Economic*

[189] JONES, R. H. (1975). Fitting autoregressions, *J. Amer. Statist. Ass.*, **70**, 590-2.

[190] JONES, R. H. (1993). *Longitudinal Data with Serial Correlation: A State-Space Approach*, Chapman and Hall: London.

[191] J. P. MORGAN (1996). *Riskmetrics Technical Document*, 4th ed. J. P. Morgan, New York.

[192] KAHN, H. Y MARSHALL A. W. (1953). Methods of reducing sample size in Monte Carlo computations. *Journal of the Operational Research Society of America*, **1**, 263-71.

[193] KAHNEMAN, D. Y TVERSKY, A. (1979). Prospect theory: an analysis of decision under risk. *Econometrica*, **47**, 263-91.

[194] KALMAN, R. E. (1960). A new approach to linear filtering and prediction problems. *Trans. ASME, J. Basic Eng.*, **82D**, 35-45.

[195] KALMAN, R. E. Y BUCY, R. S. (1961). New results in linear filtering and prediction problems. *Trans. ASME, J. Basic Eng.*, **83D**, 95-108.

[196] KENDALL, M. G. (1973). *Time Series*. Charles Griffin: London.

[197] KIM, S. Y SHEPHARD, N. (1994). Stochastic volatility: optimal likelihood inference and comparison with ARCH model. Discussion paper. *Nuffield College*. Oxford.

[198] KIM, S., SHEPHARD, N. Y CHIB, S. (1998). Stochastic volatility: Likelihood inference and comparison with ARCH models. *Review of Economic Studies*, **85**, 361-93.

[199] KING, M. L. Y HILLIER, G. H. (1985). Locally best invariant tests of the error covariance matrix in linear regression models. *J. R. Statis. Soc.*, **B**, **47**, 98-102.

[200] KLOEK, T. Y VAN DIJK, H. K. (1978). Bayesian estimates of equation system parameters: an application of integration by Monte Carlo. *Econometrica*, **46**, 1-20.

[201] KITAGAWA, G. (1987). Non-Gaussian state-space modelling of non-stationary time series (with discussion). *J. Amer. Statist. Ass.*, **82**, 1032-63.

[202] KOHN, R. Y ANSELY, C. F. (1989). A fast algorithm for signal extraction, influence and cross-validation in state space models. *Biometrika*, **76**, 65-79.

[203] KOHN, R. Y ANSLEY, C. F. (1993). Accuracy and efficiency of alternative spline smoothing algorithms. *J. Statist. Comp. and Simul.*, **46**, 1-18.

[204] KOLMOGOROV, A. (1941). Interpolation und extrapolation von stationären Zufälligen Folgen. *Bull. Acad. Sci. (Nauk)*, USSR, Ser. Math., **5**, 3-14.

[205] KOOPMAN, S. J. (1993). Disturbance smoother for state space models, *Biometrika*, **80**, 117-26.

[206] KOOPMAN, S. J. (1997). Exact initial Kalman filter and smoother for non-stationary time series models. *J. Amer. Statist. Ass.*, **92**.

[207] KOOPMAN, S. J., Y GORDON, F. (1997). Time series modelling and forecasting of daily observation using STAMP. London School of Economics Discussion Paper.

[208] KOOPMAN, S. J., HARVEY, A. C., DOORNIK, J. A. Y SHEPHARD, N. (1995). *STAMP 5.0: Structural Time Series Analyser, Modeller and Predictor*. Chapman and Hall: London.

[209] KOOPMAN, S. J., HARVEY, A. C., DOORNIK, J. A. y SHEPHARD, N. (2000). *STAMP 6.0: Structural Time Series Analyser, Modeller and Predictor*. Timberlake Consultants: London.

[210] KOOPMAN, S. J., HARVEY, A. C., DOORNIK, J. A. y SHEPHARD, N. (2010). *STAMP 8.3: Structural Time Series Analyser, Modeller and Predictor*. Timberlake Consultants: London.

[211] KOOPMAN, S. J. y HOL-UPENSKY, E. (2002). The stochastic volatility in mean model: empirical evidence from international stock markets. *J. Applied Econometrics*, **17**, 667-89.

[212] KOOPMAN, S. J. y SHEPHARD, N. (1992). Exact score for time series models in state space form. *Biometrika*, **79**, 823-26.

[213] KOOPMAN, S. J., SHEPHARD, N. y DOORNIK, J. A. (1999). Statistical algorithms for models in state space form using SsfPack 2.2, *Econometrics Journal*, **2**, 113-66. http://www.ssfpack.com/.

[214] KWIATKOWSKI, D., PHILLIPS, P. C., SCHMIDT, P. y SHIN, Y. (1992). Testing the null of stationarity against the alternative of a unit root: How sure are we that the economic time series have a unit root? *Journal of Econometrics*, **54**, 159–178.

[215] LACOSS, R. T. (1971). Data adaptive spectral analysis methods. *Geophysics*, **36**, 661-75.

[216] LAMBERT, P., y LAURENT, S. (2000). Modelling Skewness Dynamics in Series of Financial Data. *Discussion Paper, Institut de Statistique, Louvain-la-Neuve*.

[217] LAMBERT, P., y LAURENT, S. (2001). Modelling Financial Time Series Using GARCH-Type Models and a Skewed Student Density. *Mimeo, Université de Liège*.

[218] LAURENT, S. (2013). *Estimating and Forecasting ARCH Models Using G@RCH 7*. Timberlake Consultants: London.

[219] LEFRANÇOIS, B. (1991). Detecting over-influential observations in time series. *Biometrika*, **78**, 91-99.

[220] LEON, A. y MORA, J. (1996). Modelling conditional heteroskedasticity: application of stock returns in index IBEX-35. *Working paper. Instituto Valenciano de Investigaciones Económicas (IVIE)*. Valencia.

[221] LILDHOLDT, P. M. (2002). Estimation of GARCH models based on open, close, high, and low prices. *Centre for Analytical Finance. Working paper series No. **128**. University of Aarhus.*

[222] LING, S., y MCALEER, M. (2002). Stationarity and the Existence of Moments of a Family of GARCH Processes. *Journal of Econometrics*, **106**, 109–17.

[223] LIU, J. S. (2001). *Monte Carlo strategies in scientific computing*. Srpinger: New York.

[224] LJUNG, G. M. Y BOX, G. E. P. (1978). On a measure of lack of fit in time series models, *Biometrika*, **65**, 297-303.

[225] LOMNIKI, Z. A. (1961). Test for departure from normality in the case of linear stochastic processes. *Metrika*, **4**, 37-62.

[226] LU XINHONG. (2007) *Analysis of Financial Time Series by Econometric Models*. Doctoral thesis in economics. Hiroshima University, Hiroshima, Japan.

[227] MANDELBROT, B. (1963). The variation of certain speculative prices. *Journal of Business*, **36**, 394-19.

[228] MANN, H. B. Y WALD, A. (1943). On the statistical treatment of linear stochastic difference equations. *Econometrica*, **11**, 173-220.

[229] MARAVALL, A. (1985). On structural time series models and the characterization of components. *J. Business Econ. Statist.*, **3**, 350-5.

[230] MARAVALL, A. (1996). Short-term analysis of macroeconomic time series. Documento de Trabajo N° 9607, Servicio de Estudios, Banco de España.

[231] MARSHALL A. W. (1956). The use of multi-stage sampling schemes in Monte Carlo computations. En M. Meyer (Editor). *Symposium on Monte Carlo methods*, 123-40. Wiley: New York.

[232] MARKOVITZ, H. (1952). Portfolio selection. *Journal of Finance*, **1**, **Vol. 7**, 77-91.

[233] McCULLAGH, P. Y NELDER, J. A. (1989). *Generalized Linear Models* (Second Ed.). Chapman and Hall: London.

[234] MEDDAHI, N. Y RENAULT, E. (1995). Aggregations and marginalisations of GARCH and stochastic volatility models. Discussion paper. *GREMAQ*.

[235] MERTON, R. C. (1973). Theory of option pricing. *Bell. J. Econ. Manag. Sci.*, **4**, 141–83.

[236] MERTON, R. C. (1980). On estimating the expected return of the market. *Journal of Financial Econometrics*, **8**, 323-61.

[237] MIKOSCH, T. Y STÀRICÀ, C. (2000). Limit theory for the sample autocorrelations and extremes of a GARCH (1, 1) process., *Ann. Statist.*, **28**, 1427–51.

[238] MILLS, T. C. (1999). *The Econometric modelling of Financial Time Series*. Second edition. Cambridge University Press: Cambridge.

[239] MINISTERIO DE OBRAS PÚBLICAS DE LA NACIÓN. (1910 y siguientes). *Estadísticas de los Ferrocarriles en Explotación*. Imprenta Guillermo Kricguor: Buenos Aires

[240] MITTNIK, S., RACHEV, S. T., Y PAOLELLA, M. S. (1998). A stable Paretian modeling in finance. Some empirical theoretical aspects. En *A Practical Guide to Heavy Tails* (R. J. Adler, R. E. Feldman y M. S. Taqqu editores). pp. 79 - 110. Birkhauser: Boston.

[241] MORETIN, P. A. (2008). *Econometria Financeira. Um Curso em Séries Temporais Financeiras.* Universidade de São Paulo: São Paulo.

[242] MOTTA, A. C. O. (2001). Modelos do Espaço de Estados Não-Gaussianos e o Modelo de Volatilidade Estocástica. Dissertação de mestrado. IMECC-UNICAMP.

[243] MUTH, J. F. (1960), Optimal properties of exponentially weighted forecasts, *J. Amer. Statist. Ass.*, **55**, 299-305.

[244] NELSON, D. B. (1990a). ARCH models as diffusion approximations. *Journal of Econometrics*, **45**, 7-39.

[245] NELSON, D. B. (1990b). Stationary and persistence in GARCH (1, 1) models. *Econom. Theory*, **6**, 318-34.

[246] NELSON, D. B. (1991). Conditional heteroskedacity in assets returns. *Econometrica*, **59**, 347-70.

[247] NELSON, D. B. (1992). Filtering and forecasting with misspecified ARCH models I: getting the right variance with the wrong model. *Journal of Econometrics*, **25**, 61-90.

[248] NELSON, D.B. Y CAO, C. Q. (1992). Inequality constraints in the univariate GARCH model. *Journal of Business and Economic Statistics*, **10**, 229-35.

[249] NELSON, D. B. (1995). Asymptotic smoothing theory for ARCH models. *Journal of Econometrics*, **67**, 303-35.

[250] NELSON, D. B. (1996). Asymptotic filtering for multivariate ARCH models. *Journal of Econometrics*, **71**, 1-47.

[251] NELSON, D. B. Y FOSTER, D. P. (1994). Asymptotic filtering theory for univariate ARCH models. *Econometrica*, **62**, 1-41.

[252] NELSON, D. B. Y FOSTER, D. P. (1995). Filtering and forecasting with misspecified ARCH models II: making the right forecast with the wrong model. *Journal of Econometrics*, **67**, 303-35.

[253] PAGAN, A. (1996). The Econometrics of Financial Markets. *Journal of Empirical Finance*, **3**, 15–102.

[254] PAGAN, A. R. Y SCHWERT, G. W. (1990). Alternative models for conditional stochastic volatility. *Journal of Econometrics*, **45**, 267-90.

[255] PALM, F. C. (1996). GARCH Models of Volatility. En *Handbook of Statistics*, editado por G. MADDALA, y C. RAO, pp. 209–240. Elsevier Science, Amsterdam.

[256] PALM, F. C. Y VLAAR, P. J. G. (1997). Simple Diagnostics Procedures for Modelling Financial Time Series. *Allgemeines Statistisches Archiv*, **81**, 85–101.

[257] PARZEN, E. (1957). On consistent estimates of the spectrum of a stationary time series. *Ann. Math. Statist.*, **28**, 329-48.

[258] PARZEN, E. (1961). Mathematical considerations in the estimation of spectra. *Technomrtrics*, **3**, 167-190.

[259] PARZEN, E. (1974). Some recent advances in time series modelling. *IEEE Trans. Automatic Control*, **AC-19**, 723-9.

[260] PAYNE, J. E. (2009). Inflation targeting and the inflation – inflation uncertainty relationship: evidence from Thailand. *Applied Economics Letters*, **16**, 233–38.

[261] PEARLMAN, J. G. (1980). An algorithm for the exact likelihood of a high-order autoregressive-moving average process. *Biometrika*, **67**, 232-33.

[262] PENTULA, S. G. (1986). Modeling the Persistence of Conditional Variances: A Comment. *Econometric Reviews*, **5**, 71-4.

[263] PÉREZ DE DEL NEGRO, MARÍA ANGÉLICA. (2000). Modelos estructurales de series de tiempo. Precipitaciones en San Miguel de Tucumán (1884-1993). Trabajo presentado en el XXVIII Coloquio Argentino de Estadística, Posadas, Misiones, Argentina, Agosto de 2000.

[264] PIERCE, D. A., GRUPE, M. R. Y CLEVELAND, W. P. (1984). Seasonal adjustment of the weekly monetary aggregates: a model-based approach. *J. Business Econ. Statist.*, **2**, 260-70.

[265] POIRIER, D. J. (1976). *The Econometrics of Structural Change, with Special Emphasis on Spline Functions*. North Holland.

[266] POON, S.H. Y GRANGER, C. W. J. (2003). Forecasting volatility in financial markets: A review. *J. of Economic Literature*, **41**. 478-539.

[267] PRIESTLEY, M. B. (1965). Evolutionary spectra and non-stationary processes. *J. Roy. Statist. Soc.*, **B**, **27**, 204-37.

[268] PRIESTLEY, M. B. (1980). State dependent models: a general approach to non-linear time series analysis. *J. Time Series Anal.*, **1**, 41-71.

[269] PRIESTLEY, M. B. (1981). *Spectral Analysis and Time Series*, vols I, II. Academic Press: London.

[270] RIPLEY, B. D. (1987). *Stochastic Simulation*. Wiley: New York.

[271] RUIZ, E. (1996). Modelling volatility: comparison between ARCH and stochastic volatility models. Unplished paper. Departamento de Estadística y Econometría. Universidad Carlos III. Madrid. España.

[272] SANDMAN, G. Y KOOPMAN, S. J. (1998). Estimation of stochastic volatility models via Monte Carlo maximum likelihood. *Journal of Econometrics*, **87**, 271-301.

[273] SARGAN, J. D. Y DRETTAKIS, E. G. (1974). Missing data in an autoregressive model. *Internat. Economic Rev.*, **15**, 39-58.

[274] SCHUSTER, A. (1898). On the investigation of hidden periodicities with application to a supposed 26-day period of meteorological phenomena. *Terr. Mag. Atmos. Elect.*, **3**, 13-41.

[275] SCHWERT, W. (1990). Stock volatility and the crash of '87. *Review of financial Studies*, **3**, 77-102.

[276] SHARPE, W. (1964). Capital asset prices: a theory of market equilibrium under conditions of risks. *Journal of Finance*, **3**, **Vol. 19**, 425-42.

[277] SHEPHARD, N. (1986). *Time Series Models in Econometrics*. Chapman & Hall: London.

[278] SHEPHARD, N. (1993). Fitting non - linear time series models, with applications to stochastic variance models. *Journal of Applied Econometrics*, **8**, 135-52.

[279] SHEPHARD, N. (1994). Partial non Gaussian state space. *Biometrika*, **81**, 115-31.

[280] SHEPHARD, N. (1996). Statistical aspects of ARCH and stochastic volatility. En D. R. Cox, D. V. Hinkley, y O. E. Barndorff-Nielsen (eds.), *Time Series Models in Econometrics, Finance and Other Fields*, pp. 1-67. Chapman and Hall: London.

[281] SHEPHARD, N. (2005). *Stochastic Volatility: Selected Readings*. Oxford University Press: Oxford.

[282] SHEPHARD, N. Y PITT, M. K. (1997). Likelihood analysis of non-Gaussian measurement time series. *Biometrika*, **84**.

[283] SHIBATA, R. (1976). Selection of the order of an autoregressive model by Akaike's information criterion, *Biometrika*, **63**, 117-26.

[284] SHISKIN, J. YOUNG, A. H. Y MUSGRAVE, J. C. (1967). *The X-11 Variant of the Census Method II Seasonal Adjustment Program*, Bureau of the Census, Technical Paper 15: Washington, D. C.

[285] SMITH, J. Q. (1979), A generalization of the Bayesian forecasting model, *J. R. Statist. Soc.*, **B**, **41**, 375-87.

[286] SMITH, J. Q. (1981), The multiparameter steady model, *J. R. Statist. Soc.*, **B**, **43**, 256-60.

[287] SNYDER, R. D. Y G. R. SALIGARI (1996), Initialization of the Kalman filter with partially diffuse initial conditions, *J. Time Series Analysis*, **17**, 409-24.

[288] SOARES, L. J. Y MEDEIROS, M. C. (2008). Modeling and forecasting short-term electricity load: a comparison of methods with an application to Brazilian data. *International Journal of Forecasting*, **24**, 630-44.

[289] STOCK, J. H. (1994), Unit roots structural breaks and trends, en *Handbook of Econometrics*, *Vol. 4*, (R. F. Engle y D. L. McFadden, Eds.), pp. 2740-841, Elsevier Science: New York.

[290] STOCK, J. H. Y WATSON, M. W. (2007). Why has US inflation become harder to forecast? *Journal of Money, Credit and Banking*, **39**, 3–34.

[291] STUART, A. Y ORD, J. K. (1987). *Kendall's Advance Theory of Statistics*, **Vol. 1**. Charles Griffin and Company Limited: London.

[292] SUBBA RAO, T. (1970). The fitting of non-stationary time series with time-dependent parameters. *J. Roy. Statist. Soc.*, **B**, **32**, 312-22.

[293] SUBBA RAO, T. (1981). On the theory of bilinear time series models. *J. Roy. Statist. Soc.*, **B**, **43**, 244-55.

[294] SUBBA RAO, T. Y GABR, M. M. (1984). *An Introduction to Bispectral Analysis and Bilinear Time Series Models*. Springer-Verlag: Berlin.

[295] TAYLOR, S. J. (1980). Conjectured models for trend in financial prices tests as forecasts. *J. of The Royal Statistical Society*, **B**, **42**, 338–62.

[296] TAYLOR, S. J. (1986). *Modelling Financial Time Series*. John Wiley: Chichester.

[297] TAYLOR, S. J. (1994). Modelling stochastic volatility. *Mathematical Finance*, **4**, 183-204.

[298] THEIL, H. Y WAGE, S. (1964). Some observations on adaptive forecasting. *Management Science*, **10**, 198-206.

[299] TOBIN, J. (1958). Liquidity preference as behavior towards risks. *Review of Economic Studies*, **67**, 65 - 86.

[300] TONG, H. (1990). *Non - linear time series*. Oxford University Press: Oxford.

[301] TONG, H. Y LIM, K. S. (1980). Threshold autoregression, limit cycles, and cyclical data. *J. Roy. Statist. Soc.*, **B**, **42**, 245-92.

[302] TSAY, R. S. (1986), Time series model specification in the presence of outliers, *J. Amer. Statist. Ass.*, **81**, 132-41.

[303] TSAY, R. S. (1988), Outliers, level shifts and variance changes in time series, *J. Forecasting*, **7**, 1-20.

[304] TSE, Y. K. (2002), Residual-based diagnostics for conditional heteroscedasticity models, *The Econometrics Journal*, **5**, 358-74.

[305] TUKEY, J. W. (1949). The sampling theory of power spectrum estimates. *Proc. Symp. on Applications of Autocorrelation Analysis to Physical Problems*, NAVEXOS-P-735, 46-67. Office of Naval Research, Department of the Navy, Washington, DC.

[306] VERBEEK, M. (2008). *Modern Econometrics* (3rd Edition). Wiley: New York.

[307] WAHBA, G. (1990). *Spline Models for Observational Data*. SIAM: Philadelphia.

[308] WANG, G. W. (2006). A note on unit root tests with heavy–tailed GARCH errors. *Statist. Probab. Lett.* 1075–79.

[309] WEISS, A. A. (1986). Asymptotic theory for ARCH models: estimation and testing. *Econom. Theory*, **2**, 107–31.

[310] WEST, M. y HARRISON, P. J. (1989). *Bayesian Forecasting and Dynamic Models.* Springer-Verlag: New York.

[311] WEST, M., P. J. HARRISON y H. S. MIGON (1985), Dynamic generalized linear models and Bayesian forecasting, *J. Amer. Statist. Ass.*, **80**, 73-97.

[312] WETHERILL, G. B. (1977). *Sampling Inspection and Quality Control* (2nd. edn.). Chapman and Hall: London.

[313] WIENER, N. (1949). *The Extrapolation, Interpolation and Smoothing of Stationary Time Series with Engineering Applications.* Wiley: New York.

[314] WILLSKY, A. S. y H. L. JONES (1976), A generalized likelihood ratio approach to the detection and estimation of jumps in linear systems, *IEEE Trans. Automatic Control*, **21**, 108-12.

[315] WINTERS, P. R. (1960). Forecasting sales by exponentially weighted moving average. *Management Science*, **6**, 324-42.

[316] WOLD, H. O. A. (1938), *A Study in the Analysis of Stationary Time Series*, 2nd. edn, 1954. Almqvist & Wiksell: Stockholm.

[317] WOLD, H. O. A. (1949). A large sample test of moving averages. *J. Roy. Statist. Soc.*, **B**, **11**, 297.

[318] YAGLOM, A. M. (1962), *An Introduction to the Theory of Stationary Random Functions* (Revised English Edition, Richard A. Silverman, trans. and ed.), Prentice-Hall: New Jersey.

[319] YOUNG, P. y K. LANE (1990), The limitations of the IRW for modeling trend behaviour in time series analysis, University of Lancaster Discussion Paper.

[320] YOUNG, P., C. N. NG, K. LANE y D. PARKER (1991), Recursive forecasting, smoothing and seasonal adjustment of non-stationary environmental data, *J. Forecasting*, **10**, 57-89.

[321] YULE, G. U. (1927). On a method of investigating periodicities in disturbed series with special reference to Wolfer's sunspot numbers. *Phil. Trans.Roy. Soc. London, Ser. A*, **226**, 267-98.

[322] ZAKOIAN, J. M. (1994). Threshold heteroskedasticity models. *Journal of Economics Dynamics and Control*, **18**, 931-55.

[323] ZIVOT, E. y WANG, J (2006). *Modelling Financial Time Series With SPLUS.* Second Edition. Springer: New York.

Índice alfabético

Buy your books fast and straightforward online - at one of the world's fastest growing online book stores! Environmentally sound due to Print-on-Demand technologies.

Buy your books online at

www.get-morebooks.com

¡Compre sus libros rápido y directo en internet, en una de las librerías en línea con mayor crecimiento en el mundo! Producción que protege el medio ambiente a través de las tecnologías de impresión bajo demanda.

Compre sus libros online en

www.morebooks.es

SIA OmniScriptum Publishing
Brivibas gatve 1 97
LV-103 9 Riga, Latvia
Telefax: +371 68620455

info@omniscriptum.com
www.omniscriptum.com

Printed by Books on Demand GmbH, Norderstedt / Germany